同济大学本科教材出版基金资助

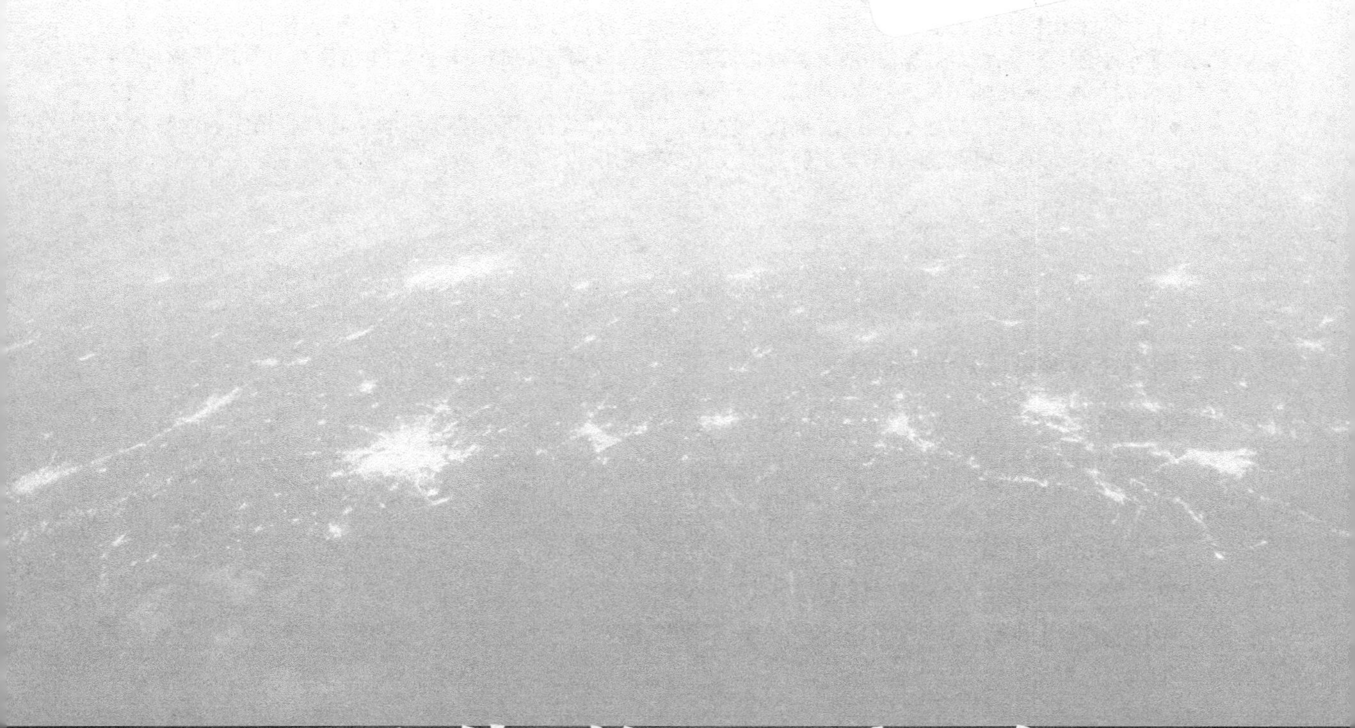

近代物理实验

主　编　张志华　方　恺
副主编　赫　丽　于婷婷

同濟大學出版社
TONGJI UNIVERSITY PRESS

内容提要

本书是在高等院校物理实验教学改革和同济大学“近代物理实验”课程要求的基础上编写的。书中遴选了曾在近代物理学的发展上起过重要作用的经典实验，通过学习，学生可以了解真空、激光、微波、薄膜、原子物理和核物理等近代物理实验技术的基本工作原理，以及它们在科学技术中的应用。全书共包括 28 个实验项目，每个项目涵盖引言、实验目的、实验原理、实验仪器、预习思考题、实验内容及步骤、实验注意事项、思考题、拓展实验设计参考、参考数据、拓展资料等内容。附录部分附有 Origin 软件的使用简介及常用的物理学基本常量表。本书还增加了思政元素，并以二维码形式附在书中。

本书可作为高等院校物理专业学生“近代物理实验”课程的教材，可作为工科学生物理自选实验的教材，也可供中学物理老师、物理实验教学与实验技术人员参考使用。

图书在版编目(CIP)数据

近代物理实验 / 张志华，方恺主编. -- 上海：同济大学出版社，2021.12

ISBN 978-7-5765-0078-3

Ⅰ.①近… Ⅱ.①张… ②方… Ⅲ.①物理学—实验—高等学校—教材 Ⅳ.①O41-33

中国版本图书馆 CIP 数据核字(2021)第 278098 号

近代物理实验

主编 张志华 方恺 **副主编** 赫丽 于婷婷

责任编辑 张莉 **助理编辑** 屈斯诗 **责任校对** 徐春莲 **封面设计** 陈益平

出版发行 同济大学出版社 www.tongjipress.com.cn
(地址：上海市四平路 1239 号 邮编：200092 电话：021-65985622)
经　　销 全国各地新华书店
制　　作 南京月叶图文制作有限公司
印　　刷 江苏凤凰数码印务有限公司
开　　本 787 mm×1092 mm 1/16
印　　张 20.25
字　　数 505 000
版　　次 2021 年 12 月第 1 版 2021 年 12 月第 1 次印刷
书　　号 ISBN 978-7-5765-0078-3

定　　价 79.00 元

前言

本书是在高等院校物理实验教学改革和同济大学“近代物理实验”课程要求的基础上编写而成。本书以经典物理为基础，以近代物理为重点，精选了真空、激光、微波、薄膜、原子物理和核物理等28个近代物理实验。其中不少实验者曾因此荣获诺贝尔物理学奖，学生通过亲自做这些经典实验，学习其中所用的研究方法，获得必要的实验知识和操作技能训练，学习如何用实验方法研究物理现象和规律，从而树立科学的世界观和方法论，提高独立获取知识的能力、科学观察和思维的能力。

本书还在每个实验项目中增加了思政元素，并以二维码形式附在书中，包括和实验有关的物理学史、诺贝尔物理学奖科学家，以及我国“两弹一星”科学家的故事等，希望通过伟人的故事激发学生的学习热情，增强学习动力，培养学生良好的品德。

为鼓励创新，在实验项目中增加了“拓展实验设计参考”环节，学生可以在实验的基础上进行拓展设计。开放式教学方式可以培养学生的创新思维意识和能力。我们尽量将新的实验方法、现代科学技术与计算机技术应用在近代物理实验中，其目的是拓展学生的知识面和视野，培养学生的动手能力、团队合作能力和创新能力，提升综合科学素质。为了提高学生的综合应用能力，本书也介绍了虚拟实验和虚实结合实验等内容。

由于近代物理实验课程要求学生在教师指导下独立完成每一个实验，建议每一个实验安排3～6个课时，适合不同层次学生的需要。

本书的编写得到同济大学实验教学改革项目的资助，以及同济大学物理实验中心的帮助。书中内容涵盖学校多年来近代物理实验教学工作的经验和教训，包括自1985年起参加“近代物理实验室”工作的陈玲燕、秦树基、曹正东、陈铭南、王珏、沈军、周斌、吴广明、杜保旗、倪晨、杜艾、王晓栋等教师的宝贵教学经验。特别是陈玲燕教授调任到同济大学后，着手创建了同济大学近代物理实验室，她研制的验证相对论效应实验装置，首次让学生能够用自己操作的实验验证相对论效应。该实验装置填补了国内该方面实验的空白，获得1990年全国高校物理教学仪器优秀研究成果唯一的一等奖。现在该仪器已成为我国大学近代物理实验的基础及必备实验，影响广泛且深远。

本书可作为高等院校物理专业学生“近代物理实验”课程的教材，可作为工科学生物理自选实验的教材，也可供中学物理老师、物理实验教学与实验技术人员参考使用。

参加本书编写工作的有近代物理实验室的沈军、张志华、方恺、赫丽、于婷婷和关佳。

感谢同济大学物理学院 2016 级、2017 级和 2018 级同学在本书编写和试用过程中提出的宝贵意见和建议。

由于编者的学术水平有限，书中难免会存在缺点和错误，敬请读者批评和指正。

编　者

2021 年 11 月

目　录

绪论 0

误差分析与数据处理方法

物理实验离不开对物理量的测量。由于测量仪器、测量方法、测量条件、测量人员等因素的限制,测量结果不可能绝对准确。所以需要对测量结果的可靠性作出评价,对其误差范围作出估计,并能正确地表达实验结果。

为了评定实验数据的精确性或误差,认清误差的来源及其影响,需要对实验的误差进行分析和讨论。由此可以判定哪些因素是影响实验精确度的主要方面,从而在以后的实验中,进一步改进实验方案,缩小实验观测值和真值之间的差值,提高实验的精确性。

0.1 测量与误差

0.1.1 测量

物理实验不仅要定性地观察物理现象,更重要的是找出有关物理量之间的定量关系。因此就需要进行定量地测量。测量就是借助仪器用某一计量单位把待测量的大小表示出来。

根据获得测量结果方法的不同,测量可分为直接测量和间接测量:由仪器或量具可以直接读出测量值的测量称为直接测量,如用米尺测量长度,用天平称质量;需依据待测量和某几个直接测量值的函数关系通过数学运算获得测量结果,这种测量称为间接测量,如用伏安法测电阻,已知电阻两端的电压和流过电阻的电流,依据欧姆定律求出待测电阻的大小。

直接测量是一切测量的基础。一个物理量能否直接测量不是绝对的。物理量的测量,大多数是间接测量,但随着科学技术的发展、测量仪器的改进,很多原来只能采用间接测量的物理量,现在可以直接测量了,比如车速的测量,可以直接用测速仪进行直接测量。

一个被测物理量,除了用数值和单位来表征外,还有一个很重要的表征参数,这便是对测量结果可靠性的定量估计。这个重要参数往往容易为人们所忽视。设想如果得到一个测量结果的可靠性几乎为零,那么这种测量结果还有什么价值呢?因此,从表征被测量这个意义上来说,对测量结果可靠性的定量估计与其数值和单位至少具有同等的重要意义,三者是缺一不可的。

0.1.2 真值与误差

任何物质都有自身的各种特性。真值 x_0 是反映这种特性的物理量所具有的客观真实数值。误差则是由于测量仪器的限制、测量方法的不完善、周围环境的变化、人的感官的缺陷等因素的影响,测量结果与真值之间出现的一定的差异。

误差具有普遍性和不可知性,误差存在于一切测量之中,贯穿于测量始终。一般地,如果真值是未知的,误差就无法知道。测量不能得到真值,但可以减小测量误差。

0.1.3 误差的表示方法

利用任何量具或仪器进行测量时,总存在误差,测量结果不可能准确地等于被测量的真值，而只是它的近似值。测量的质量高低以测量精确度作为指标，根据测量误差的大小来估计测量的精确度。测量结果的误差愈小，则认为测量就愈精确。误差的表示方法主要有以下五种。

1. 绝对误差

在一定条件下，某一物理量所具有的客观大小称为真值。测量的目的就是力图得到真值。但由于受测量方法、测量仪器、测量条件以及观测者水平等多种因素的限制，测量结果与真值之间总有一定的差异，即总存在测量误差。设测量值为 N，相应的真值为 N_0，测量值与真值之差为

$$\Delta N = N - N_0 \tag{0-1}$$

称为测量误差，又称为绝对误差，简称误差。

误差存在于一切测量之中，测量与误差形影不离，分析测量过程中产生的误差，将影响降低到最低程度，并对测量结果中未能消除的误差作出估计，是实验测量中不可缺少的一项重要工作。

2. 相对误差

绝对误差与真值之比的百分数叫做相对误差，用 E 表示：

$$E = \frac{\Delta N}{N_0} \times 100\% \tag{0-2}$$

由于真值无法知道，所以计算相对误差时常用 N 代替 N_0。 在这种情况下，N 可能是公认值，或高级精密仪器的测量值，或测量值的平均值。相对误差用来表示测量的相对精确度，相对误差用百分数表示，保留两位有效数字。

3. 引用误差

为了计算和划分仪表精确度等级，提出引用误差概念。其定义为仪表示值的绝对误差与量程范围之比。

$$\delta_A = \frac{\text{示值绝对误差}}{\text{量程范围}} \times 100\% = \frac{d}{X_n} \times 100\% \tag{0-3}$$

式中　d ——示值绝对误差；

　　X_n ——标尺上限值一标尺下限值。

4. 算术平均误差

算术平均误差是各个测量点的误差的平均值。

$$\delta_{平} = \frac{\sum |d_i|}{n} \quad i = 1, 2, \cdots, n \tag{0-4}$$

式中　n ——测量次数；

　　d_i ——第 i 次测量的误差。

5. 标准误差

标准误差亦称为均方根误差。其定义为

$$\sigma = \sqrt{\frac{\sum d_i^2}{n}} \tag{0-5}$$

式(0-5)适用于无限测量的场合。实际测量工作中，测量次数是有限的，则改用下式：

$$\sigma = \sqrt{\frac{\sum d_i^2}{n-1}} \tag{0-6}$$

标准误差不是一个具体的误差，σ 的大小只说明在一定条件下等精度测量集合所包含的每一个观测值对其算术平均值的分散程度，σ 的值愈小，则说明每一次测量值对其算术平均值分散度就愈小，测量的精度就愈高，反之精度就愈低。

在科学实验中最常用的U形管压差计、转子流量计、秒表、量筒、电压等仪表原则上均取其最小刻度值为最大误差，而取其最小刻度值的一半作为绝对误差计算值。

0.1.4 误差的分类

根据误差的性质和产生的原因，误差可分为三类：系统误差、随机误差和粗大误差。

1. 系统误差

系统误差是指在同一条件（指方法、仪器、环境、人员）下多次测量同一物理量时，结果总是向一个方向偏离，其数值或按一定规律变化。系统误差的特征是具有一定的规律性。

系统误差的来源主要有以下四个方面。

(1) 仪器误差：它是由于仪器本身的缺陷或没有按规定条件使用仪器而造成的误差。如螺旋测径器的零点不准，天平不等臂等。

(2) 理论误差：它是由于测量所依据的理论公式本身的近似性，或实验条件不能达到理论公式所规定的要求，或测量方法不当等所引起的误差。如实验中忽略了摩擦、散热、电表的内阻，单摆的周期公式 $T=2\pi\sqrt{\frac{l}{g}}$ 的成立条件等。

(3) 个人误差：它是由于观测者本人生理或心理特点造成的误差。如有人用秒表测时间时，总是使之过快。

(4) 环境误差：是外界环境（如光照、温度、湿度、电磁场等）的影响而产生的误差。如环境温度升高或降低，使测量值按一定规律变化。

产生系统误差的原因通常是可以被发现的，原则上可以通过修正、改进加以减小或排除。分析、排除和修正系统误差要求测量者有丰富的实践经验。这方面的知识和技能在我们以后的实验中会逐步地学习，并要求很好地掌握。

2. 随机误差

在相同测量条件下，多次测量同一物理量时，误差的绝对值会时大时小，符号会时正时负，这种以不可预定方式变化着的误差称为随机误差，有时也叫偶然误差。

引起随机误差的原因也很多，大多与仪器精密度和观察者感官灵敏度有关。如无规则的温度变化，气压的起伏，电磁场的干扰，电源电压的波动等，都会引起测量值的变化。这些因素不可控制又无法预测和消除。

当测量次数很多时，随机误差就显示出明显的规律性。实践和理论都已证明，随机误差服从一定的统计规律（正态分布），其特点表现如下。

单峰性：绝对值小的误差出现的概率比绝对值大的误差出现的概率大。

对称性：绝对值相等的正负误差出现的概率相同。

有界性：绝对值很大的误差出现的概率趋于零。

抵偿性：误差的算术平均值随着测量次数的增加而趋于零。

因此，增加测量次数可以减小随机误差，但不能完全消除。

3. 粗大误差

由于测量者的过失，如实验方法不合理、用错仪器、操作不当、读错数值或记错数据等引起的误差，是一种人为的过失误差，不属于测量误差，只要测量者采用严肃认真的态度，过失误差是可以避免的。在数据处理中要把含有粗大误差的异常数据加以剔除。剔除的准则一般为 3σ 准则或肖维勒准则。

0.1.5 测量的精密度、准确度和精确度

测量的精密度、准确度和精确度都是评价测量结果的术语，但目前使用时其含义并不尽一致，以下介绍为较普遍采用的说法。

精密度表示的是在同样测量条件下，对同一物理量进行多次测量，所得结果彼此间相互接近的程度，即测量结果的重复性、测量数据的弥散程度，因而测量精密度是测量偶然误差的反映。测量精密度高，偶然误差小，但系统误差的大小不明确。

准确度表示的是测量结果与真值接近的程度，因而它是系统误差的反映。测量准确度高，则测量数据的算术平均值偏离真值较小，测量的系统误差小，但数据较分散，偶然误差的大小不确定。

精确度表示的则是对测量的偶然误差及系统误差的综合评定。精确度高，测量数据较集中在真值附近，测量的偶然误差及系统误差都比较小。

为了说明精密度与准确度的区别，可用下述打靶子例子来说明。如图 0-1 所示。

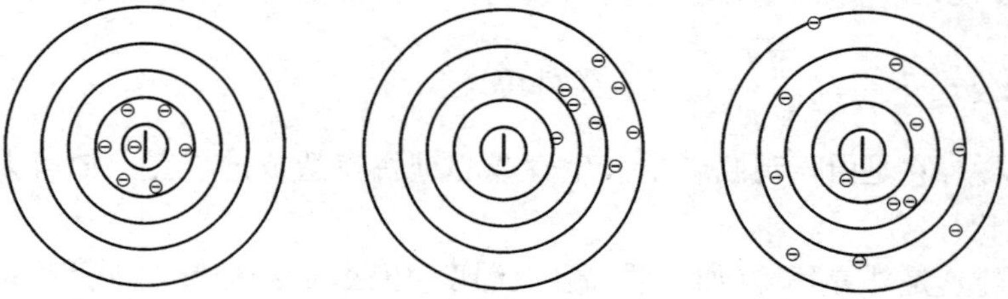

(a)　(b)　(c)

图 0-1　精密度和准确度的关系

图 0-1(a)表示精密度和准确度都很好，则精确度高；图 0-1(b)表示精密度很好，但准确度却不高；图 0-1(c)表示精密度与准确度都不好。在实际测量中没有像靶心那样明确的真值，而是设法去测定这个未知的真值。

学生在实验过程中，往往满足于实验数据的重现性，而忽略了数据测量值的准确程度。绝对真值是不可知的，人们只能制定一些国际标准作为测量仪表准确性的参考标准。随着人类认识运动的推移和发展，测量值可以逐步逼近绝对真值。

0.1.6 测量仪表精确度

测量仪表的精确等级是用最大引用误差(又称允许误差)来标明的。它等于仪表示值中的最大绝对误差与仪表的量程范围之比的百分数。

$$\delta_{n\max}=\frac{\text{最大示值绝对误差}}{\text{量程范围}}\times 100\%=\frac{d_{\max}}{X_n}\times 100\% \tag{0-7}$$

式中　$\delta_{n\max}$ ——仪表的最大测量引用误差；

$d_{\max}$ ——仪表示值的最大绝对误差；

X_n ——标尺上限值－标尺下限值。

通常情况下，用标准仪表校验较低级的仪表。所以，最大示值绝对误差就是被校仪表与标

准仪表之间的最大绝对误差。

测量仪表的精度等级是国家统一规定的，把允许误差中的百分号去掉，剩下的数字就称为仪表的精度等级。仪表的精度等级常以圆圈内的数字标明在仪表的面板上。例如某台压力计的允许误差为 1.5%，这台压力计电工仪表的精度等级就是 1.5，通常简称为 1.5 级仪表。

仪表的精度等级为 a，它表明仪表在正常工作条件下，其最大引用误差的绝对值 $\delta_{\max}$ 不能超过的界限，即

$$\delta_{n\max}=\frac{d_{\max}}{X_n}\times 100\%\leqslant a\% \tag{0-8}$$

由式(0-8)可知，在应用仪表进行测量时所能产生的最大绝对误差（简称"误差限"）为

$$d_{\max}\leqslant a\%\cdot X_n \tag{0-9}$$

而用仪表测量的最大值相对误差为

$$\delta_{n\max}=\frac{d_{\max}}{X_n}\leqslant a\%\cdot\frac{X_n}{X} \tag{0-10}$$

由式(0-10)可以看出，仪表测量某一被测量值时所能产生的最大示值相对误差，不会超过仪表允许误差 $a\%$ 乘以仪表测量上限 X_n 与测量值 X 的比。在实际测量中为可靠起见，可用式(0-11)对仪表的测量误差进行估计，即

$$\delta_m=a\%\cdot\frac{X_n}{X} \tag{0-11}$$

0.1.7　随机误差的估计

对某一物理量进行多次重复测量时，其测量结果服从一定的统计规律，也就是正态分布（或高斯分布）。我们用描述高斯分布的两个参量（$\bar{x}$ 和 σ）来估计随机误差。设在一组测量值中，n 次测量的值分别为 x_1，x_2，…，x_n。

1. 算术平均值

根据最小二乘法原理证明，多次测量的算术平均值

$$\bar{x}=\frac{1}{n}\sum_{i=1}^{n}x_i \tag{0-12}$$

是待测量真值 x_0 的最佳估计值。称 $\bar{x}$ 为近似真实值，以后我们将用 $\bar{x}$ 来表示多次测量的近似真实值。

2. 标准偏差

根据随机误差的高斯理论可以证明，在有限次测量情况下，单次测量值的标准偏差为

$$s_x=\sigma_x=\sqrt{\frac{\sum_{i=1}^{n}(x_i-\bar{x})^2}{n-1}}\quad\text{（贝塞尔公式）} \tag{0-13}$$

通常称 $v_i=x_i-\bar{x}$ 为偏差，或残差。s_x 表示测量列的标准偏差，它表征对同一被测量在同一条件下作 n 次（在大学物理实验中，通常取 $5\leqslant n\leqslant 10$）有限测量时，其结果的分散程度。其相应的置信概率 $p(s_x)$ 接近于 68.3%。其意义是 n 次测量中任一次测量值的误差（或偏差）

落在$(-\sigma_x, +\sigma_x)$区间的可能性约为68.3%，也就是真值落在$(x-\sigma_x, x+\sigma_x)$范围的概率为68.3%。标准偏差σ_x小表示测量值密集，即测量的精密度高；标准偏差σ_x大表示测量值分散，即测量的精密度低。

3. 算术平均值的标准偏差

当测量次数n有限，其算术平均值的标准偏差为

$$\sigma_{\bar{x}} = \frac{\sigma_x}{\sqrt{n}} \sqrt{\frac{\sum_{i=1}^{n}(x_i - \bar{x})^2}{n(n-1)}} \tag{0-14}$$

其意义是测量平均值的随机误差在$(-\sigma_{\bar{x}}, +\sigma_{\bar{x}})$的概率为68.3%。或者说，待测量的真值在$(\bar{x}-\sigma_{\bar{x}}, \bar{x}+\sigma_{\bar{x}})$的概率为68.3%。因此$\sigma_{\bar{x}}$反映了平均值接近真值的程度。

0.1.8 异常数据的剔除

剔除测量列中异常数据的标准有几种，如$3\sigma_x$准则、肖维勒准则、格拉布斯准则等，这里主要介绍前两种准则。

1. $3\sigma_x$ 准则

统计理论表明，测量值的偏差超过$3\sigma_x$的概率已小于1%。因此，可以认为偏差超过$3\sigma_x$的测量值是其他因素或过失造成的，为异常数据，应当剔除。剔除的方法是根据多次测量所得的一系列数据，算出各测量值的偏差Δx_j和标准偏差σ_x，把其中最大的Δx_j与$3\sigma_x$比较，若$\Delta x_j > 3\sigma_x$，则认为第j个测量值是异常数据，舍去不计。剔除x_j后，对余下的各测量值重新计算偏差和标准偏差，并继续审查，直到各个偏差均小于$3\sigma_x$为止。

2. 肖维勒准则

假定对一物理量重复测量了n次，其中某一数据在这n次测量中出现的概率不到半次，即小于$\frac{1}{2n}$，则可以肯定这个数据的出现是不合理的，应当予以剔除。

根据肖维勒准则，应用随机误差的统计理论可以证明，在标准误差为σ的测量列中，若某一个测量值的偏差等于或大于误差的极限值K_σ，则此值应当剔除。不同测量次数的误差极限值K_σ即肖维勒系数如表0-1所示。

表0-1 肖维勒系数

n	K_σ	n	K_σ	n	K_σ
4	1.53σ	10	1.96σ	16	2.16σ
5	1.65σ	11	2.00σ	17	2.18σ
6	1.73σ	12	2.04σ	18	2.20σ
7	1.79σ	13	2.07σ	19	2.22σ
8	1.86σ	14	2.10σ	20	2.24σ
9	1.92σ	15	2.13σ	30	2.39σ

0.2 有效数字及运算

物理实验中经常要记录很多测量数据，这些数据应当是能反映出被测量实际大小的全部

数字，即有效数字。但是在实验观测、读数、运算与最后得出的结果中，哪些是能反映被测量实际大小的数字应予以保留，哪些不应当保留，这就与有效数字及其运算法则有关。前面已经指出，测量不可能得到被测量的真实值，只能是近似值。实验数据的记录反映了近似值的大小，并且在某种程度上表明了误差。因此，有效数字是对测量结果的一种准确表示，它应当是有意义的数码，而不允许无意义的数字存在。如果把测量结果写成(54.281 7±0.05)cm 是错误的，由不确定度 0.05 cm 可以得知，数据的第二位小数 0.08 已不可靠，把它后面的数字也写出来没有多大意义，正确的写法应当是：(54.28±0.05)cm。测量结果的正确表示，对初学者来说是一个难点，必须加以重视，多次强调，才能逐步养成正确表示测量结果的良好习惯。

0.2.1 有效数字的概念

任何一个物理量，其测量的结果既然都有或多或少的误差，那么一个物理量的数值就不应当无止境地写下去，写多了没有实际意义，写少了又不能比较真实地表达物理量。因此，一个物理量的数值和数学上的某一个数就有着不同的意义，这就引入了有效数字的概念。若用最小分度值为 1 mm 的米尺测量物体的长度，读数值为 5.63 cm。其中 5 和 6 这两个数字是从米尺的刻度上准确读出的，可以认为是准确的，叫做可靠数字。末尾数字 3 是在米尺最小分度值的下一位上估计出来的，是不准确的，叫做欠准数字。虽然是欠准可疑，但不是无中生有，而是有根有据有意义的，显然有一位欠准数字，就使测量值更接近真实值，更能反映客观实际。因此，测量值保留到这一位是合理的，即使估计数是 0，也不能舍去。测量结果应当而且也只能保留一位欠准数字，故测量数据的有效数字定义为几位可靠数字加上一位欠准数字，有效数字的个数叫做有效数字的位数，如上述的 5.63 cm 称为三位有效数字。

有效数字的位数与十进制单位的变换无关，即与小数点的位置无关。因此，用以表示小数点位置的 0 不是有效数字。当 0 不是用作表示小数点位置时，0 和其他数字具有同等地位，都是有效数字。显然，在有效数字的位数确定时，第一个不为零的数字左边的零不能算有效数字的位数，而第一个不为零的数字右边的零一定要算做有效数字的位数。如0.013 5 m是三位有效数字，0.013 5 m 和 1.35 cm 及 13.5 mm 三者是等效的，只不过是分别采用了米、厘米和毫米作为长度的表示单位；1.030 m 是四位有效数字。从有效数字的另一面也可以看出测量用具的最小刻度值，如 0.013 5 m 是用最小刻度为毫米的尺子测量的，而1.030 m是用最小刻度为厘米的尺子测量的。因此，正确掌握有效数字的概念对物理实验来说是十分必要的。

0.2.2 直接测量的有效数字记录

物理实验中通常仪器上显示的数字均为有效数字(包括最后一位估计读数)，都应读出，并记录下来。仪器上显示的最后一位数字是 0 时，此 0 也要读出并记录。对于有分度式的仪表，读数要根据人眼的分辨能力读到最小分度的十分之几。在记录直接测量的有效数字时，常用一种称为标准式的写法，就是任何数值都只写出有效数字，而数量级则用 10 的 n 次幂的形式表示。记录有效数字时还需遵守以下规定。

(1) 根据有效数字的规定，测量值的最末一位一定是欠准数字，这一位应与仪器误差的位数对齐，仪器误差在哪一位发生，测量数据的欠准位就记录到哪一位，不能多记，也不能少记，即使估计数字是 0，也必须写上，否则与有效数字的规定不相符。例如，用米尺测量物体长为 52.4 mm 与 52.40 mm 是不同的两个测量值，也是属于不同仪器测量的两个值，误差也不相同，不能将它们等同看待，从这两个值可以看出测量前者的仪器精度低，测量后者的仪器精度高出一个数量级。

（2）根据有效数字的规定，凡是仪器上读出的数值，有效数字中间与末尾的0，均应算作有效位数。例如：6.003 cm，4.100 cm均是四位有效数字；在记录数据中，有时因定位需要，而在小数点前添加0，这不应算作有效位数，如0.048 6 m是三位有效数字而不是四位有效数字。有效数字中的0有时算做有效数字，有时不能算做有效数字，这对初学者也是一个难点，要正确理解有效数字的规定。

（3）根据有效数字的规定，在十进制单位换算中，其测量数据的有效位数不变，如4.51 cm若以米或毫米为单位，可以表示成0.045 1 m或45.1 mm，这两个数仍然是三位有效数字。为了避免单位换算中位数很多时写一长串，或计数时出现错位，常采用科学表达式，通常是在小数点前保留一位整数，用10^n表示，如4.51×10^2 m，4.51×10^4 cm等，这样既简单明了，又便于计算和确定有效数字的位数。

（4）根据有效数字的规定对有效数字进行记录时，直接测量结果的有效位数的多少，取决于所使用的仪器精度和被测物本身的大小。对同一个被测物，高精度的仪器，测量的有效位数多；低精度的仪器，测量的有效位数少。例如，长度约为3.7 cm的物体，若用最小分度值为1 mm的米尺测量，其数据为3.70 cm，若用螺旋测微器测量（最小分度值为0.01 mm），其测量值为3.700 0 cm，显然螺旋测微器的精度较米尺高很多，所以测量结果的位数也多。被测物是较小的物体，测量结果的有效位数也少。对一个实际测量值，正确应用有效数字的规定进行记录，就可以从测量值的有效数字记录中看出测量仪器的精度。因此，有效数字的记录位数和测量仪器有关。

0.2.3　有效数字的运算法则

在进行有效数字计算时，参加运算的分量可能很多。各分量数值的大小及有效数字的位数也不相同，而且在运算过程中，有效数字的位数会越乘越多，除不尽时有效数字的位数也无止境。即便是使用计算器，也会遇到中间数的取位问题以及如何使计算更简洁的问题。测量结果的有效数字，只能允许保留一位欠准数字，直接测量是如此，间接测量的计算结果也是如此。根据这一原则，为了达到：①不因计算而引进误差，影响结果；②尽量简洁，不做徒劳的运算。

简化有效数字的运算，约定下列规则。

（1）加法或减法运算

$$478.\underline{2}+3.46\underline{2}=481.\underline{662}=481.\underline{7}$$

$$49.2\underline{7}-3.\underline{4}=45.\underline{87}=45.\underline{9}$$

大量计算表明，若干个数进行加法或减法运算，其和或者差的结果的欠准确数字的位置与参与运算各个量中的欠准数字的位置最高者相同。由此得出结论，几个数进行加法或减法运算时，可先将多余数修约，将应保留的欠准确数字的位数多保留一位进行运算，最后结果按保留一位欠准数字进行取舍。这样可以减少繁杂的数字计算。

推论①：若干个直接测量值进行加法或减法计算时，选用精度相同的仪器最为合理。

（2）乘法或除法运算

$$834.\underline{5}\times23.\underline{9}=19\,\underline{944}.\underline{55}=1.9\underline{9}\times10^4$$

$$2\,569.\underline{4}\div19.\underline{5}=13\underline{1}.\underline{764}\,\underline{1}\cdots=13\underline{2}$$

由此得出结论:用有效数字进行乘法或除法运算时,乘积或商的结果的有效数字的位数与参与运算的各个量中有效数字的位数最少者相同。

推论②:测量的若干个量,若是进行乘法或除法运算,应按照有效位数相同的原则来选择不同精度的仪器。

(3) 乘方或开方运算

$$(7.32\underline{5})^2 = 53.6\underline{6}$$

$$\sqrt{32.\underline{8}} = 5.7\underline{3}$$

由此可见,乘方或开方运算的有效数字的位数与其底数的有效数字的位数相同。

(4) 自然数 1,2,3,4,…不是测量而得,不存在欠准确数字。因此,可以视为无穷多位有效数字的位数,书写也不必写出后面的 0,如 $D=2R$, D 的位数仅由直接测量 R 的位数决定。

(5) 无理常数 π, $\sqrt{2}$, $\sqrt{3}$, … 的位数也可以看成很多位有效数字。例如 $L=2\pi R$,若测量值 $R=2.35\times10^{-2}$ m,π 应取为 3.142,则 $L=2\times3.142\times2.35\times10^{-2}=1.48\times10^{-1}$ m。

(6) 有效数字的修约。根据有效数字的运算规则,为使计算简化,在不影响最后结果应保留有效数字的位数(或欠准确数字的位置)的前提下,可以在运算前、后对数据进行修约,其修约原则是"四舍六入五看右左","五看右左"即为五时则看五右面,若为非零的数则入,若为零则往左看,拟留数的末位数为奇数则入,为偶数则舍,这一说法可以简述为"五看右左"。中间运算过程较结果要多保留一位有效数字。

0.3 测量的数据处理

0.3.1 直接测量的数据处理

1. 最佳估计值

若实验数据经过多次测量,测量量 x_1, x_2, …, x_n 的算术平均值可表示为: $\bar{x}=\frac{1}{n}\sum_{i=1}^{n}x_i$,用算术平均值作为直接测量量的最佳估计值。

2. 不确定度

由于实验只能测出近似值而不能测出真值,我们期望真值会落在近似值的附近范围内,而对此范围的估计就需要引入不确定度。不确定度是指由于测量误差的存在而对被测量值不能肯定的程度,是表征被测量的真值所处的量值范围。如果我们得到某一物理量 x 的测量不确定度为 U_x,那么就表示真值 x_0 以一定概率落在区间 $(\bar{x}-U_x, \bar{x}+U_x)$ 之内。因此测量不确定度越小,测量结果就越可靠。

类似地,我们还可以引入相对不确定度 U_r,其为不确定度与测量平均值之比的百分数:

$$U_r = \pm\frac{U_x}{\bar{x}}\times100\% \tag{0-15}$$

(1) A 类不确定度:由实验中的随机因素引入的不确定度称为 A 类不确定度,一般用字母 U_A 表示。由于真值落在 $[x-3\sigma, x+3\sigma]$ 内的概率非常小,我们可以用标准偏差来表示 A 类不确定度:

$$U_{\mathrm{A}}=S=\sqrt{\frac{1}{n(n-1)}\sum_{i=1}^{n}(x_i-\bar{x})^2}=\frac{\sigma}{\sqrt{n}} \tag{0-16}$$

(2) B类不确定度:B类不确定度是针对不适用于统计方法处理误差因素对测量值的可靠程度影响的评价,如测量仪器测量不准确、理论不完善、实验方法不合理等因素导致某测量值向某一方向有一个恒定的偏离。一般用 U_{B} 表示。

对于仪器引起的误差指在正确使用仪器的条件下,测量结果与真值之间可能产生的最大误差(也称为示值误差),或者按仪表准确度等级算得的最大基本误差,用 $\Delta_{仪}$ 表示。对于仅考虑仪器误差的情况有

$$U_{\mathrm{B}}=\frac{\Delta_{仪}}{\sqrt{3}} \tag{0-17}$$

表示仪器指示值和实际值之间可能产生的最大误差,通常标注在仪器上或仪器说明书上,如果没有特别注明,通常取仪器最小刻度的一半来计算。

(3) 合成不确定度:测量的总不确定度是A类和B类不确定度的合成,记为 U,如果A类不确定度和B类不确定度相互独立,其合成方法为"方和根"的方法,因此总不确定度为

$$U=\sqrt{U_{\mathrm{A}}^2+U_{\mathrm{B}}^2} \tag{0-18}$$

进一步,如果A类分量 $u_{\mathrm{A}i}$ 有 n 个,B类分量 $u_{\mathrm{B}j}$ 有 m 个,那么合成不确定度为

$$U=\sqrt{\sum_{i=1}^{n}u_{\mathrm{A}i}^2+\sum_{j=1}^{m}u_{\mathrm{B}j}^2} \tag{0-19}$$

根据之前算得的A类和B类不确定度,可知总不确定度为

$$U=\sqrt{\frac{1}{n-1}\sum_{i=1}^{n}(x_i-\bar{x})^2+\left(\frac{\Delta_{仪}}{\sqrt{3}}\right)^2} \tag{0-20}$$

这是物理实验中常用的不确定度公式,其物理意义是:被测物理量 x 落在区间 $(\bar{x}-U_x,\bar{x}+U_x)$ 之内的概率是68.3%。

(4) 单次测量:有时因条件所限不可能进行多次测量(如地震波强度、雷电时电晕电流强度等);或者由于仪器精度太低,多次测量读数相同,测量随机误差较小;或者对测量结果的精度要求不高等情况,往往只进行一次测量。单次测量时,A类不确定度无法考虑;最佳估计值即测量值本身。合成不确定度只考虑B类分量为

$$u_{\mathrm{c}}=u_{\mathrm{B}}=\sigma_{仪} \tag{0-21}$$

3. 测量结果表示

一般来说,给出测量结果的同时,还应给出相应的测量不确定度,并有详尽的测试参数和条件。采用不确定度评价测量结果应表示为

$$x=(\bar{x}\pm u_c)\quad 单位$$

$$E=\frac{u_{\mathrm{c}}}{\bar{x}}\times 100\% \tag{0-22}$$

例如:测量一物体的长度 L,10次测量结果的平均值为10.34 cm,估算合成不确定度为0.03 cm,测量结果表示为

$$L=(10.34\pm 0.03)\ \text{cm}$$

$$E=\frac{0.03}{10.34}\times 100\%=0.3\%$$

4. 数据处理步骤

对直接测量列数据处理的基本步骤如下：

(1) 判断测量数据中是否有已定系统误差，并且尽量消除或减小系统误差；

(2) 检验数据的合理性，发现含有粗大误差的数据应剔除；

(3) 求算术平均值，并将其作为测量结果的最佳值；

(4) 计算算术平均值的标准差，并将其作为标准不确定度的 A 类分量；

(5) 根据仪器的极限误差，计算标准不确定度的 B 类分量；

(6) 计算合成不确定度和相对不确定度；

(7) 完整表示测量结果。

0.3.2 间接测量的数据处理

间接测量是利用已知函数关系式的转换测量。间接测量值是指测量值代入函数表达式之后进行计算得到的值。由于测量值存在误差，所以代入函数表达式之后的值也必然存在误差。间接测量不确定度和函数的形式有关，设 y 为 n 个变量 x_1，x_2，…，x_n 的函数：

$$y=f(x_1, x_2, \cdots, x_n) \tag{0-23}$$

则 y 是间接测量结果，其不确定度为

$$U_y=\sqrt{\left(\frac{\partial f}{\partial x_1}\right)^2 U_1^2+\left(\frac{\partial f}{\partial x_2}\right)^2 U_2^2+\cdots+\left(\frac{\partial f}{\partial x_n}\right)^2 U_n^2} \tag{0-24}$$

同样也可以定义相对不确定度：

$$U_r=\frac{U_y}{\bar{y}}=\frac{1}{\bar{f}(x_1, x_2, \cdots, x_n)}\sqrt{\left(\frac{\partial f}{\partial x_1}\right)^2 U_1^2+\left(\frac{\partial f}{\partial x_2}\right)^2 U_2^2+\cdots+\left(\frac{\partial f}{\partial x_n}\right)^2 U_n^2} \tag{0-25}$$

利用对数表达还可以写为

$$U_r=\frac{U_y}{\bar{y}}=\sqrt{\left(\frac{\partial \ln f}{\partial x_1}\right)^2 U_1^2+\left(\frac{\partial \ln f}{\partial x_2}\right)^2 U_2^2+\cdots+\left(\frac{\partial \ln f}{\partial x_n}\right)^2 U_n^2} \tag{0-26}$$

这种形式比较适用于函数为乘积或者乘方的形式。表 0-2 给出了常见函数的不确定度的传递公式。

表 0-2 常见函数的不确定度的传递公式

函数表达式	不确定度公式
$N=x\pm y$	$U_N=\sqrt{U_x^2+U_y^2}$
$N=x\cdot y$	$\dfrac{U_N}{N}=\sqrt{\left(\dfrac{U_x}{\bar{x}}\right)^2+\left(\dfrac{U_y}{\bar{y}}\right)^2}$

（续表）

函数表达式	不确定度公式
$N=x/y$	$\dfrac{U_N}{N}=\sqrt{\left(\dfrac{U_x}{\bar{x}}\right)^2+\left(\dfrac{U_y}{\bar{y}}\right)^2}$
$N=kx$	$U_N=kU_x$
$N=x^k y^n/z^m$	$\dfrac{U_N}{N}=\sqrt{k^2\left(\dfrac{U_x}{\bar{x}}\right)^2+n^2\left(\dfrac{U_y}{\bar{y}}\right)^2+m^2\left(\dfrac{U_z}{\bar{z}}\right)^2}$
$N=\sqrt[k]{x}$	$\dfrac{U_N}{N}=\dfrac{1}{k}\dfrac{U_x}{x}$
$N=\sin x$	$U_N=\lvert\cos\bar{x}\rvert U_x$
$N=\ln x$	$\dfrac{U_x}{x}$

计算出不确定度之后，测量结果应该表示为平均值加不确定度的形式。用不确定度来表征结果的可信赖程度。于是测量结果写为

$$x=\bar{x}\pm U_x \quad (P=0.683) \tag{0-27}$$

其中，$\bar{x}$ 表示测量结果的平均值，$P=0.683$ 表示真实值落在$[x-U_x,\ x+U_x]$内的概率为 68.3%。利用相对不确定度

$$U_r=\frac{U_x}{\bar{x}}\times 100\%$$

测量结果也可以表示为

$$x=\bar{x}(1\pm U_r) \tag{0-28}$$

例 用螺旋测微计测量某一金属丝直径 7 次，测量结果如下：

次数	1	2	3	4	5	6	7
D_i/mm	9.515	9.514	9.518	9.516	9.515	9.513	9.517

求测量的平均值、标准偏差和不确定度，并写出测量结果。

解 D 的算术平均值为

$$\bar{D}=\frac{1}{7}\sum_{i=1}^{7}D_i=9.515+9.514+\cdots+9.517=9.515\ (\text{mm})$$

测量标准偏差为

$$\begin{aligned}\sigma_D&=\sqrt{\frac{1}{n-1}\sum_{i=1}^{n}(D_i-\bar{D})^2}\\&=\sqrt{\frac{1}{7-1}[(9.515-9.515)^2+(9.514-9.515)^2+\cdots+(9.517-9.515)^2]}\\&=0.003\,2(\text{mm})\end{aligned}$$

不确定度的 A 类分量为

$$u_{\mathrm{A}}=\frac{\sigma_D}{\sqrt{7-1}}=0.001\,3\ (\mathrm{mm})$$

螺旋测微计的 $\Delta_{仪}=0.004\ \mathrm{mm}$，所以 B 类分量为

$$u_{\mathrm{B}}=\frac{0.004}{\sqrt{3}}=0.002\,3\ (\mathrm{mm})$$

总不确定度为

$$U_D=\sqrt{u_{\mathrm{A}}^2+u_{\mathrm{B}}^2}=\sqrt{0.001\,3^2+\left(\frac{0.004}{\sqrt{3}}\right)^2}=0.002\,6\ \mathrm{mm}\approx 0.003\ (\mathrm{mm})$$

相对不确定度为

$$U_{\mathrm{r}}=\frac{U_D}{\bar{D}}\times 100\%=\frac{0.003}{9.515}\times 100\%\approx 0.03\%$$

测量结果表示为

$$D=(9.515\pm 0.003)\ (\mathrm{mm}),\quad U_{\mathrm{r}}=\pm 0.03\%$$

0.4　常用的实验数据处理方法

实验数据及其处理方法是分析和讨论实验结果的依据。常用的数据处理方法有列表法、作图法、逐差法和最小二乘法(直线拟合)等。

0.4.1　列表法

在记录和处理数据时，常常将所得数据列成表。数据列表后，可以简单明确、形式紧凑地表示出有关物理量之间的对应关系；便于随时检查结果是否合理，及时发现问题，减少和避免错误；有助于找出有关物理量之间规律性的联系，进而求出经验公式等。

列表的要求是：

(1) 要写出所列表的名称，列表要简单明了，便于看出有关量之间的关系，便于处理数据。

(2) 列表要标明符号所代表物理量的意义(特别是自定的符号)，并写明单位。单位及量值的数量级写在该符号的标题栏中，不要重复记在各个数值上。

(3) 列表的形式不限，根据具体情况，决定列出哪些项目。有些个别的或与其他项目联系不大的数据可以不列入表内。列入表中的除原始数据外，计算过程中的一些中间结果和最后结果也可以列入表中。

(4) 表中所列数据要正确反映测量结果的有效数字。

列表举例如表 0-3 所示。

表 0-3　铜丝电阻与温度关系

温度 T/℃	10.0	20.0	30.0	40.0	50.0	60.0	70.0
铜丝电阻 R/Ω	10.4	10.7	10.9	11.3	11.8	11.9	12.3

0.4.2 作图法

作图法是将两列数据之间的关系用图线表示出来。用作图法处理实验数据是数据处理的常用方法之一，它能直观地显示物理量之间的对应关系，揭示物理量之间的联系。

1. 作图规则

为了使图线能够清楚地反映物理现象的变化规律，并能比较准确地确定有关物理量的量值或求出有关常数，在作图时必须遵守以下规则。

(1) 作图必须用坐标纸。当决定了作图的参量以后，根据情况选用直角坐标纸、极坐标纸或其他坐标纸。

(2) 坐标纸的大小及坐标轴的比例，要根据测得值的有效数字和结果的需要来定。原则上，数据中的可靠数字在图中应为可靠的。我们常以坐标纸中小格对应可靠数字最后一位的一个单位，有时对应比例也可适当放大些，但对应比例的选择要有利于标实验点和读数。最小坐标值不必都从零开始，以便作出的图线大体上能充满全图，使布局美观、合理。

(3) 标明坐标轴。对于直角坐标系，要以自变量为横轴，以因变量为纵轴。用粗实线在坐标纸上描出坐标轴，标明其所代表的物理量(或符号)及单位，在坐标轴上每隔一定间距标明该物理量的数值。

(4) 根据测量数据，实验点要用“+”“×”“⊙”“Δ”等符号标出。

(5) 把实验点连接成图线。由于每个实验数据都有一定的误差，所以图线不一定要通过每个实验点。应该按照实验点的总趋势，把实验点连成光滑的曲线(仪表的校正曲线不在此列)，使大多数的实验点落在图线上，其他的点在图线两侧均匀分布，这相当于在数据处理中取平均值。对于个别偏离图线很远的点，要重新审核，进行分析后决定是否应剔除。

在确信两物理量之间的关系是线性的，或所有的实验点都在某一直线附近时，将实验点连成直线。

(6) 作完图后，在图的明显位置上标明图名、作者和作图日期，有时还要附上简单的说明，如实验条件等，使读者能一目了然，最后要将图粘贴在实验报告上。

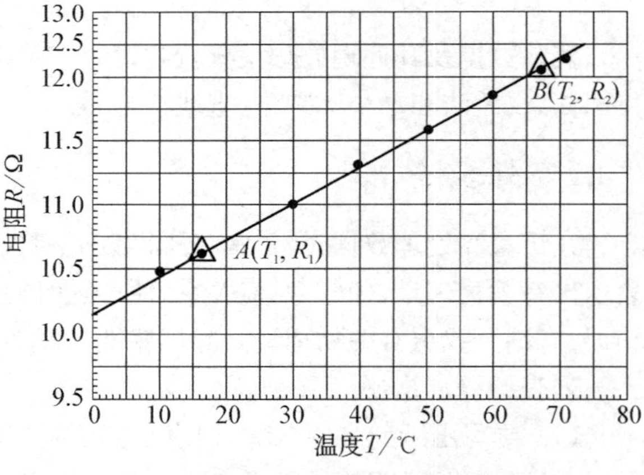

图 0-2 铜丝的电阻与温度的关系曲线

图 0-2 为铜丝电阻与温度之间的关系曲线。

2. 用作图法求直线的斜率、截距和经验公式

若在直角坐标纸上得到的图线为直线，并设直线的方程为 $y=kx+b$，可用如下步骤求直线的斜率、截距和经验公式。

(1) 在直线上选两点 $A(x_1, y_1)$ 和 $B(x_2, y_2)$。为了减小误差，A，B 两点应相隔远一些，但仍要在实验范围之内，并且 A，B 两点一般不选实验点。用与表示实验点不同的符号将 A，B 两点在直线上标出，并在旁边标明其坐标值。

(2) 将 A，B 两点的坐标值分别代入直线方程 $y=kx+b$，可解得斜率

$$k=\frac{y_2-y_1}{x_2-x_1} \tag{0-29}$$

(3) 如果横坐标的起点为零，则直线的截距可从图中直接读出；如果横坐标的起点不为零，则可用下式计算直线的截距：

$$b=\frac{x_2y_1-x_1y_2}{x_2-x_1} \tag{0-30}$$

(4) 将求得的 k，b 的数值代入方程 $y=kx+b$ 中，就得到经验公式。

3. 曲线的改直

在实际工作中，许多物理量之间的关系并不都是线性的，但仍可通过适当的变换而成为线性关系，即把曲线变换成直线，这种方法叫做曲线改直。做这样的变换不仅是由于直线容易描绘，更重要的是直线的斜率和截距所包含的物理内涵是我们所需要的，例如：

(1) $y=ax^b$，式中 a，b 为常量，可变换成 $\lg y=b\lg x+\lg a$，$\lg y$ 为 $\lg x$ 的线性函数，斜率为 b，截距为 $\lg a$；

(2) $y=ab^x$，式中 a，b 为常量，可变换成 $\lg y=(\lg b)x+\lg a$，$\lg y$ 为 x 的线性函数，斜率为 $\lg b$，截距为 $\lg a$；

(3) $PV=C$，式中 C 为常量，可变换成 $P=C(1/V)$，P 是 $1/V$ 的线性函数，斜率为 C；

(4) $y^2=2px$，式中 p 为常量，可变换成 $y=\pm\sqrt{2p}\,x^{1/2}$，y 为 $x^{1/2}$ 的线性函数，斜率为 $\pm\sqrt{2p}$；

(5) $y=x/(a+bx)$，式中 a，b 为常量，可变换成 $1/y=a(1/x)+b$，$1/y$ 为 $1/x$ 的线性函数，斜率为 a，截距为 b；

(6) $s=v_0t+at^2/2$，式中 v_0，a 为常量，可变换成 $s/t=(a/2)t+v_0$，s/t 为 t 的线性函数，斜率为 $a/2$，截距为 v_0。

0.4.3　逐差法

逐差法又称逐差计算法，一般用于等间隔线性变化测量中所得数据的处理。由误差理论可知，算术平均值是若干次重复测量的物理量的近似值。为了减少随机误差，在实验中一般都采用多次测量。但是在等间隔线性变化测量中，若仍用一般的平均值方法，我们将发现，只有第一次测量值和最后一次测量值起作用，所有的中间测量值全部抵消。因此，这种测量无法反映多次测量的特点。

以测量弹簧倔强系数的例子来说明逐差法处理数据的过程。如有一长为 x_0 的弹簧，逐次在其下端加挂质量为 m 的砝码，共加 7 次，测出其对应的长度分别为 x_1，x_2，x_3，…，x_7，从这组数据中，求出每加一次单位砝码弹簧的伸长量 Δx。

$$\overline{\Delta x}=\frac{1}{7m}[(x_1-x_0)+(x_2-x_1)+(x_3-x_2)+\cdots+(x_7-x_6)]=\frac{1}{7m}(x_7-x_0)$$

这种处理仅用了首尾两个数据，中间值全部抵消，因而损失掉很多的信息，是不合理的。

若将以上数据按顺序分为 x_0，x_1，x_2，x_3 和 x_4，x_5，x_6，x_7 两组，并使其对应项相减，就有

$$\begin{aligned}\overline{\Delta x}&=\frac{1}{4}\left[\frac{(x_4-x_0)}{4m}+\frac{(x_5-x_1)}{4m}+\frac{(x_6-x_2)}{4m}+\frac{(x_7-x_3)}{4m}\right]\\&=\frac{1}{16m}[(x_4+x_5+x_6+x_7)-(x_0+x_1+x_2+x_3)]\end{aligned} \tag{0-31}$$

这种逐差法使用了全部的数据信息，因此更能反映多次测量对减少误差的作用。

0.4.4 最小二乘法(线性回归)

作图法虽然在数据处理中是一个很便利的方法，但在图线的绘制上往往带有较大的任意性，所得的结果也常常因人而异，而且很难对它作进一步的误差分析。为了克服这些缺点，在数理统计中研究了直线拟合问题(或称一元线性回归问题)，常用一种以最小二乘法为基础的实验数据处理方法。由于某些曲线型的函数可以通过适当的数学变换而改写成直线方程，这一方法也适用于某些曲线型的规律。

下面就数据处理中的最小二乘法原理作简单介绍。

设在某一实验中，可控制的物理量取 $x_1, x_2, \cdots, x_m$ 值时，对应的物理量依次取 $y_1, y_2, \cdots, y_m$ 值。假定对 x_i 值的观测误差很小，而主要误差都出现在 y_i 的观测上。显然，如果从 (x_i, y_i) 中任取两组实验数据就可以得出一条直线，只不过这条直线的误差有可能很大。直线拟合的任务便是用数学分析的方法从这些观测到的数据中求出最佳的经验公式 $y=kx+b$。按这一经验公式作出的图线不一定能通过每一个实验点，但是它是以最接近这些实验点的方式穿过它们的。很明显，对应于每一个 x_i 值，测得值 y_i 和最佳经验公式中的 y 值之间存在一偏差 δ_{y_i}，我们称 δ_{y_i} 为测得值 y_i 的偏差，即

$$\delta_{y_i}=y_i-y=y_i-(kx_i+b)\quad(i=1, 2, \cdots, n)$$

最小二乘法的原理是如果各测得值 y_i 的误差相互独立且服从同一正态分布，当 y_i 的偏差的平方和为最小时，得到最佳经验公式。若以 S 表示 δ_{y_i} 的平方和，它应满足：

$$S=\sum(\delta_{y_i})^2=\sum[y_i-(kx_i+b)]^2=\min(\text{极小})\tag{0-32}$$

式中，各 x_i 和 y_i 是测得值，都是已知量，所以解决直线拟合的问题就变成了由实验数据组 (x_i, y_i) 来确定 k 和 b 的过程。

令 S 对 k 的偏导数为零，即

$$\frac{\partial S}{\partial k}=-2\sum(y_i-kx_i-b)x_i=0$$

整理得

$$\sum x_iy_i-k\sum x_i^2-b\sum x_i=0\tag{0-33}$$

令 S 对 b 的偏导数为零，即

$$\frac{\partial S}{\partial b}=-2\sum(y_i-kx_i-b)=0$$

整理得

$$\sum y_i-k\sum x_i-nb=0\tag{0-34}$$

由式(0-33)和式(0-34)解得

$$k=\frac{\sum x_i\sum y_i-n\sum x_iy_i}{\left(\sum x_i\right)^2-n\sum x_i^2}\tag{0-35}$$

$$b=\frac{\sum x_i\sum x_iy_i-\sum x_i^2y_i}{\left(\sum x_i\right)^2-n\sum x_i^2} \tag{0-36}$$

将得出的 k 和 b 的数值代入直线方程 $y=kx+b$ 中，即得最佳的经验公式。

由式(0-32)得

$$b=\frac{\sum y_i}{n}-k\frac{\sum x_i}{n} \tag{0-37}$$

式中，$\frac{\sum y_i}{n}$ 和 $\frac{\sum x_i}{n}$ 分别是数据中 y_i 的平均值 $\bar{y}$ 和 x_i 的平均值 $\bar{x}$，即式(0-37)可写为

$$b=\bar{y}-k\bar{x} \tag{0-38}$$

将式(0-38)代入方程 $y=kx+b$ 中，得

$$y-\bar{y}=k(x-\bar{x}) \tag{0-39}$$

由式(0-38)可以看出，最佳直线是通过 $(\bar{x},\ \bar{y})$ 这一点的。因此，严格地说，在作图时应将点 $(\bar{x},\ \bar{y})$ 在坐标纸上标出。将作图的直尺以点 $(\bar{x},\ \bar{y})$ 为轴心来回转动，使各实验点与直尺边线的距离最近而且两侧分布均匀，然后沿直尺的边线画一条直线，即为所求的直线。

必须指出，实际上只有当 x 和 y 之间存在线性关系时，拟合的直线才有意义。为了检验拟合的直线有无意义，在数学上引进一个叫相关系数 r 的量，它的定义为

$$r=\frac{\sum \Delta x_i\Delta y_i}{\sqrt{\sum(\Delta x_i)^2}\sqrt{\sum(\Delta y_i)^2}} \tag{0-40}$$

式中，$\Delta x_i=x_i-\bar{x}$，$\Delta y_i=y_i-\bar{y}$，r 表示两变量之间的函数关系与线性函数的符合程度。r 越接近 1，x 和 y 的线性关系就越好；如果它接近于零，就可以认为 x 和 y 之间不存在线性关系。物理实验中，如果 r 达到 0.999，则说明实验数据的线性关系良好，各实验点聚集在一条直线附近。注意：用最小二乘法处理前一定要先用作图法作图，以剔除异常数据。

上面介绍了用最小二乘法求经验公式中的常数 k 和 b 的方法。用这种方法计算出来的 k 和 b 是“最佳的”，但并不是没有误差。

当变量 x 和 y 并不是线性关系时，我们可以通过变换将其化为线性关系，然后再用最小二乘法进行线性拟合。表 0-4 列举出了一些非线性函数的线性化方法。

表 0-4　一些非线性函数的线性化方法

函数名称	函数表达式	线性化方法
双曲线函数	$\frac{1}{y}=a+\frac{b}{x}$	$v=\frac{1}{y},\ u=\frac{1}{x}$
幂函数	$y=ax^b$	$v=\ln y,\ u=\ln x$
指数函数	$y=a\mathrm{e}^{bx}$	$v=\ln y,\ u=x$
	$y=a\mathrm{e}^{\frac{b}{x}}$	$v=\ln y,\ u=\frac{1}{x}$

（续表）

函数名称	函数表达式	线性化方法
对数函数	$y = a + b\ln x$	$v = y,\ u = \ln x$
S 型曲线	$y = \dfrac{1}{a + b\mathrm{e}^{-x}}$	$v = \dfrac{1}{y},\ u = \mathrm{e}^{-x}$

0.4.5 数据插值处理

当实验所得数据较少时，绘制出的曲线可能不够平滑，这时可以对其进行插值处理，插值算法根据插入点周围点的函数值来确定插入点的函数值。插值算法是一种数值方法，可以用软件进行计算，下面为 MATLAB 插值算法例子。

例 二维曲面插值

```
[X,Y] = meshgrid(-3:3);
V = peaks(X,Y);
%绘制粗略采样三维曲面图
figure
surf(X,Y,V)
title('Original Sampling');
%创建间距为 0.25 的网格
[Xq,Yq] = meshgrid(-3:0.25:3);
%对之前的自变量进行插值
Vq = interp2(X,Y,V,Xq,Yq);
%绘制插值之后的图形
figure
surf(Xq,Yq,Vq);
title('Linear Interpolation Using Finer Grid');
```

对比图 0-3 中插值前和插值后可知，插值算法使图像变得更加精细，分辨率更高。

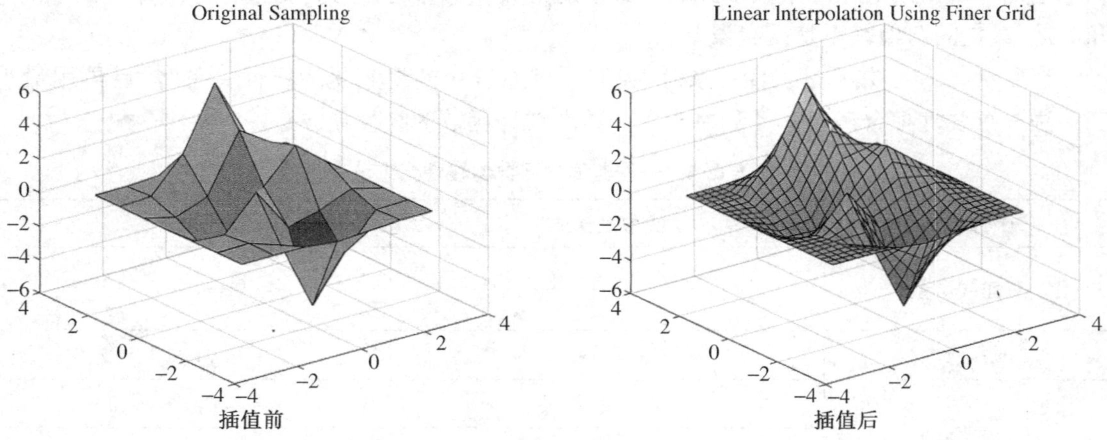

图 0-3 MATLAB 插值算法模拟

实验 1

夫兰克-赫兹实验

1.1 引言

自夫兰克-赫兹实验产生以来，其一直被称为能直接证明原子能级存在的著名实验，它巧妙、直观、清晰地反映出原子的能级信息。1914 年，柏林大学讲师夫兰克(James Franck)与助教赫兹(Gustav Hertz)合作，在勒纳德(P. Lenard)的反向电压法基础上进行改进，探索电子与汞原子的碰撞，得到了一些在当时看来非常奇特的结果。这些结果后来被认定为除光谱资料分析外，对玻尔理论的最直接实验证明：原子内部能量量子化。虽然当时夫兰克与赫兹并没有完全注意到玻尔理论，而玻尔(Niels Bohr)在自己文章中预见的碰撞的应有规律也没有实验支撑。但实验与理论的结合才是科学研究与发展的正确途径。正是几位物理学家的坚持不懈，才使得夫兰克-赫兹实验成为最经典的实验之一，为日后量子力学的创立奠定了坚实的基础。

1.2 实验目的

詹姆斯·夫兰克

(1) 建立实验模型，了解夫兰克-赫兹实验的原理和方法。

(2) 证实原子能级的存在，加强对原子量子化结构的认识。

(3) 观察原子能量量子化的现象，测量氩、氖与汞原子的第一激发电位。

1.3 实验原理

1.3.1 玻尔理论

原子是由原子核与绕核运动的电子组成。绕核电子以原子核为中心沿不同轨道运动，一定轨道上的电子具有一定的能量 E_n。原子只能较长久的停留在一些稳定状态(即定态)，各定态的能量是分立的。最低的能级称之为基态，较高的能级依次称之为第一激发态、第二激发态等。原子若从一个定态过渡到另一个定态，只能吸收或辐射一定的能量，相当于两定态间的能量差值。

$$hv = E_2 - E_1 = \Delta E \qquad (1\text{-}1)$$

一般情况下，原子最外层电子都是处于基态。如图 1-1 所示。当原子受到外部能量的作用后，电子从最低能量的轨道跃迁到较高能级上，原子就处于激发态。激发态原子极不稳定，在极短时间内就会重新跃迁回基态，并将其吸收的能量以光子形式释放出去，每一种跃迁都会发射出一种波长的光，在光谱中相应地产生一种谱线。

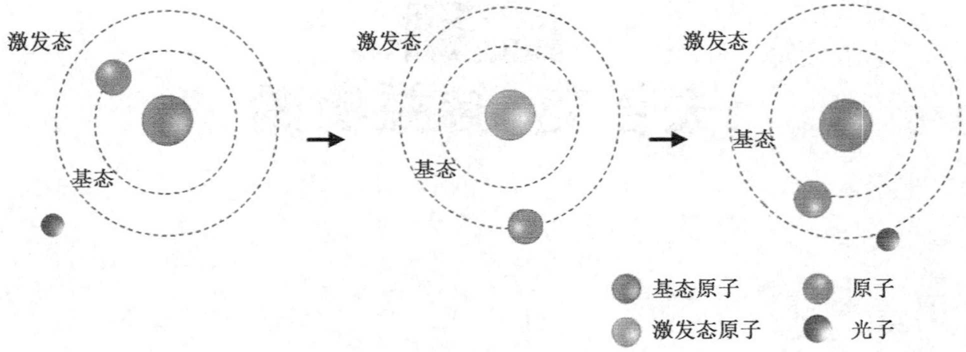

图 1-1　原子发射光谱原理

1.3.2　碰撞过程

加速电子与原子碰撞前后总能量守恒，即

$$\frac{1}{2}mv_0^2+\frac{1}{2}MV_0^2=\frac{1}{2}mv^2+\frac{1}{2}MV^2+\Delta E \tag{1-2}$$

其中，m 和 M 分别对应电子和原子质量，v_0 与 v 表示电子碰撞前后的速度，V_0 与 V 代表原子碰撞前后的速度，ΔE 为内能项。

在充稀薄气体的夫兰克-赫兹管中，电子由热阴极发出，经过加速后与稀薄气体的原子发生碰撞，使具有一定能量的电子与原子进行能量交换，而实现原子从基态到高能态的跃迁。加速后能量为 eU_0 的电子与原子碰撞时会发生弹性碰撞或非弹性碰撞。

(1) 当 $eU_0<E_2-E_1$ 时，发生弹性碰撞，电子几乎不损失能量。

(2) 当 $E_2-E_1\leqslant eU_0<2(E_2-E_1)$ 时，发生非弹性碰撞，电子损失能量 $\Delta E=E_2-E_1$。

(3) 当 $eU_0>2(E_2-E_1)$ 时，发生非弹性碰撞，电子损失能量 $2\Delta E$，如图 1-2 所示。

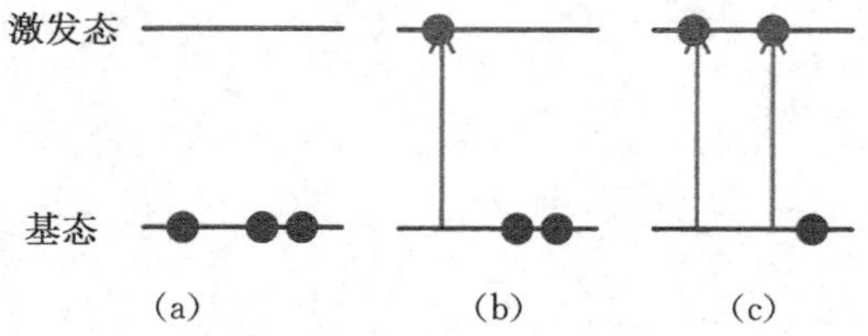

图 1-2　加速电子与原子碰撞情况

1.3.3　夫兰克-赫兹管内物理过程

实验中所用夫兰克-赫兹管原理如图 1-3 所示。在充稀薄气体的密闭玻璃管中，由热阴极(灯丝)发出电子。阴极 K 与第一栅极 G_1 之间所加电压主要是为了消除空间电荷对电子发射的影响，提高发射效率。阴极 K 与第二栅极 G_2 之间的加速电压使电子加速。板极 A 与第二栅极 G_2 之间所加减速电压，形成减速电场。当电子通过 KG_2 空间进入 G_2A 空间

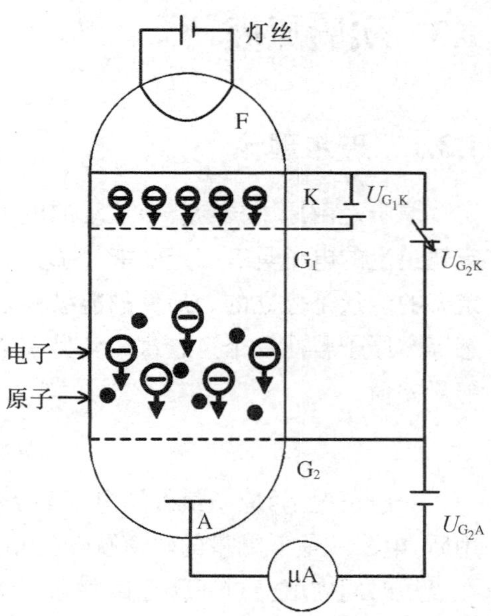

图 1-3　夫兰克-赫兹管

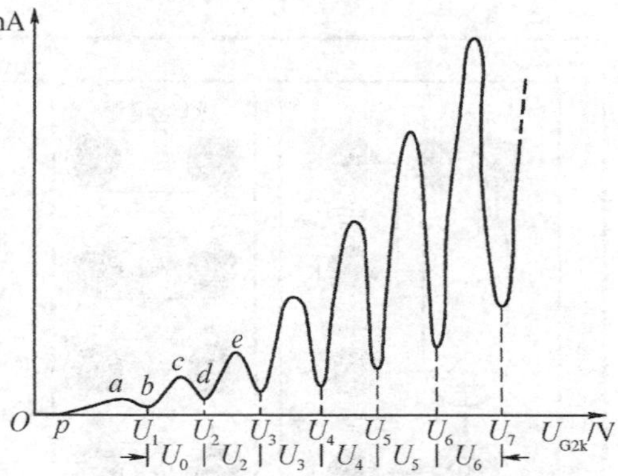

图 1-4 I_A-U_{G_2K}特性曲线

时，如果仍有较大能量就能克服电场力作用，冲过反向电场而达到板极 A 形成板流，由微电流计检出。如果电子与原子碰撞后，将自身能量传给原子使其激发，则所剩的能量不足以穿过反向电场，此时微电流计上电流值将显著减小。

实验时，只需逐渐增加 U_{G_2K} 并观察电流计的电流数值。如果原子能级确实存在，则可观察到如图 1-4 所示的曲线。

起始阶段，由于加速电压较小，电子所带能量不足以到达板极 A 形成电流，所以图中 Op 段栅极电流为零；随着 U_{G_2K} 逐渐增大，能够穿越的电子越来越多，电流逐渐增大，即为 pa 段曲线；当电子的能量 $\geqslant \Delta E$，稀薄气体原子与电子一次碰撞并交换能量。前者获得能量跃迁到激发态，后者的剩余能量不足以到达板极 A，而折回栅极。故而板极电流减小，即为 ab 段曲线。加速电压不断增加，碰撞后电子的剩余能量可以克服减速电场，则电流复而上升(bc 段)，直到电子能量 $\geqslant 2\Delta E$，电子会因二次碰撞损失能量，造成第二次板极电流的下降(cd 段)。同理，只要电子的能量 $\geqslant n\Delta E$ 时板极电流都会相应下降，形成规律变化的曲线。稀薄气体原子第一激发电位即为相邻两个峰电流(或谷电流)对应的电压差 U_0。

1.4 夫兰克-赫兹实验(氩)

如果夫兰克-赫兹管(F-H 管)内充以氩气，氩原子的第一激发电位为 11.55 V，它从第一激发态跃迁回基态所辐射的光波波长 $\lambda = 811.53$ nm。

1.4.1 实验仪器

实验中采用 ZKY-FH-2 智能夫兰克-赫兹实验仪，包括以下四个部分。

(1) F-H 管

(2) 稳压电源

灯丝电压 U_F(DC 0 ~ 6.3 V)

控制栅电压 U_{G_1K}(DC 0 ~ 5 V)

减速电压 U_{G_2A}(DC 0 ~ 12 V)

(3) 扫描电源

加速电压 U_{G_2K}(DC 0 ~ 100 V)

扫描方式：手动和自动两种。应注意实验测量时采用手动扫描方式。

(4) 微电流测试仪

测量 10^{-6} ~ 10^{-9} A 数量级的板极电流。

仪器实物图如图 1-5 所示。左侧为 F-H 管连线图，右侧为测量界面；电流显示与电压显示，相应按钮起档位转换调节作用。

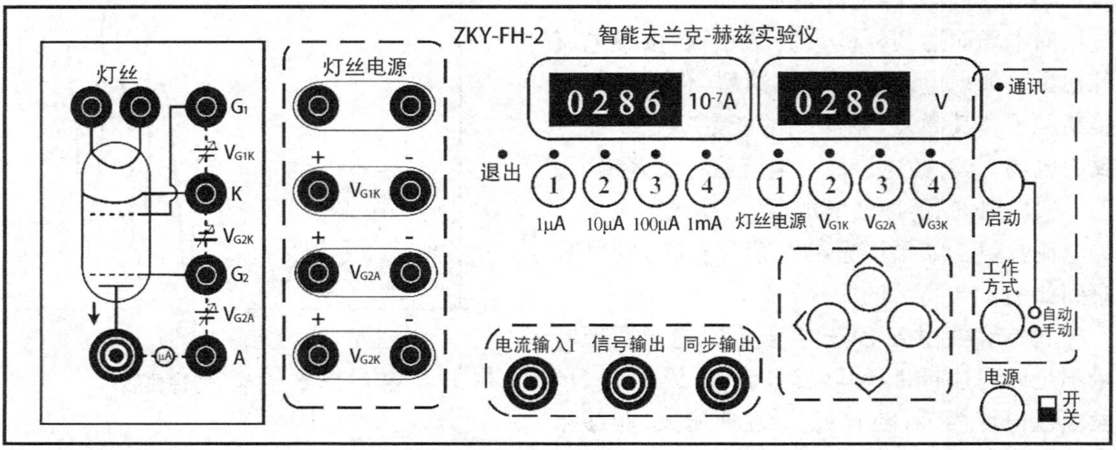

图 1-5　ZKY-FH-2 智能夫兰克-赫兹实验仪

1.4.2　预习思考题

(1) 玻尔理论的主要内容是什么?

(2) 夫兰克-赫兹实验为什么选用电子作为激发原子的手段?

(3) 电子与原子会产生哪两种碰撞现象?

1.4.3　实验内容

(1) 熟悉夫兰克-赫兹实验仪各个开关与按钮的作用与使用方法。

(2) 按图 1-6 连接线路,检查无误后,打开仪器电源,再开始进行实验。

(3) 按照仪器铭牌上给出的参考值调整 F-H 管电源组的各档电源参数:灯丝电压 U_F、栅极电压 U_{G_1K} 与减速电压 U_{G_2A}。

(4) 选择手动扫描方式,逐渐增大加速电压 U_{G_2K},记录其与板极电流 I_A 的对应数值,至少应测出 6 个波峰。由此数据可画出 $I_A - U_{G_2K}$ 图,并求得氩原子的第一激发电位。

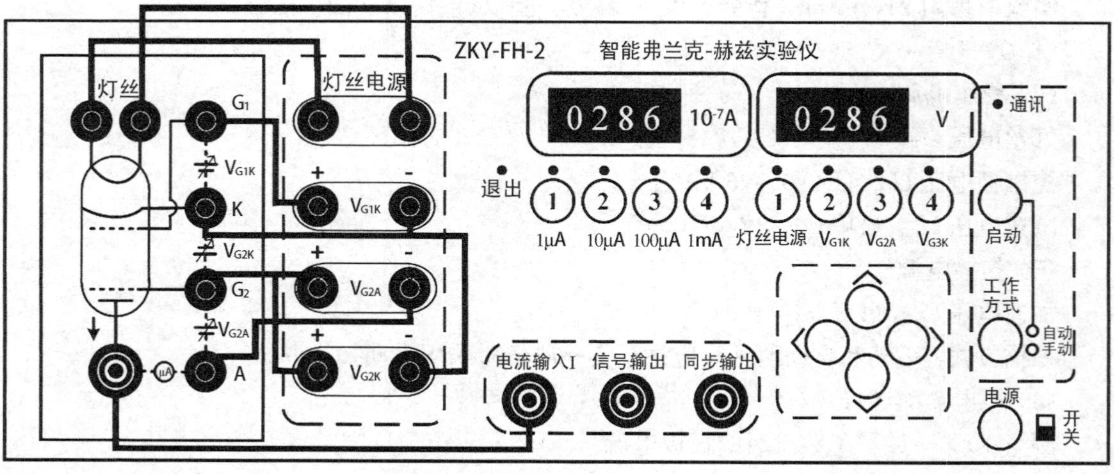

图 1-6　实验连线

1.4.4　数据处理

1）数据记录

实验时需要记录下各档电源参数及工作温度，并将 I_A 与 U_{G_2K} 的数据记录在表 1-1 中。实验中应在波峰与波谷位置附近多记录几组数据，以提高精度。

$U_F=$________，$U_{G_1K}=$________，$U_{G_2A}=$________，工作温度________。

表 1-1　实验数据

N	1	2	3	4	5	6	7	8	9	10	11	12	13
U_{G_2K}/V													
$I_A/(10^{-8}\text{A})$													
N	14	15	16	18	17	19	20	21	22	23	24	25	26
U_{G_2K}/V													
$I_A/(10^{-8}\text{A})$													
N	27	28	29	30	31	32	33	34	35	36	37	38	39
U_{G_2K}/V													
$I_A/(10^{-8}\text{A})$													

2）数据处理

(1) 根据表 1-1 数据绘制 I_A-U_{G_2K}特性曲线。

(2) 利用逐差法处理数据，计算氩原子第一激发电位的实验值。

$$\bar{U}_0=\frac{1}{9}(U_4-U_1+U_5-U_2+U_6-U_3) \tag{1-1}$$

$$\sigma_{U_0}=\sqrt{\frac{\sum_{i=1}^{n}(U_i-\bar{U}_0)^2}{n(n-1)}} \tag{1-2}$$

实验结果写成标准形式：$U_0=(\bar{U}_0\pm\sigma_{U_0})$ V

(3) 氩原子第一激发电位的公认值为 $U_{C_0}=11.5$ V。将实验结果与理论值相比较，计算百分差。

$$E_0=\frac{|\bar{U}_0-U_{C_0}|}{U_{C_0}}\times 100\% \tag{1-3}$$

1.4.5　实验注意事项

(1) 线路连好后检查无误，方可开启电源。

(2) 各参考电压一定要在给定的数据范围之内，尤其是灯丝电压，不然会造成夫兰克-赫兹管的加速老化或击穿。

(3) 为保证实验数据的唯一性，加速电压 U_{G_2K} 必须从小到大单向调节，不可在过程中反复；记录完最后一组数据后，立即将 U_{G_2K} 电压快速归零(可按启动键迅速归零)，再关闭电源。

1.4.6 思考题

(1) 为什么相邻电流峰值(或谷值)对应的电压之差就是氩原子的第一激发电位?

(2) 谷电流为什么不为零?

(3) 为什么随着 U_{G_2K} 的增加,板极电流 I_A 的峰值越来越高?

1.5 夫兰克-赫兹实验(氖)

1.5.1 实验仪器

莱宝公司夫兰克-赫兹实验仪(控制电源和氖管)、示波器和若干导线。

1.5.2 预习思考题

(1) 简述原子被电子碰撞激发和退激发的过程。

(2) 原子从高能级跃迁到低能级时发射波长为 600 nm 的光子,则这两个能级差 ΔE 为多少电子伏特?

(3) 如果某原子的第一激发电位为 16.0 V,求该原子从第一激发态跃迁回基态时发射出光子的波长。

(4) 解释说明原子从高能级跃迁到低能级时发射光子的波长与这两个能级差 ΔE 之间的关系。

(5) 实验中所涉及的各种电压数值(控制电压 U_G、加速电压 U_A、反向电压 U_E)对氖管中发光现象和板极电流分别有什么影响?为什么?

(6) 如果不考虑电子从阴极 K 出来的初动能、栅极电位等其他因素,只考虑氖原子的第一激发态,基于这种理想的实验模型,画出电子动能沿 F-H 管轴向的变化曲线,电流 I_E 随加速电压 U_A 的变化曲线。(假定加速电压 U_A 为氖原子第一激发电位的三倍)

1.5.3 实验内容

1. 观察氖管发光现象

仔细观察和记录氖管发光现象及其随加速电压的变化,观察实验参数(控制电压、反向电压)的影响,选择合适的参数,记录发光区的变化;根据发光区出现的电压估算 U_1,计算氖原子从第一激发态返回基态时所发出光子的波长,判断是否为橙红色发光区。实验步骤如下。

(1) 左旋各旋钮使其置于零位,检查无误后打开实验仪器电源。

(2) 设置参数初始值。灯丝电压 U_F 为 8.5 V 不变;控制电压 U_G 取值范围 1.5~5 V;反向电压 U_E 取值范围 0~8 V。为了保证仪器安全,参数 U_G 和 U_E 的初始设置值应使 I_E 尽量小。

(3) 手动调节加速电压 U_A 从 0 逐渐增加到 75 V。根据氖管的发光现象(有无发光、亮度如何、是否弯曲、间隔是否明显等),仔细调节控制电压与反向电压,选择最合适的参数。

(4) 在合适的参数下,记录加速电压从 0 开始增加的过程中,氖管发光区出现的位置、形态和移动情况等,画出每一片发光区的侧视图,并记录相应的加速电压数值。

① 如果看不到发光区,应如何调整参数(U_G,U_E)?

② 能看到发光区时，将 U_A 增至 75 V，观察并记录参数(U_G，U_E)对发光区的影响。若发现发光区中心向阴极 K 弯曲凸起，这说明什么问题？应采取什么措施？

③ 调节参数(U_G，U_E)使发光区亮度适中、没有弯曲、间隔明显。

④ 从零开始增加 U_A，观察并记录发光区出现的位置、发光区的形态、发光区的移动情况。

⑤ 画出每一片发光区刚刚完全出现时的侧视图，并记录相应的 U_A 数值。观察时应水平正视。画发光区的侧视图时，应先画出各个电极。注意发光区是刚刚出现，还是完全出现，还是已经离开阳极？

(5) 由各发光区出现时的加速电压 U_A 数值，估算氖原子的第一激发电位 U_1。计算氖原子从第一激发态返回基态时所发射出光子的波长，是否对应于观察到的橙红色发光区？如果不对应，那么实验中观察到的橙红色发光区是由氖原子的哪些能级之间的跃迁产生？

2. 用示波器选定实验参数最佳值

利用示波器观察加速电压曲线和电流曲线，并观察实验参数(控制电压、反向电压)的影响，选择合适的参数；采用示波器观察电压曲线和电流曲线时，将电压档位调至最小，通过曲线的台阶来了解示波器的数字特性。实验步骤如下。

(1) 连接实验仪器。可将加速电压 U_A 减为原来的 1/10 输出($U_X = U_A * 1/10$)，电流 I_E 通过转换器 V 转换为电压信号输出($U_Y = I_E * V$)。采用同轴电缆将 F-H 实验仪的 U_X 与示波器的"X"通道相连，U_Y 与示波器的"Y"通道相连。

(2) 加速电压 U_A 设为"自动扫描"，扫描范围设为 0～75 V，观察示波器屏幕上 X 通道的 U_A-t 曲线和 Y 通道的 I_E-t 曲线，调节示波器的电压档位和时间档位使曲线位于屏幕中央，大小适中。

(3) 将反向电压 U_E 设置为适中数值，观察控制电压 U_G 对 I_E-t 曲线的影响，记录三种典型的电流曲线形态，并选定合适的控制电压 U_G 数值。

(4) 选定控制电压 U_G 后，观察反向电压 U_E 对 I_E-t 曲线的影响，记录三种典型的电流曲线形态，并选定合适的反向电压 U_E 数值。

(5) 选定合适的参数(U_G，U_E)后，观察加速电压 U_A 对 I_E-t 曲线的影响，记录几种典型的电流曲线形态，并选定所有峰谷都出现的加速电压 U_A 数值。这些电压对电流曲线影响的机理是什么？如何通过 U_A-t 曲线和 I_E-t 曲线来获得 I_E-U_A 曲线？将示波器中实际测得的 I_E-U_A 曲线和预习报告中理想实验模型下预期的 I_E-U_A 曲线作比较，差异在哪里？为什么有这些差异？

3. 测定氖原子的第一激发电位

运用示波器的光标功能键测量电流曲线中第一峰的加速电压值与相邻峰和谷之间的加速电压差值，并利用测得数据求得氖原子的第一激发电位。说明测量结果的误差原因，分析实验中红色发光区的来源。

采用示波器测量电流曲线第一峰的加速电压和相邻峰谷之间电压差值时，光标的手动模式读的是时间(ms)，追踪模式读的是电压差值(V)，这两种测量的不确定度应如何估计？(提示：单次测量，光标线最小的移动带来的读数变化，B2 类不确定度忽略)

实验步骤如下。

(1) 按下示波器的"光标"按钮，并选择手动模式。将两对正交光标线分别置于 U_A-t 直线上的两点，读取两点之间的 ΔU 和 Δt，计算加速电压 U_A 随时间 t 的变化率 s。(U_A-t 直线上的两点应尽量互相远离，$s = 10\Delta U/\Delta t$)

(2) 以 U_A-t 直线的起点为 $t=0$ 时刻,通过光标测量 I_E-t 曲线到达各个峰谷的时间 t_1, t_2, t_3, …,并计算相应各个峰谷处的加速电压 $U_A(=s \cdot t_n)$。

(3) 写出第一个峰处的加速电压值、各相邻峰之间的加速电压差值、各相邻谷之间的加速电压差值。在理想的实验模型下,这些电压值的关系应是怎样?如何求氖原子的第一激发电位 U_1?通过这些实际测量的电压值,可以看出理想实验模型的哪些地方不符合实际实验情况?产生这些差异的原因是什么?怎样得到最合理的 U_1?本实验中所观察到的哪些现象,可以看出原子的能量是量子化的?

1.5.4 数据处理

(1) 记录选定实验参数最佳值的过程。

(2) 画出每一片发光区刚刚完全出现时的侧视图,并自拟表格记录相应的加速电压,估算氖原子的第一激发电位。

(3) 计算氖原子从第一激发电位返回基态时和从第二激发电位退激到第一激发电位时所发射的光子的波长,试分析两者是否符合实验中观察到的发光现象。

(4) 自拟表格,记录示波器观察到的曲线中第一个峰处的加速电压值、各相邻峰之间和各相邻谷之间的加速电压差值,由此求得氖原子的第一激发电位,计算其与理论值之间的百分差,并做误差分析。

1.5.5 实验注意事项

(1) 控制电压 U_G 过大时,会使得发光区中心向阴极凸出,甚至出现气体被击穿的现象,此时应立即将加速电压调至最小,降低控制电压后再做实验。不同的仪器,控制电压有不同的工作范围。

(2) 应在参考范围内调节加速电压,加速电压太高时,电子的动能有可能大到使气体原子电离而使 F-H 管击穿。不同的实验参数下,有不同的击穿值。一旦发生击穿,应立即调低加速电压。

(3) 由于氖管温度会升得很高,寿命有限,当不进行实验或数据处理时,应及时关掉加速电压,延长氖管使用寿命。

1.5.6 思考题

(1) 想一想,实际看到的电流曲线,和你实验前构建的理想情况下的电流曲线,有什么共同点?有什么不一样的地方?是哪些因素带来这些差异?

(2) 分析示波器的光标法测得的第一峰电压值,四个相邻峰之间和相邻谷之间电压差值,理想情况下它们大小关系如何?实际情况下又是如何?是否可以简单取平均得到氖原子的第一激发电位 U_1?如果简单平均不合理,又应如何获取较为合理的氖原子第一激发电位 U_1?

(3) 获得氖原子的第一激发电位 U_1 结果后,和标准值作比较,并做误差分析。

(4) 氖原子从第一激发态返回基态时所发出光子的波长,是否对应于观察到的橙红色发光区?

(5) 了解氖原子更多的能级状态,了解能级差的变化,找到橙红色发光区的产生机制。

1.6　夫兰克-赫兹实验(汞)

1.6.1　实验仪器

本实验仪(图 1-7)由以下三大部分组成。

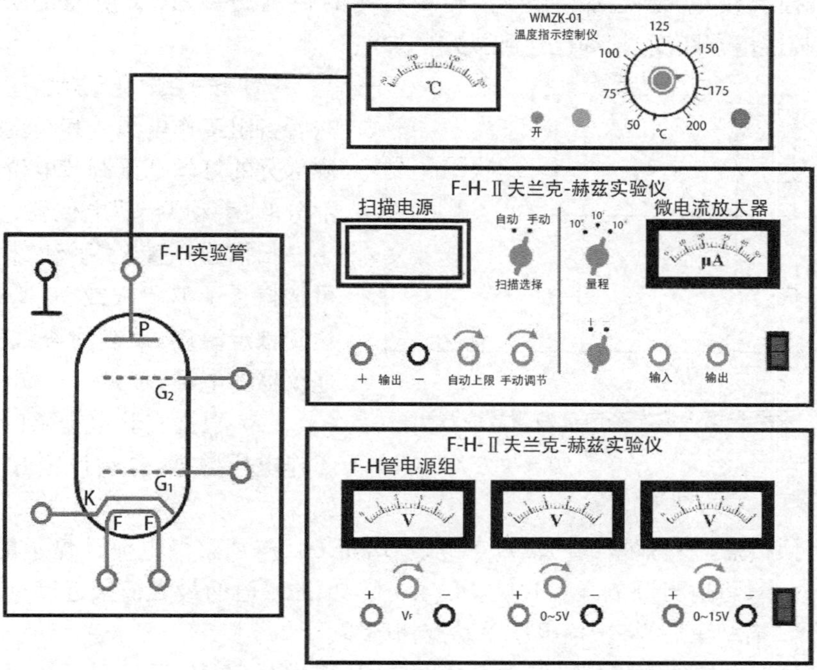

图 1-7　夫兰克-赫兹实验仪

(1) F-H 管电源组

F-H 管电源组用来提供 F-H 管各极所需的工作电压,性能要求如下:

灯丝电压 U_F:直流 0～5 V 连续可调(一般在 2 V 左右就能发射出足够的电子流);

第一栅极电压 U_{G_1K}:直流 0～5 V 连续可调电压;

第二栅极与板极间的减速电压 U_{G_2P}:直流 0～15 V 连续可调电压。

(2) 扫描电源和微电流放大器

扫描电源提供 0～90 V 的可调直流电压或慢扫描输出锯齿波电压,作为 F-H 管的加速电压,供手动测量。微电流放大器用来检测 F-H 管的板流,测量选项为 10^{-8} A, 10^{-7} A, 10^{-6} A 三档。

(3) F-H 管、加热炉、控温装置

实验中使用充汞(高纯汞滴)的 F-H 管安装于加热炉内。前面板画有 F-H 管示意图。F-H 管内各电极已引到前面板的瓷接线柱和 BNC 插头上。炉顶有安装温度计的小孔,温度计须和控温装置配合使用。通过后面板的玻璃窗口可观察到内部的 F-H 管。

1.6.2　预习思考题

(1) 简述 U_{G_2K} 由零逐渐增加时,电子和汞原子之间的能量交换情况。

(2) 试说明汞原子基态和第一激发态电势差，并计算出发射光波长。

(3) 试画出汞原子的能级图和发射光谱，列出六个低激发态和有可能发生的六条跃迁。

1.6.3 实验内容

1. 汞原子的第一激发电位测量

(1) 熟悉实验仪器的使用方法。

(2) 打开控温仪电源，指示灯亮起，旋动右侧的控温旋钮，设置所需的炉温(160℃～180℃)，待温控继电器跳变时，即已达到预定的炉温。

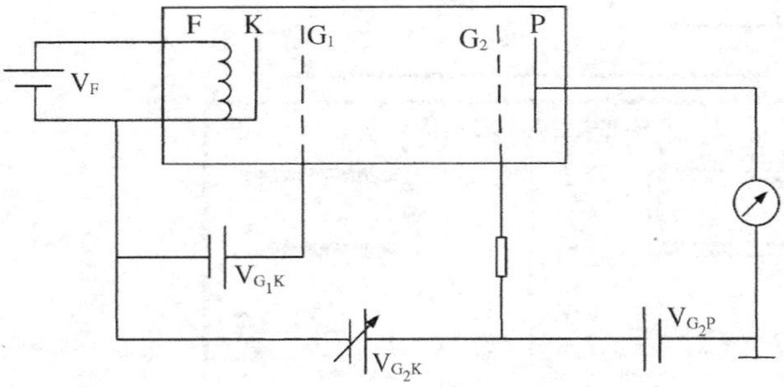

图 1-8 汞原子第一激发态电位的测量线路

注：U_F为 1.0～2 V，U_{G_1K}约 1 V，U_{G_2P}为 0.5～2 V，炉温为 160℃～180℃。

(3) 按照图 1-8 所示连接夫兰克-赫兹管各组工作电源线和温度传感器，将电源部分的灯丝电压调节电位器，扫描电源部分的“手动调节”电位器逆时针旋至最小。扫描选择置于“手动”档。微电流计可选择置于 10^{-7} A 或 10^{-8} A 档。待炉温达到预定温度，反复检查线路无误后，接通仪器的电源。

(4) 根据实验室提供的 F-H 管参考工作电压数据，分别设定好 U_F，U_{G_1K} 与 U_{G_2P}。

(5) 进行预扫描，手动逐渐增大 U_{G_2K}，从零增至 60 V，观察微电流计显示的 I_P 的幅值。若 I_P 的幅值过小，可适当调节 U_F，U_{G_1K}，U_{G_2P}，使 I_P 的峰值的最大值接近满刻度，减小实验测量误差。预扫描结束后，将扫描电压手动旋钮归零。

(6) 自拟设定合适的间隔(0～60 V)，使 U_{G_2K} 从零增至 60 V，记录下 U_{G_2K} 和与其对应的 I_P。

2. 汞原子的较高激发电位测量

(1) 重新设定 F-H 实验管的工作环境的温度(约 120℃)，等待 F-H 实验管的温度下降到设定值后方可进行下一步实验。

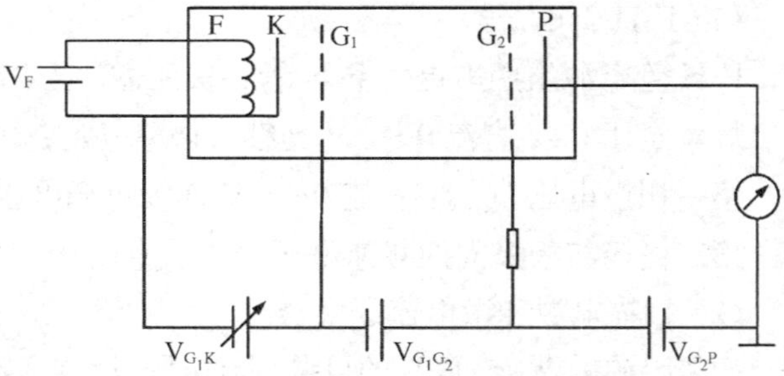

图 1-9 汞原子较高激发电位的测量线路

注：U_{G_1K}为 0～30 V，$U_{G_1G_2}$ 约 0.5 V，U_{G_2P}约 1 V，炉温约 120℃。

(2) 在等待的过程中按照图 1-9 所示连接 F-H 管各组工作电源线和温度传感器，根据实验室提供的参考值重新设定 $U_{G_1G_2}$ 与 U_{G_2P}，检查无误后开机。

(3) 进行预扫描，手动逐渐增大 U_{G_1K}，从零增至 30 V，观察微电流计显示的 I_P幅值。针对实验现象做相应调整。预扫描结束后，将扫描电压手动旋钮旋至零位。

(4) 设定合适的间隔(0～30 V)，使 U_{G_1K} 从零增至 30 V，记录下 U_{G_1K} 和与其对应的 I_P。

1.6.4 数据处理

(1) 自拟表格，分别记录实验条件和相应的 $I_P-U_{G_2K}$ 与 $I_P-U_{G_1K}$ 数据。

(2) 用测得数据作出测量汞原子第一激发电位时的 $I_P - U_{G_2K}$ 曲线。

(3) 根据 $I_P - U_{G_2K}$ 数据,用逐差法或最小二乘法处理,求出汞原子的第一激发电位,并计算其不确定度,与理论值作比较,计算百分差。

(4) 试说明 $I_P - U_{G_2K}$ 曲线中的第一个峰的电压是否与汞原子的第一激发能4.9 eV一致。

(5) 测量汞原子较高激发电位时的 $I_P - U_{G_1K}$ 曲线,分析汞较高激发电位时的 $I_P - U_{G_1K}$ 曲线图,从曲线图中分析汞较高激发电位的不同能级跃迁组合。图 1-10 给出了典型的汞较高激发电位时的 $I_P - U_{G_1K}$ 曲线。

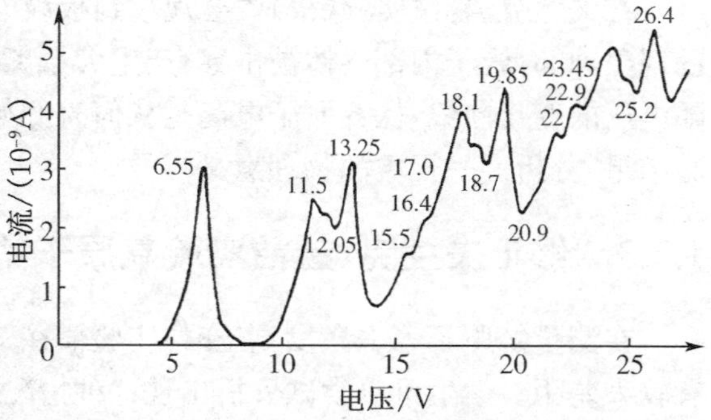

图 1-10　测量汞较高激发电位时的 $I_P - U_{G_1K}$ 曲线

1.6.5　实验注意事项

(1) 夫兰克-赫兹管极易因电压设置不合适而遭受损坏。因此应谨慎调节 F-H 管电源组工作电压,灯丝电压不宜过高,否则会加快 F-H 管老化;U_{G_2K} 不宜超过 60 V,否则易击穿 F-H管。

(2) 灯丝有热惯性,调节后需等待一会儿才会有效果,并且每次增量要小(0.1 V),以免损坏实验仪器。

(3) 切记为保证实验数据的唯一性,U_{G_2K}电压必须从小到大单向调节,不可在过程中反复;记录完成最后一组数据后,立即将 U_{G_2K}电压快速归零。

(4) 实验中如微电流剧增,应将扫描电压减小至零,再重选实验条件使微电流不发生剧增,特别留意灯丝电压不能过高。

(5) 加热炉外壳温度较高,不要用手触摸,导线也不应紧挨炉壁,以免发生危险。

1.6.6　思考题

(1) 曲线 $I_P - U_{G_2K}$ 是否要扣除本底? 如何扣除?

(2) 试分析影响汞原子第一激发电位测量精度的主要原因。

(3) 曲线 $I_P - U_{G_1K}$ 各峰值分别对应汞原子内能级怎样的跃迁? 试做出具体分析。

1.7　拓展实验设计参考

1.7.1　夫兰克-赫兹实验(汞、氩)最佳参数的探究

实验中所涉及的三种研究对象,只有氖原子的实验进行了最佳参数的选择测量。而汞原子和氩原子的实验中都是给定的参考数值,但是这并不意味着每一台仪器的最佳参数都为同一组数值。若想在实验中得到较理想的结果,同学们可以具体地深入探究某一台仪器中炉温、灯丝电压、减速电压等参数对实验曲线的影响,选定最佳参数,讨论分析原因,加深对夫兰克-赫兹实验原理的理解。

1.7.2 研究夫兰克-赫兹实验中的电离问题

在夫兰克-赫兹实验(汞)中会观察到板级电流振荡曲线在某个电压下突然升高,振荡消失的现象,此时管子内部气体被击穿,产生大量离子和电子。可以通过电流放大器测量栅极电流随电压的变化曲线,探究原子电离是从何时开始的,是在击穿前后,还是击穿过程中?结合实验结果,分析这一现象的物理意义。

1.7.3 修正夫兰克-赫兹实验氩原子第一激发电位的测量

在测量氩原子第一激发电位时,实验值在 11.5～11.7 V,与按能级理论分析得到的 13.1 V 有较大差距。学生可以尝试分析出现这种情况的原因,并通过改进实验内容来修正这一问题。用实验的方式论证理论结果。

1.7.4 提高实验精度的改进方案

在进行实验的过程中难免会碰到读数不稳定、测量困难的情况。造成这种困扰的原因有很多,比如实验仪器比较传统,人工测量引入的误操作影响很大;或读数仪器精度不够或采集频率太低而引入的系统误差等。所以可以结合自身实际情况,提出改进实验精度的方案。完善实验的同时也能锻炼解决问题的能力。

1.8 拓展资料

1. 汞原子的能级跃迁

汞的原子序数为 80,前五个电子壳层中的所有次壳层都是闭合的,最外层有两个价电子,属于二电子体系。图 1-11 是汞原子能级图。它有两套能级,一套为单一态(独态),对应于自旋反平行;另一套为三重态,对应于自旋平行。基态的光谱项为 $6s6s\,^1S_0$,最低的激发态是三重态 $6s6p\,^3P_{2,1,0}$。单一态和三重态能级间的虚线连线表示互组合禁戒跃迁。夫兰克-赫兹实验中,汞原子在碰撞过程中由非弹性碰撞引起的跃迁不受选择定则的限制,可以从基态分别跃迁到 $^3P_0$,$^3P_1$ 和 $^3P_2$ 态,对应的激发电势分别为 4.67 V,4.89 V 和 5.46 V。$^3P_1$ 态是汞原子从最低的三重态回到基态的唯一通道,汞原子的第一激发电势 4.89 V 即对应于 $6s6p\,^3P_1 \to 6s6s\,^1S_0$ 之间的跃迁。

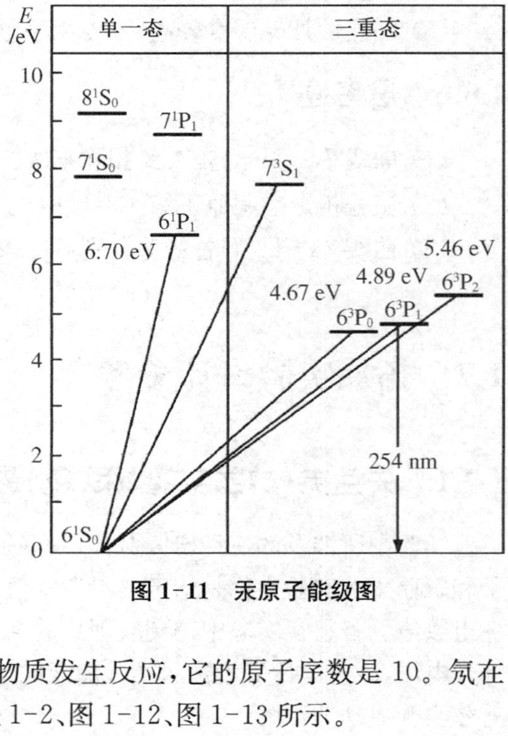

图 1-11 汞原子能级图

2. 氖原子的能级跃迁

氖原子属于惰性气体,在一般情况下不与其他物质发生反应,它的原子序数是 10。氖在放电时发出橘红色辉光。氖原子能级相关信息如表 1-2、图 1-12、图 1-13 所示。

表 1-2　氖原子各能级对应的光谱项和能量

能级态	原子态	T_n /cm^{-1}	E /eV
14	3p′[1/2]$_0$	152 970.73	18.382
13	3p′[1/2]$_1$	151 038.45	18.556
12	3p[1/2]$_0$	150 917.43	18.576
11	3p′[3/2]$_2$	150 858.51	18.613
10	3p′[3/2]$_1$	150 772.11	18.637
9	3p[3/2]$_2$	150 315.86	18.694
8	3p[3/2]$_1$	150 121.59	18.704
7	3p[5/2]$_2$	149 824.22	18.712
6	3p[5/2]$_3$	149 657.04	18.727
5	3p[1/2]$_1$	148 257.78	18.966
4	3s′[1/2]$_1$	135 888.71	16.619
3	3s′[1/2]$_0$	134 818.64	16.671
2	3s′[3/2]$_1$	134 459.28	16.716
1	3s′[3/2]$_2$	134 041.84	16.848

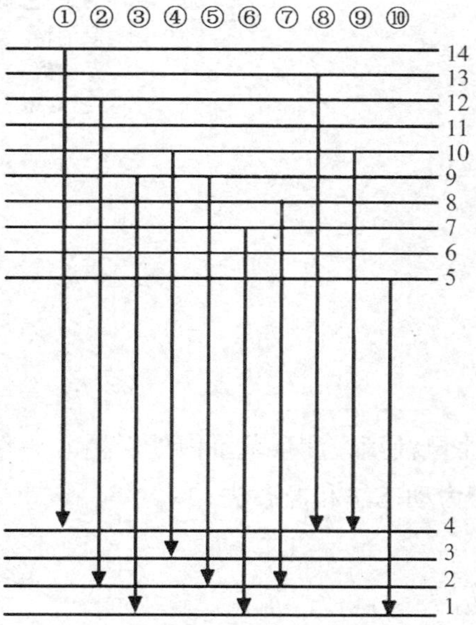

图 1-12　氖原子能级跃迁

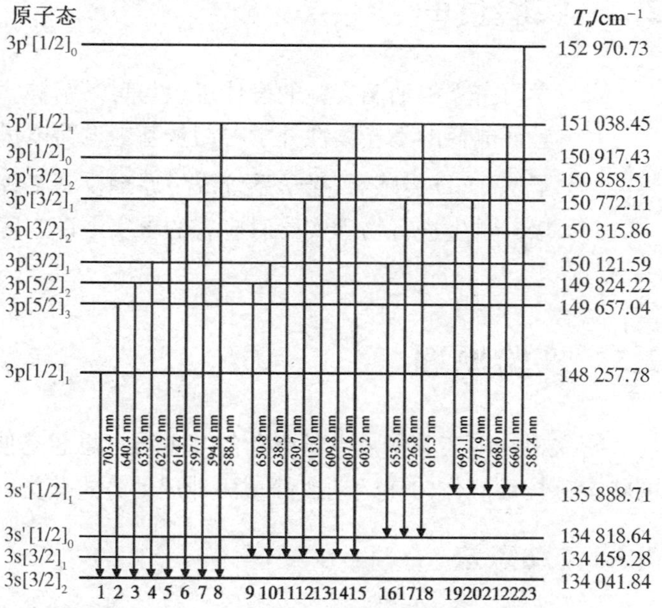

图 1-13　氖原子跃迁辐射波长

实验 2

密立根油滴实验测量电子电荷 e

2.1 引言

著名的美国物理学家罗伯特·安德鲁·密立根(Robert A. Millikan)于 1907 年开始,花费了近十年的心血,进行测量微小油滴上所带电荷的工作,即油滴实验。这一实验设计构思巧妙,方法简单直观但结论精准,且具有不容置疑的说服力,因此这一实验堪称物理实验的精华和典范,是物理学发展史上具有重要意义的实验。此实验证明了电荷的不连续性,并测量得到了电子电荷,其值为 $e=1.60\times10^{-19}$C。现公认 e 即是元电荷,对其值的测量精度不断提高,目前给出最好的结果为 $e=(1.602\,177\,33\pm0.000\,000\,49)\times10^{-19}$C。正是这一成就,密立根教授荣获了 1923 年诺贝尔物理学奖。100 多年来,物理学已经发生了根本的变化,而这一古老经典的实验在科学前沿仍然起着重要的作用。

罗伯特·安德鲁·密立根

2.2 实验目的

(1) 学习密立根油滴实验的设计思想与科学精神。

(2) 验证电荷的不连续性并学习测量基本电荷电量。

(3) 了解 CCD 传感器、光学系统成像原理及其工程应用。

(4) 培养学生进行物理实验时应有的求实严谨态度。

2.3 实验原理

密立根油滴实验测量电子电荷的基本设计思想是使带电油滴在测量范围内处于受力平衡的状态。按油滴作匀速运动或静止两种运动方式分类,分为动态法和静态法。

2.3.1 动态法

考虑一个由喷雾器喷入的足够小油滴处于两块平行极板之间。在喷入过程中,由于摩擦使得油滴带电。若设此油滴带电量为 q,半径为 r,质量为 m_1。当平行极板未加电压时,油滴在重力场中运动,由于空气是黏滞流体,故在此运动中油滴除受重力和浮力外,还受黏滞阻力的作用。油滴下降一段距离后,将开始做匀速运动,设油滴以匀速度 v_g 下落。由斯托克斯定律:黏滞阻力与物体运动速度成正比。则有

$$f=6\pi r\eta v_g \tag{2-1}$$

式中 η 是空气的黏滞系数。当油滴所受阻力、浮力与重力平衡时，则有

$$m_1 g - m_2 g = f \tag{2-2}$$

此处 m_2 为与油滴同体积的空气的质量，g 为重力加速度。当在距离为 d 的平行极板间加电压 V 时，油滴处在场强为 $E = V/d$ 的电场中，电场力与重力方向相反。油滴在重力场和电场中的受力情况分别如图 2-1、图 2-2 所示。油滴受电场力作用后，加速向上运动。当电场力、阻力、浮力与重力平衡时，将开始做匀速运动，如果油滴以 v_r 匀速上升，则有

$$Eq = (m_1 - m_2)g + 6\pi r\eta v_r \tag{2-3}$$

由式(2-1)～式(2-3)可解出 q 为

$$q = \frac{(m_1 - m_2)g}{Ev_g}(v_g + v_r) \tag{2-4}$$

由于表面张力的原因，油滴近乎呈小球状。设油滴与空气的密度分别为 ρ_1、ρ_2，则有

$$(m_1 - m_2)g = \frac{4}{3}\pi r^3(\rho_1 - \rho_2)g \tag{2-5}$$

由式(2-1)、式(2-2)与式(2-5)可得小油滴半径为

$$r = \left[\frac{9\eta v_g}{2g(\rho_1 - \rho_2)}\right]^{1/2} \tag{2-6}$$

图 2-1　重力场中油滴受力情况

图 2-2　电场中油滴受力情况

油滴的半径为微米数量级，近似于空气中空隙的大小，所以空气对于油滴而言已经不能被认为是连续介质，因而对斯托克斯定律中的黏滞系数应修正为

$$\eta' = \eta \cdot \frac{1}{1 + \dfrac{b}{pr}} \tag{2-7}$$

式中，p 为大气压强，b 为修正系数 ($b = 8.23 \times 10^{-3}$ m·Pa)，在精度要求不高的情况下，可将修正后的半径带入式(2-5)，并结合式(2-4)整理得

$$q = \frac{18\pi d}{V\sqrt{2g(\rho_1 - \rho_2)}}\left(\eta \cdot \frac{1}{1 + \dfrac{b}{pr}}\right)^{3/2}(v_g + v_r)v_g^{1/2} \tag{2-8}$$

实验中设定油滴运动的距离为 l，匀速下降时间为 t_g，匀速上升时间为 t_r，则

$$v_g = \frac{l}{t_g}, \quad v_r = \frac{l}{t_r} \tag{2-9}$$

将式(2-9)代入式(2-8)，得

$$q = \frac{18\pi d}{V\sqrt{2g(\rho_1 - \rho_2)}}\left[\eta \times \frac{l}{1+\frac{b}{pr}}\right]^{\frac{3}{2}}\left(\frac{1}{t_g}+\frac{1}{t_r}\right)\left(\frac{1}{t_g}\right)^{1/2} \tag{2-10}$$

式(2-10)就是动态法测量油滴所带电荷的公式。

2.3.2 静态法

静态法是指当油滴在平衡极板间静止在某一位置时，$v_r = 0$，$t_r \to \infty$，由式(2-10)可得

$$q = \frac{18\pi d}{V_0\sqrt{2g(\rho_1 - \rho_2)}}\left[\frac{\eta}{t_g} \times \frac{l}{1+\frac{b}{pr}}\right]^{3/2} \tag{2-11}$$

式中，V_0 为使油滴静止在平行极板间的平衡电压。

2.4 实验仪器

CCD显微密立根油滴仪由主机、CCD光学成像系统、油滴盒、计时器与监视器等部件组成。其中主机包括可控电源、A/D采样等单元模块；CCD光学成像系统包括CCD传感器、成像部件等，可用于捕捉暗室中油滴的像。实验中可以通过调焦旋钮来改变物距，使像更清晰，便于实验操作。

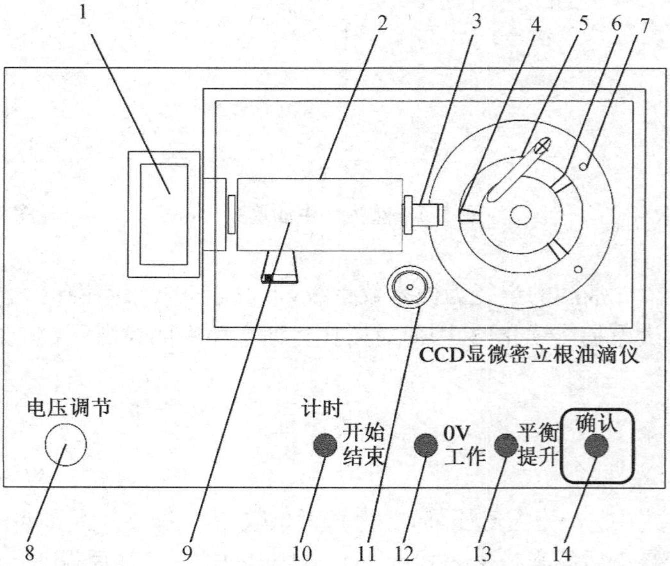

1—CCD盒；2—光学系统；3—镜头；4—观察孔；5—上极板压簧；6—进光孔；7—光源；8—电压调节旋钮；9—调焦旋钮；10—计时开始/结束切换键；11—水准泡；12—0V/工作切换键；13—平衡/提升切换键；14—确认键

图 2-3 CCD 显微密立根油滴仪部件

如图 2-3 所示，电压调节旋钮用于调整平行极板间的电压。计时开始/结束切换按键用于记录油滴匀速下降或匀速上升的时间，具体数值显示在监视器屏幕右上角表格内。“0 V/工作”切换键用于切换仪器工作状态。“平衡/提升”切换键用于改变油滴状态。确认按键用于在监视器屏幕中显示测量结果。油

滴盒内的照明系统由光源、进光孔组成，而成像系统则通过观察孔捕捉油滴的像，并通过视频处理模块显示在监视器屏幕上。

监视器界面如图 2-4 所示。其中极板电压即为实际加到平行极板的电压，显示范围：0～9 999 V；经历时间为计时开始至计时结束所经历的时间，显示范围：0～99.99 s；保存结果显示如图 2-5 所示。显示格式与实验方法有关。学生可通过按下确认键 2 秒以上来删除实验结果。

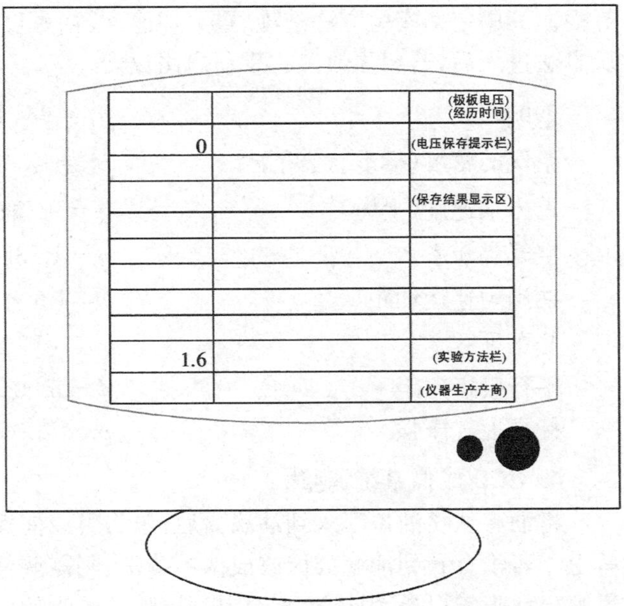

图 2-4　监视器界面

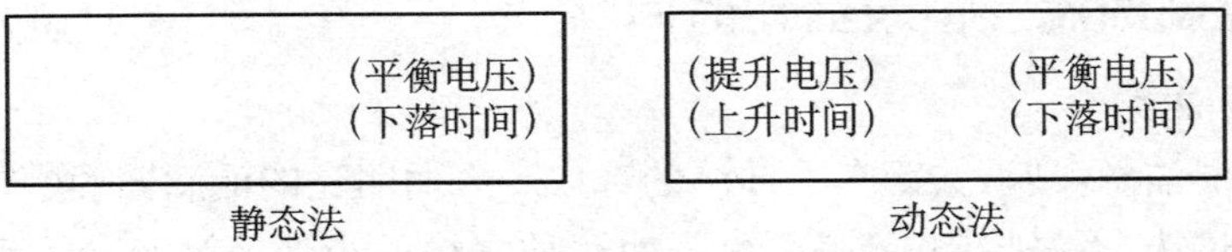

图 2-5　保存结果显示

2.5　预习思考题

(1) 欲选择合适的油滴应考虑哪些条件?

(2) 从实验中测量的是油滴所带的电量,为什么能算出基本电荷电量?

(3) 如何判断油滴盒内平行极板是否水平? 不水平对实验结果有何影响?

2.6　实验内容及步骤

实验中需学习精准控制油滴在监视器屏幕中的运动,并选择至少 8 个合适的油滴进行测量,每个油滴的测量次数应在 5 次以上。

2.6.1　实验仪器准备工作

1. 水平调整

调整油滴仪底部的旋钮,通过观察水准泡将实验仪器平台调至水平。

2. 喷雾器调整

将少量钟表油注入喷雾器的储油瓶内,喷雾器竖直放置,用手连续多次挤压橡胶气囊,排出空气,确保提油管通畅,并充满钟表油。

3. 实验参数设置

打开实验仪电源及监视器电源后,监视器进入欢迎界面;按任意键,监视器出现参数设置界面。其中包括实验方法选项、重力加速度、油密度、大气压强等参数。需注意在此处选择实验方法进入后,若想更改只有重新启用仪器。

油的密度	$\rho_1 = 981\ \text{kg} \cdot \text{m}^{-3}$(20℃)
空气的密度(标准状态下)	$\rho_2 = 1.292\,8\ \text{kg} \cdot \text{m}^{-3}$
重力加速度(上海)	$g = 9.794\ \text{m} \cdot \text{s}^{-2}$
空气黏滞系数	$\eta = 1.832 \times 10^{-5}\ \text{kg} \cdot \text{m}^{-1} \cdot \text{s}^{-1}$(23℃)
油滴匀速运动距离	$l = 1.6 \times 10^{-3}\ \text{m}$
修正系数	$b = 6.17 \times 10^{-6}\ \text{m} \cdot \text{cmHg} = 0.008\,23\ \text{N} \cdot \text{m}^{-1}$
平行极板间距	$d = 5.00 \times 10^{-3}\ \text{m}$
标准大气压强	$p = 76.0\ \text{cmHg} = 101\,325\ \text{Pa}$

4. CCD 成像系统调整

将油雾从喷油口喷入到油滴盒后,镜头可以捕捉到大量运动油滴的像,并显示在监视器屏幕上。若没有看到油滴的像或成像不清晰,则需调整调焦旋钮改变物距、检查喷雾器是否有油雾喷出或喷雾口是否堵塞,直至得到清晰的油滴的像。

2.6.2 练习控制油滴及记录运动时间

1. 选择合适油滴

要做好密立根油滴实验,关键在于油滴的选取。大而明亮的油滴固然带电荷多,但相对应的是其运动速度过快,不好控制,容易丢失。而运动缓慢的小油滴受布朗运动明显,不容易测准。因此应该选择质量适中且带电量不多的油滴。建议选择平衡电压在 150～400 V 之间,下降时间为 15 s 左右(下降距离为 1.6 mm)的油滴。

2. "捕捉油滴"——平衡电压的确认

喷入油雾后,监视器屏幕中会有大量运动油滴的像。通过电压旋钮调节平衡电压为400 V以上,排除掉不合适的油滴,观察上升较慢且明亮的油滴,在此基础上仔细调节降低平衡电压,使其中一个油滴平衡在某一条格线上,观察一段时间,判断其是否会向同一方向飘离格线。若其只是在格线上下作轻微的布朗运动,则可认为基本平衡。此时屏幕中显示的电压数值即为该油滴的平衡电压。但由于实验中油滴一直处于挥发状态,其平衡电压不是定值,需在每次重复测量运动时间前重新调整平衡电压。

3. 控制油滴运动并记录时间

当油滴静止在某一格线上时,将工作状态按键切换至"0 V",此时上下平行极板同时接地,电场力为零,油滴将在重力、浮力及空气阻力的影响下作下落运动,并在相当短的时间后开始匀速下降。当油滴下落到有"0"标记的刻度线时,按下计时开始键,待油滴下落至有距离标志的格线时(比如 1.6),再次按下计时键,停止计时。工作状态将自动从"0 V"切换到"工作",此时油滴将停止下落。屏幕上所显示的时间即为一次完整匀速下降的时间。之后油滴的运动状态分两种情况:若仪器状态置于"平衡",则油滴静止;若置于"提升",则极板电压将在原来平衡电压的基础上再增加 200 V 的电压,油滴向上提升。当油滴提升到距离标志格线(比如 1.6)时,可再次按下计时键记录油滴匀速上升时间。

2.6.3 正式测量

实验准备工作与练习结束后进入正式测量阶段。实验中可选静态法与动态法。以静态法为例,实验步骤如下。

(1) 开启电源,参数设置中的实验方法选定为静态法(或平衡法),按确认键进入测量界面;将操作平台上工作状态按键设定为“工作”,仪器状态按键设定为“平衡”。

(2) 通过喷雾口向油滴盒内喷入油雾,观察运动的油滴。选取适当的油滴,仔细调整平衡电压,使其平衡。

(3) 将工作状态按键切换至“0 V”,油滴开始下落并很快达到匀速状态。当油滴下落到有“0”标记的格线时,立即按下计时开始键,当油滴下落至有距离标记的格线时(比如,图2-6),立即切换到计时结束状态,工作状态自动切换到“工作”,此时油滴停止下落。学生可通过确认按键将测量结果记录在屏幕上。

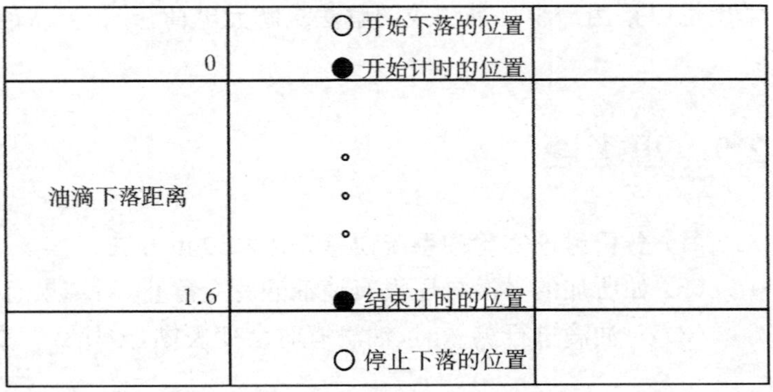

图 2-6　静态法实验界面

(4) 改变仪器状态为“提升”,使油滴向上匀速运动,当回到“0”刻度标记的格线时,切换为“平衡”,使油滴静止。

(5) 重新调整电压,确保油滴受力平衡,重复(3),(4)步骤,并将结果记录于监视器屏幕上。

(6) 重复 5 次测量后,按下确认键,监视器界面左侧会出现实验结果。在实验报告中记录此油滴的带电量。

(7) 更换油滴,重复(2),(3),(4),(5),(6)步骤。至少测 8 个油滴,并根据实验结果求出它们的最大公约数,即为基本电荷 e 值(需要足够的数据统计量)。根据 e 的理论值,计算出 e 的相对误差。

2.7　实验注意事项

(1) CCD 盒、镜头的机械位置不能变更,否则会影响像距及成像角度,造成实验误差。

(2) 仪器适于在环境温度为 0℃～40℃的静态空气中使用。油滴密度和空气黏滞系数都是温度的函数,在实验中需要根据实验室温度加以修正。修正公式如下:

$$\rho = 9.81 - 0.005(t - 20)(10^2\ \mathrm{kg \cdot m^{-3}}) \tag{2-12}$$

$$\eta = 1.832 - 0.004\,9(23 - t)(10^{-5}\ \mathrm{kg \cdot m^{-1} \cdot s^{-1}}) \tag{2-13}$$

(3) 注意仪器的防尘保护,避免外界空气流动对油滴测量造成影响。

(4) 实验前应对油滴盒内部进行清洁,防止异物堵塞落油孔。但需注意油滴盒内有高压电极,实验人员应避免用手接触电极,保证人身安全。

2.8　实验数据的记录与处理

(1) 记录实验室温度,修正相关系数。

(2) 自拟表格记录动态法与静态法的测量结果，包括测量次数、平衡电压、提升电压、上升时间与下降时间等。

(3) 根据实验方法与对应公式计算油滴的带电量并求出基本电荷电量。由于电荷的量子化特性，应有

$$q_i = n_i e \tag{2-14}$$

数据处理可采用逆向推导的方式。油滴电荷量除以电子电荷理论值后取整，得到电子电荷数 n。式(2-14)在数学上可抽象为一个直线方程。q 与 n 分别为变量与自变量，e 为斜率。学生可以采用最小二乘法或图解法求解元电荷，并与公认值比较计算百分差。

2.9 思考题

(1) 分析讨论实验中系统误差来源和改正方法。

(2) 如所加的平衡电压没有使油滴完全静止，对结果有什么影响？

(3) 对油滴进行测量时，油滴有时会变模糊，为什么？如何避免测量过程丢失油滴？

2.10 拓展实验设计参考

2.10.1 选取合适油滴的重要参数探究

合适油滴的选择是本实验的重点之一。所选油滴是否满足实验要求对实验误差分析有很大的影响。例如油滴下落时间、油滴半径、平衡电压等。

由公式(2-10)和式(2-14)可知，平衡电压与下落时间存在函数关系，见式(2-15)。学生可利用 Origin 等软件作图清楚分析二者关系，判断选取油滴的最优化参数。

$$q = ne = \frac{1}{V_0} \cdot \frac{18\pi d}{\sqrt{2g(\rho_1 - \rho_2)}} \left(\frac{\eta}{t_g} \cdot \frac{l}{1 + \frac{b}{pr}} \right)^{3/2} \tag{2-15}$$

2.10.2 密立根油滴实验改进方法

密里根油滴实验虽然简单，却在物理学史上占有非常重要的位置，其实验思想对提升学生的物理思维有相当大的帮助。本实验采用传统方法进行测量，即手动调节和控制油滴的运动，通过 CCD 和监视器观察并读取油滴数据。这种方法实验原理清晰，操作简单易懂，但人为误差影响较大，需要学生时刻保持良好的耐心细心和高度的集中。在数据处理方面，本实验采用的是实验教学中普遍应用的逆向推导方法。学生可通过查阅资料拓展寻找更优化的实验方法，提高实验效率，降低人为误差因素，通过各类数据处理软件直观清晰分析实验结果。对实验方法改进的不停探索，正是物理之精神所在。

实验 3

核磁共振实验

3.1 引言

自旋是微观物理学中的最重要概念之一。1924 年泡利(W. Pauli)提出核自旋的假设，1930 年埃斯特曼(L. Esterman)在实验上证实，这一原子核基态的重要特性表明原子核不是一个质点而有电荷分布，还有自旋角动量和磁矩，据此才会发生核磁共振现象。核磁共振是指电磁波作用的原子核系统在外磁场中能级之间发生共振跃迁的现象。1939 年，拉比(I. I. Rabi)以及随后的珀塞尔(E. M. Purcell)和布洛赫(F. Bloch)因观察到此现象而分别获得 1944 年和 1952 年诺贝尔物理学奖。

沃尔夫冈·泡利

原子核可看成自然界安排在物质内部的微小探针，其线度极小($<10^{-15}$)，只要很少的射频量子能量($<10^{-4}$ eV)就可探测到物质微观结构的信息。核磁共振已成为确定物质分子结构、组成和性质的重要实验方法，1971 年，琴纳(E. Jeener)提出具有两个独立时间变量的二维核磁共振概念。随后，恩斯特(R. Ernst)等人成功实现二维核磁共振实验，从此核磁共振技术进入一个新时代。如 1977 年研制成功的人体核磁共振断层扫描仪(NMR-CT)因能获得人体软组织的清晰图像而用于疑难病症的临床诊断。

本实验的重点是了解核磁共振原理，用扫频法观察氢核的核磁共振现象，由共振条件直接测定氢核和氟核的朗德因子 g，测量和分析纯水和掺有顺磁离子的水的饱和特性，加深对核自旋的认识，了解量子力学和统计力学的基础概念。

核磁共振技术的应用

3.2 实验目的

(1) 掌握核磁共振的基本原理。

(2) 学习用磁场扫描法(扫场法)观察核磁共振现象。

(3) 了解利用核磁共振精确测定磁场强度的方法。

(4) 学会由共振条件直接测定氢核与氟核朗德因子的方法。

(5) 掌握计算 $CuSO_4$ 溶液的横向弛豫时间的方法。

3.3 实验原理

3.3.1 磁共振、核磁共振

磁共振是指磁矩不为零的原子或原子核在稳恒磁场作用下对电磁辐射能的共振吸收现

象。如果共振是由原子核磁矩引起的，则该粒子系统产生的磁共振现象称为核磁共振(NMR)；如果磁共振是由物质原子中的电子自旋磁矩提供的，则称为电子自旋共振(ESR)，亦称顺磁共振(EPR)；而由铁磁物质中的磁畴磁矩所产生的磁共振现象，则称为铁磁共振(FMR)。

原子核磁矩与自旋的概念是1924年泡利为研究原子光谱的超精细结构而首先提出的。核磁共振现象是原子核磁矩在外加恒定磁场作用下，核磁矩绕此磁场作拉莫尔进动，若在垂直于外磁场的方向上施加一交变电磁场，当此交变频率等于核磁矩绕外场拉莫尔进动频率时，原子核吸收射频场的能量，跃迁到高能级，即发生所谓的谐振现象。

研究核磁共振有两种方法：一是连续波法或称稳态法，使用连续的射频场(即旋转磁场)作用到核系统上，观察到核对频率的感应信号；另一种是脉冲法，用射频脉冲作用在核系统上，观察到核对时间的响应信号。脉冲法有较高的灵敏度，测量速度快，但需要快速傅立叶变换，技术要求较高。以观察信号区分，可观察色散信号或吸收信号。但一般观察吸收信号，比较容易分析和理解。从信号的检测来分，可分为感应法、平衡法和吸收法。测量共振时，核磁矩吸收射频场能量而在附近线圈中感应到信号，则为感应法；测量由于共振使电桥失去平衡而输出电压的即为平衡法；直接测量共振使射频振荡线圈中负载发生变化的为吸收法。本实验用连续波吸收法来观察核磁共振现象。

自旋量子数 $I=1/2$ 的原子核是电荷在核表面均匀分布的旋转球体，这类原子核核磁共振谱线较窄，最适宜于核磁共振检测，是NMR研究的主要对象。如^{1}H，^{13}C；^{19}F，^{31}P 等。本实验我们以氢核为主要研究对象，以此来介绍核磁共振的基本原理和观测方法。氢核虽然是最简单的原子核，但同时也是目前在核磁共振应用中最常见和最有用的核。

3.3.2 核磁共振的量子力学描述

1. 单个核的核磁共振原理

原子核和原子一样具有角动量，因为每个核子都有自旋，且自旋都是1/2，因此具有固有角动量(自旋角动量)，与电子一样，都是 $\frac{\sqrt{3}}{2}\hbar$。核子在核内还有轨道运动，核子的自旋和轨道角动量的矢量和就是原子核的角动量，习惯上也称为原子核的自旋，用 P 表示，P 是量子化的。角动量 P 的大小由下式决定：

$$P=\sqrt{I(I+1)}\,\hbar,\quad I=0,\ 1/2,\ 1,\ 3/2,\ \cdots \tag{3-1}$$

式中，$\hbar=h/2\pi$，h 为普朗克常量，I 为核自旋量子数，对氢核而言，$I=1/2$。

通常将原子核的总磁矩在其角动量 $\boldsymbol{P}$ 方向上的投影 $\boldsymbol{\mu}$ 称为核磁矩，它们之间的关系为

$$\boldsymbol{\mu}=\gamma\cdot\boldsymbol{P} \tag{3-2}$$

式中，$\gamma=g_{\mathrm{N}}\cdot(e/2m_p)$ 称为旋磁比，g_{N} 为朗德因子。

在外加恒定磁场 $\boldsymbol{B}$ 作用下，原子核的角动量和磁矩在以坐标轴 z 方向为 $\boldsymbol{B}$ 的方向上的投影值为

$$P_B=m\cdot\hbar,\quad m=I,\ I-1,\ \cdots,\ -I-1,\ -I \tag{3-3}$$

$$\mu_B=g_{\mathrm{N}}\frac{e}{2m_p}P_B=g_{\mathrm{N}}\left(\frac{e\hbar}{2m_p}\right)m=g_{\mathrm{N}}\mu_{\mathrm{N}}m \tag{3-4}$$

式中，m 称为核磁量子数，$\mu_{\mathrm{N}}=e\hbar/2m_p=5.050\,787\times10^{-27}\,\mathrm{JT^{-1}}$ 称为核磁子，是核磁矩的单位。

磁矩为 $\boldsymbol{\mu}$ 的原子核在磁场 $\boldsymbol{B}$ 中具有的势能为

$$E=-\boldsymbol{\mu}\cdot\boldsymbol{B}=-\mu_B\cdot B=-g_N\mu_N mB \tag{3-5}$$

则任何两个能级之间的能量差则为

$$\Delta E=E_{m_1}-E_{m_2}=-g_N\mu_N B(m_1-m_2) \tag{3-6}$$

对氢核而言，$m=\pm1/2$，$\Delta m=\pm1$。满足量子力学中的跃迁选择定则，所以两个跃迁能级之间的能量差为

$$\Delta E=g_N\mu_N B \tag{3-7}$$

显然，相邻两个能级之间的能量差 ΔE 与外加磁场 $\boldsymbol{B}$ 的大小成正比，磁场越强，两个能级分裂越大。图 3-1 给出的是氢核能级在磁场中的分裂。

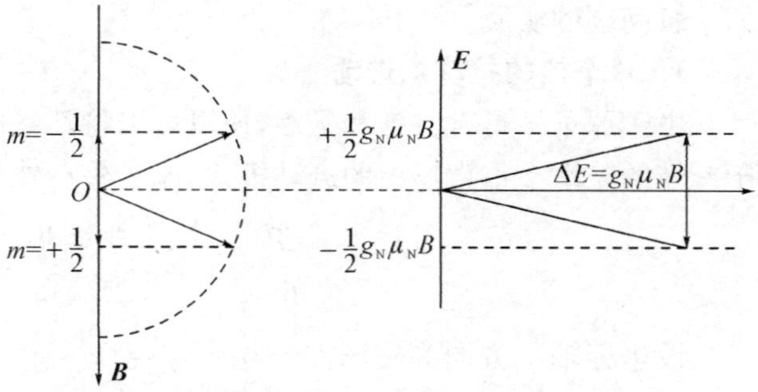

图 3-1　氢核能级在磁场中的分裂

如果再加入一个与恒定磁场 $\boldsymbol{B}$ 垂直，频率为 ν 的磁场 $\boldsymbol{B}'$。当电磁波的能量 $h\nu$ 恰好等于氢核两能级的能量差 ΔE 时，即

$$h\nu=\Delta E=g_N\mu_N B \tag{3-8}$$

则氢核就会吸收电磁波的能量，由低能级 ($m=+1/2$) 跃迁到高能级 ($m=-1/2$)，这就是核磁共振吸收现象。式(3-8)常被改写成

$$\nu=\left(\frac{g_N\cdot\mu_N}{h}\right)B \quad \text{或} \quad \omega=\gamma\cdot B \tag{3-9}$$

此即为核磁共振条件。

2. 核磁共振信号强度

实际情况下的核磁共振并不是仅由单个核产生，是大量同类核的共同作用结果。虽然参与核磁共振的原子核数量增多，但是如果处在高、低能级上的核数目没有差别，由于跃迁概率相等，低能级跃迁到高能级的共振吸收能量等于高能级跃迁到低能级的辐射能量，我们就观察不到任何核磁共振信号。

在热平衡状态下，处于每个能级上原子核数目服从玻尔兹曼分布：

$$\frac{N_2}{N_1}=\exp\left(-\frac{\Delta E}{kT}\right) \tag{3-10}$$

式中，N_1 为低能级上的核数目，N_2 为高能级上的核数目，k 为玻尔兹曼常数，T 为绝对温度。由于核磁矩很小，室温下 $\Delta E \ll kT$ 时，式(3-10)可以近似写成

$$\frac{N_2}{N_1}\approx 1-\frac{g_N\mu_N B}{kT} \tag{3-11}$$

式(3-11)说明，低能级上的核数目比高能级上的多些。对氢核来说，如果实验温度 $T=300\ \mathrm{K}$，外磁场 $B=1\ \mathrm{T}$，则

$$\frac{N_2}{N_1}=1-6.75\times10^{-6} \quad \text{或} \quad \frac{N_1-N_2}{N_1}\approx 7\times10^{-6} \tag{3-12}$$

从式(3-12)的数值上可以看出，在室温下，每百万个处于低能级上的原子核只比处于高

能级上的核多7个。这就是说，参与共振吸收的每一百万个原子核中只有7个未被共振辐射所抵消掉。所以核磁共振信号非常微弱。而且如果温度越高，磁场越弱，这种信号就越弱。因而为了利于观察核磁共振信号，一般要求实验中的外加恒定磁场 $\boldsymbol{B}$ 强一些，并且强度均匀。否则样品各部分磁场强度不同，共振频率也会不同。于是，在指定的某个频率下参与共振吸收的核数目极少，使得本来就很微弱的信号被噪声所淹没，难以观察到核磁共振信号，增加实验误差。

3.3.3 核磁共振的经典力学描述

虽然将经典力学用于描述微观粒子并不严谨，但是可以给出一个清晰的物理图像，帮助我们了解问题的实质。

1. 单个核的拉莫尔进动

由于原子核具有自旋和磁矩，所以可以将其看作是角动量为 $\boldsymbol{P}$，磁矩为 $\boldsymbol{\mu}$ 的“陀螺”，类比于旋转的陀螺在重力场中的进动模式，原子核在外加磁场 $\boldsymbol{B}$ 中，磁矩与磁场间相互作用为

$$\frac{\mathrm{d}\boldsymbol{P}}{\mathrm{d}t}=\boldsymbol{\mu}\times\boldsymbol{B},\quad \frac{\mathrm{d}\boldsymbol{\mu}}{\mathrm{d}t}=\gamma(\boldsymbol{\mu}\times\boldsymbol{B}) \tag{3-13}$$

设坐标轴 z 方向为磁场方向，由 $B_x=B_y=0$，$B_z=B$，上式写成分量形式为

$$\frac{\mathrm{d}\mu_x}{\mathrm{d}t}=\gamma\mu_y B_z \tag{3-14}$$

$$\frac{\mathrm{d}\mu_y}{\mathrm{d}t}=-\gamma\mu_x B_z \tag{3-15}$$

$$\frac{\mathrm{d}\mu_z}{\mathrm{d}t}=0 \tag{3-16}$$

由此可见，磁矩分量 μ_z 是一个常数，即磁矩 $\boldsymbol{\mu}$ 在 $\boldsymbol{B}$ 方向上的投影将保持不变。将式(3-14)对时间求导，并代入式(3-15)中，得

$$\frac{\mathrm{d}^2\mu_x}{\mathrm{d}t^2}=\gamma B_z\frac{\mathrm{d}\mu_y}{\mathrm{d}t}=-\gamma^2B_z^2\mu_x \tag{3-17}$$

整理可得到一个简谐振动方程，其解为

$$\mu_x=A\sin(\omega t+\varphi) \tag{3-18}$$

其中，$\omega=\gamma B_z=\gamma B$，同理，可得

$$\mu_y=A\cos(\omega t+\varphi) \tag{3-19}$$

则

$$\mu_L=\sqrt{(\mu_{x^2}+\mu_{y^2})}=A=\text{常数} \tag{3-20}$$

由此可知，核磁矩 $\boldsymbol{\mu}$ 绕稳恒磁场 $\boldsymbol{B}$ 做进动，角频率为 $\omega=\gamma\cdot B$，与 $\boldsymbol{\mu}$ 与 $\boldsymbol{B}$ 的夹角无关；它在磁场方向上的投影 μ_z 为常数，在 xy 平面上的投影 μ_L 是常数，其运动图象如图3-2所示。

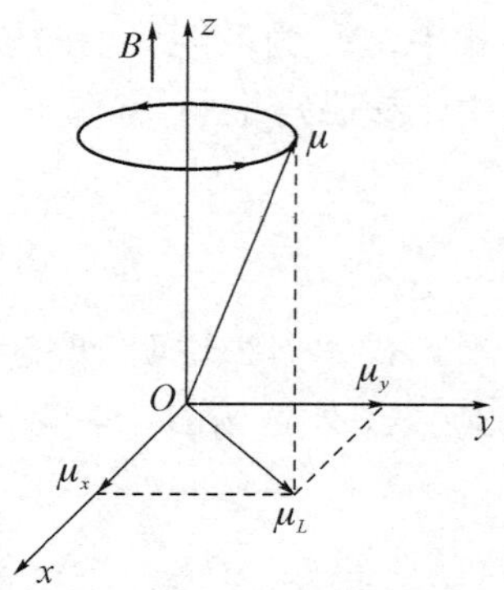

图3-2　磁矩在磁场中的运动

现在加入一个与稳恒磁场 $\boldsymbol{B}$ 相垂直的旋转弱磁场 $\boldsymbol{B}'$。核磁矩除了受到稳恒磁场的作用，还受到旋转磁场的影响，也会绕 $\boldsymbol{B}'$ 作进动。则 $\boldsymbol{\mu}$ 与 $\boldsymbol{B}$ 之间的夹角 θ 将发生变化，相应的核磁矩的势能变为

$$E=-\boldsymbol{\mu}\cdot\boldsymbol{B}=-\mu B\cos\theta \tag{3-21}$$

可知,夹角的变化意味着核能量状态的变化。当 θ 值增加时,核要从旋转磁场 $\boldsymbol{B}'$ 中吸收能量,这样就产生了核磁共振现象。如果旋转磁场 $\boldsymbol{B}'$ 的转动角频率 ω' 不等于 ω,平均说来,夹角变化为零。由此可推出产生核磁共振的条件为

$$\omega'=\omega=\gamma B \tag{3-22}$$

这与量子力学描述得出的结论完全一致。

2. 布洛赫方程

实际情况中的核磁共振远比单个核复杂。首先,样品是大量同类核的集合,其次核磁矩系统并不是孤立的,与周围物质存在一定的相互作用。所以为了更好的理解核磁共振理论,需要全面考虑这些问题。

定义单位体积内核磁矩 $\boldsymbol{\mu}$ 的矢量和为磁化强度矢量 $\boldsymbol{M}$,则有

$$\frac{\mathrm{d}\boldsymbol{M}}{\mathrm{d}t}=\gamma\cdot(\boldsymbol{M}\times\boldsymbol{B}) \tag{3-23}$$

磁化强度矢量 $\boldsymbol{M}$ 以角频率 $\omega=\gamma B$ 围绕着外磁场 $\boldsymbol{B}$ 做进动。在热平衡条件下,总磁矩 $\boldsymbol{M}$ 在实验室坐标系的三个方向上的分量分别为 $M_x=M_y=0$, $M_z=M_0$。若再加入一个垂直于稳恒磁场 $\boldsymbol{B}$ 的偏振磁场 $\boldsymbol{B}'$,磁化强度矢量 $\boldsymbol{M}$ 将发生偏离,其分量变化为 $M_x\neq 0$, $M_y\neq 0$, $M_z<M_0$,相应的核磁矩系统偏离热平衡状态。我们称自旋系统从不平衡态向平衡态过渡的过程为弛豫过程。当原子核因为吸收了偏振磁场的能量而发生核磁共振时,由于自旋与晶格的相互作用,晶格将吸收核的能量,使原子核跃迁回低能态而向热平衡过渡。表示这个过渡的特征时间称为纵向弛豫时间,用 T_1 表示。它反映了磁化强度矢量 z 方向上的分量 M_z 恢复到平衡值 M_0 所需的时间,T_1 越小表示自旋晶格相互作用越强烈。自旋与自旋之间也存在相互作用,$\boldsymbol{M}$ 的横向分量由非平衡态时的 M_x 和 M_y 向平衡态时的零值过渡,表征这个过程的特征时间为横向弛豫时间,用 T_2 表示。

所以在核磁共振时,有两个过程同时起作用:一种是核磁矩系统吸收电磁波能量后,原子核从低能级跃迁到高能级,使系统偏离热平衡状态的受激吸收过程;另一种是核磁矩系统把能量传到晶格,使系统趋于热平衡的弛豫过程。当这两种作用同时存在时,描述核磁共振现象的基本运动方程为

$$\frac{\mathrm{d}\boldsymbol{M}}{\mathrm{d}t}=\gamma\cdot(\boldsymbol{M}\times\boldsymbol{B})-\frac{1}{T_2}(M_x\boldsymbol{i}+M_y\boldsymbol{j})-\frac{M_z-M_0}{T_1}\boldsymbol{k} \tag{3-24}$$

该方程称为布洛赫方程。式中 $\boldsymbol{i}$, $\boldsymbol{j}$, $\boldsymbol{k}$ 分别是 x, y, z 方向上的单位矢量。

假设稳恒磁场 $\boldsymbol{B}$ 沿 z 方向,外加线偏振磁场 $\boldsymbol{B}'=2B'\cos(\omega t)\boldsymbol{e}$。它可以看作是左、右旋偏振磁场的叠加。在直角坐标系中的分量为

$$B'_x=B'\cos(\omega t),\quad B'_y=\mp B'\sin(\omega t) \tag{3-25}$$

对应于 γ 为正的系统,起作用的是左旋圆偏振场。则 $\boldsymbol{M}\times\boldsymbol{B}$ 的三个分量为

$$\begin{cases}(M_yB_z-M_zB_y)\boldsymbol{i}\\(M_zB_x-M_xB_z)\boldsymbol{j}\\(M_xB_y-M_yB_x)\boldsymbol{k}\end{cases} \tag{3-26}$$

这样布洛赫方程可以改写成

$$\begin{cases}\dfrac{\mathrm{d}M_x}{\mathrm{d}t}=\gamma\left[M_yB+M_zB'\sin(\omega t)\right]-\dfrac{M_x}{T_2}\\ \dfrac{\mathrm{d}M_y}{\mathrm{d}t}=\gamma\left[M_zB'\cos(\omega t)-M_xB\right]-\dfrac{M_y}{T_2}\\ \dfrac{\mathrm{d}M_z}{\mathrm{d}t}=\gamma\left[-M_xB'\sin(\omega t)-M_yB'\cos(\omega t)-\dfrac{M_z-M_0}{T_1}\right]\end{cases}\tag{3-27}$$

在各种条件下求解上述方程，可以解释各种核磁共振现象。由于方程中含有高频振荡项，解起来很麻烦。一般将其变换到旋转坐标系中，但要严格求解仍相当困难。通常根据实验条件来进行简化。如果磁场或频率的变化十分缓慢，可得到稳态解：

$$\begin{cases}u=\dfrac{\gamma B'T_2^2(\omega-\omega')M_0}{1+T_2^2(\omega-\omega')^2+\gamma^2B'^2T_1T_2}\\ v=\dfrac{\gamma B'M_0T_2}{1+T_2^2(\omega-\omega')^2+\gamma^2B'^2T_1T_2}\\ M_z=\dfrac{\left[1+T_2^2(\omega-\omega')\right]M_0}{1+T_2^2(\omega-\omega')^2+\gamma^2B'^2T_1T_2}\end{cases}\tag{3-28}$$

实际的核磁共振吸收不是只发生在单一频率上，而是发生在一定的频率范围内。通常把吸收曲线半高度的宽度所对应的频率间隔称为共振线宽，即

$$\omega-\omega'=\frac{1}{T_2}(1+\gamma^2B'^2T_1T_2)^{1/2}\tag{3-29}$$

可见，线宽主要由横向弛豫时间 T_2 值决定，所以横向弛豫时间是线宽的主要参数。

若不考虑其他使之变宽的因素，则横向弛豫时间 T_2 定义为

$$T_2=\frac{2}{(\omega_1-\omega_2)\cdot\omega_{扫}\cdot\Delta t}\tag{3-30}$$

式中，T_2 的大小反比于盐浓度。人体组织的骨、脂肪、肌肉、内脏、血液的盐浓度都不一样，所以在医用核磁共振仪上很容易区别它们。T_2 小则共振峰宽。

3.4 实验仪器

NMR-Ⅱ型核磁共振实验仪主要包括磁铁及扫场线圈、探头与样品、边限振荡器、磁场扫描电源、频率计及示波器等。实验装置如图 3-3 所示。

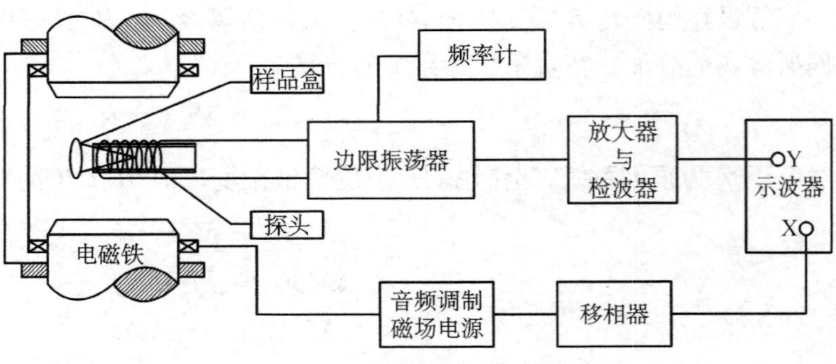

图 3-3 核磁共振实验装置

3.4.1 磁铁

磁铁的作用是产生核

自旋物质能级塞曼分裂所需要的稳恒磁场 $\boldsymbol{B}$，它是核磁共振实验装置中最重要的部件。为了能更好地观察到核磁共振现象，要求磁铁能够产生尽量强的、非常稳定、均匀的磁场。首先，强磁场有利于更好地观察核磁共振信号；其次，磁场空间分布均匀性和稳定性越好则核磁共振实验仪的分辨率越高。所用到的磁铁大致可分为三类：永磁铁、电磁铁和超导磁铁。

3.4.2　边限振荡器

边限振荡器具有与一般振荡器不同的输出特性，其输出幅度随外界吸收能量的轻微增加而明显下降，当吸收能量大于某一阈值时即停振，因此通常被调整在振荡和不振荡的边缘状态，故称为边限振荡器。实验中一般常用边限振荡器提供线偏振磁场 $\boldsymbol{B}'$ 和接收共振信号。通常将其调节在恰好振荡又临近停振的边缘。实验时，将样品放置在边限振荡器的线圈中，振荡线圈放在稳恒磁场 $\boldsymbol{B}$ 中，振荡器产生的偏振磁场垂直于稳恒磁场。样品中少量的能量吸收就可以引起振荡器的振幅较大相对变化，由此可以避免饱和效应，提高检测共振信号的灵敏度。

当发生共振时，样品吸收增强，振荡变弱，经过二极管的倍压检波，就可以把反映振荡器振幅大小变化的共振吸收信号检测出来，进而用示波器显示。由于采用边限振荡器，所以射频场 $\boldsymbol{B}'$ 很弱(但并不是无限弱)，饱和的影响很小。但如果电路调节的不好，偏离边线振荡器状态很远，一方面射频场 $\boldsymbol{B}'$ 很强，出现饱和效应，另一方面，样品中少量的能量吸收对振幅的影响很小，这时就有可能观察不到共振吸收信号。

3.4.3　扫场单元

观察核磁共振信号最好的手段是使用示波器，但是示波器只能观察交变信号，所以必须想办法使核磁共振信号交替出现。实验中一般采用扫频法或扫场法使核磁共振现象连续交替出现，以便在示波器中观察信号。扫频法是让磁场 $\boldsymbol{B}$ 固定，使射频场 $\boldsymbol{B}'$ 的频率 ω 连续变化，通过共振区域，当 $\omega=\omega_0=\gamma\cdot B$ 时出现共振峰。扫场法是固定射频场 $\boldsymbol{B}'$ 频率 ω，在稳恒磁场 $\boldsymbol{B}$ 上加入低频调制磁场 $\boldsymbol{B}_m(B_m\sin\omega_m t)$，使其调制频率周期性变化，通过共振区域。这两种方法是完全等效的，显示的都是共振吸收信号 v 与频率差 $(\omega-\omega_0)$ 之间的关系曲线。

由于扫场法简单易行，确定共振频率比较准确，所以现在通常采用大调制场技术。本实验中采用扫场法，在稳恒磁场 $\boldsymbol{B}$ 上叠加一个低频调制磁场 $B_m\sin\omega_m t$，即样品所在区域的实际磁场为 $(B+B_m\sin\omega_m t)$，相应的拉莫尔进动频率 ω 也发生周期性变化，即 $\omega=\gamma(B+B_m\sin\omega_m t)$。由于调制场的幅度 B_m 很小，总磁场的方向保持不变，只是磁场的幅值按调制频率发生周期性变化[其最大值为 $(B+B_m)$，最小值为 $(B-B_m)$]，实验时只要保持射频场的角频率在此变化范围之内，同时调制磁场扫过共振区域，即 $(B-B_m)\leqslant B\leqslant(B+B_m)$，则共振条件在调制场的一个周期内被满足两次，所以在示波器上观察到如图 3-4 右侧所示的共振吸收信号。此时若调节射频场的频率，则吸收曲线上的

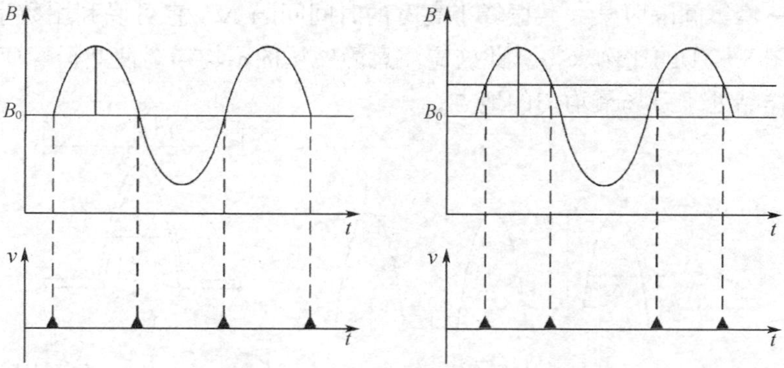

图 3-4　扫场法检测共振信号

吸收峰将左右移动。当这些吸收峰间距相等时，如图 3-4 左侧所示，则说明在这个频率下的共振磁场为 B。

在示波器中观察到的共振信号波形一般会带有“尾波”，这是由于扫场速度过快，通过共振区的时间比弛豫时间小，不能保证各个瞬时稳定平衡，而出现的动态核磁共振现象。

3.5 预习思考题

(1) 核磁共振的条件是什么？是否任何原子核系统均可产生核磁共振现象？

(2) 实验中共用了几种磁场？各起着什么作用？

(3) 如何判断共振信号和干扰信号？

3.6 实验内容及步骤

3.6.1 测磁场

(1) 用已知的磁场 $B=0.52\text{T}$ 或(用高斯计测量磁场)，根据公式初步估算共振频率 ν。也可以利用旋磁比估算出共振频率 ν。

(2) 在振荡线圈中放入 $CuSO_4$ 水溶液样品，缓缓放入磁体的间隙中央，不要与磁铁相碰。打开频率计与示波器电源，启动电源箱上的电源开关和扫场电源开关。缓缓旋转“频率调节”旋钮，搜索共振信号最强，三峰等间隔的共振信号，当共振信号等间距且至少有三个以上的峰时才可测定共振频率 ν_0。细调射频频率，观测什么情况下出现三峰等间隔与二峰合一。调节射频电流大小，观测信号共振、停振、过饱和现象。注意：射频电流大小改变、频率也随之变化。

(3) 估算磁场的不均匀性，移动线圈在磁场中心和前 1 cm、后 1 cm 的位置，观测信号的变化，用三峰等间隔法测量(B_1, B_0, B_2)共振信号。由公式 $h\nu=g_{\text{H}}\mu_{\text{N}}B$ 计算出磁场的大小(B_1, B_0, B_2)并分析磁场的均匀度。比较不同位置时共振信号强度和线宽的大小。($\mu_{\text{N}}=5.050\,79\times10^{-27}\ \text{J}\cdot\text{T}^{-1}$，$h=6.626\,075\,5\times10^{-34}\ \text{J}\cdot\text{s}$，$g_{\text{H}}=5.585\,69$)

3.6.2 测量横向弛豫时间 T_2

(1) 内扫描法：调节射频频率测量三峰等间隔时的频率 ν_1，二峰合一刚消失时的频率 ν_2，三峰等间隔时某一共振峰半高宽的时间间隔 Δt，它可以利用数字示波器的光标功能，通过如图 3-5①的比例求得。此处应注意静磁场的不均匀会使共振峰变宽，所以在测量 Δt 时必须使样品处于磁场最均匀的地方。

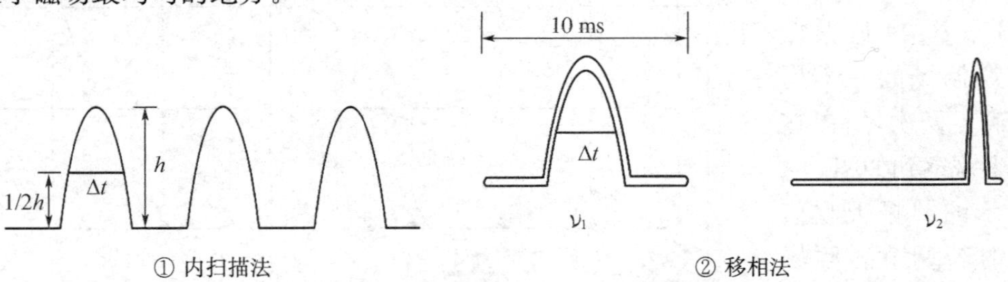

图 3-5 测量横向弛豫时间的两种方法

(2) 移相法：示波器 Y 轴接共振信号，X 轴接移相器的输出信号。将示波器置于 X-Y 档后调节移相器 X 轴振幅和 X 轴移相，使得李萨如图形(图 3-6)中心蝶形共振信号重叠示波器屏中间，得一蝶形共振信号。然后调节 X 轴振幅，使此一蝶形共振信号宽度正好满刻度，此时每格就是 1 ms(为什么?)，改变共振信号的相对位置，测量二峰一起在李萨如图形中心时的频率 ν_1，二峰一起在李萨如图形边缘时的频率 ν_2，并由图 3-5②的比例求得二峰在中心时半高宽间隔的平均值 Δt。

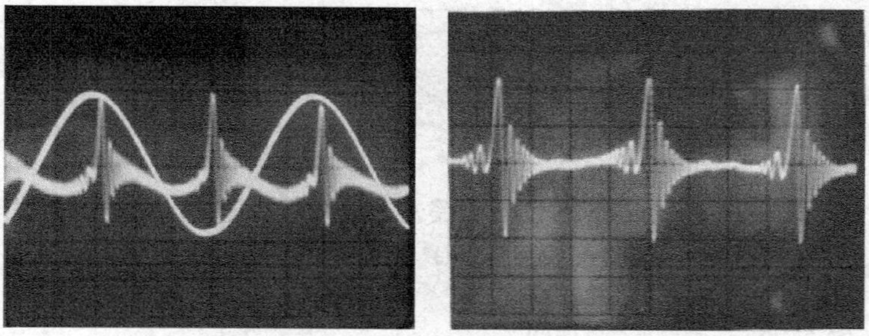

(a) $CuSO_4$ 水溶液样品^{1}H 的三峰等间隔共振信号

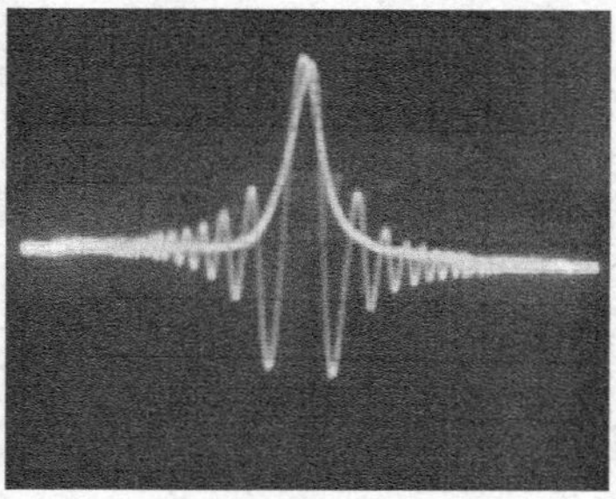

(b) H^1 共振蝶形信号

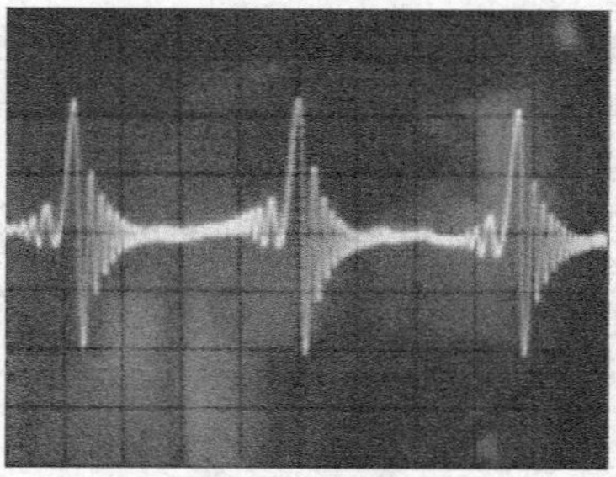

(c) 甘油样品三峰等间隔信号

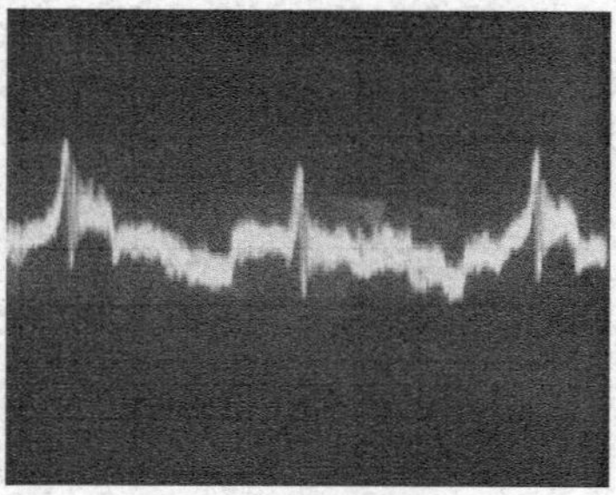

(d) ^{19}F 共振信号

图 3-6　几种样品共振信号

(3) 利用公式 $T_2=\dfrac{2}{(\omega_1-\omega_2)\cdot\omega_{扫}\cdot\Delta t}$，其中 $\omega=2\pi\nu$，$\omega_{扫}=100\pi$，Δt 为共振信号半高宽，计算由上述两种方法测量得到的横向弛豫时间，并比较两者的大小，分析误差原因。

(4) 比较纯水与加含有顺磁离子的 $CuSO_4$ 水溶液样品共振信号，分别计算它们的横向弛豫时间 T_2，试分析它们的信号强度与弛豫时间互不相同的原因。

3.6.3　用 HF 溶液计算 F 的 g_F 因子

(1) 找到 HF 溶液中氢的共振频率 ν_H。

(2) 在 ν_H 基础上减少 1.4 MHz 左右寻找氟的共振频率 ν_F。

(3) 根据公式 $g_H\nu_F=\nu_H g_F$，计算 g_F 并与标准值($g_F=5.254\,59$)比较，分析误差来源及实验的改进措施。

注意：氟的扫场电压可比氢的略大 1.2 V，射频电流略小 2～4 μA。

部分样品信息如表 3-1 所示。

表 3-1 部分样品的横向弛豫时间及最佳射频幅度范围

样品	弛豫时间(T_2)	最佳射频幅度范围
硫酸铜	约 0.1 ms	3～4 V
甘油	约 25 ms	0.5～2 V
纯水	约 2 s	0.1～1 V
三氯化铁	约 0.1 ms	3～4 V
氟碳	约 0.1 ms	0.5～3 V

3.7 实验注意事项

(1) 为减少各类干扰,本电源插座必须有良好的接地措施,由于射频线圈既是发射线圈又是信号接收器,容易受到空间周围环境的影响,实验室周围应无明显的高频信号和无线电干扰源。

(2) 放置样品时,要避免振荡线圈与磁铁相碰触。样品安置在磁场均匀区域内,信号会十分明显。所以,样品在磁场中的位置尤为重要,必须认真仔细观测信号与样品位置上下、前后、左右的变化,力求取得最佳效果。

(3) 为保证安全,扫场电压不宜超过 3 V。HF 样品略取大些(3～5 V)。测定氢氟酸样品时,由于氟的共振信号较弱,需要仔细观察。

(4) 边限电流取最大幅度后再减小 0.5～2 μA,如果边限电流过大(信号饱和现象)或太小(边限振荡器停振)都会导致没有信号。在观测(HF)样品中的 ^{1}H,^{19}F 信号,边限电流略再小 2～5 μA,这样能观测到质量比较好的 ^{19}F、^{1}H 信号。

(5) 边限电流调节会对频率产生影响。因此,使每一次电流调节,频率也必须调整,保持其测量一致性。

(6) 样品制作:将纯水掺入 $CuSO_4$ 晶体,制作成 1%(mol)浓度的 $CuSO_4$ 水溶液,用注射器注入 5 ml 的样品管内即可使用,$FeCl_3$ 也可用上述方法制作。HF 溶液直接用注射器注入样品管内。

(7) 样品管内的水溶液应每学期更换一次,时间久样品会产生抗磁性,影响信号幅度。样品浓度也会对信号产生(幅度)影响。如果学生有兴趣可以制备一些不同浓度的样品,试比较信号幅度。还可制备其他样品:丙三醇、硫酸锰、甘油、氟碳。

3.8 思考题

(1) 为什么用核磁共振方法测磁场强度的精确度决定于共振频率的测量精度?

(2) 在共振条件附近,微调磁场或射频频率,原重合于示波器中央的共振信号为何向两侧移动?在两侧边缘时对应于什么工作状态?

(3) 调制磁场的作用是什么?不加入调制磁场能否观察到共振现象?

(4) 实验所用样品中 $CuSO_4$ 的作用是什么?样品中加入顺磁离子,对共振信号有何影响?

(5) 核磁共振信号为什么会有一定的宽度?

实验 4
电子顺磁共振实验

4.1 引言

电子自旋，电子内禀运动或电子内禀运动量子数的简称。1924 年年初，泡利(W. Pauli)首次正式提出电子自旋的概念，1925 年乌伦贝克(G. E. Uhlenbeek)和古德斯米特(S. A. Goudsmit)受到泡利不相容原理的启发，分析原子光谱的一些实验结果，提出电子具有内禀运动——自旋，并且有与电子自旋相联系的自旋磁矩，由此可以解释原子光谱的精细结构及反常塞曼效应。1928 年狄拉克(P. A. M. Dirac)提出电子的相对论波动方程，方程中自然地包括了电子自旋和自旋磁矩。1944 年苏联的柴夫依斯基发现顺磁盐在射频场中的电子自旋共振现象，次年又在微波场中观察到更清晰的共振峰。1946 年由斯坦福大学的布洛赫(Bloch)与哈佛大学的庞德(Pound)各自独立设计，并同时完成了观测核自旋共振的实验技术。由于自旋共振与晶体有关，与粒子在某一能级上的平均寿命也有关，而且自旋共振的波谱还能反应原子受邻近原子作用的情况，因此自旋共振可揭示物质内部结构，获得了广泛的应用。

保罗·狄拉克

电子自旋共振(ESR)是处于恒定磁场中的电子自旋磁矩，在交变射频电磁场或微波波段的作用下，发生的一种磁能级间的共振吸收跃迁现象。这种共振跃迁现象只能发生在原子的固有磁矩不为零的顺磁材料中，称为电子顺磁共振。它与核磁共振(NMR)现象十分相似，所以核磁共振实验技术也被用来观察 ESR 现象。电子自旋共振与核磁共振的不同点在于电子磁矩较核磁矩大三个数量级，因此在实验中，若二者的共振频率大致相同，则电子自旋共振所需的外加静磁场要小得多，由螺线管产生就够了。

电子自旋共振已成为对物质微观结构及运动状态进行分析和探索的现代实验技术，也是测量物质中未成对电子的唯一的直接方法，它有极高的灵敏度，测量时对样品没有破坏作用，已广泛应用于物理、化学、生物、医学和生命科学等领域。ESR 技术已成功地应用在顺磁物质的研究上，例如发现过渡族元素的离子，研究半导体中的杂质和缺陷、离子的晶体结构、金属和半导体中电子交换速度和导电性质，以及测量原子系统的朗德(g)因子、磁场的微弱改变量等方面。用电子自旋共振方法研究未成对的电子，可以获得其他方法不能得到或不能准确得到的数据。如电子所在的位置，游离基所占的百分数等。

EPR/ESR 光谱法的应用

ESR 的研究对象是具有不成对电子的物质，如①具有奇数个电子的原子，如氢原子；②内电子壳层未被充满的离子，如过渡族元素的离子；③具有奇数个电子的分子，如 NO；④某些虽不含奇数个电子，但总角动量不为零的分子，如 O_2；⑤在反应过程中或物质因受辐射作用产生的自由基；⑥金属半导体中的未成对电子等。通过对电子自旋共振波谱的研究，即可得到有关分子、原子或离子中未偶电子的状态及其周围环境方面的信息，从而得到有关物理结构和化学键方面的知识。

4.2 实验目的

(1) 观察电子自旋共振现象,掌握其实验原理和实验方法。

(2) 测量 DPPH 自由基电子自旋共振的固有频率,g 因子及共振线宽。

(3) 测量地磁场的垂直分量 B_D。

(4) 了解和掌握微波器件在电子自旋共振中的作用。

(5) 从矩形谐振腔长度的变化,进一步理解谐振腔中的驻波场型,并确定波导波长 λ_g。

(6) 利用样品有机自由基 DPPH 在谐振腔中的位置变化,探测微波磁场的情况,确定微波的波导波长 λ_g。

4.3 实验原理

根据原子物理学,原子中电子轨迹磁矩 $\boldsymbol{\mu}_L$ 与自旋磁矩 $\boldsymbol{\mu}_s$ 合成原子的总磁矩 $\boldsymbol{\mu}_j$ 和它的总角动量 $\boldsymbol{p}_j$ 之间有

$$\boldsymbol{\mu}_j = g\frac{e}{2m_e}\boldsymbol{p}_j \tag{4-1}$$

式中,g 称为朗德因子,其值取决于原子中电子的耦合类型。对于单电子的原子,g 有如下关系

$$g = 1 + \frac{j(j+1) - L(L+1) + S(S+1)}{2j(j+1)} \tag{4-2}$$

由此可知,对于电子的单纯轨道运动,g 因子等于1。对于电子单纯的自旋运动,g 因子等于2。引入旋磁比 γ 代替 g 因子,即

$$\boldsymbol{\mu}_j = \gamma\boldsymbol{p}_j \tag{4-3}$$

$$\gamma_e = g\frac{e}{2m_e} \tag{4-4}$$

原子核也有磁矩和角动量,它的旋磁比是

$$\gamma_0 = g\frac{q}{2m_p} \tag{4-5}$$

式中,q 是原子核中质子所带的电量,m_p 是质子的质量,是电子质量的 1 836 倍,所以原子核的磁矩比电子的磁矩要小三个数量级,计算原子的总磁矩时可以暂不考虑原子核的磁矩,而可只考虑电子的磁矩。

外磁场中,$\boldsymbol{\mu}_j$ 和 $\boldsymbol{p}_j$ 空间取向都是量子化的。$\boldsymbol{p}_j$ 在外磁场方向(如取磁场的方向在 z 轴方向)上的投影为

$$p_z = m\hbar, \quad m = j, j-1, \cdots, -j \tag{4-6}$$

相应的磁矩 $\boldsymbol{\mu}_j$ 在外磁场方向上的投影为

$$\mu_z = \gamma m \hbar, \quad m = j, j-1, \cdots, -j \tag{4-7}$$

将式(4-4)代入式(4-7)，则有

$$\mu_z = g m \hbar \frac{e}{2m_e} = g m \mu_B \tag{4-8}$$

式中，m 是磁量子数，$\mu_B = \frac{e\hbar}{2m_e}$ 称为玻尔磁子，电子磁矩都是用玻尔磁子单位来量度的。对应于原子核有核磁子 $\mu_N = \frac{g\hbar}{2m_p}$。具有总磁矩 $\boldsymbol{\mu}_j$ 的原子，当处于外加稳恒磁场 $\boldsymbol{B}_0$ 的作用时，其效果是 $\boldsymbol{\mu}_j$ 磁矩和相对应的总角动量 $\boldsymbol{p}_j$ 将绕磁场方向 $\boldsymbol{B}_0$ 作拉莫进动，如图 4-1 所示，进动角频率为 $\omega = \gamma B_0$。

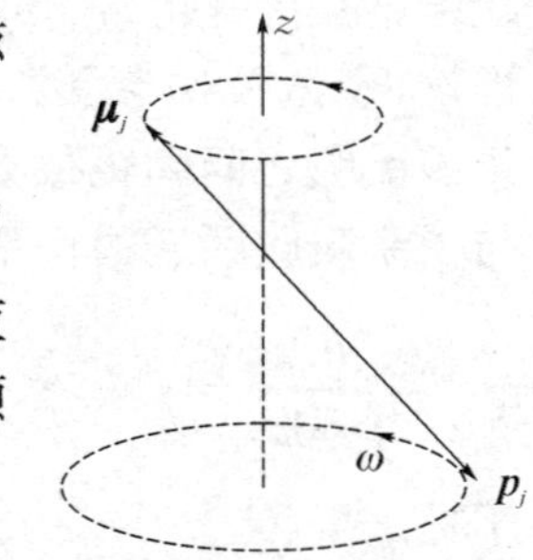

图 4-1 拉莫进动

原子总磁矩受稳恒磁场的作用而发生进动，结果引起附加能量 E，由于磁矩 $\boldsymbol{\mu}_j$ 在磁场中是空间量子化的，因此 E 也是不连续的，其能量本征值为

$$E = -\boldsymbol{\mu}_j \cdot \boldsymbol{B}_0 = -\mu_j B_0 = g m \mu_B \cdot B_0, \quad m = j, j+1, \cdots, -j \tag{4-9}$$

这说明，将具有总磁矩的原子置于稳定磁场 $\boldsymbol{B}_0$ 中时，原来关于角动量量子数的简并能级发生分裂，这些分裂的能级称为塞曼能级。也说明不同磁量子数 m 对应的原子状态具有不同的能量，各磁能级是等间距分裂的，两相邻磁能级之间的能量差为

$$\Delta E = g \mu_B B_0 \tag{4-10}$$

这表明自旋电子要从低能级跃迁到相邻的高能级，必须吸收磁能量子，其圆频率为

$$\omega_0 \hbar = \Delta E = g \mu_B B_0 = \gamma \hbar B_0 \tag{4-11}$$

即塞曼能级存在一个吸收固有频率 ω_0，式(4-11)称为产生磁共振的吸收条件。

为了实现磁共振，量子理论证明，通常是在 μ_j 所在的稳恒磁场 $\boldsymbol{B}_0$ 区域叠加一个同 $\boldsymbol{B}_0$ 垂直的弱的射频或微波段的旋进磁场 $\boldsymbol{B}_1$，其旋进频率恰好等于进动频率或能级存在的固有频率，旋进方向与进动方向相同。于是，处于低能级的电子就能从旋进磁场中吸收能量子，受激跃迁到相邻的较高的能级上去，产生磁共振吸收，这就是 ESR 现象，旋进磁场可由交变磁场或微波得到。

4.3.1 共振吸收与弛豫过程

实际样品是包含大量具有自旋电子的微观系统，实际测得的信息是它们集体表现的平均值，即宏观量。因此，有必要讨论自旋电子系统在外磁场 $\boldsymbol{B} = \boldsymbol{B}_0 + \boldsymbol{B}_1$ 中的宏观效应。

现在，我们来讨论大量由 $J = \frac{1}{2}$ 自旋电子构成的晶体样品(或称电子自旋系统)的宏观效应。其中 m 为 $+\frac{1}{2}$ 和 $-\frac{1}{2}$ 的自旋电子数分别为 N_+ 和 N_-，总自旋电子数为 $N = N_+ + N_-$，自旋电子数差为 $n = N_+ - N_-$，它的塞曼能级如图 4-2 所示。当加入交变的射频场或微波波

段的磁场项 $\boldsymbol{B}_1$ 后，自旋电子系统吸收能量从 $m=-\frac{1}{2}$ 的能级跃迁到 $m=\frac{1}{2}$ 的能级上，同时处于 $m=\frac{1}{2}$ 高能级上的自旋电子受激辐射和自发辐射跃迁到 $m=-\frac{1}{2}$ 的低能级上，并释放能量子，跃迁过程将引起 N_+ 和 N_- 的改变。根据爱因斯坦的电磁辐射理论，受激吸收与受激辐射跃迁的概率相等。在磁共振中，由于磁能级之间间距很小，自发辐射完全可以忽略。设受激辐射与受激吸收跃迁的概率为 W，则有

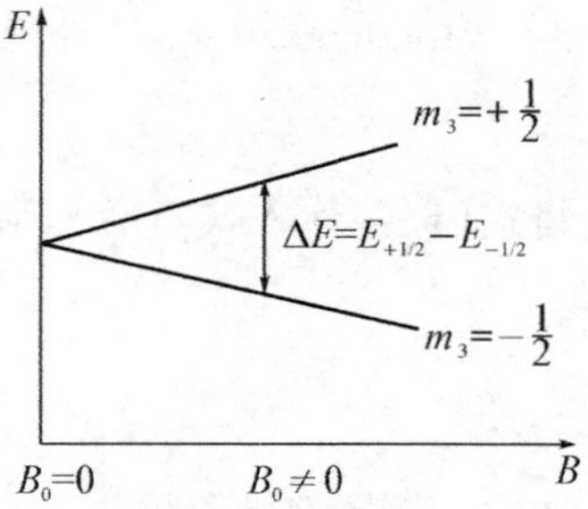

图 4-2　电子塞曼能级分裂与共振信号

$$\frac{\mathrm{d}N_+}{\mathrm{d}t}=(N_- - N_+)W,\quad \frac{\mathrm{d}N_-}{\mathrm{d}t}=(N_+ - N_-)W \tag{4-12}$$

于是

$$\frac{\mathrm{d}n}{\mathrm{d}t}=\frac{\mathrm{d}(N_+ - N_-)}{\mathrm{d}t}=W(N_- - N_+)-W(N_+ - N_-) \tag{4-13}$$

其解为

$$n=n(0)\mathrm{e}^{-2wt} \tag{4-14}$$

其中，$n(0)$ 是 $t=0$ 时上、下能级自旋电子数的差，也就是说在未加交变的射频或微波磁场时，自旋电子处于热平衡状态，上、下能级的自旋电子遵从玻尔兹曼分布率，即 $N_+ > N_-$。不难理解，当在稳恒磁场的垂直平面上施加一个弱的交变磁场时，初始时刻有一个自旋电子数差 $(N_+ - N_-) > 0$，但是在受激吸收和受激辐射跃迁作用下，自旋电子数差随着时间 t 按指数规律减少，最后 $n\to 0$。由于共振吸收信号的强弱与 $(N_+ - N_-)$ 成正比，当 $n\to 0$ 时，自旋电子系统就处于非热平衡态，共振吸引现象消失，即样品饱和了。但实际上在样品中除了存在受激吸收过程外，还存在热弛豫过程。所谓弛豫过程，是自旋电子系统由偏离热平衡态的分布恢复到热平衡态的玻尔兹曼分布，反映自旋电子系统由非热平衡态趋向热平衡态所需的时间称弛豫时间。弛豫过程包含两个方面：一是由于自旋电子与晶格的相互作用，称自旋-晶格弛豫；二是自旋电子与自旋电子的相互作用，称自旋-自旋弛豫。

4.3.2　磁化强度矢量

磁化强度 $\boldsymbol{M}$ 定义为单位体积内各微观粒子磁矩 $\boldsymbol{\mu}$ 的矢量和 $\boldsymbol{M}=\sum\boldsymbol{\mu}$。它与系统的总角动量 $\boldsymbol{p}$ 的关系为

$$\boldsymbol{M}=\gamma\boldsymbol{p} \tag{4-15}$$

在外加磁场 $\boldsymbol{B}$ 中，$\boldsymbol{p}$ 受到力矩 $\boldsymbol{L}=\boldsymbol{M}\times\boldsymbol{B}$ 的作用，因此有

$$\frac{\mathrm{d}\boldsymbol{p}}{\mathrm{d}t}=\boldsymbol{L}=\boldsymbol{M}\times\boldsymbol{B} \tag{4-16}$$

利用式(4-15)，式(4-16)可写为

$$\frac{\mathrm{d}\boldsymbol{M}}{\mathrm{d}t}=\gamma(\boldsymbol{M}\times\boldsymbol{B}) \tag{4-17}$$

式中，$B=B_0+B_1$ 为稳恒磁场，B_1 为垂直于 B_0 的交变磁场。

现以 $J=\dfrac{1}{2}$ 的自旋电子系统为例进行讨论。由于电子自旋系统在 B_0 中分裂为 m 为$+\dfrac{1}{2}$ 和$-\dfrac{1}{2}$的两个塞曼能级，单位体积内有 N_+ 个自旋电子处于 E_2 能级，N_- 个自旋电子处于 E_1 能级。

自旋电子系统在热平衡条件下，$\boldsymbol{M}$ 的三个分量：$M_z=M_0=|\boldsymbol{M}|$，$M_x=M_y=0$，如图4-3所示。此时若在 xOy 平面上施加弱的交变磁场 B_1，$\boldsymbol{M}$ 将发生偏离，$M_z<M_0$ 同时出现横向分量，如图 4-4 所示。

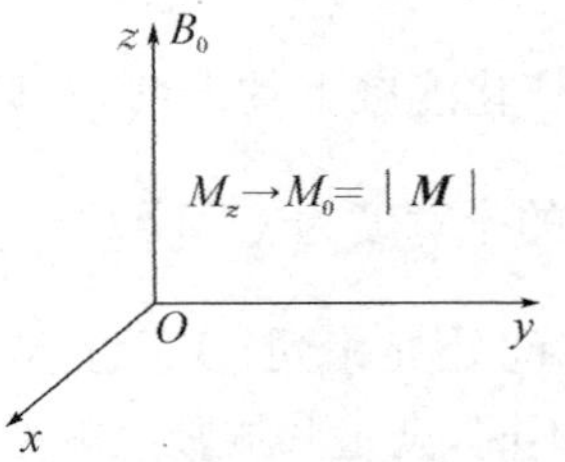

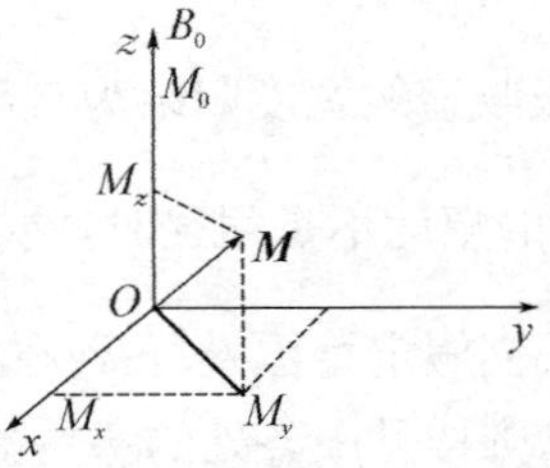

图 4-3　$\boldsymbol{M}$ 在磁场 $\boldsymbol{B_0}$ 中　　**图 4-4　$\boldsymbol{M}$ 在磁场 $\boldsymbol{B_0}$ 中受 $\boldsymbol{B_1}$ 的作用**

由于弛豫过程的存在，一方面由于自旋电子与构成样品的晶格(晶格具有与自旋系统相同的塞曼能级)的相互作用，低能级的自旋电子从交变磁场中吸收能量跃迁到高能级上，使得自旋电子数的分布偏离热平衡态。但是由于晶格的影响，处于高能级上的自旋电子跃迁到低能级所释放的能量正好使晶格吸收，并跃迁到高能级，最终使自旋电子数的分布趋于热平衡态分布，使 $M_z-M_0=|M|$。

由于非热平衡态中的 M_z 向热平衡态的 M_0 弛豫过渡所需的时间 T_1 与(M_z-M_0)成正比，理论证明

$$\frac{\mathrm{d}M_z}{\mathrm{d}t}=\frac{-1}{T_1}(M_z-M_0) \tag{4-18}$$

式中，负号表示弛豫过程与 B_1 使 $\boldsymbol{M}$ 发生偏离程度相反，T_1 描述 $\boldsymbol{M}$ 的纵向分量 M_z 恢复到 $M_z=M_0$ 的时间常数，称为纵向弛豫时间。由于它反映了晶格与自旋电子的相互作用，改变了自旋电子在能级上的分布，又称为“自旋-晶格”弛豫时间。

另一方面，由于实际样品包含大量的自旋电子，每一个自旋磁矩由于邻近处其他自旋磁矩的存在，会相互作用，使得磁矩局部磁场略有不同，其各自的进动频率也不完全一样。但在 B_1 作用下，经过时间 T_2，由于不同进动频率的自旋磁矩的协同作用，使得自旋电子系统的磁化强度矢量在 x 和 y 方向上的分量趋于热平衡态的值，即 $M_x=M_y=0$，它遵从下式

$$\frac{\mathrm{d}M_x}{\mathrm{d}t}=\frac{M_x}{T_2},\quad \frac{\mathrm{d}M_y}{\mathrm{d}t}=\frac{M_y}{T_3} \tag{4-19}$$

式中，T_2 和 T_3 描述 $\boldsymbol{M}$ 的横向分量 M_x 和 M_y 恢复到零的时间常数，称为横向弛豫时间。由于它反映了自旋电子与自旋电子的相互作用，又称为自旋-自旋弛豫时间。由于 $\boldsymbol{B}$ 的数值 B_x 和 B_y 又相等，故 $T_2=T_3$。

自旋电子与自旋电子的相互作用，虽然其作用不改变自旋电子在各能级上的分布，但存在

相互作用而产生的磁场，使样品在 x 和 y 方向磁化，其效果使实际的共振吸收谱不只是发生在由式(4-11)决定的单一频率，而是发生在一定的频率范围内，即共振吸收谱有一定宽度，如图 4-5 所示。这说明能级有一定宽度，根据“测不准关系”有

$$\Delta E \cdot \tau \approx h \tag{4-20}$$

式中 ΔE 为变化能级宽度，τ 为在变化能级上的寿命，它与 T_2 有关，由此产生的谱线宽度为

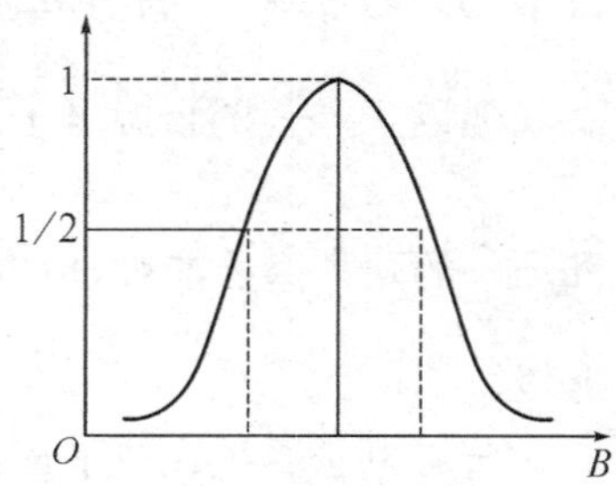

图 4-5　共振吸收曲线

$$\Delta W = \frac{\Delta E}{h} \approx \frac{1}{\tau} \tag{4-21}$$

式(4-21)表明，共振吸收谱线宽度归结为自旋电子在变化能级上的寿命，τ 归结为 T_2。可以证明，当交变磁场 B_1 的幅度不是很强时，共振吸收谱的半宽度为 $(\Delta W)_{\frac{1}{2}} = \frac{2}{T_2}$。

在上面讨论中，我们假定稳恒磁场 B 在样品的空间处处相同，实际上是很难做到的。若 $\boldsymbol{B}$ 在样品空间不均匀，则样品中各处的塞曼能级间隔不同，满足共振吸收频率也就不一样。设 $\boldsymbol{B}$ 在样品中的最大值与最小值差为 ΔB，与此相应的共振吸收频率也有一个变化范围，使得共振吸收频率的半宽度为 $(\Delta W)_{\frac{1}{2}} = \gamma \Delta B$。

在一般情况下，共振吸收频率的半宽度为

$$(\Delta W)_{\frac{1}{2}} = \frac{2}{T_2} + \gamma \Delta B \tag{4-22}$$

4.3.3　布洛赫方程

对于一个宏观自体系，当外加磁场 $B = B_0 + B_1$ 对自旋电子系统的作用和弛豫过程同时存在时，二者独立对单位体积内磁化强度 M 影响，假设各自规律性不变，可导出著名的描述磁化强度运动的布洛赫(Bloch)方程：

$$\frac{\mathrm{d}\boldsymbol{M}}{\mathrm{d}t} = \gamma \cdot (\boldsymbol{M} \times \boldsymbol{B}) - \frac{1}{T_2}(M_x \boldsymbol{i} + M_y \boldsymbol{j}) - \frac{M_z - M_0}{T_1}\boldsymbol{k} \tag{4-23}$$

式中，$\boldsymbol{i}$，$\boldsymbol{j}$，$\boldsymbol{k}$ 分别是 x，y，z 方向上的单位矢量。在各种条件下解上述方程，可以解释各种磁共振现象，如共振吸收谱的半宽度等。

4.4　实验仪器

微波顺磁共振实验系统(图 4-6)包含电子自旋共振仪、电流表一个、示波器一台、频率计一台、苯基酸联氨(DPPH 自由基)样品。

微波顺磁共振实验系统方框图见图 4-7。图中微波信号发生器为系统提供频率约为 9 370 MHz的微波信号，微波信号经过隔离器、衰减器、波长计到魔 T 的 H 臂，魔 T 将信号平分后分别进入相邻两臂。

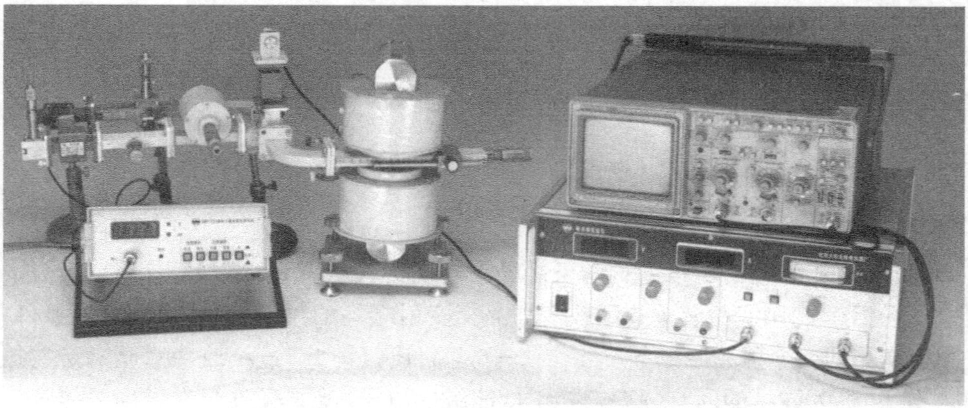

图 4-6　微波顺磁共振实验系统

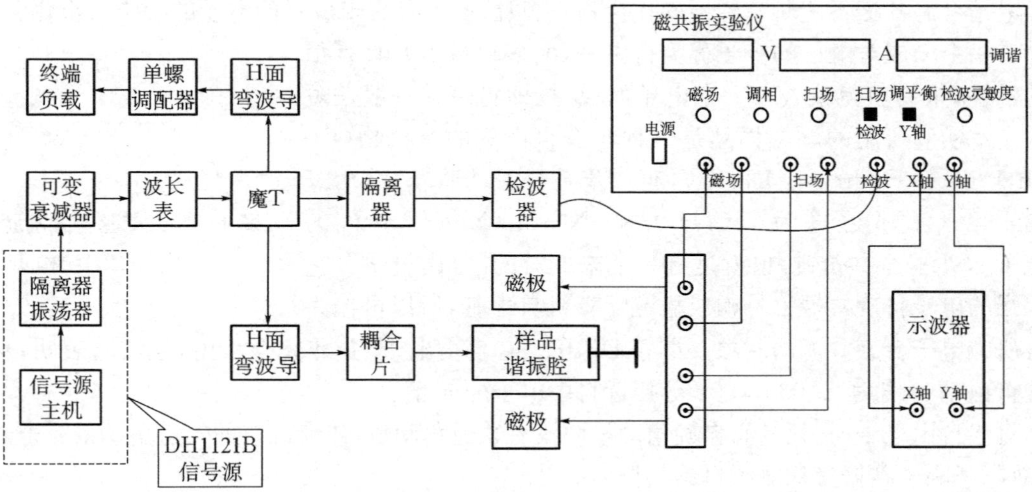

图 4-7　微波顺磁共振实验系统连接

可调矩形样品谐振腔通过输入端的耦合片，可使微波能量进入微波谐振腔，矩形谐振腔的末端是可移动的活塞，用来改变谐振腔的长度。为了保证样品总是处于微波磁场的最强处，在谐振腔的宽边正中开了一条窄缝，通过机械传动装置可使实验样品处于谐振腔中的任何位置，并可从贴在窄边上的刻度直接读出，实验样品为密封于一段细玻璃管中的有机自由基 DPPH。

系统中，磁共振实验仪的“X 轴”输出为示波器提供同步信号，调节“调相”旋钮可使正弦波的负半周扫描的共振吸收峰与正半周的共振吸收峰重合。当用示波器观察时，扫描信号为磁共振实验仪的“X 轴”输出的 50 Hz 正弦波信号，“Y 轴”为检波器检出的微波信号。

4.5　预习思考题

(1) 何谓电子自旋共振现象？它存在于哪些物质中？观察它的实验条件是什么？

(2) 为什么要研究弛豫效应？如何对它进行实验研究？

(3) 简述电子顺磁共振的实验原理和实验方法(交变射频场或微波场)。

4.6 实验内容及步骤

4.6.1 实验内容

共振吸收条件 $\omega=\gamma B$ 可以通过两条途径来实现，一种是扫频法，另一种是扫场法。扫频法是固定磁场 B_0，利用实验装置连续改变样品交变射频场的频率，最后达到共振条件。而扫场法是固定样品的交变射频磁场频率 $\omega_0=2\pi f_0$，而让磁场 B_0 连续改变直至满足共振条件。这样的频率 f_0 称为样品的固有频率。处于低能级的电子，就要吸收交变磁场的能量，在相邻的磁能级将发生磁偶级共振跃迁，这种共振跃迁现象只能发生在原子的固有磁矩不为零的顺磁材料中，称为电子顺磁共振。

电子自旋共振不能研究磁性的化合物，它只能研究具有未成对的电子的特殊有机化合物。把含有一个未成对电子的分子称为自由基，大多数自由基具有很高的活性，很易获得或失去一个电子而成对，即自由基一般是短命的。本实验所用的顺磁样品是一种含有自由基的有机物(Di-Phenyl Picryl Hydrazyl, DPPH)，叫二苯基苦酸基肽基，结构式如图 4-8 所示，分子式为：$(C_6H_5)_2N—NC_6H_2(NO_2)_3$，中间的氮原子 N 少一个共价键，也就是有一个未成对的“自由电子”，它有很强的电子自旋共振信号构成稳定的有机自由基，所以可作为观察研究电子自旋共振的对象。尽管 DPPH 的“自由电子”并非完全自由，但实验表明，化学上的自由基 g 值为 2.003 6，它十分接近自由电子的 g 值。

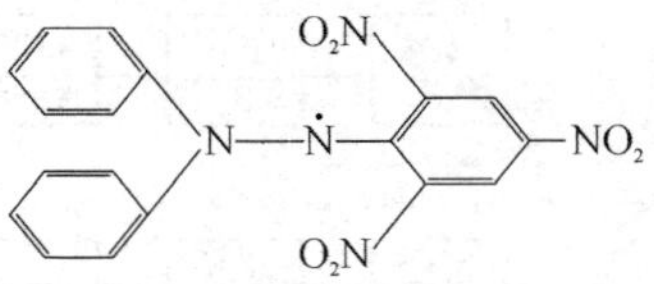

图 4-8　二苯基苦酸基肽基(DPPH)结构式

对于自由电子，它只具有自旋角动量而没有轨道角动量，或者说它的轨道角动量完全碎灭了，故电子顺磁共振又称电子自旋共振。

在稳恒磁场中的塞曼能级与 $J=S=\dfrac{1}{2}$ 的自旋电子系统在 B_0 中的塞曼能级相同，因此它是研究自旋电子磁共振的理想材料。

$J=\dfrac{1}{2}$ 的自旋电子系统产生磁共振吸收的条件是：$\omega_0=\gamma\beta_0=\dfrac{g\mu_B}{\hbar}B_0$。于是得到样品的固有频率为

$$f_0=\frac{g\mu_B}{h}B_0 \tag{4-24}$$

式中，$\mu_B=9.274\,1\times10^{-24}$ J/T，$h=6.626\times10^{-34}$ J·s，$g=2.003\,8$。只要测得共振吸收最大时的 B_0 值，则由式(4-24) 可算出 f_0。

在图 4-9 中，稳恒磁场 B_0 是直流电在螺线管中产生的，螺线管竖直放置，故 B_0 的方向竖直向上或向下，可由共振仪的磁场换向装置人为地加以控制。B_0 的大小与通过螺线管的电流 I 有如下关系：

$$B_0=\frac{4\pi\times10^{-7}TI\cos\beta}{L}\alpha \tag{4-25}$$

式中，α 是修正因子，取为 1；$\cos\beta$ 是螺线管的品质因子，取为 0.9；T 为螺线管的线圈匝数；L 为螺线管长度，单位为 m；I 是通过螺线管的稳恒电流，单位为 A，可由安培表读出。于是 B_0 可测出，它是螺线管中心的磁场强度，单位是特斯拉(T)。

样品放置在螺线管中央，其放置方向是使边限振荡器产生的交变磁场的方向与 B_0 的方向垂直，其振荡频率(边限振荡器的频率)可用频率计读出。

边限振荡器的工作原理是：在一般情况下，它的工作刚好处于起振的临界状态，此时输出等幅振动信号，通过检波滤掉交变成分，得到的仅是直流成分，在示波器上显示为扫描直线。发生共振时，样品的自旋电子吸收射频场的能量，振荡线圈的能量损失最大，使振荡变弱，振幅下降，甚至会使振荡信号上出现反映 NSR 吸收信号的包络线，变化频率等于磁场的频率，经检波后得到共振信号。由于采用边限振荡器，交变射频场 B_1 很弱，因此饱和因子的影响很弱。如果 B_1 的幅值很强，出现饱和效应，样品中少量的能量吸收对于振荡器振荡幅度的影响很大，这时可能观察不到共振吸收信号。在使用边限振荡器时，应调节边限振荡器的振幅，即调到振荡与不振荡的边缘。

在实验中，我们把 50 Hz 的交流电叠加在螺线管线圈上，即在稳恒磁场 $\boldsymbol{B}_0$ 上叠加了 50 Hz的扫描磁场。

为了使 DPPH 自由基在外磁场 $\boldsymbol{B}$ 中产生的共振吸收信号在示波器上稳定，我们将50 Hz的交流电叠加到螺线管的振荡线圈上，改变交流电的幅值，使纵向稳恒磁场 $\boldsymbol{B}_0$ 得到不同的调制幅值。微小的调制磁场 $\boldsymbol{B}$(值为 $B\sin\omega t$)用来帮助寻找共振信号，判断信号的真伪和确定对应于恒定磁场 $\boldsymbol{B}_0$ 的共振频率。只有当 $\omega_0=\gamma B_0$ 时，示波器的共振信号的波形才是等间距的，如图 4-9(b)所示。

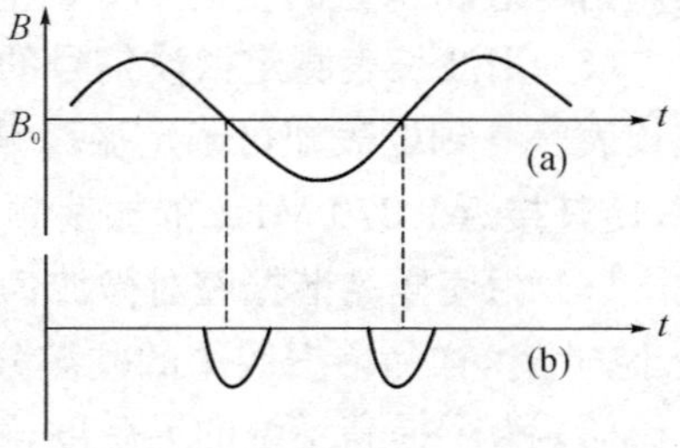

图 4-9　稳恒磁场 $\boldsymbol{B}_0$ 变化曲线(a)与共振信号(b)

实验中调节 B_0，示波器上波形与图 4-9(a)相同时，从电流表记下相应的电流强度 I，可由式(4-25)算出 B_0 的值(L，T 已标在螺线管上)，进而用式(4-24)算出样品电子自旋共振的固有频率 f_0。

实验中必须考虑地磁场垂直分量的影响，满足共振条件的 B_0 应是样品所在的螺线管中心磁场和地磁场的垂直分量 $B_{D\perp}$ 的合磁场 B，由于螺线管竖直放置，B_0 不太大时，故加在样品上的稳恒磁场 B 应是 B_0 与 $B_{D\perp}$ 叠加。注意到无论 B_0 与 $B_{D\perp}$ 是同向还是反向，在满足共振条件时，共振吸收信号都是等间距的，且满足 B 和 f 不变，则

当 B_0 与 $B_{D\perp}$ 同向时，

$$B=B_{01}+B_{D\perp} \tag{4-26}$$

当 B_0 与 $B_{D\perp}$ 反向时，

$$B=B_{02}-B_{D\perp} \tag{4-27}$$

式(4-26)、式(4-27)相加，则

$$B=\bar{B}_0=(B_{01}+B_{02})/2 \tag{4-28}$$

式中，B_{01}，B_{02} 按式(4-25)求得。

式(4-26)、式(4-27)相减，则

$$B_{D\perp}=(B_{02}-B_{01})/2 \tag{4-29}$$

利用式(4-28),可以测得 $B_{D\perp}$ 分量。于是,式(4-24)修改为

$$f_0=\frac{g\mu_B}{h}\bar{B}_0 \tag{4-30}$$

4.6.2 实验步骤

(1) 按图 4-7 接好线路。将可变衰减器顺时针旋至最大,开启系统中各仪器的电源,预热 20 min。

(2) 将顺磁共振实验仪的旋钮和按钮作如下设置:"磁场"逆时针调到最低,"扫场"顺时针调到最大。按下"检波"按钮,"扫场"按钮弹起,此时磁共振实验仪处于检波状态。(注:切勿同时按下)

(3) 将样品位置刻度尺置于 90 mm 处,样品置于磁场正中央。

(4) 将单螺调配器的探针逆时针旋至"0"刻度。

(5) 信号源工作于等幅工作状态,调节可变衰减器及"检波灵敏度"旋钮使磁共振实验仪的调谐电表指示占满度的 2/3 以上。

(6) 用波长表测定微波信号的频率,方法是:旋转波长表的测微头,找到电表跌落点,查波长表——刻度表即可确定振荡频率,若振荡频率不在 9 370 MHz,应调节信号源的振荡频率,使其接近 9 370 MHz 的振荡频率。测定完频率后,须将波长表刻度旋开谐振点。

(7) 为使样品谐振腔对微波信号谐振,调节样品谐振腔的可调终端活塞,使调谐电表指示最小,此时,样品谐振腔中的驻波分布如图 4-10 所示。

(8) 为了提高系统的灵敏度,可减小可变衰减器的衰减量,使调谐电表显示尽可能提高。然后,调节魔 T 两支臂中所接的样品谐振腔上的活塞和单螺调配器,使调谐电表尽量向小的方向变化。若指示太小,可调节灵敏度选钮提高灵敏度,使指示增大。

(9) 按下"扫场"按钮。此时,调谐电表指示为扫场电流的相对指示,调节"扫场"旋钮可改变扫场电流。

(10) 顺时针调节磁场电流,当电流达到 1.7~1.9 A 时,示波器上即可出现如图4-11(b)所示的电子共振信号。

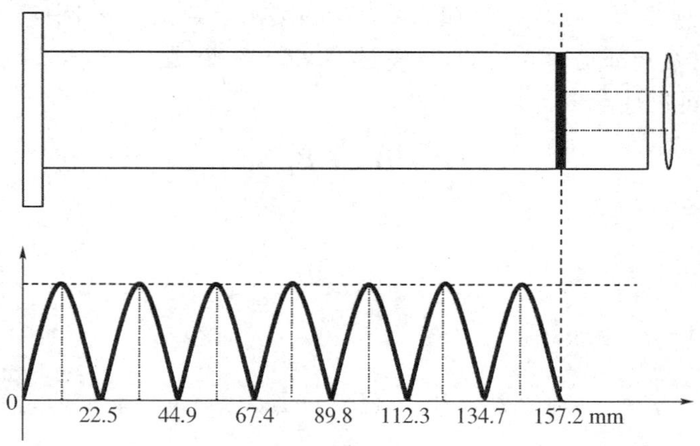

图 4-10 谐振腔中的驻波分布

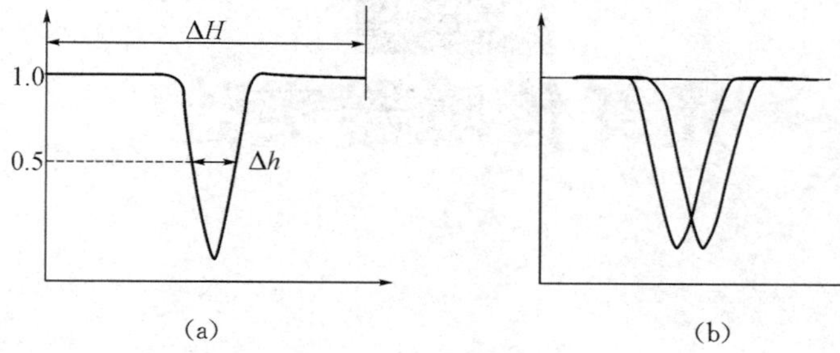

图 4-11　共振波形

(11) 若共振波形峰值较小,或示波器图形显示欠佳,可采用下列四种方式调整:①将可变衰减器反时针旋转,减小衰减量。增大微波功率;②正时针调节"扫场"旋钮,加大扫场电流;③提高示波器的灵敏度;④调节微波信号源振荡腔法兰盘上的调节钉,可加大微波输出功率。

(12) 若共振波形左右不对称,调节单螺调配器的深度及左右位置,或改变样品在磁场中的位置,微调样品腔使共振波形成满意为止。

(13) 调节"调相"旋钮即可使双共振峰处于合适的位置。

(14) 用高斯计测得外磁场 H,用公式计算 g 因子。(g 因子一般在 1.95～2.05)

(15) 为了得到腔体的波导波长 λ_g,可移动样品的位置,两信号之间距离即为 $\lambda_g/2$。

(16) 将频率旋钮置于适当位置,调节"磁场调节",观察共振信号的变化,直至示波器荧光屏上出现等间距的共振信号波形("扫场调节"可调节信号的幅值)。记下电流表上的读数 I_1,利用公式算出 B_{01},f_0。

(17) 改变"磁场换向"的方向,使磁场 B 的方向反向。调节"磁场调节",直至示波器荧光屏上重新出现等间距共振信号波形。记下电流表上的读数 I_2 值,利用公式算出 B_{02} 和 f_0。

(18) 将 B_{01} 和 B_{02} 的值代入式(4-29)算出 $B_{D\perp}$;代入式(4-28)算出 $\bar{B}_0$,再代入式(4-30)算出 f_0。

(19) 重复上述操作五次,计算出 $B_{D\perp}$ 和 f_0 的平均值,并计算其相对误差(只要求算出频率的相对误差)。改变频率,重复上述步骤,计算出相应的 $B_{D\perp}$ 和 f_0 及其相对误差。

4.7　思考题

(1) 怎样才能在示波器上看到稳定的等间隔的共振信号?

(2) 加上扫场信号,为什么用示波器内扫描观察不到共振信号?如何测定共振频率 f_0 所对应的螺线管磁场 B_0 的大小?

(3) 调节 RC 移相电路,使扫描信号与扫场磁场的变化同位相,如何判断?

(4) 为什么在测微波信号的频率时,当调到了本机振荡频率后,必须把波长计的刻度旋开谐振点?

(5) 怎样调节微波系统才能搜索到共振信号,为什么?

(6) 哪些因素影响共振信号?

实验 5

光纤传感器实验

5.1 引言

光纤传感器(Fiber Optical Sensor, FOS)是 20 世纪 70 年代中期伴随光纤通信技术的发展迅速崛起的一门科学技术。光纤工作频带宽，动态范围大，是一种优良的低损耗传输线。光纤传感器以光纤为传播媒质，光波为信息载体，调制和传输信号，测量各种物理量、化学量或生物量等。它因体积小、重量轻、耐腐蚀、抗辐射、抗电磁干扰等优点，特别适合在空间狭小或强干扰等恶劣环境下使用。因此，光纤传感技术在国防军事、航天航空、工业过程控制、医疗测量、能源环保等领域得到广泛应用。在实际应用中，对光纤传感系统的性能也不断提出新的要求，其研究方向和应用潜力正朝着智能多元化方向发展。

“光纤之父”——高锟

5.2 实验目的

(1) 了解光纤传感器的工作原理。

(2) 掌握光纤纤端光场的轴向和径向分布及其测量方法。

(3) 了解光纤反射接收特性及光纤位移传感器的原理。

(4) 学习利用光纤微弯损耗测量位移、压力的方法。

5.3 实验原理

5.3.1 基础知识

1. 光在光纤中的传输

常用的光纤是石英玻璃纤维，由导光的纤芯、中间的包层和外围的敷层构成(图 5-1)，纤芯的折射率比包层的折射率大，即 $n_1 > n_2 > n_0$，于是当光传输到两者交界面时，满足从光密介质进入光疏介质的条件。依据光学中的折射定律与全反射定律，则有

$$n_0 \sin\varphi_0 = n_1 \cos\varphi \tag{5-1}$$

$$\sin\varphi > n_2/n_1 \tag{5-2}$$

可得入射角的限制条件为

$$\sin\varphi < \frac{\sqrt{n_1^2 - n_2^2}}{n_0} \tag{5-3}$$

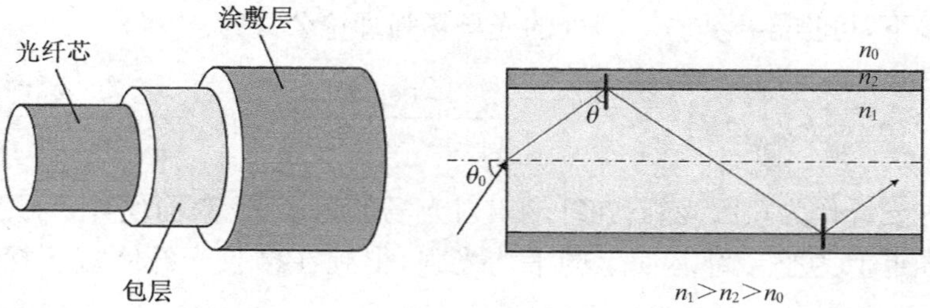

图 5-1　光在光纤中的传输

当满足条件时，光由于全反射被限制在光纤的纤芯中传输。由于纤芯边界的限制，光波场方程有不连续的电磁场解，称为模式，一般有传输模（导模）、泄露模、辐射模三种模式。按照传输模式，光纤可分为多模光纤与单模光纤。

2. 光纤光源与光探测器

在光纤传感器测量系统中，光源与光探测器起着重要的作用，是不可或缺的元件。一般来说，光纤传感器中光源具有体积小、重量轻、连续工作寿命长和高稳定性等特点，按照光的相干性可分为相干光源和非相干光源。半导体发光二极管（LED）是一种典型的非相干冷光源。它是工作在正向偏置状态下的固态 PN 结器件，可直接将电能转换为光能，其辐射波长在可见光或红外光区，光谱半带宽窄，单色性好，响应快速，是光纤传感器中最常用的光源。

光探测器是把光能转换成为其他能量的换能器，一般可分为热电探测器和光电探测器。PIN 型光电二极管是一种常用的光电探测器，它的特点是在基本结构 PN 结的中间增加一层低掺杂浓度的本征半导体，形成 PIN 结构（图 5-2）。这种设计的主要作用是扩展耗尽区，提高光电转换的频率。若在 PIN 结上加一定的反向电压，当被光照射时，入射光很容易进入到 I 层而被充分吸收，产生的大量光生载流子参与导电，从而缩短响应时间。当光强变化时，光生载流子浓度以及产生的信号电压、电流也随之变化，这种变化特性在入射光强很大的范围内保持线性关系，这里引入两个光电探测器的基本参量：

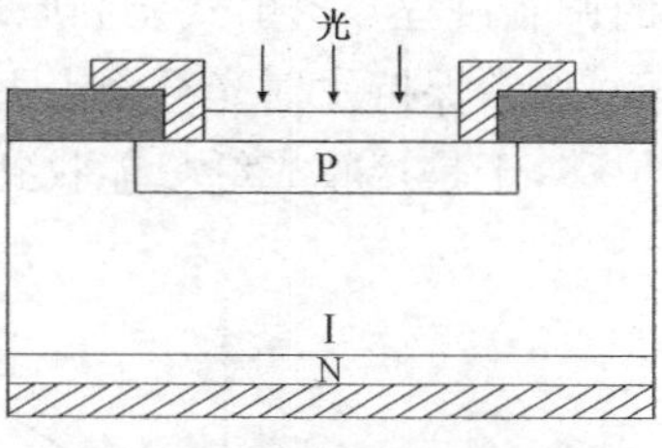

图 5-2　PIN 型光电探测器原理与结构

(1) 电压响应度 $R=U/P$，即入射的单位光功率所产生的信号电压；

(2) 电流灵敏度 $S=I/P$，即入射的单位光功率所产生的信号电流。

其中，P 为光功率，U，I 分别为探测器产生的信号电压、电流。

3. 光纤出射光场强度

对于多模光纤，光纤出射光场的平均强度分布可由下式给出

$$I(r,\ z)=\frac{2(a_0\pi\xi_0)^2}{(\lambda z)^2}\cdot I_0\exp(-2r^2/q^2) \tag{5-4}$$

式中，ξ_0 为散斑场的相干长度，a_0 为纤芯半径，$q=\lambda z/(\pi\xi_0)$。但是当 $z\to 0$ 时，上式不成立，所以为了给出实际通用性的强度分布表达式，假设光纤出射端面的光场特性是由近似的平面波场的圆孔衍射场和自由空间传输的准高斯光束叠加而成，如图 5-3 所示。

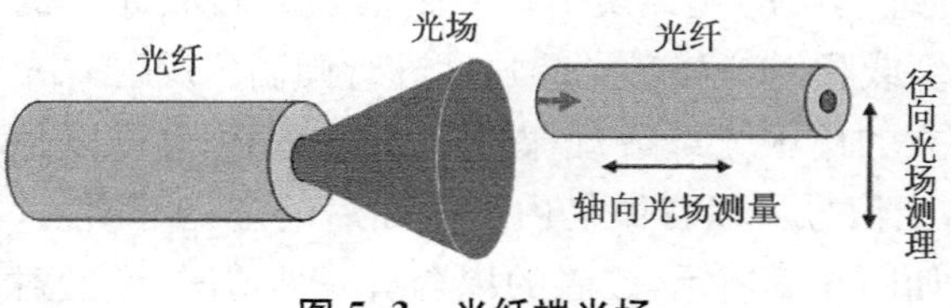

图 5-3　光纤端光场

在以上假设下，可推导出点(r, z)处的光场场强理论公式为

$$I(r, z)=I_0\left\{p^2\frac{a_0^2}{r^2}J_1^2\left[\frac{kr}{z}a_0\right]+q^2\frac{(2\pi\omega_0^2)^2}{\lambda^2(4z^2+k^2\omega_0^4)}\exp\left[-\frac{2k^2\omega_0^2r^2}{4z^2+(k\omega_0^2)^2}\right]\right\} \tag{5-5}$$

如果将同种光纤作为接收光纤，在纤端出射光场的远场区，为简便计，可用接收光纤端面中心点处的光强近似为整个纤芯面上的平均光强，得到在接收光纤终端所探测到的光强公式为

$$I(r, z)=\frac{SI_0}{\pi\omega^2(z)}\cdot\exp\left[-\frac{r^2}{\omega^2(z)}\right] \tag{5-6}$$

式中，S 为纤芯端面，$\omega(z)=\sigma a_0[1+\zeta(z/a_0)^{3/2}\tan\theta_0]$，$\theta_0$ 为光纤的最大出射角。

3.3.2 光强度调制

光纤传感器的工作原理可以简单归纳为调制与解调两部分，即承载信息的调制光波在光纤中传输，经由探测器解调后得到所需被测信号的过程。所以，光调制技术在光纤传感器中极为重要。按照调制方式可分为强度调制、位移调制、频率调制、波长调制等，这里主要介绍强度调制，强度调制主要有以下三种方式。

1. 透射调制方式

透射式光强调制属于外调制，即不改变光纤内部的结构，仅通过控制外界信号实现对强度的调制过程。透射式调制原理如图 5-4 所示。发射光纤与接收光纤的纤端面为垂直纤轴的平面，通常保持发射光纤固定不动，而接收端受外界信号控制而相对发射端产生横向、纵向或角位移，于是接收光纤只能收到部分光信号，从而实现对光强的调制。

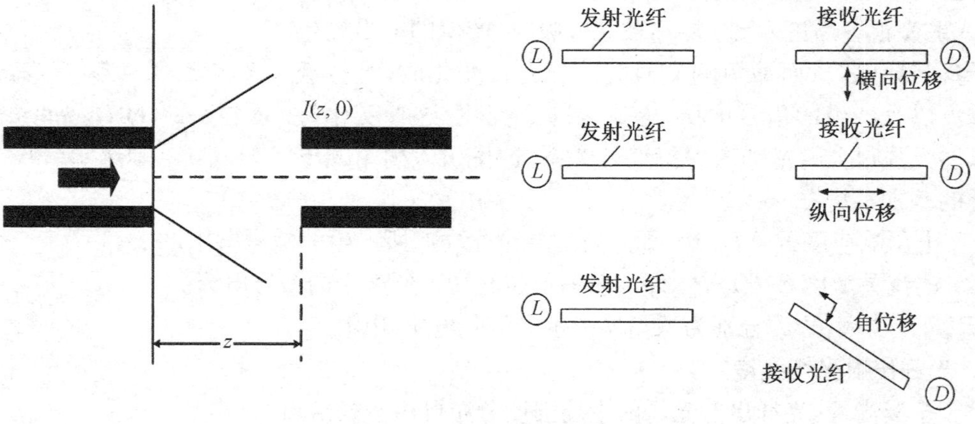

图 5-4　透射式调制原理

2. 反射调制方式

反射式强度调制也是一种外调制，即发射光纤射出的光经反射面反射后进入接收光纤的调制过程。外界信号可以通过控制反射面的角度或相对位移对光纤强度进行调制。反射式光纤传感器的发射光纤和接收光纤可以分别为独立的单根光纤或规律排列的光纤束，也可以是合并在一起的 Y 形结构。经过反射面反射后的光信号可以看做是由反射面后的虚光纤出射，则光强大小与虚光纤至接收光纤的距离相关。如图 5-5 所示，二者的耦合有三种情况，设发射

光纤与接收光纤的间距为 a，且均为阶跃型折射率分布，纤芯半径为 r。当满足图(a)情况时，接收光纤端光功率几乎为零；满足图(c)情况时，重叠面积恒为 πr^2，耦合到接收光纤的光通量最大，而图(b)则处于两者之间。

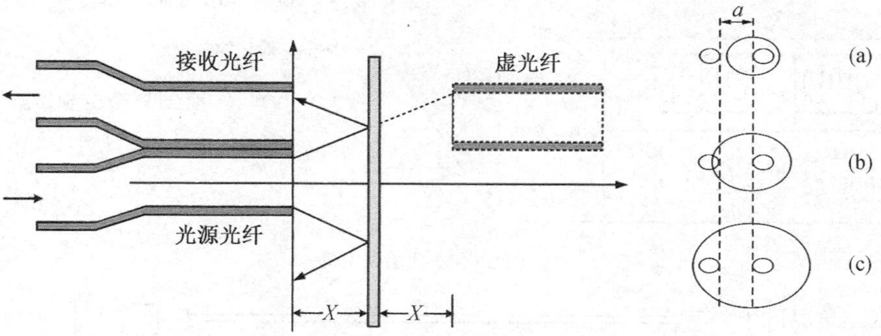

图 5-5　反射式调制原理

3. 微弯调制方式

微弯调制是利用微弯损耗原理进行光强内调制的过程。一根多模光纤夹在一个空间周期为 Λ 的变形器中间，如图 5-6 所示。在垂直于光纤轴向的外界压力作用下，变形器两侧产生的相对位移使所夹光纤微弯，直接导致光纤内发生模间耦合。耦合形成的辐射模，使一部分传输光逸出到包层，造成光纤内传输光的能量或强度损耗。这种损耗与变形器相对位移相关联，通过探测光强变化就可以得到位移变化量。

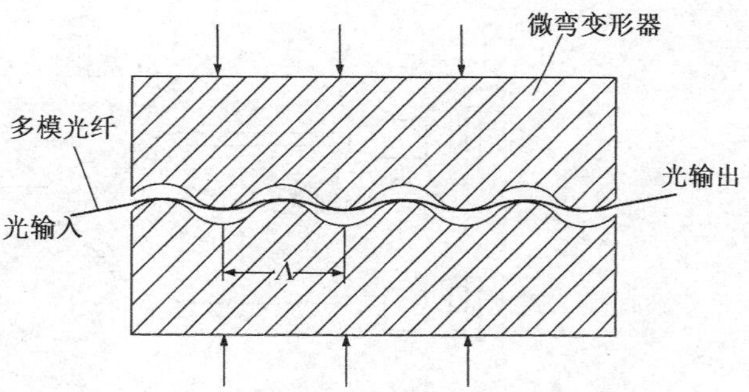

图 5-6　微弯调制原理

设由光纤微弯引起耦合的两个模的传播常数分别为 β 和 β'，当 $\Delta\beta = |\beta - \beta'| = \pm 2\pi/\Lambda$ 时，即空间畸变的波数等于两模间波数差，则获到最佳耦合。为具体讨论微弯调制过程，引入调制系数

$$Q = \frac{\mathrm{d}T}{\mathrm{d}x} \cdot \frac{\mathrm{d}x}{\mathrm{d}P} \tag{5-7}$$

式中，T 为光纤的传输系数，x 为变形器的位移，P 为外加压力。从定义公式可知，调制系数与光纤的性能和微弯变形器的机械设计有关。二者的统一可以使微弯调制光纤传感器达到最佳化。

5.4　实验仪器

光纤传感实验仪是在光纤传感领域中的透射、反射以及微弯调制原理的基础上开发而成。实验系统由光纤传感实验仪主机、LED 光源、发射光纤、PIN 光电探测器、接收光纤、二维微位移调节器、反射镜、微弯变形器等组成，如图 5-7 所示。

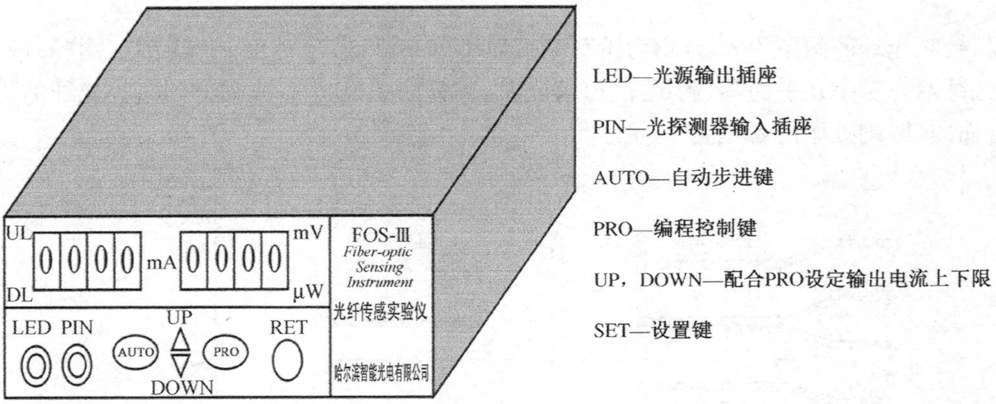

(a) 光纤传感实验仪主机

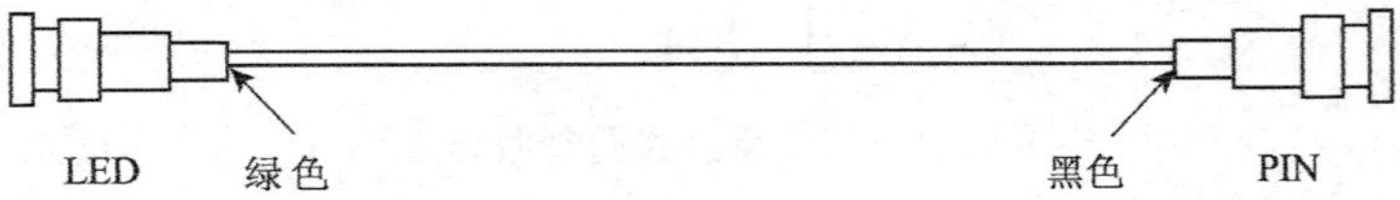

(b) 发射接收光纤组件

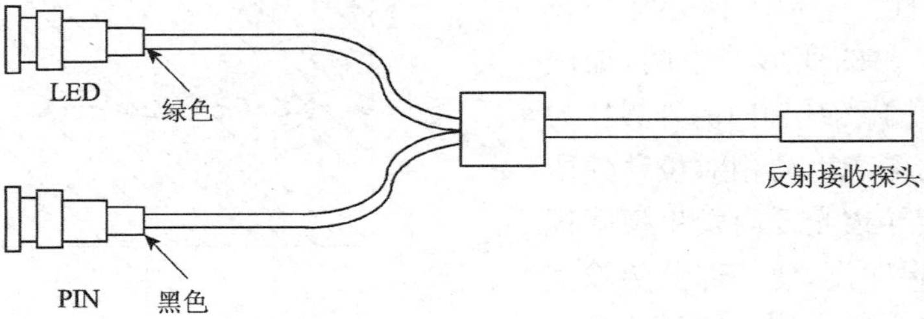

(c) 反射接收光纤组件

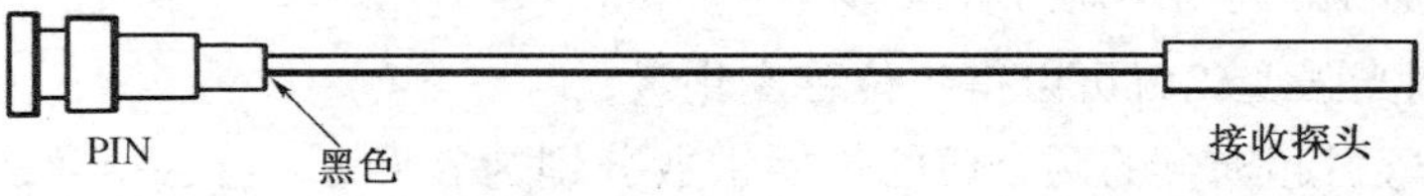

(d) 接收光纤组件

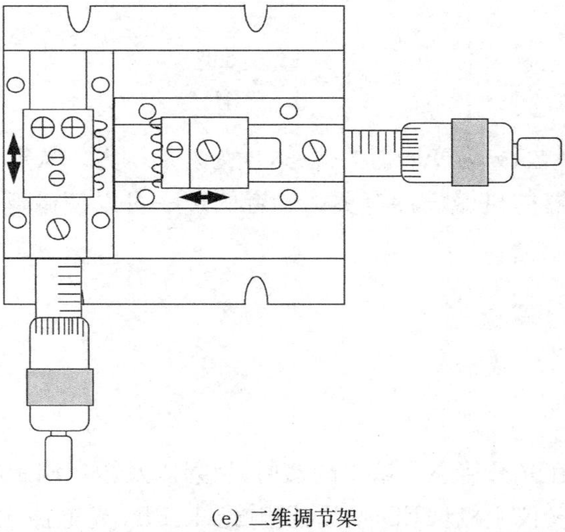

(e) 二维调节架

图 5-7　光纤传感实验仪器主机及配件

5.5　预习思考题

（1）请说明为什么纤芯折射率必须大于包层折射率。

（2）试分析减小光纤中能量损耗的主要途径有哪些。

5.6　实验内容及步骤

5.6.1　LED 光源 *I-P* 特性曲线

（1）取出发射-接收光纤，将光源端与 LED 光源的插接座相连，探测器端与 PIN 探测器的插接座相连。

（2）接通电源，LED 驱动电流显示窗上将指示出 LED 的驱动电流值（单位：mA）。调整电流调节按键使电流达到最小。

（3）每隔 2.5 mA，对应记录下经光电转换放大后的输出电压值（单位：mV），此电压值正比于光输出功率。

（4）自拟表格记录测量所得数据，根据所得数据作 LED 光源的 *I-P* 特性曲线。

5.6.2　光纤纤端光场径向分布

（1）将发射光纤和接收光纤分别卡在二维微动调节架的纵向和横向位置，使两光纤探头轴向对齐，调节间距约为 1 mm。

（2）接通电源，将 LED 驱动电流调到指定电流（如 10 mA，电流可根据实际情况调整）。

（3）调整横向微动调节旋钮和光纤卡具并观察输出电压使其最大，此时可认为发射光纤和接收光纤已对准。

（4）调整纵向微动调节架，将接收光纤推进到与发射光纤即将接触的位置，记录下螺旋测微器的读数；然后将纵向微动调节架向相反的方向旋转 0.5 mm（即两光纤探头的间距）后停止。

（5）沿某一方向移动横向微动调节架，直至输出电压为零，再向相反的方向旋转一点，记录螺旋测微器的读数；继续向该方向旋转，每转过 5 个小格记录电压输出值，直至电压再次为零，如若测量过程中数据变化过缓，可每隔 10 小格记录数据。

（6）将两光纤探头的间距调到 1.0 mm 后重复步骤（5）。

（7）自拟表格记录测量所得数据，根据所得数据在同一坐标纸上作出光纤纤端光场径向分布的两条曲线。

*（8）自行设定两光纤探头间距，作多条实验曲线进行对比。或固定间距，自选 LED 驱动电流变化间隔（输出电压值不可超过量程），作不同驱动电流下的纤端光场径向分布曲线。

5.6.3　光纤纤端光场轴向分布

（1）将发射光纤和接收光纤分别卡在二维微动调节架的纵向和横向位置，使两光纤探头轴向对齐，调节间距约为 1 mm。

(2) 接通电源，将 LED 驱动电流调到指定电流（如 10 mA，电流可根据实际情况调整）。

(3) 调整横向微动调节旋钮和光纤卡具并观察输出电压使其最大，此时可认为发射光纤和接收光纤已对准。

(4) 调整纵向微动调节架，将接收光纤推进到与发射光纤即将接触的位置，记录下螺旋测微器的读数；然后将纵向微动调节架向相反的方向旋转，每转过 5 个小格记录电压输出值，直至输出电压变为零，如若测量过程中数据变化过缓，可每隔 10 小格记录数据。

(5) 自拟表格记录测量所得数据，根据所得数据在坐标纸上作出光纤纤端光场轴向分布的曲线。

*(6) 可以改变 LED 驱动电流，然后再作曲线，以获得不同驱动电流下的输出特性。

5.6.4 反射式光纤位移传感实验

(1) 将反射式光纤探头卡在纵向微动调节架上，对准反射镜，并使光纤探头与反射镜间距调到 0.1 mm 左右。

(2) 接通电源，将 LED 驱动电流调节到指定电流（如 10 mA，电流可根据实际情况调整）。

(3) 调整纵向微动调节架，将光纤探头推进到与反射镜表面即将接触的位置后停止，记录下螺旋测微器的读数。

(4) 沿远离反射镜的方向旋转纵向微动调节架，每次调节 0.1 mm，并记录下螺旋测微器的读数和电压输出值，直至 5 mm。

(5) 自拟表格记录测量所得数据，根据所得数据在坐标纸上作出曲线。

*(6) 此实验还可以根据自己兴趣爱好扩展，利用反射式光纤位移传感器的原理测量一个可以转换成位移的其他物理量，比如长度的改变、金属片随温度的变化、膜片随压力的变化等。

5.6.5 微弯式光纤压力/位移传感器

(1) 将微弯变形器嵌入微位移调节器上（仪器上已安装好），再将被测光纤放置在微弯变形器中。利用微动调节旋钮（即螺旋测微器），首先使微弯器与光纤接触，记录此时的 PIN 探测信号经放大后的输出电压值，同时记录当前螺旋测微器的读数。

(2) 继续旋转螺旋测微器，每旋进 20 μm 记录一次电压输出值。将所得数据做成曲线，该曲线即为微位移测量的标定曲线，用于微位移测量。注意：不要过力压迫光纤，以免光纤被压断。

*(3) 要想实现压力的测量，只需将微弯板安装在所设计的实验装置上，然后进行标定，经标定后的装置即可用于测量压力。

5.7 实验注意事项

(1) 测量过程中要保持探头稳定，不要因误触光纤探头而改变了其相对位置和角度。

(2) 实验操作过程中切不可使光纤探头与反射镜相撞。

(3) 在测量过程中不要随意改变螺旋测微器的旋进方向，避免回程差。

(4) 避免光纤缠绕或过度弯折,以免断裂。

5.8 思考题

(1) 实验测量时对外界环境光场有什么要求?
(2) 光纤传感器和其他类型的传感器相比有何优缺点?

5.9 拓展实验设计参考

5.9.1 微小位移测量

1. 杨氏弹性模量

对长度为 L,截面为 S 的金属丝,沿长度方向对它施以力 F,此时金属丝将伸长 ΔL,由胡克定律可知,物体在弹性限度内,应力与应变成正比,其数学表示为

$$\frac{F}{S}=E\frac{\Delta L}{L} \tag{5-8}$$

实验中间接测量杨氏弹性模量的难点在于金属丝的微小伸长量 ΔL 的测量,一般的长度测量仪器无法得到准确的数值。同学们可拓展利用反射式光纤传感器的前坡线性部分对此量进行测量,并与常规光杠杆法在操作和精度方面进行比较分析。

2. 固体热膨胀系数

原长度为 L 的固体受热后,其相对伸长量正比于温度的变化

$$\frac{\Delta L}{L}=\alpha\Delta T \tag{5-9}$$

式中的比例系数即为固体的线膨胀系数。L 是固体在室温下的原长;ΔL 是固体因温度改变而引起的长度伸缩量;ΔT 为温度变化量的绝对值。实验中可用温度计和米尺测量得到 ΔT,L。而微小变化量 ΔL 可利用光纤的反射调制原理检测得到。学生也可拓展利用光纤的透射或微弯调制原理进行实验。

5.9.2 双缝干涉实验

实验室中一般采用钠光灯和双棱镜进行双缝干涉实验,但双棱镜的折射角过小会导致干涉条纹较密,而钠光灯的亮度有限,无可避免会给实验结果带来负面影响。学生可拓展使用氦氖激光器与光纤组合作为产生相干光的光源,以便于获得明亮清晰干涉条纹,提高实验精度。

实验 6
微波分光计实验

6.1 引言

微波是无线电波中频率最高，波长最短的电磁波，它包括从 1 m～0.1 mm 的波长范围，其频率范围从 300 MHz～300 GHz，一般可划分为分米波、厘米波、毫米波与亚毫米波四个波段。

微波技术始于 20 世纪 30 年代，开始主要应用于通信和雷达，到 20 世纪 70 年代逐渐扩展到遥感、医疗、生物等领域。微波的高频率特性使其在通信过程中具有信息容量大、抗干扰能力强等优势，通常被用作多路通信的载波；微波的振荡周期极短，与电子在低频器件中的渡越时间(10^{-9} s)属同一数量级，因此微波可以穿透电离层，为卫星通讯、宇宙通信、天文学研究等开辟了窗口；微波具有光波的特性，如直线传播、反射、衍射与干涉等。利用微波的似光性可以制作出高方向性的天线系统，这对于雷达、导航和通信应用都具有十分重要的意义。

6.2 基础知识

6.2.1 微波基本知识

在电磁波谱中，微波介于射频段与远红外线之间，既具有电磁波的属性，又具有光波的特点。微波波长很短，方向性高，遇到一般物体时，会发生强烈的反射，微波能量可集中在一束窄波束中定向发射，这一特点使得微波在雷达通信中有着广泛应用。由于当微波波长可与电路元件的几何尺寸相比拟时，低频无线电路中的集中参数元件已不再适用，取而代之的是建立在电磁场概念上的分布参数元件，所以为了研究微波，需要从麦克斯韦方程出发研究系统的电磁场。

微波的振荡频率与电子的渡越时间同等量级。因此微波信号已不能用低频电路的 L-C 振荡回路产生，需要设计适用于微波的信号源和放大器。反射速调管、行波管、晶体三极管等特有仪器应运而生。频率越高的电磁波，电路中趋肤效应的热损耗和辐射能量损耗越严重。所以微波能量的传输需要特殊的传输线。引导微波传输的空心金属管称为波导管，一般截面形状为圆形或矩形。微波在波导管中呈驻波分布，能量来回振荡，沿轴线辐射传播，类似于光纤中的全反射方法。

6.2.2 晶体基本知识

晶体是固体的一种存在形式，一般具有规则的几何外形。晶体中的粒子在空间中严格周期性排列，其间隔范围与 X 射线的波长范围相当，所以一般都采用 X 射线研究晶体的结构和特性。

晶体可以由布喇菲空间点阵来描述。组成晶体的最小结构单元(原子、分子或微粒集团的质心)可以抽象成一个几何点。这些格点在空间中有规则地作周期性无限排列,即为空间点阵。晶体点阵重复单元称为晶胞,以最小单元重复排列的晶胞称为原胞,晶胞边长称为晶格常数。

点阵分布有许多种,其中最简单的结构如图 6-1(左)所示,在直角坐标中沿 X,Y,Z 三个方向,原子在空间依序重复排列,形成简立方点阵。组成晶体的原子可以看作处于晶体的晶面上,而晶体的晶面有许多种不同的取向。图 6-1(右)表示的是常用的三种晶面。这三种晶面分别称为(100)面、(110)面和(111)面。圆括号中的三个数字称为晶面指数或密勒指数,定为一组符号(h,k,l)表示。在简立方结构晶体中,X,Y,Z 各方向晶格常数都相同,设为 a。实质上同一晶面族的晶面其基本特性是相同的。其中 h,k,l 用下列方法确定:面指数比 $h:k:l$ 就是晶体的晶面族某一晶面截距 X,Y,Z 的倒数比 $\frac{1}{X}:\frac{1}{Y}:\frac{1}{Z}$ 简约为互质整数比的结果。如 $X=2, Y=3, Z=1$ 和同一族的 $X=6, Y=9, Z=3$ 晶面指数比分别为 $h_1:k_1:l_1=\frac{1}{X}:\frac{1}{Y}:\frac{1}{Z}=3:2:6$; $h_2:k_2:l_2=3:2:6$。可见同一族晶面,晶面指数相同。

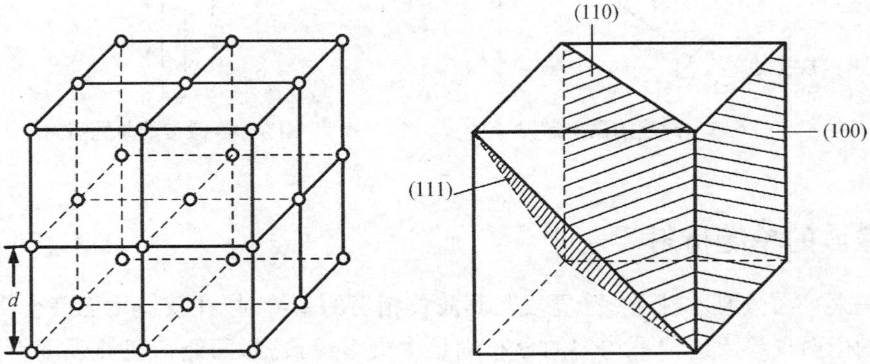

图 6-1　简立方晶体

一般而言,晶面指数为(h,k,l)的晶面族,其相邻的两个晶面间距 $d=a/\sqrt{h^2+k^2+l^2}$。显然其中(100)面的晶格间距 d 等于晶格常数 a;相邻两个(110)晶面的晶格间距 $d=a/\sqrt{2}$;而相邻两个(111)晶面的晶格间距 $d=a/\sqrt{3}$。实际上还有许多更复杂的取法可以形成其他取向的晶面族。

6.3　实验目的

(1) 学习微波基本特性,了解微波分光计的构造。

(2) 学会使用仪器进行微波反射、干涉、衍射、偏振等实验。

(3) 初步了解晶体基本特性与晶格衍射的原理,并进行模拟测量。

6.4 实验原理

6.4.1 微波的反射

光在传播过程中遇到障碍物,必定要发生反射。而微波由于波长较短,也具有类光的特性,并且比一般的电磁波更具有方向性。假如微波在直线传播过程中,碰到一块大金属板,则会如光线一样发生强烈的反射。即反射线在入射线与法线所决定的平面内,反射角等于入射角,如图 6-2 所示。

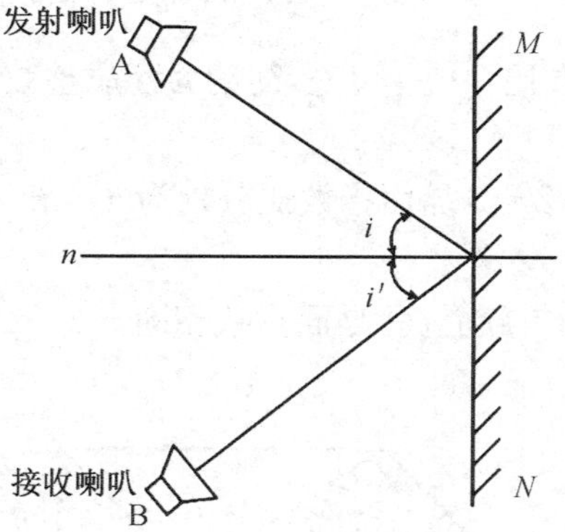

图 6-2 微波的反射定律

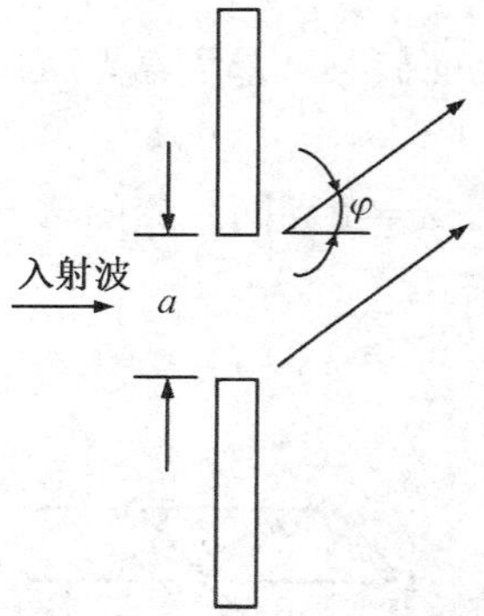

图 6-3 微波的单缝衍射

6.4.2 微波的单缝衍射

假如一束平面微波入射到一个宽度与其波长相当的单缝时,在狭缝后面就会出现强度分布不均匀的衍射现象。这种不均匀的分布满足中央零级最强,两侧衍射波强度将迅速减小。微波的衍射原理与光的完全相同。根据光的衍射公式推导可知,如为一维衍射(图6-3),设微波波长为 λ,单缝宽度为 a,衍射角为 φ,则微波单缝衍射的强度分布规律为

$$I = I_0 \frac{\sin^2 u}{u^2}, \quad u = \frac{\pi a \sin\varphi}{\lambda} \tag{6-1}$$

式中,I_0 是中央主极大中心的强度。衍射强度的位置与衍射角的关系如下:

$$a\sin\varphi = \pm k\lambda, \quad k = 1, 2, 3, 4, \cdots \text{(衍射极小)} \tag{6-2}$$

$$a\sin\varphi = \pm(2k+1)\frac{\lambda}{2}, \quad k = 0, 1, 2, 3, \cdots \text{(衍射极大)} \tag{6-3}$$

实验中可利用公式,通过观测得到的第一级衍射最小值所对应的角度,可求出微波的波长。

6.4.3 微波的偏振实验

微波是波长较小,频率较高的电磁波。平面电磁波是横波,它的电场方向、磁场方向与波的传播方向相互垂直。如果电场强度矢量 $\boldsymbol{E}$ 沿一确定方向的直线变化,这样的横电磁波叫线极化波,在光学中也叫偏振光。由于实验中所用仪器为矩形波导,那么发出的微波是竖直极化

的偏振波。发射端波导与接收端波导相当于两个光学偏振片。如图 6-4 所示，若发射的微波电场强度矢量 $\boldsymbol{E}$ 在 P_1 方向、其信号振幅为 A_1，能量强度为 I_0。经方向为 P_2 的接收器后，其强度 $I=I_0\cos^2\varphi$。这就是光学中的马吕斯(Malus)定律。该定律在微波测量中同样适用。

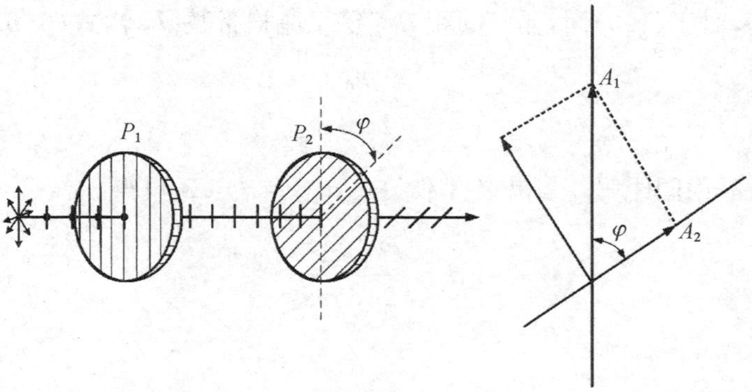

图 6-4　微波的偏振

迈克尔逊-莫雷实验

6.4.4　迈克尔逊干涉实验

微波的迈克尔逊干涉原理与光学相同。如图 6-5 所示，由发射端波导发出的微波经过一个与波传播方向成 45°角的半透射半反射的分束板后被分成两束。一束向金属板 A 传播，被反射后透过分光板到达接收端。另一束向金属板 B 传播并别被反射，经分光板再反射后到达接收端。这两束微波同频率，振动方向一致，在接收端处相遇将发生干涉。当两波的相位差为

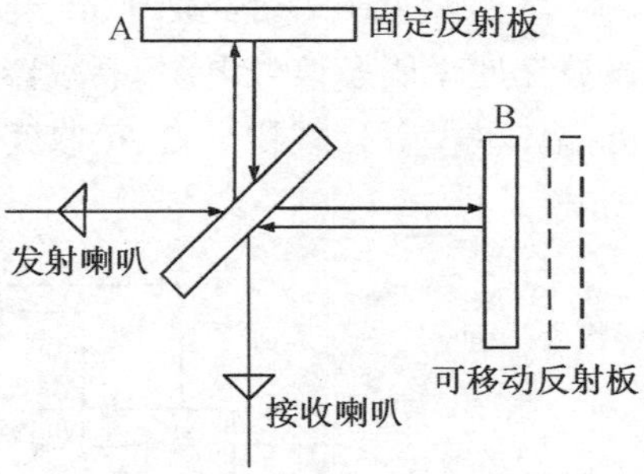

图 6-5　微波的迈克尔逊干涉

$$
\begin{aligned}
&2k\pi,\quad k=\pm1,\pm2,\cdots \text{时，干涉加强}\\
&(2k+1)\pi,\ k=\pm1,\pm2,\cdots \text{时，干涉减弱}
\end{aligned}
\tag{6-4}
$$

实验中固定 A 板，移动 B 板，当微安表数值从极小值到又一极小值，则反射板移动了半波长的距离，由此可求出微波的波长。

6.4.5　布拉格衍射

由于 X 射线的波长与晶体的晶格常数相当，所以一般利用 X 射线的衍射现象研究微观晶体结构。微波的波长可为几厘米，用微波代替 X 射线研究晶体的布拉格衍射更加直观。所以实验中可用一些铝制小球模拟原子，将其在空间有规律的排列。当微波入射到该晶体结构模拟的三维空间点阵时，会引起晶体表面点阵和内部平面点阵的散射。因为每一个晶面相当于一个镜面，入射微波遵守反射定律，反射角等于入射角，如图 6-6 所示，设相邻两个晶面间距为 d，则从它们反射的两束波的程差为 $2d\sin\theta$，θ 为入射波与晶面的夹角。二者相互干涉加强的条件为

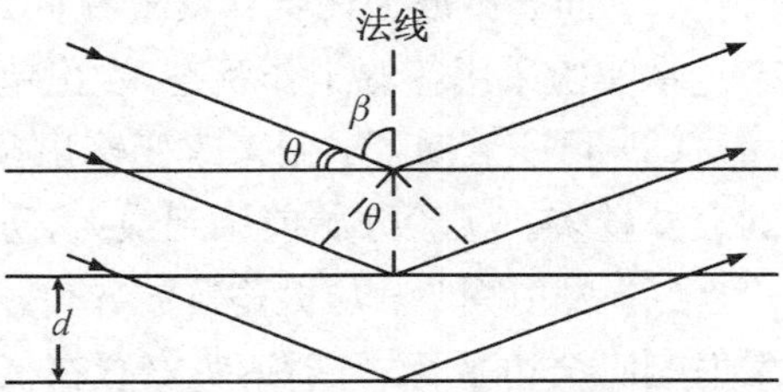

图 6-6　微波的布拉格衍射

$$2d\sin\theta = k\lambda,\quad k=1,2,3,\cdots \tag{6-5}$$

此式称为晶体衍射的布拉格公式。如果改用通常使用的入射角表示,则

$$2d\cos\beta = k\lambda,\quad k=1,2,3,\cdots \tag{6-6}$$

以简立方晶体为例,对于(100)面,晶面间距 d_{100} 等于晶格常数 d,由式(6-6)可得

$$d=\frac{k\lambda}{2\cos\beta} \tag{6-7}$$

而对于(110)面,由晶面间距 d_{110} 与晶格常数关系 $d_{110}=d/\sqrt{2}$ 可得

$$d=\frac{\sqrt{2}}{2}\frac{k\lambda}{\cos\beta} \tag{6-8}$$

6.5 实验仪器

本实验采用一台类似于光学实验中分光计的微波分光计装置进行实验(图 6-7)。装置由微波三厘米固态信号电源、衰减器、发射喇叭、分波元件(反射板、单缝、双缝、半透射板、简单立方晶体模型等)、载物平台、接收喇叭、微安表等组成。

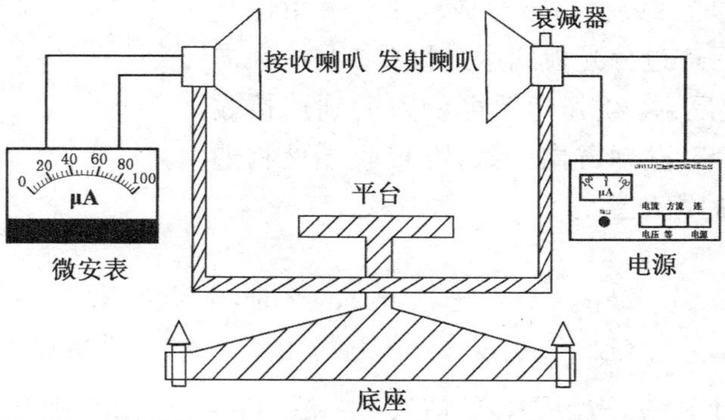

图 6-7 微波分光计实验装置

三厘米固态信号源发出的信号具有单一的波长,这种微波信号相当于光学实验中的单色光源。微波的波长远大于光波的波长,因此用微波进行波动实验将比光学实验更直观。

(1) 微波三厘米固态信号电源:为固态微波振荡器提供工作能源。微波能量从振荡器波导口输出。

(2) 固态微波振荡器:安置在固定臂上,可工作在等幅状态,也可以工作在方波调制状态。本实验采用等幅工作状态,发出单一的波长(出厂时信号调在 $\lambda=32.02$ mm)。

(3) 可变衰减器:用来改变输出微波信号幅度大小。衰减器上刻度盘指示越大,对微波的衰减越多。实验开始前调到最大,防止微安表过载。

(4) 发射喇叭:从振荡器波导口输出微波信号由此发射。发射信号电矢量的偏振方向与发射喇叭窄边平行,发射喇叭安置在仪器的固定臂上。

(5) 载物平台:由一个带有圆周刻度可转动的小平台和一个作为底座固定的大平台组

成。两平台上根据实验需要可放置各种工作器件。

(6) 接收喇叭：接收喇叭通过短波导管与放在谐振腔中的检波二极管连接。接收到的微波信号由二极管整流后输出直流电信号，大小由微安表指示。接收喇叭安置在活动臂上，活动臂可由大平台上一螺钉锁住固定。

(7) 微安表：显示电流数值与微波强度成正比。测量时调至刻度满偏，减小测量误差。

6.6　预习思考题

(1) 思考微波有哪些特征？与光波有何异同点？

(2) 因微波的特性，实验中有哪些事项需注意？

(3) 在布拉格衍射实验中，对波长有什么要求？能否用微波对真实晶体做研究？

6.7　实验内容及步骤

6.7.1　反射实验

实验采用金属板作为反射板，将其固定在支座上，并置于载物台。此处应注意支座指示线应在载物小平台 0°位置。这意味着小平台零度方向即是金属反射板法线方向。转动小平台，使固定臂指针指在某一角度处，该角度读数就是入射角，然后转动活动臂通过微安表找到电流最大值的位置。此时活动臂上的指针所指的小平台刻度就是反射角。如果此时电表指示太大或太小，应调整衰减器使其接近满量程。入射角取值在 30°～65°，因为如果入射角太大，接收喇叭有可能直接接收入射波。实验过程中要注意系统的调整和周围环境的影响，将实验数据记录在表 6-1 中。

表 6-1　微波反射实验数据记录

入射角/(°)		30	35	40	45	50	55	60	65
反射角/(°)	左								
	右								

6.7.2　微波的单缝衍射

预先设定单缝衍射板的缝宽 a。将其固定在支座上，应使衍射版平面与支座圆座上指示线一致，将该支座置于载物台，支座圆座上指示线应指示在载物小平台 90°位置。转动小平台使固定臂的指针在小平台的 180°处。此时相当于微波从单缝衍射板法线方向入射。将活动臂置于小平台 0°处，调整衰减器使微安表指示接近满度，然后在单缝的两侧每改变衍射角 2°读取一次表头读数，并记录在表 6-2 中。然后绘出单缝衍射强度与衍射角的关系曲线。并根据微波衍射强度一级极小角度和缝宽 a，计算微波波长 λ 及其百分误差。学生也可以尝试设定其他缝宽，并分析缝宽对单缝衍射图样的影响。

表 6-2 微波单缝衍射实验数据记录

衍射角/(°)		0	2	4	6	8	…	54
$a=40$ mm	$I_{左}$ /μA							
	$I_{右}$ /μA							
$a=80$ mm	$I_{左}$ /μA							
	$I_{右}$ /μA							

6.7.3 微波的偏振实验

按实验要求调整喇叭口面互相平行正对共轴。载物平台上不放置任何分波元件。做实验时还应尽量减少周围环境的影响。调整衰减器使微安表示数接近满度，然后旋转接收喇叭短波导的轴承环（相当于偏转接收器方向），每隔 10°记录微安表的读数，直至 90°，并将实验数据记录在表 6-3 中。利用微波强度与偏振角度关系数据，验证马吕斯定律。

表 6-3 微波偏振实验数据记录

偏振角/(°)	0	10	20	30	40	50	60	70	80	90
$I_{理论}$/μA	100	96.98	88.3	75.0	58.68	41.32	25.0	11.7	3.0	0
$I_{实验}$/μA										

6.7.4 迈克尔逊干涉实验

在微波前进的方向上放置半透明板，使半透明板与发射方向成 45°角（图 6-5）。按实验要求安置固定反射板、可移动反射板、接收喇叭。移动接收喇叭，使其与发射喇叭面互成 90°。将固定反射板安置在大平台上，保持其法线与接收喇叭的轴线一致。可移动反射板装在读数机构上后，将该可移动读数机构固定在大平台上，并使其法线与发射喇叭的轴线一致。然后移动旋转读数机构上的手柄，使可移反射板移动，测出 $n+1$ 个微波极小值，并同时从读数机构上读出可移反射板的移动距离 L，将实验数据记录在表 6-4 中。用逐差法处理数据，计算微波波长 $\lambda=2L/n$，并求其百分误差。

表 6-4 微波迈克尔逊实验数据记录

极小值位置读数 L_1/mm						
极大值位置读数 L_2/mm						

6.7.5 布拉格衍射

实验中两个喇叭口的安置同反射实验一样。模拟晶体球应用模片调得上下左右应成为一方形点阵，各金属球点阵间距相同。模拟晶体架上的中心孔插在一专用支架上，将支架放至平台上时，应让晶体的中心轴与转动轴重合，并使所研究的晶面(100)法线正对小平台上的零刻度线。为了避免两喇叭之间波的直接入射，入射角 β 取值范围最好在 30°到 70°之间，读取表头读数，并记录在表 6-5 中。寻找一级衍射最大，求出此时微波波长 λ，计算其百分误差，并绘制衍射强度与入射角的关系曲线。

表 6-5　微波布拉格衍射实验数据记录　　$d=$　mm(100)

入射角/(°)	30	32	34	36	38	40	42	44	…	70
$I/\mu A$										

6.8　实验注意事项

（1）仪器附近不能有运动物体，特别是金属物体。人要尽量远离喇叭及模拟晶体。

（2）模拟晶体或单缝要放正，不得倾斜。

（3）实验过程中要防止微安表过载现象发生。

6.9　思考题

（1）各项实验内容中，分别有哪些主要的误差来源？

（2）请设计一个微波经双缝衍射板后的干涉测量，写出实验原理公式与实验方法。

（3）布拉格衍射实验中，能否取(110)晶面进行实验？怎样进行实验？

（4）单缝衍射实验曲线的中央较平，甚至还有稍许的凹陷，与理论值差异较大，请分析可能是什么原因？

（5）试推导三维布拉格衍射方程。

6.10　拓展实验设计参考

6.10.1　微波单缝衍射实验零级衍射峰值凹陷探究

微波的单缝衍射实验中，选取的缝宽为 4 cm 与 8 cm。学生在处理数据的过程中可能会遇到零级衍射峰值凹陷的现象。从这一问题出发，可拓展探究其产生的因素。以基尔霍夫衍射公式为基础，利用数据处理软件，通过实验定量分析缝宽大小对主极大缺失的影响以及凹陷的真正原因。

6.10.2　布拉格衍射拓展

书中所述晶体布拉格衍射实验只选取了简立方晶体的(100)面。简立方晶体常用的晶面族有(100)，(110)和(111)三种。学生可以拓展测定(110)面入射角与衍射强度变化关系，验证是否满足布拉格定律。进而分析选取两晶面族为散射点阵时测量结果的误差与产生原因。分析影响衍射极大值的因素。

实验 7

波导工作状态的测量

7.1 引言

微波技术是日常生活和科学研究中所不可或缺的一门现代技术。微波测量技术对微波技术的发展和应用起着重要的辅助作用。在生产实践中由于边界条件的复杂性，很多问题不能从理论上完美阐述，需要通过微波测量来解决。微波测量技术是物理学等专业学生所必须掌握的一门基本实验技术，也是近代物理实验的重要组成部分之一。

7.2 实验目的

(1) 了解微波理论知识，理解微波测量技术的工作原理。

(2) 掌握矩形波导不同情况(短路、开口、匹配负载)下轴线上场强分布规律。

(3) 学会使用微波测量系统测量驻波系数、波导波长等参数。

(4) 学会晶体定标和色散特性测量。

7.3 实验原理

波导的历史及圆形波导

7.3.1 基本知识

1. 微波的传输

在微波波段，普通的导线不能完全传输微波能量，必须改用微波传输线。引导微波电磁能量沿一定方向传播的微波传输线有同轴线、波导和微带线等，如图 7-1 所示。波导的功率容量大、损耗小，特别适用于大功率微波系统，常见有矩形波导和圆形波导两种。

(a) 同轴线　　(b) 矩形波导　　(c) 圆形波导　　(d) 微带线

图 7-1　几种常见的微波传输线

由传输线所引导的电磁波称为导行波，一般可分为三种：①横波(TEM 波)，这种波的特点是电场和磁场都是横向的，沿传输方向的分量为零，一般由同轴线和微带传输；②横电波

(TE 波),特征是只有磁场具有纵向分量,所以也被称为磁波(H 波);③横磁波(TM 波),即为电波(E 波),仅电场具有纵向分量。②③这两种波也被称为“色散波”,他们都可以在波导中传输。

在一般情况下,电磁场满足的基本方程为

$$\begin{aligned} \nabla\cdot \boldsymbol{D} &= \rho_0 \\ \nabla\cdot \boldsymbol{B} &= 0 \\ \nabla\times \boldsymbol{E} &= -\frac{\partial \boldsymbol{B}}{\partial t} \\ \nabla\times \boldsymbol{H} &= \boldsymbol{j}_0 + \frac{\partial \boldsymbol{D}}{\partial t} \end{aligned} \tag{7-1}$$

方程组(7-1)为麦克斯韦方程组。在有介质时,上述方程组并不完备,还需补充描述介质性质的方程:

$$\boldsymbol{D} = \varepsilon \boldsymbol{E},\quad \boldsymbol{B} = \mu \boldsymbol{H},\quad \boldsymbol{J} = \sigma \boldsymbol{E} \tag{7-2}$$

在均匀无损耗传输系统中,无论多么复杂的电磁场,都可展开为各种正交模式的场的线性叠加。所谓模式,数学上就是满足边界条件、属于一定本征值的波动方程的特解,其物理意义是能在传输系统中单独存在的基元电磁场。

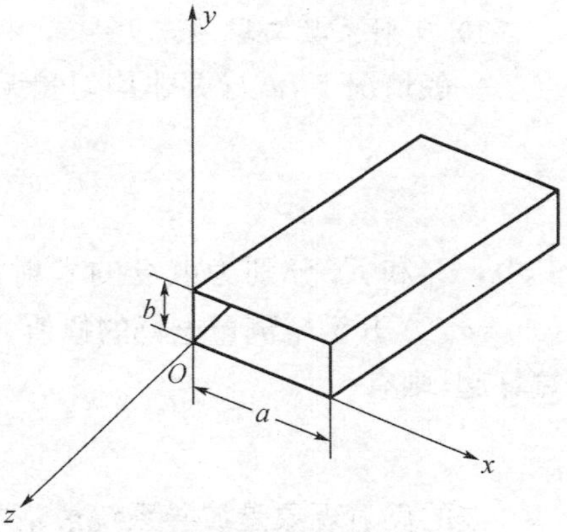

图 7-2　矩形波导

在实际应用中,为了得到良好的传输特性,常将波导管设计成只传输一种基本模式,其余模式都被抑止,即传输单一波型,也称为单模传输。在矩形波导中最基本、最常用的是 TE_{10} 波,被称为主模或基模。如图 7-2 所示,在截面为 $a \times b$ 的均匀、无耗、无限长矩形波导管中,沿 z 方向传播的 TE_{10} 波的电磁场分量为

$$\begin{aligned} &E_x = 0,\quad H_x = -\frac{\beta}{\omega\mu} E_0 \sin\frac{\pi x}{a} \mathrm{e}^{-\mathrm{j}(\omega t - \beta z)} \\ &E_y = E_0 \sin\frac{\pi x}{a} \mathrm{e}^{-\mathrm{j}(\omega t - \beta z)},\quad H_y = 0 \\ &E_z = 0,\quad H_z = \mathrm{j}\frac{\pi}{\omega\mu a} E_0 \cos\frac{\pi x}{a} \mathrm{e}^{-\mathrm{j}(\omega t - \beta z)} \end{aligned} \tag{7-3}$$

其中

相位常数　$\beta = 2\pi/\lambda_g$

波导波长　$\lambda_g = \lambda/\sqrt{1-(\lambda/\lambda_c)^2}$

临界波长　$\lambda_c = 2a$

自由空间波长　$\lambda = c/f$

式中,c 为真空中光速,μ 为管内介质(一般为空气)的磁导率,$f = \omega/2\pi$ 为振荡频率。通常矩形波导截面尺寸都是标准化的,窄边尺寸$=(0.4 \sim 0.5)a$(a 为波导宽边尺寸),因此凡 $a <$

$\lambda < 2a$ 的电磁波，在矩形波导中都能实现 TE_{10} 模式的单模传输。

一种模式在特定时刻的空间图像，即电力线和磁力线的空间分布图，是分析和研究微波系统中各种技术问题和设计微波元部件的基本依据。矩形波导中 TE_{10} 波的电磁场结构如图 7-3 所示，它具有下列特点：

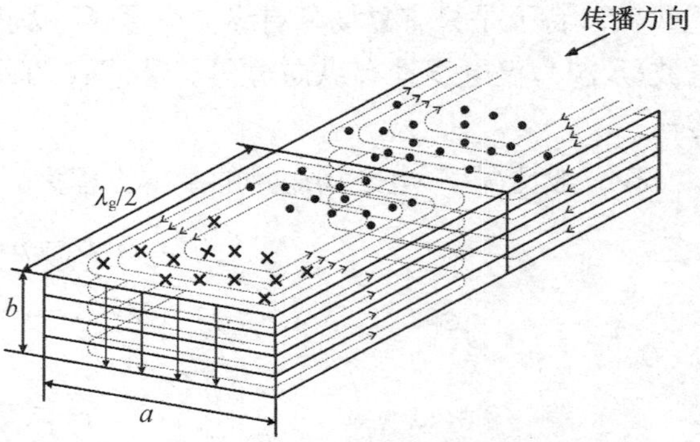

图 7-3　TE_{10} 的电磁场立体结构

(1) 电场矢量($\boldsymbol{E}_y$)垂直于波导宽壁，磁场矢量($\boldsymbol{H}_x$，$\boldsymbol{H}_z$)平行于波导宽壁，它们在平行于波导宽壁的平面内形成闭合的磁力线环；

(2) 电磁场沿 x 方向有一个最大值，形成一个驻立半波(对应第一个脚标“1”)，沿 y 方向均匀不变(对应第二个脚标“0”)；

(3) 电磁场在波导纵向形成行波，沿 z 方向上 $\boldsymbol{E}_y$ 最大处，$\boldsymbol{H}_x$ 也最大。

波导的主要相关参数如下。

1) 反射系数与驻波比

一般情况下，波导并非均匀和无限长，因此在波导中存在入射波与反射波，即

$$E_y = (E_i e^{-j\beta z} + E_r e^{j\beta z}) \sin\frac{\pi x}{a} e^{j\omega t} \tag{7-4}$$

其中，E_i 和 E_r 分别为电场的入射波和反射波的幅值。在实际测量中，常沿波导宽壁中心($x = a/2$)开槽来测量电场的幅值，所以上式可以略去 $\sin(\pi x/2)e^{j\omega t}$。将坐标改由终端向源端算起，则有

$$E_y = E_i e^{j\beta l} + E_r e^{-j\beta l} \tag{7-5}$$

波的反射现象是波导系统最基本的物理现象，波导的工作状态即取决于波导内电磁波的反射情况。为了表征波导的反射特性，引入终端反射系数

$$\Gamma_0 = \frac{E_r}{E_i} = |\Gamma_0| e^{j\varphi_0} \tag{7-6}$$

其中，φ_0 为终端处反射波与入射波的位相差。于是，将上式代入式(7-5)，有

$$E_y = E_i e^{j\beta l} + \Gamma_0 E_i e^{-j\beta l} = E_i(1-\Gamma_0)e^{j\beta l} + 2\Gamma_0 E_i \cos\beta l \tag{7-7}$$

对式(7-7)取模，得

$$|E_y| = |E_i| \sqrt{1+|\Gamma_0|^2 + 2|\Gamma_0| \cos(2\beta l - \varphi_0)} \tag{7-8}$$

由式(7-8)可知，

$$\begin{aligned} &l = (2n\pi + \varphi_0)/(2\beta), \quad &|E_y|_{max} = |E_i|(1+|\Gamma_0|) \\ &l = [(2n+1)\pi + \varphi_0]/(2\beta), \quad &|E_y|_{min} = |E_i|(1-|\Gamma_0|) \end{aligned} \tag{7-9}$$

在一定条件下，波导中入射波与反射波形成驻波，可以用驻波比的概念描述。

$$\rho = \frac{|E_y|_{max}}{|E_y|_{min}} \tag{7-10}$$

反射系数 $|\Gamma_0|$ 和驻波比 ρ 之间显然有如下关系式

$$\rho=\frac{1+|\Gamma_0|}{1-|\Gamma_0|},\quad |\Gamma_0|=\frac{\rho-1}{\rho+1} \tag{7-11}$$

2) 波导工作状态

电磁波在波导中传播情况与波导的终端负载有关。负载的性质不同，终端反射的程度也不同。为讨论波导的工作状态，引入一个均匀无损耗传输系统中普遍适用的参量，这个参量称为负载阻抗。

$$Z_L=\frac{1-\mathrm{j}\rho\tan\beta l_{\min}}{\rho-\mathrm{j}\tan\beta l_{\min}}Z_0 \tag{7-12}$$

式中，无损耗传输线的特性阻抗 Z_0 为一确定的电阻值，用测量线测出驻波比 ρ、波导波长 λ_g 及终端面至其相邻节点的距离 $l_{\min}$，便可求得负载阻抗值。终端反射系数与负载阻抗的关系如下所示

$$\Gamma_0=\frac{Z_L-Z_0}{Z_L+Z_0} \tag{7-13}$$

(1) 终端接匹配负载时，即 $Z_L=Z_0$，微波功率全部被负载吸收，波导内不存在反射波，$|\Gamma_0|=0$，$\rho=1$，此为匹配状态，或称行波状态，如图 7-4(a)所示。

(2) 理想导电板将波导终端短接时，$Z_L=0$，$\Gamma_0=-1$，$\rho=\infty$，入射波被全反射，此即驻波状态，如图 7-4(b)所示。

(3) 波导终端接一般负载时，$Z_L=R_L\pm\mathrm{j}x_L$，终端负载部分吸收功率，入射波部分被反射，$0<|\Gamma_0|<1$，$1<\rho<\infty$，即为行驻波状态，如图 7-4(c)所示。

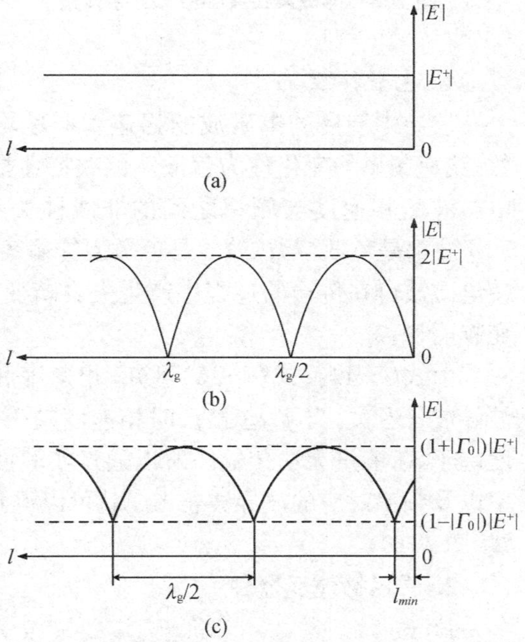

图 7-4　波导工作状态

3) 波导波长、相速、群速

在自由空间里，不论什么频率的电磁波，其速度都等于光速 c。波导中电磁波的波长称为波导波长。矩形波导中的 TE_{10} 波是由以入射角 $\varphi(\cos\varphi=\lambda/2a)$ 射向波导窄壁的 TEM 平面波在两窄壁往复反射叠加而成的。因此 TE_{10} 波的相速(等相位面沿波导轴向移动的速度)大于同一媒质中的光速 $c=\lambda f$。相速度仅仅是描述物质波动状态的物理量，不能代表物质实体的运动速度，即不能代表能量或信号的传播速度。

$$相速度：v_p=\frac{\omega}{\beta}=\lambda_g f=\frac{c}{\sqrt{1-\left(\frac{\lambda}{\lambda_c}\right)^2}} \tag{7-14}$$

波导中传播模的群速(信号和能量的传播速度)小于同一媒质中的光速，这是因为波导两窄壁间所走的“之”字形路线(图 7-5)比波导管轴线长的缘故。

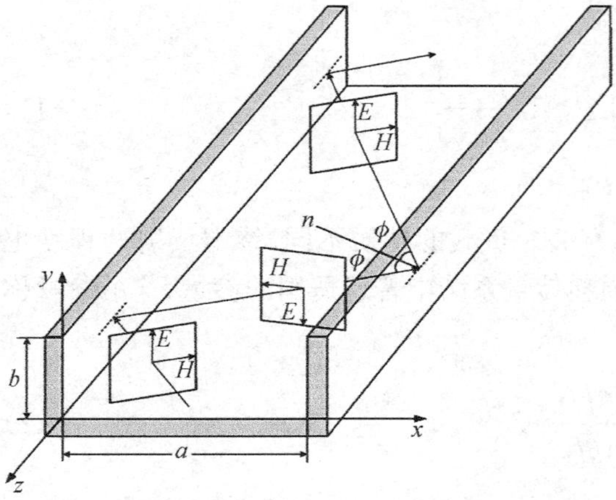

图 7-5　电磁波在波导中"之"字传播

群速度：$v_g=\dfrac{d\omega}{d\beta}=c\sqrt{1-\left(\dfrac{\lambda}{\lambda_c}\right)^2}$　　(7-15)

TE_{10}波的波导波长为

$$\lambda_g=\frac{\lambda}{\sqrt{1-\left(\dfrac{\lambda}{2a}\right)^2}} \tag{7-16}$$

相速 v_p、群速 v_g 与光速 c 之间的关系为

$$v_p\cdot v_g=c^2 \tag{7-17}$$

实验中可以测量波导波长 λ_g 和振荡频率 f_0，由此可算出相速 v_p 和群速 v_g。

4）色散特性

波导中传播的电磁波的相速和群速均是频率的函数，波速频率的变化称为色散。色散特性指的是波导中电磁波的相速度与频率之间的非线性关系。TE 波和 TM 波都是色散型波，波导是色散型传输线，由于色散会使电磁波群在传输的过程中产生失真畸变，频率越宽畸变越明显。

由式(7-14)、式(7-15)可知，相速度和群速度都与波导波长有关，当 f 趋于 f_c时相速度趋于无穷大，群速度趋于零，能量无法传输。所以通过实验测定一系列频率以及频率对应的波导波长 λ_g，就可以得到色散特性曲线(图 7-6)。

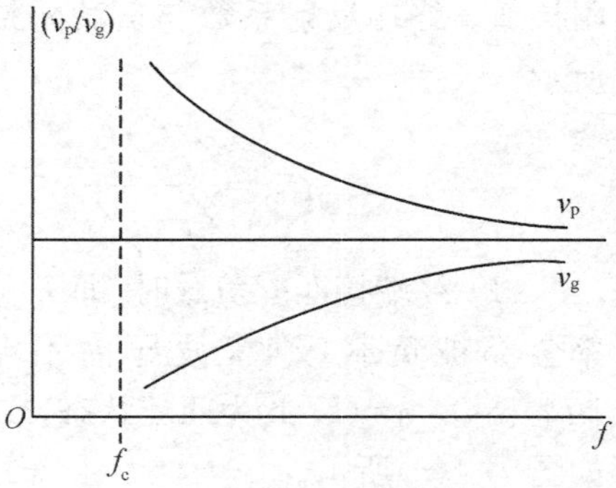

图 7-6　色散特性曲线

2. 常用微波元器件

1）谐振腔

谐振腔是具有储能与选频特性的微波谐振元件，其作用相当于低频电路中的 LC 振荡回路。谐振腔的主要参数为谐振频率与品质因数。在谐振频率下谐振腔可以输出最大功率。品质因数代表谐振腔效率的高低，只有高品质因数的谐振腔才可以作为有效的振荡回路。谐振腔有反射式和传输式两种，如图 7-7 所示。谐振腔在微波技术中有广泛应用，例如在微波测量中做成频率计，在 ESR 波谱仪中提供与顺磁样品相互作用的集中微波磁场区等。

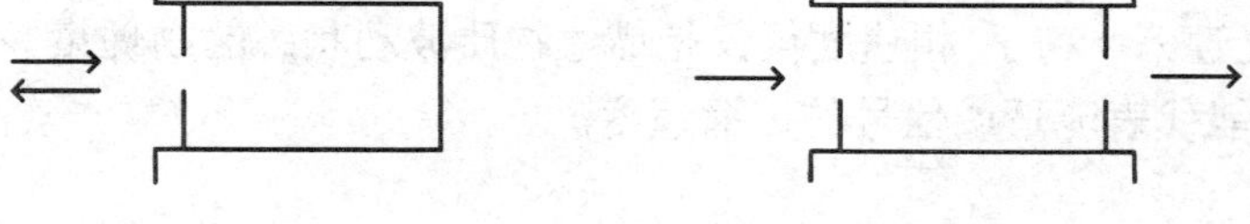

(a) 反射式谐振腔　　(b) 传输式谐振腔

图 7-7　谐振腔的结构

2）隔离器

由于绝大多数微波源对负载的变动很敏感，当波导系统终端接入负载时，由于负载不匹配

而产生的反射波可能会使微波信号源输出的功率和频率不稳定。所以一般采用在信号源输出端接上隔离器来减少负载对它的影响。隔离器是一种铁氧体器件，又称为单通器，它对微波具有单向传输的特性，即波从正面通过时几乎无衰减，反向通过时衰减很大。隔离器用在微波源与负载之间，既能保证信号的正常传输，又能消除有害耦合的影响。

3）衰减器

在微波测量系统中，垂直于矩形波导的宽边纵向插入一片能吸收微波能量的介质片。由于介质片与电力线平行，所以当 TE_{10} 波的电场通过时，介质片上即会产生感应电动势。而通过介质片上的电阻，部分电磁能量将被转化为热能，从而衰减波导里传输的电磁能。因为 TE_{10} 波的电场沿波导宽边的分布是中间强、两边弱，所以吸收片放在波导中间时，衰减量最大，移向窄边时衰减量减少。移动吸收片即可控制到达负载的功率。衰减器分固定衰减器和可变衰减器两种，前者衰减量固定，后者衰减量在一定范围内连续可调。固定衰减器常用于微波源的退耦或用作等效负载，而可变衰减器常通过调节介质片插入深度或离宽边中线距离来改变微波功率的输出大小。

4）晶体检波器

在微波测量系统中，为了提高对微波信号检测的灵敏度，一般采用晶体检波器对微波等幅信号或方波调制信号进行检波。它的主体是一个置于传输系统中的硅晶体二极管，利用二极管的正向伏安特性曲线的平方律段，将微波信号转换为直流或低频信号，再用检流计、微安表等普通仪表直接指示。

5）驻波测量线

驻波测量线是利用波导宽边中央电场分布的特点沿纵向开槽，外加探针通过开槽插入波导系统，进行各种测量。它是测量系统中电场强弱和分布的精密仪器。在测量线上有确定探针位置的刻度尺，能量经检波器变成的电流信号由示波器、选频放大器、直流电流表显示。测量时移动探针，即可得到电场分布。探针的深度和调谐装置一般都是调整好的，不宜轻易变动。

6）谐振式频率计

频率计由微波谐振腔体构成，有吸收式和传输式两种。吸收式频率计测量时，当信号源产生的微波信号和谐振腔在某个频率上共振时，谐振腔会吸收系统里最大的能量，此时系统检波指示最小，在腔体上可直接读出其共振频率 f，即为信号源频率。

7）选频放大器

选频放大器是用来放大和测量微弱低频交流信号的精密测量仪器，配合测量线可对电流或电压进行直读测量，还可测量分贝以及驻波比。实验时通常将输入量程衰减器置于 50（或 60）挡处，以确保检波器工作于平方律检波。

8）短路板

在微波测量系统中用来实现终端短路的微波标准器件。

9）匹配负载

匹配负载是微波测量系统中实现与系统匹配的微波标准器件，它是一种衰减器，接在电路的终端，内部装有很好的吸收微波能量的介质片或吸波材料，几乎无反射地吸收入射波的全部功率，从而在传输系统中建立行波状态。

7.3.2　微波参数的测量方法

微波测量内容虽然很多，但是驻波、功率和频率是最基本也是最重要的参数，其他的二级参数(如 Q 值、介电常数、阻抗等)的测量都可以归结为这三种基本参数的测量。

1. 驻波测量

微波测量中必不可少的步骤是“调节匹配”。任何微波系统正式工作之前，须把线路中各个部分调到匹配状态。匹配意味着系统中微波功率由信号向负载传输而不出现反射波。如果微波线路中存在驻波，电磁能量就不能有效地传到负载，损耗将会增大。在大功率的情况下，还可能在电场最大值处发生击穿现象。驻波的存在还会影响信号源的频率稳定，从而影响微波测量的精确度。因此驻波测量是微波测量中最重要的项目之一，它可以判断微波传输系统是否处于良好的匹配状态。

1）驻波测量线

驻波测量线是测量微波传输系统中电场的强弱和分布的精密仪器，其原理是：使探针在开槽传输线中移动，将一小部分功率耦合出来，经过晶体二极管检波后再由指示器显示，从而测出开槽线中电场的分布情况(相对强度)。驻波测量包括两部分，即测定电场波腹和波节的振幅以及波节的位置。驻波测量的线路如图7-8所示。

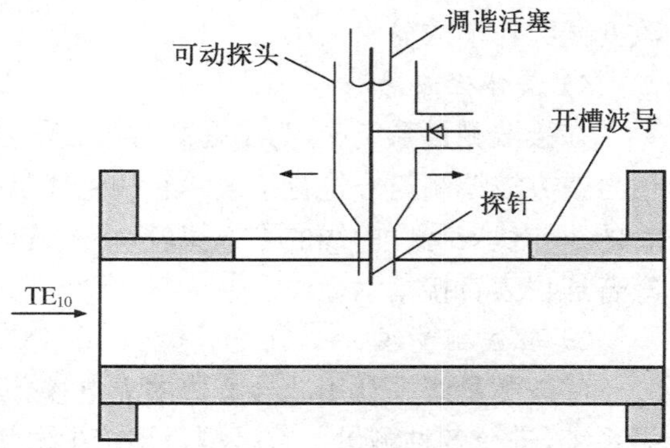

图 7-8　驻波测量线

在使用驻波测量线时要注意以下几点。

(1) 过调谐装置使测量线调谐。调谐的目的是消除探针插入测量线内引起的不匹配，并使探测感应的功率有效地送至检波晶体管。

(2) 探针在开槽波导管内有适当的穿伸度。探针穿伸度过大，会影响开槽线内的场分布情况而产生误差；穿伸度太小，又会降低测量的灵敏度。探针穿伸度一般取波导窄壁高度 b 的 5%～10%。

(3) 注意检波晶体管的检波律。检波晶体管的检波电流和与探针所在处的电场成正比。在小功率情况下，可以相当精确地认为 $n \approx 2$，即平方律检波。但在比较精确的测量中，应该对检波律进行校准。

$$I = k'E^n \tag{7-18}$$

2）驻波比的测量方法

驻波比的测量方法有直接法、最小功率法等，针对不同的驻波比范围选用合适的测量方法，减小测量误差。

当驻波比 $\rho \leqslant 10$ 时，可以采用直接法测量。从驻波比的定义出发，当检波晶体满足平方律时，只需测一组驻波波腹和波节，即得驻波比

$$\rho = \frac{E_{\max}}{E_{\min}}, \quad \rho = \sqrt{\frac{I_{\max}}{I_{\min}}} \tag{7-19}$$

此处需注意，若驻波比在 $1.005 \leqslant \rho \leqslant 1.5$ 时，驻波比较平坦，再加上测量线本身机械不平度的影响，波腹和波节不易测准。为此，可移动探针多测几组波腹点和波节点，取平均值，即

$$\rho = \sqrt{\frac{I_{\max 1} + I_{\max 2} + \cdots + I_{\max n}}{I_{\min 1} + I_{\min 2} + \cdots + I_{\min n}}} \quad \text{或} \quad S = \frac{1}{n}\sum \sqrt{\frac{\sum I_{\max i}}{\sum I_{\min i}}} \tag{7-20}$$

当驻波比 $\rho > 10$ 时，波腹振幅与波节振幅的区别很大，测量线不能同时测波腹和波节。可选择采用二倍极小功率法，主要应用于测量在强度最小点处的分布规律。由式(7-8)和式(7-9)可得

$$|E(l)| = \frac{1}{2}(E_{max}^2 - E_{min}^2)[1 + \cos(2\beta l - \varphi_0)] + E_{min}^2 \tag{7-21}$$

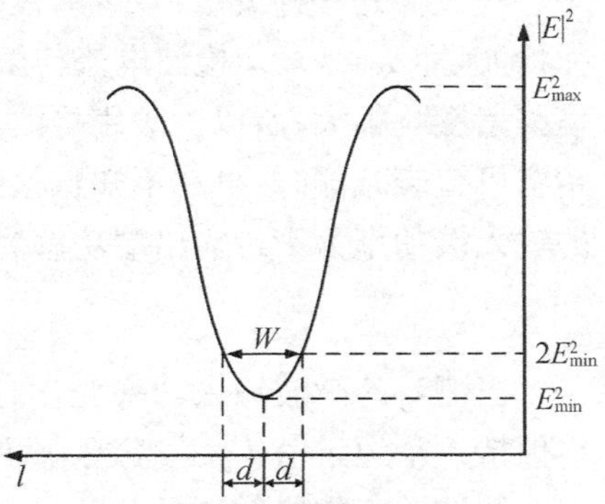

图 7-9　二倍极小功率法

如图 7-9 所示，以驻波波节为参考零点，把上式应用到距离波节 d 处，得

$$|E(d)| = (E_{max}^2 - E_{min}^2)\sin^2\beta d + E_{min}^2 \tag{7-22}$$

在测量线上找到强度最小点 E_{min} 和左右两边满足 $2E_{min}$ 处和位置，即 $|E(d)|^2 = 2E_{min}^2$，由上式可推得驻波比

$$\rho = \frac{E_{max}}{E_{min}} = \frac{\sqrt{1 + \sin^2\beta d}}{\sin\beta d} \tag{7-23}$$

当 $\rho \gg 1$，利用 $W = 2d$ 以及波导波长 λ_g，驻波比近似为

$$\rho \approx \frac{\lambda_g}{\pi W} \tag{7-24}$$

3) 波节位置和波导波长的测定

波导系统终端短路时会形成纯驻波分布的状态。此时，两个驻波波节点之间的距离为二分之一波导波长。为了提高波长测量精度(接近实际的波导波长)，必须在系统调整良好的状态下精确测定波节位置。通常采用交叉读数法，如图 7-10 所示，即测定波节点两侧相等指示值所对应的位置 d' 与 d''，取它们的平均值，得到对应波节位置值 d，则波导波长为

$$\lambda_g = 2(d_2 - d_1) = (d_2' + d_2'') - (d_1' + d_1'') \tag{7-25}$$

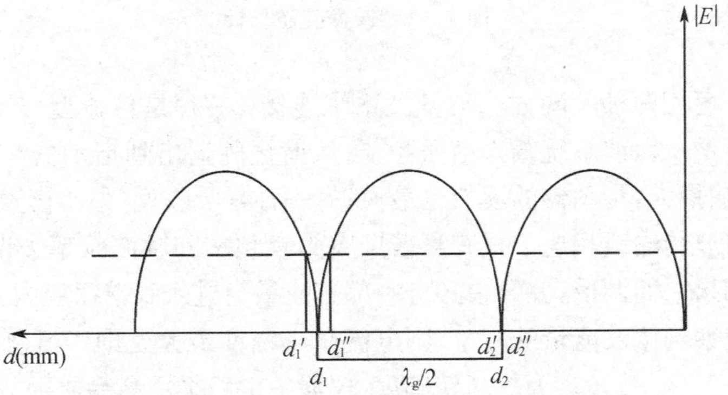

图 7-10　交叉读数法测量波导波长

2. 功率测量

微波的功率测量可分为相对和绝对两种，相对测量是指确定功率的相对大小，而绝对测量是指测量微波功率的绝对值。在测量工作中一般借助于检波晶体管的电流来估计功率的大

小。检波器是一种灵敏指示器，在小功率情况下，电流范围为 5～10 μA 时，可基本认为是平方律检波，即 $I=kV^2$，检波电流与微波功率成正比，k 为比例常数，但是 k 的准确性受时间和环境因素影响很大，所以一般用检波晶体管来测量和指示相对功率。当在检波晶体管前加一个精密可变衰减器时，可在不知道检波特性曲线情况下精确地测量相对功率值。如果微波元件的输入端功率为 P_1，输出端功率为 P_2，则衰减量为

$$A=10\lg(P_1/P_2)\ \mathrm{dB} \tag{7-26}$$

当测量的微波输入功率变化时，可调节精密衰减器的衰减量使检波晶体管的检波电流始终保持一个恒定值 I_0，由衰减量可精确地知道输入功率的相对值。

微波功率的绝对测量一般采用微波热电式小功率计，这种功率计的主要装置是一个微波功率探头，它是由两种不同金属组成的传感器——铋-锑热电偶膜片。它既是微波的匹配负载，又是热电转换元件。当膜片结点在微波场中吸收的能量转换成热量使结温上升时，就产生了正比于微波能量的温差电动势。这种传感器可以将微波能量转变成直流电势，经放大后推动指示表头，在事先校刻好的指示器上就可以直接读出微波功率。

3. 频率测量

一般来说，微波频率测量基本上有两种方法：一种是精密校准时采用的频率比较法，一种是实际测量中常采用的谐振腔法。由波长、频率与光速的关系可知，频率测量与波长测量等效。谐振腔法中一般采用的测量设备是谐振腔波长计，如图 7-11 所示，其主要组成部分为谐振腔、输入耦合、输出耦合和读数装置等。

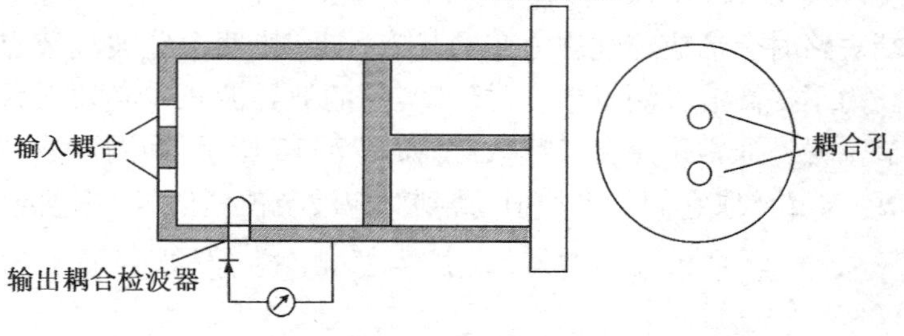

图 7-11　谐振腔波长计

谐振腔波长计可用两种不同方法与微波系统连接：一种是传输型(最大读数法)，即通过两个耦合元件将能量从微波系统输入谐振腔，再从谐振腔输出到指示器。当谐振腔调谐于待测频率时，能量传输最大，指示器的读数也最大；另一种是吸收型(最小读数法)，其原理在于只有一个输入端与微波传输线相连。只有当谐振腔固有频率和微波频率失谐时，它才不影响微波能量的传输。如果它们调谐，波导中必有一部分能量会进入到谐振腔内，此时可明显通过检流计示数的突降观察到微波能量的减小，则电流减小幅度最大处即为所测频率值。谐振腔波长计的精确度在 0.01%～1%。为提高精确度，仪器中一般采用高品质因数谐振腔。

4. 晶体检波校正曲线

在微波测量系统中，微波能量通常是经过二极管检波后送到指示器(选频放大器或指示器)。在选频放大器上指示的是检波电流值，而驻波分布特性指的是电场分布，因此利用检波电流来计算驻波比时，必须用实验确定 E 和 I 的关系。

由于晶体二极管是非线性元件，其两端的感应电压与检波电流的非线性特性为

$$I = kV^n \quad 或 \quad I = k'E^n \tag{7-27}$$

式中，k，k' 为比例常数，n 为晶体的检波律，E 为探针所在处的电场强度，其与感应电压成正比。小信号是 $n=2$，可作相对功率指示，大信号时 $n=1$，可作场强相对大小的指示，中间有一段 n 为非整数。此外，晶体检波特性易受外界（温度、湿度、震动等）影响并随时间漂移，因此在精密测量中，应先测定晶体的检波特性曲线，即对晶体定标。常见晶体定标方法为驻波法。

当测量系统终端短路时，波导内入射波与反射波形成驻波状态，则

$$|E| = E_{\max}\left|\sin\frac{2\pi l}{\lambda_g}\right| \tag{7-28}$$

式中，$E_{\max}$ 为电场强度幅度，λ_g 为波导波长，l 为距驻波节点的距离。传输线上任意点的相对电场强度为

$$|E'| = \left|\frac{E}{E_{\max}}\right| = \left|\sin\frac{2\pi l}{\lambda_g}\right| \tag{7-29}$$

对应的检波电流相对值为

$$I' = \frac{I}{I_{\max}} = |E'|^n = \left|\sin\frac{2\pi l}{\lambda_g}\right|^n \tag{7-30}$$

式中，$I_{\max}$ 为检波器在波腹点上的电流数。电场强度幅度调整系统正常工作后，测得对应频率的波导波长，再选取波节点作为零点（$l=0$），移动探针，记录对应数值即可绘制 $I'-|\sin(2\pi l/\lambda_g)|$ 的晶体检波校正曲线。晶体检波率 n 可由曲线 $\lg I'-\lg|\sin(2\pi l/\lambda_g)|$ 的斜率求得。

7.4 实验仪器

微波基本测试系统如图 7-12 所示。信号源部分包括微波信号源、隔离器、波导以及同轴连接元器件等。测量部分包括测量线、调谐装置、待测元件以及连接波导的仪器，如弯波导、直波导、转换器等。指示部分包括频率计、功率计、选频放大器、示波器、直流电流表等。

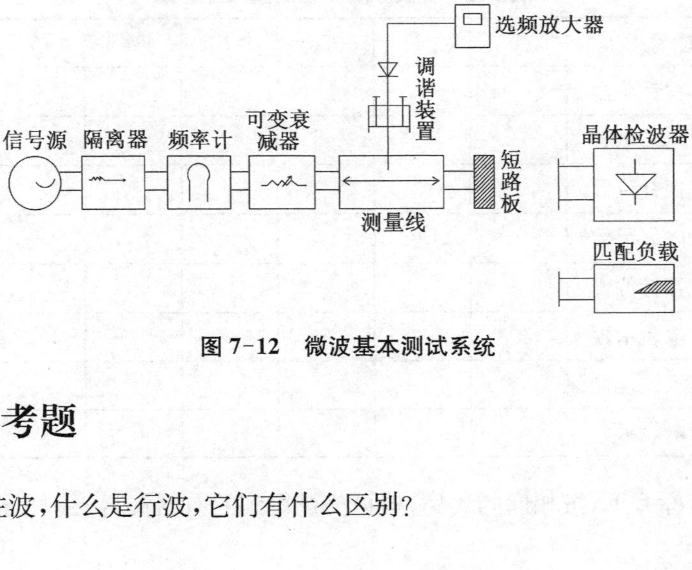

图 7-12 微波基本测试系统

7.5 预习思考题

(1) 什么是驻波，什么是行波，它们有什么区别？

(2) 想要在矩形波导中实现 TE_{10} 模式的单模传输,对波导尺寸有何要求?

(3) 通常情况下,为什么要把微波系统调到良好的匹配状态?

7.6 实验内容及步骤

7.6.1 波导中驻波分布特性的测量

对于均匀矩形波导系统,终端负载阻抗不同的情况下,驻波的分布状态也有不同的特点,如终端短路时传输线中形成的是纯驻波分布状态,而在匹配的情况下就是行波分布状态,在任意阻抗情况下驻波分布的波形在幅度上也一样。实验中需利用测量线在终端接不同负载,根据 $d-I$ 关系描绘驻波分布特性图,并用驻波比描述分布状态。驻波测量线测量法的实验步骤如下。

(1) 保证测量系统连接的平稳,了解系统中的元器件的功能作用,熟悉各个器件的使用方法。

(2) 选择信号源的工作方式为 1 kHz 方波调制方式,调整信号的输出大小,保证选频放大器上指针不超过量程。

(3) 通过信号发生器上的频率调谐按钮调整工作频率,并用吸收式频率计测量信号频率,使 $f=9\ 370$ MHz。

(4) 测量线终端接上短路板,移动测量线探针从源端到终端。在移动过程中,选择合适的位置,记录测量线探针的位置 d(mm)以及对应的电表指示值,记录到数据表 1 中。此处需注意,为保证驻波分布特性图的完整性和准确性,测量数据至少要包括三个波腹点和两个波节点,同时在每个波腹点和波节点之间测量不少于四个点。

(5) 取下短路板,按同样的方法分别测量终端开口,终端接匹配负载和加容性膜片或感性膜片时的驻波分布(最好不改变信号源的输出和可变衰减器的衰减量)。在终端开口、接匹配负载和容性或感性膜片的情况下,用直接法(或平方律检波法)测量负载的驻波比并记录数据,将测量的数据填入表 7-1 中。

表 7-1 驻波分布特性测量数据记录

测量次数		1	2	3	4	5	6	…	ρ
短路	探针位置								
	电表示数								
开口	探针位置								
	电表示数								
匹配负载	探针位置								
	电表示数								
匹配负载加容性或感性膜片	探针位置								
	电表示数								

(6) 在同一坐标系下,按相同的比例,根据测量得到的数据资料绘制上述情况下驻波分布

特性图。

(7) 根据测量的数据用直接计算驻波比的公式计算四种负载的驻波比，并与用直接法测量的驻波比作比较。

驻波比直接测量法具体步骤如下。

在测量线终端接上被测负载，然后将测量线的探针移到测量线中间部位的某个波腹点处，通过调节可变衰减器，将波腹点的电表指示值调整为满刻度（即驻波比 $\rho=1$ 处），在信号源、衰减器等系统状态都不变的条件下，接着将测量线探针移到波节点的位置，读取选频放大器上驻波比刻度线（$\rho<4$ 档）所对应值，就是终端负载驻波比的值。

7.6.2　波导波长的测量

在上述实验内容的基础上，保持系统连接的稳定。将测量线终端换接短路板，使系统处于纯驻波状态，选择合适的驻波波节点，按交叉读数法测量波导波长。为了精确测定波导波长，实验中至少测量三组数据，在保证 $\Delta(\lambda_g/2)\leqslant 0.1$ mm 的条件下，取平均值作为波导波长的测量值。

利用下面的公式计算波导波长：

$$\lambda_g=\frac{\lambda_0}{\sqrt{1-\left(\frac{\lambda_0}{2a}\right)^2}}$$

其中，$\lambda_0=c/f_0$，波导管宽边 $a=22.86$ mm。若视 λ_g 为真值，比较实验值与理论值的差异，试请解释原因。

7.6.3　晶体定标

绘制晶体定标曲线的实验步骤如下。

(1) 在上述实验内容的基础上，保持信号源频率为 9 370 MHz。调整信号输出幅度并调谐测量线探针，使系统处于最佳工作状态。

(2) 移动测量线探针至测量线中间位置的波腹点上，调整信号输出幅度，使得此时选频放大器上电流指示不超过满量程，然后移动探针至相邻波节点的位置，记录此时探针的位置值 d(mm)。

(3) 从波节到波腹的 $\lambda_g/4$ 范围内移动探针，在下表 7-2 中记录偏离波节点的 $|\sin(2\pi l/\lambda_g)|$ 值分别在 0.1，0.2，0.3，…，1.0 处的测量点位置 $(d+L)$ 及其对应的检波电流值，并绘制晶体定标曲线，求出晶体检波律 n。

表 7-2　晶体定标测量数据记录

相对电场强度 $\|\sin(2\pi l/\lambda_g)\|$	探针位置/mm		电表读数 I/μA
	测量点与波节点相对位移 L/mm	实际位置 $(d+L)$/mm	
0.0	0.00		
0.1	$\lambda_g/63=$		
0.2	$\lambda_g/31.3=$		
0.3	$\lambda_g/20.6=$		

（续表）

相对电场强度 $\lvert \sin(2\pi l/\lambda_g) \rvert$	探针位置/mm		电表读数 $I/\mu A$
	测量点与波节点相对位移 L/mm	实际位置 $(d+L)$/mm	
0.4	$\lambda_g/15.3=$		
0.5	$\lambda_g/12.0=$		
0.6	$\lambda_g/9.8=$		
0.7	$\lambda_g/8.1=$		
0.8	$\lambda_g/6.8=$		
0.9	$\lambda_g/5.6=$		
1.0	$\lambda_g/4.0=$		

7.6.4 色散特性的测量

从 9 100 MHz 到 9 600 MHz 的范围内按 50 MHz 左右的频率间隔改变信号源频率，并用频率计测出其实际值，然后用交叉读数法测量对应频率下的波导波长，记录数据于表7-3中。

表 7-3 色散特性测量数据记录

f/MHz	9 100	9 150	9 200	9 250	9 300	9 350
λ_g						
f/MHz	9 400	9 450	9 500	9 550	9 600	9 650
λ_g						

根据式(7-14)、式(7-15)计算相应的相速与群速，并绘制波导色散特性曲线。

7.7 实验注意事项

(1) 频率计测完频率后应将频率计调至失谐状态。
(2) 测量波导波长时，应注意指示值不能超过量程。
(3) 为保证测量精度，避免在测量线两端记录数据。
(4) 测量过程中保持探针沿一个方向移动，避免引入机械回程差。

7.8 思考题

(1) 测量信号源频率后为什么要失谐频率计？
(2) 为什么实验中不用相邻波腹点的位置来确定波导波长？
(3) 实验中当测量线终端开口时，驻波比不是∞，为什么？
(4) 为什么要进行检波晶体定标？

实验 8

反射式速调管的工作特性

8.1 引言

在电磁波谱中，频率在 $3\times10^{8}\sim3\times10^{11}$ Hz 范围内的电磁波通常定为微波段，其相应的波长为 1 mm～1 m。在电磁波谱中，微波的低频端与普通无线电波中的“超短波”相连接，其高频端与“远红外波”段相毗邻。在微波波段内部，通常又按其波长范围分成如表 8-1 所示的分波段，各以拉丁字母作为分波段代号。

“中国粒子加速器之父”——谢家麟

表 8-1 按波长范围分段

波段代号	L	S	C	X	Ku	K	Q
标称波长/cm	50～23	10	5.5	3.2	2	1.25	0.82

微波具有频率高、频带宽、抗干扰能力强等优点，所以目前卫星通信、手机通信等常在微波频段使用。微波具有一般电磁波的性质，但由于它频率高，用传输线传播过程中会出现趋肤效应，阻抗大。又因为微波的波长短，其波长能与传输线长度相比拟时，传输线就要幅射微波能量，所以微波用传输线传送损耗太大。因此，微波的传输系统与其他电磁波波段不同，其相应的元件和器件亦不同。

在低频无线电技术中，测量的基本参量是电压、电流和频率。当信号频率在微波波段时，传输系统上各点的电压都不同，因此微波测量的基本参量是功率、驻波比和频率，其他参量都可由此导出。

由于微波电磁振荡周期很短（$<10^{-9}$ s），一般电子管中电子渡越时间较长（$>10^{-9}$ s），所以一般电子管就不能用作微波振荡器，要用原理上完全不同的微波电子管作为微波振荡器，本实验中用的是 K103 反射式速调管。反射式速调管是一种微波电子管，通过速度调制方法改变交变电磁场中电子流的运动速度，从而产生高频自激振荡，将直流能量转换成为微波能量。

8.2 实验目的

(1) 熟悉反射式速调管的结构特性、工作原理和使用方法。

(2) 掌握速调管特性曲线与工作点的选择；根据不同需要对速调管进行正确调制。

8.3 实验原理

8.3.1 反射式速调管结构

反射式速调管

反射式速调管的结构如图 8-1 所示，主要包括三部分。

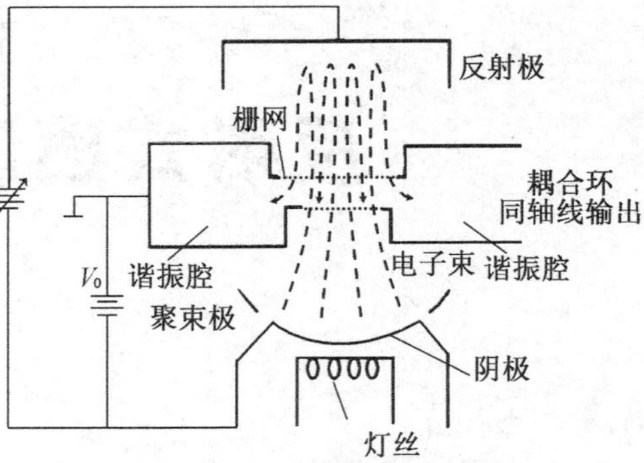

图 8-1 反射式速调管结构示意

(1) 电子枪：由灯丝、阴极和聚束极构成，用来发射电子，形成电子束。

(2) 谐振腔：是一个由上、下栅网和金属侧壁构成的环形空腔(其作用相当于低频电路中的 LC 谐振回路)，其上加有高于阴极电位的直流电压 V_0 以加速电子。电磁振荡就是在谐振腔里产生的。调节管外的调谐螺钉，微调栅网间距 d，可以改变其谐振频率 f_0(称为机械调谐)。微波动率则由耦合环经同轴线探针输出到波导。

(3) 反射极：相对于阴极为负电位，因此反射极与谐振腔上栅网之间的空间是电子的反射(制动)空间。反射极除加有相对于阴极为负极性的直流电压 $-V_R$ 外，还可用低频的方波、钮齿波或正弦波电压等对速调管进行调制。调制电压一般都是正负半周对称地叠加在反射极直流电压上。

反射式速调管的振荡频率易受外界因素(各极电压的波动、负载阻抗的变动、环境温度和气压的变化、机械震动等)和灯丝及各电极损耗发热造成的温度变化等因素的影响而产生漂移。特别是反极电压波动的影响很明显，因此对电源稳定度的要求较高。为安全起见，通常使谐振腔管壳接地。

8.3.2 反射式速调管的工作原理

从阴极发出的电子流经加速电压 V_0 加速后，以初速度 $v_0=\sqrt{\dfrac{2eV_0}{m}}$ 飞入谐振腔，在腔中激起感应电流脉冲。电流脉冲中包含着不同频率的电磁振荡分量，其中与谐振腔的谐振频率相同的分量受谐振腔电磁谐振的作用，在上、下栅网间建立起一个微弱的微波电场 $e = e_m \sin\omega t$。因而穿过栅网的电子流将受到微波电场的作用，其速度为 $v_1=\sqrt{\dfrac{2e(V_0+e_m\sin\omega t)}{m}}\approx v_0\left(1+\dfrac{e_m}{2v_0}\sin\omega t\right)$ $(e_m \ll V_0)$，此即速度调制也是速调管名称的来由。

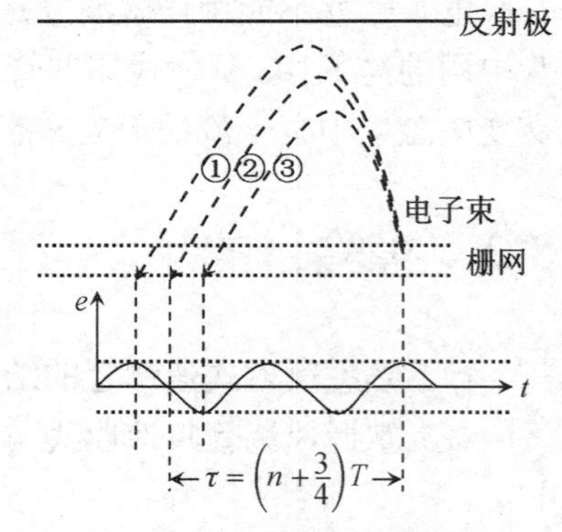

图 8-2 电子聚群原理

经过速度调制的电子流进入反射空间后，会受到反射极拒斥场的作用返回腔内。由图8-2可知，速度快的电子① $(v > v_0)$ 在制动场里要飞越较长的距离，渡越较长的时间才能返回栅网；速度慢的电子③ $(v < v_0)$ 则飞越较短的路程，渡越较少的时间；而未经速度调制的电子② $(v = v_0)$ 的所飞路程和渡越时间皆介于二者之间，成为群聚中心。这样，离开栅网时出发时间和速度不同的电子就会同时返回栅网。回到两栅网之间的电子有时密集，有时稀疏，成为一簇一簇的电子团，此即电子群聚，又称为密度调制。

群聚中心电子的渡越时间 τ 为

$$\tau=\frac{4D\sqrt{\dfrac{mV_0}{2e}}}{V_0+|V_R|} \tag{8-1}$$

式中，V_0 为谐振腔电压，V_R 为反射极电压，D 为反射极与上栅网之间的距离，m 和 e 分别为电子的质量和电量。

由式(8-1)可知，适当调节 V_0 和 V_R 的大小，可以使

$$\tau=\left(n+\frac{3}{4}\right)T,\ n=1,\ 2,\ 3,\ \cdots \tag{8-2}$$

此时，栅网的电子团受谐振腔微波电场的最大减速而把能量转给微波场，从而使谐振腔产生微波振荡。式(8-2)即为振荡的条件，振荡频率 f_0 满足

$$\frac{4D\sqrt{\dfrac{mV_0}{2e}}}{V_0+|V_R|}\cdot f_0=n+\frac{3}{4},\quad n=1,\ 2,\ 3,\ \cdots \tag{8-3}$$

由式(8-2)可知，微波振荡周期是小于电子渡越时间的，电子在反射空间的渡越时间得到了充分的利用。

电子团交给微波场的能量必须大于谐振腔负载所消耗的能量，因此要求直流电流 I_0 必须大于某一临界值，这相当于振荡的幅值条件。

8.3.3　反射式速调管工作特性

图 8-3 是在一定的谐振腔电压 V_0 下，反射极速调管的功率和频率特性曲线。由图可知：

(1) 反射式速调管只有在某些特定的电压范围内才能产生振荡(这些特定的反射极电压范围对应式(8-3)中不同的模序数 n 值)，称为速调管的振荡模，模内各点的振荡频率都是不相等的。

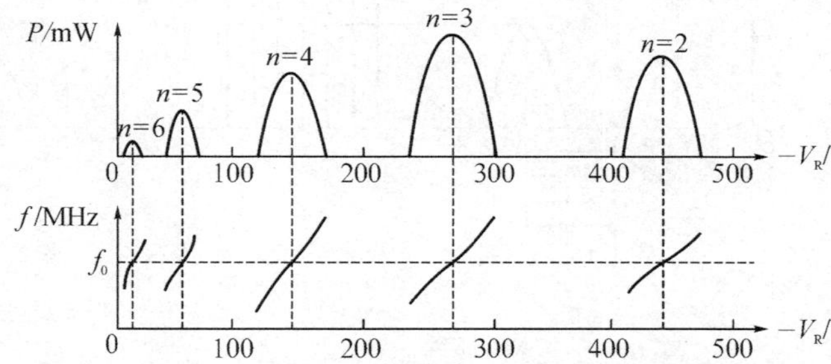

图 8-3　反射式速调管的功率和频率特性曲线(V_0 一定)

(2) 各振荡模的中心频率都等于速调管环形谐振腔的谐振频率 f_0，由式(8-3)可得

$$\left(\frac{df}{dv_R}\right)_{f=f_0}=\frac{n+\dfrac{3}{4}}{4D\sqrt{\dfrac{mV_0}{2e}}},\quad n=1,\ 2,\ 3,\ \cdots \tag{8-4}$$

可见在振荡模中心附近的小范围内，振荡频率与反射极电压成线性关系，其斜率随模序数 n 的增大而增大。

(3) 电子在制动空间停留时间较长时，电荷的排斥作用会使群聚减弱，因此随着模序数 n 增大输出功率减小；但模序数太低时，电子群聚不够，输出功率也较小。振荡功率最大、频率范围最宽的振荡模，叫做最佳振荡模(如上图中 $n=3$ 的振荡模)，一般常使速调管工作在最佳振荡模的中心。

(4) 调整反射式速调管的振荡频率有两种方法：电子调谐和机械调谐。

用改变反射极电压来实现振荡频率变化的方法，称为电子调谐(可使频率小范围内变化，一般 $\Delta f\leqslant(0.003-f_0)$)。一个振荡模的半功率点所对应的频率宽度，称为该振荡模的电子

调谐范围，半功率点所对应的频率宽度与电压宽度的比值 $\left|\dfrac{f_1-f_2}{V_1-V_2}\right|$ 称为平均电子调谐率。

要使调速管的频率有较大的变化，可以通过慢慢转动调谐螺钉改变谐振腔的大小来实现，这种方法称为机械调谐。

8.3.4 速调管的调制

机械调谐时，速调管电源的工作选择开关置于连续位置，速调管反射极上只加有直流电压 V_R，不加调制电压。调节 $|V_R|$ 大小使输出指示最大时，速调管即工作于最佳振荡模的中心，具有最大的输出功率和最好的功率、频率稳定度，即处于最佳工作状态，称为连续振荡状态。输出的是等幅连续波，经检波得到的是直流电平，需用直流微安表或光点检流计测。

除连续工作状态外，速调管常要求在调制状态下工作。调制方式主要有以下两种。

(1) 方波(或矩形波)开关式幅度调制。实际测试中(如驻波测量)常采用低频方波调制，并用测量放大器作检测指示，可以大大提高测量灵敏度。方波调制时，应使方波顶部(或底部)落在最佳振荡模的中心，而底部(或顶部)落在模外的不振荡区[图 8-4(a)]。为避免附加调频，要求方波的上升时间/持续时间≤0.01 s。如果方波幅度和反射极直流电压 $|V_R|$ 的

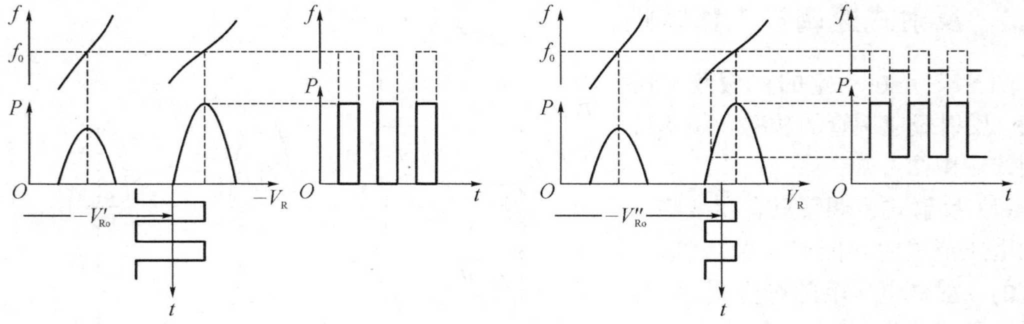

(a) 正确　　(b) 不正确

图 8-4　方波幅度调制

大小选择不当，使方波的正、负半周落入同一模区或分别跨越在相邻模区，则在方波的两个半周中将分别产生两个不同电子和不同频率的微波振荡[图 8-4(b)]，这是应当竭力避免的。

(2) 锯齿波(或正弦波)频率调制。将反射极直流电压调在工作模区中心，当锯齿波调制幅度比振荡模宽度小得多时，可得到只有较小附加调幅的线性调频振荡(图 8-5)。锯齿波(或正弦波)幅度较大时，可用示波器动态法观测速调管的功率输出特性(图 8-3)。

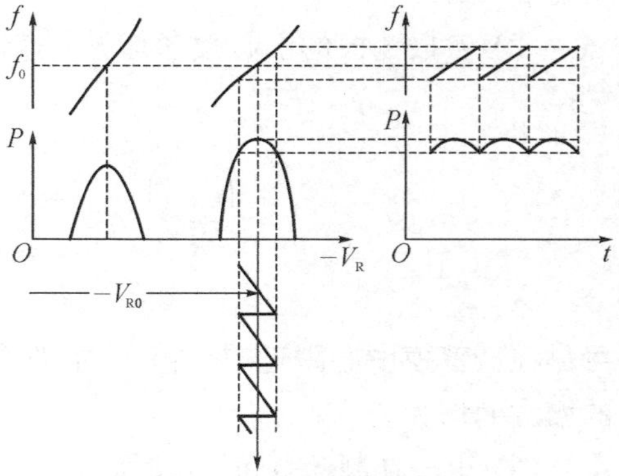

图 8-5　锯齿波频率调制

8.4 实验仪器

微波测试系统结构如图 8-6 所示，分为以下三部分。

(1) 微波信号源：包括速调管振荡器、速调管电源、隔离器、可变衰减器和吸收式波长计等。速调管电源提供速调管各电极稳定的工作电压(谐振腔电压、反射极电压和灯丝电压)和调制电压(方波、锯齿波)；隔离器用作去耦器，防止反射波进入信号源而影响输出功率和频率的稳定；振荡频率由吸收式波长计测量；输出功率大小由可变衰减器进行调节。

(2) 测量装置：包括晶体检波器。

(3) 检测指示器：包括示波器、微安表。

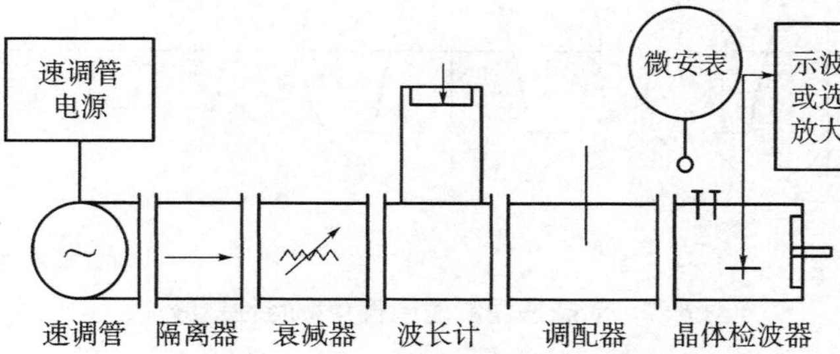

图 8-6　微波测试系统实验装置

8.5　预习思考题

(1) 为什么反射式速调管会产生微波振荡？

(2) 为什么只有在某些特定的反射极电压数值时才会有输出功率？

(3) 为什么能对反射式速调管进行电子调谐和机械调谐？

(4) 为什么各个振荡模的中心频率相同？

8.6　实验内容及步骤

8.6.1　示波器动态法观测速调管振荡模

将晶体检波器的输出连示波器 y 通道，速调管电源外监视输出的调制信号(锯齿波或方波)连示波器的触发输入。然后将速调管电源的工作选择开关置于锯齿波位置，速调管反射极直流电压 V_R 上就正、负半周对称地叠加上 300 Hz、峰峰值为 0～75 V 可调的锯齿波电压，可以认为示波器 x 扫描线的中点对应于反射极直流电压 V_R 值(即速调管电源的电压表读数)。由于锯齿波峰峰值 75 V 的限制，示波器屏幕上最多只能出现 1～3 个模区，这时可通过缓慢调节反射极电压和移动扫描范围，依次观察到全部振荡模。动态观测时，示波器的 x 轴代表"反射极电压"，y 轴代表"输出功率"。

将示波器 x 扫描线移到与屏幕中心的垂直刻度线左右对称，调节反射极电压、调制幅度、可变衰减器的衰减量，以及示波器 y 通道放大倍数，并把晶体检波器的短路活塞和调谐螺钉仔细调好，使光屏正中显示如图 8-7(a)所示某一振荡模区，记下该模中心频率 f_0(图 8-7(b))；然后再调节反射极电压，将振荡模移至图 8-7(c)所示位置，记下模区低端起始电压 V'_{R_n}；用同样的方法测出高端起始电压 V''_{R_n}。

继续调节反射极电压，并微调晶体检波器的匹配装置，但调制幅度、衰减器衰减量以及 y 通道放大倍数仍保持不变，屏幕上可相继出现其余各振荡模。分别测量它们的 V_{R_n}，V'_{R_n}，V''_{R_n} 及 A_n 值，即可绘制速调管功率输出特性曲线简图（最好在半高处再增测两点）。

用同样方法可逐点测量速调管最佳振荡模的功率和频率特性曲线。

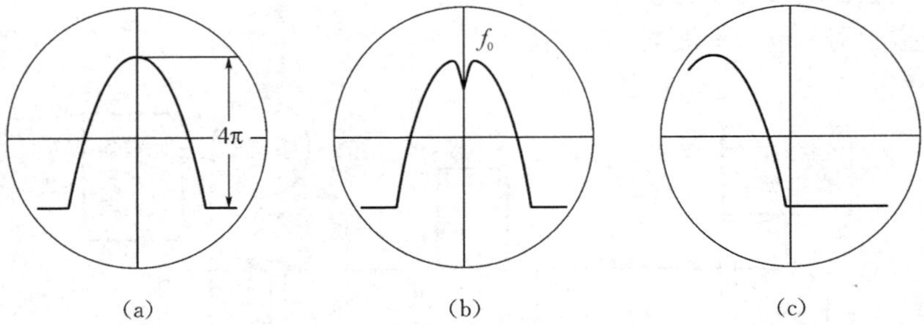

图 8-7　动态法观测速调管功率特性曲线

8.6.2　方波开关调幅

调节反射极电压，将最佳振荡模移至图 8-8(a)或(b)位置，反射极直流电压 V_R 落在模区低端或高端起始点附近的正确位置上。然后将速调管工作选择开关置于方波位置，1 kHz、峰峰值为 0～75 V 可调的方波电压叠加在选定的 V_R 上。缓慢增大调制幅度，使示波器屏幕上的方波幅度达最大（与最佳振荡模同高），即表明该半周内速调管工作于最佳振荡模的中心，而另半周处于停振状态。

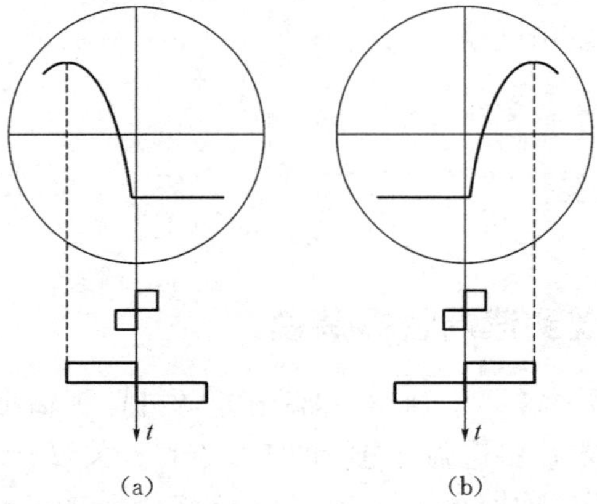

图 8-8　用示波器进行方波开关调幅

8.6.3　观测速调管的工作特性

(1) 观测速调管的各个振荡模，按正确步骤开启电源，使速调管处于最佳工作状态。调节短路活塞、匹配螺钉使晶体检波接头的输出最大。

(2) 改变反射极电压，观测速调管的各个振荡模（要求：V_R 从 −300 V 变化到 −30 V）。

(3) 描绘草图，注明各振荡模的峰值以及始点、峰值和终点所对应的反射极电压值。

(4) 逐点测量速调管最佳振荡模的功率 P 和反射极电压 V_R 的关系曲线，以及频率 f 和反射极电压 V_R 的关系曲线。

(5) 改变 $|V_R|$，对于每个 V_R 值，利用晶体检波接头测量相对功率 P，并用波长计测量频率。注意波长计测频率后要失谐。

8.6.4　电子渡越时间的测量

速调管的振荡相位条件为式(8-3)，令 $n=n_0+n'$，$n'=1, 2, 3, \cdots$，式(8-3)可改写为

$$n'=4Df_0\sqrt{\frac{mV_0}{2e}}(V_0+|V_R|)^{-1}-\left(\frac{3}{4}+n_0\right)$$

对一系列 n' 值和 $(V_0+|V_R|)^{-1}$ 值进行线性拟合，其中谐振腔电压 V_0 固定不变，$|V_R|_n$ 为模序号 n 的模中心反射极电压，可解得 $4Df_0\sqrt{\frac{mV_0}{2e}}$ 和振荡模序号 n 值，再由实验数据 f_0，V_0 及 $|V_R|_n$ 值，可求出反射空间距离 D 和不同序号振荡模中群聚中心的电子渡越时间 τ_{0_n}

$$\tau_{0_n}=\frac{4D\sqrt{\frac{mV_0}{2e}}}{V_0+|V''_{R_n}|_n}A_n$$

也可用求解方程法，式(8-3)中含有两个未知量，原则上有两个方程联立即可求解。由四个振荡模的数据可以列出四个方程，两两组合解出 n 和 D，再求平均值作为测量结果。

8.6.5　实验数据处理

(1) 画出几个振荡模的草图。

(2) 画出最佳振荡模的 $P-V_R$ 曲线和 $f-V_R$ 曲线。

(3) 利用式(8-3)计算 n 和 D，然后计算最佳振荡模群聚中心电子的渡越时间 τ_0。

8.7　实验注意事项

(1) 遵守正确的操作步骤。应先接通灯丝电源，预热 5 min 后才能加谐振腔电压；实验结束，应先切断谐振腔电压再关机。

(2) 谐振腔电压、反射极电压和灯丝电压不得超过允许使用范围，反射极电压不得为零或正值。

(3) 加调制电压前先置连续工作状态。

(4) 为延长速调管寿命，机械调谐旋钮不要随便旋动，因为频率重调后约需 15 min 才能稳定。

(5) 长时间工作应风冷或油冷。

8.8　思考题

(1) 在方波开关调幅中，当 V_R 的值落在哪些范围内时，会带来方波的不正确调制？

(2) 怎样使速调管工作在所需要的频率(例如 $f=9\,000$ MHz)？

(3) 机械调谐和电子调谐的区别是什么？

实验 9

布拉格反射：X 射线在单晶上的衍射

9.1 引言

X 射线自 1895 年被发现以来，在理论、设备、方法和应用上都有了迅速发展，并且已渗透到了物理、化学、生命科学、地球科学、材料科学以及工程技术各个领域。近几年，由于新 X 射线源和设备的发展，这项技术又得到了兴起。

9.2 基础知识

9.2.1 晶体

对于晶体，主要对其定义、特性、结构进行介绍。

1. 晶体定义

晶体(crystal)是由大量微观物质单位(原子、离子、分子等)按一定规则有序排列的结构。

2. 晶体特性

(1) 原子排列规则——周期性(长程有序)。

(2) 各向异性：晶体物质在不同方向的排列方式是不同的，因而在不同的方向上，其性质是不相同的。

(3) 晶面角守恒：同一种晶体外形可能不同，但相应的两晶面之间的夹角总是不变的。

(4) 自限性：晶体具有自发的形成封闭几何多面体的特性，这一特性是晶体内部自发原子的规则排列在晶体宏观形态上的反映。

(5) 自由能最小：在热平衡条件下，稳定存在的是自由能最小的物相。

3. 晶体结构

1) 晶体的周期结构

晶体的周期结构是指原子排列的方式。晶体结构的显著特点就是粒子排列的周期性，基元表示晶体中周期性变化的具体内容，它可以是一个原子，也可以是若干相同或不同的原子，取决于具体的晶体结构，点阵代表重复周期的大小和规律，格点是由结构基元抽象出来的几何点。晶体中有如下关系：晶体结构＝点阵＋基元。

如果每个基元中只有一个原子或离子，这样的晶体结构称为简单格子；而如果基元中包含一个以上的原子核离子，则称为复式格子，如 NaCl 为复式格子。

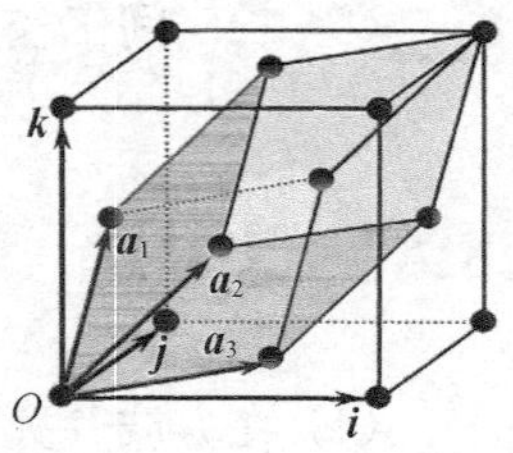

图 9-1　面心立方结构原胞及基矢

2）晶体原胞（固体物理学原胞）

晶格中某一平行六面体。一个原胞沿三维方向的重复排列构成晶体。原胞的选取有任意性。一个原胞只含一个格点，格点只在顶角上，内部和面上皆不含其他格点。

3）原胞基矢

原胞平行六面体从一个顶点出发的三条棱可看成是原胞的三个基矢。

4）倒格子

假如晶体点阵的基矢为 $\boldsymbol{a}_1$，$\boldsymbol{a}_2$，$\boldsymbol{a}_3$，那么存在另一空间，其波矢 $\boldsymbol{k}$ 可看作是量纲为 L^{-1} 的空间矢量，与波数矢量具有相同的量纲，这样的空间称为倒空间或倒格子空间。

倒格矢可表示为 $k_h = h_1\boldsymbol{b}_1 + h_2\boldsymbol{b}_2 + h_3\boldsymbol{b}_3$，其中 $\boldsymbol{b}_1$，$\boldsymbol{b}_2$，$\boldsymbol{b}_3$ 满足

$$\left.\begin{aligned}\boldsymbol{b}_1 &= 2\pi(\boldsymbol{a}_2 \times \boldsymbol{a}_3)/\Omega\\ \boldsymbol{b}_2 &= 2\pi(\boldsymbol{a}_3 \times \boldsymbol{a}_1)/\Omega\\ \boldsymbol{b}_3 &= 2\pi(\boldsymbol{a}_1 \times \boldsymbol{a}_2)/\Omega\end{aligned}\right\} \tag{9-1}$$

其中，Ω 为正格子原胞体积。

倒格子的性质有：

(1) $\boldsymbol{a}_i \cdot \boldsymbol{b}_j = 2\pi\delta_{ij}$；　(9-2)

(2) 设倒格子原胞体积为 Ω^*，则

$$\Omega^* = \frac{(2\pi)^3}{\Omega}; \tag{9-3}$$

(3) 倒格子的倒格子是正格子；

(4) 设晶面族 (h_1, h_2, h_3) 的面间距为 $d_{h_1h_2h_3}$，则

$$d_{h_1h_2h_3} = \frac{2\pi}{|\boldsymbol{k}_h|}。 \tag{9-4}$$

有兴趣的同学可以自己证明一下上述性质。

9.2.2　X 射线衍射条件

散射势为

$$V(\boldsymbol{r}) = cn(\boldsymbol{r}) \tag{9-5}$$

散射强度

$$I \propto |u_{k,k'}|^2 \tag{9-6}$$

其中

$$u_{k,k'} \propto \langle \boldsymbol{k}' | V(\boldsymbol{r}) | \boldsymbol{k} \rangle = c\int \mathrm{e}^{\mathrm{i}(\boldsymbol{k}-\boldsymbol{k}')\cdot\boldsymbol{r}} n(\boldsymbol{r})\,\mathrm{d}\tau \tag{9-7}$$

对于晶体，在周期性势场中有

$$n(\boldsymbol{r}) = n(\boldsymbol{r} + \boldsymbol{R}_1) \tag{9-8}$$

则

$$n(\boldsymbol{r}) = \frac{1}{V}\sum_h n(\boldsymbol{K}_h)\,\mathrm{e}^{\mathrm{i}\boldsymbol{K}_h\cdot\boldsymbol{r}} \tag{9-9}$$

$$u_{k,k'} \propto \frac{c}{V}\int e^{i(\boldsymbol{k}-\boldsymbol{k}')\cdot\boldsymbol{r}} \sum_h n(\boldsymbol{K}_h) e^{i\boldsymbol{K}_h\cdot\boldsymbol{r}} d\tau = \frac{c}{V}\sum_h n(\boldsymbol{K}_h)\int e^{i(\boldsymbol{k}+\boldsymbol{K}_h-\boldsymbol{k}')\cdot\boldsymbol{r}} d\tau$$

$$= \frac{c}{V}\sum_h n(\boldsymbol{K}_h)\delta_{\boldsymbol{k}',\boldsymbol{k}+\boldsymbol{K}_h} \tag{9-10}$$

$$= \begin{cases} \dfrac{cn(\boldsymbol{K}_h)}{V} & (\boldsymbol{k}'=\boldsymbol{k}+\boldsymbol{K}_h) \\ 0 & (\boldsymbol{k}'\neq\boldsymbol{k}+\boldsymbol{K}_h) \end{cases}$$

其中，$\boldsymbol{k}'=\boldsymbol{k}+\boldsymbol{K}_h$ 就是著名的劳厄方程。

由于动量守恒有

$$\boldsymbol{k}'=\boldsymbol{k}+\boldsymbol{K}_h \tag{9-11}$$

对于弹性散射

$$\boldsymbol{k}^2=\boldsymbol{k}'^2=(\boldsymbol{k}+\boldsymbol{K}_h)^2 \tag{9-12}$$

$$\begin{gathered} \boldsymbol{k}^2+2\boldsymbol{K}_h\cdot\boldsymbol{k}+\boldsymbol{K}_h^2=\boldsymbol{k}^2 \\ \boldsymbol{K}_h\cdot\left(\boldsymbol{k}+\frac{1}{2}\boldsymbol{K}_h\right)=0 \end{gathered} \tag{9-13}$$

即

$$\boldsymbol{K}_h \perp \left(\boldsymbol{k}+\frac{1}{2}\boldsymbol{K}_h\right) \tag{9-14}$$

将 $\boldsymbol{K}_h=\frac{2\pi n}{d}\hat{\boldsymbol{n}}$，$n=1, 2, 3, \cdots$ 代入可得

$$\hat{\boldsymbol{n}}\cdot\boldsymbol{k}+\frac{n\pi}{d}=0 \tag{9-15}$$

$$\frac{2\pi}{\lambda}\cos\left(\frac{\pi}{2}+\theta\right)+\frac{n\pi}{d}=0 \tag{9-16}$$

$$2d\sin\theta=n\lambda, \quad n=1, 2, 3, \cdots \tag{9-17}$$

这就是布拉格衍射公式。

9.2.3 X 光的产生与特性

当具有一定能量的电子和原子碰撞时，可把原子的外层电子撞击到高能态(称为激发)甚至击出原子(称为电离)。当电子从高能态回到低能态，或被电离的原子(离子)与电子复合时，就会发光，这是一般气体放电光源(如生活中常用的日光灯、实验室常用的汞灯、钠灯等)的发光原理。如果电子的能量很高(高达几万电子伏：$\sim 10^{14}$ J)时，它就可能把原子的内层电子撞击到高能态，甚至击出原子。这时，原子的外层电子就会向内层跃迁，其所发出的光子能量较大，即波长较短，通常称为 X 光。X 光的波长在 0.01～100 Å。X 光也是电磁波。它可穿过不透明的物质。所以它能应用于外科诊断和铸件探伤等。

X 射线产生的专用装置是 X 射线管，如图 9-2 所示，X 射线管被抽成真空，真空管由发射电子的灯丝作阴极和发射 X 射线的金属靶作阳极构成。在 X 射线管的阴阳极之间加上高电压加速电子束轰击金属靶。针对金属靶的 X 光发射方向有一窗口。高速电子接近金属靶原子核时，原子核的库仑场会使它偏转并急剧减速，同时产生电磁辐射，这种辐射称为轫致辐射，

它的能量分布是连续的，在光谱图上表现为很宽的 X 光谱带称为连续谱，如图 9-3 中的宽带曲线所示。如果电子的能量再增加时，它就可能把原子的内层电子撞击到高能态，甚至击出原子。这时，原子的外层电子就会向内层跃迁，这时所发射的为 X 特征谱，也称标识谱。

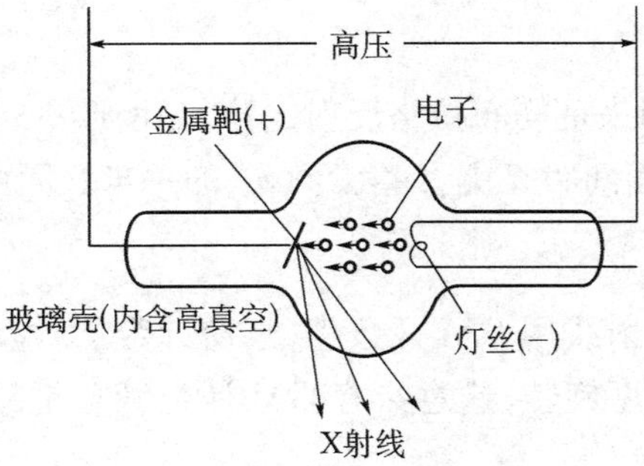

图 9-2　X 射线管

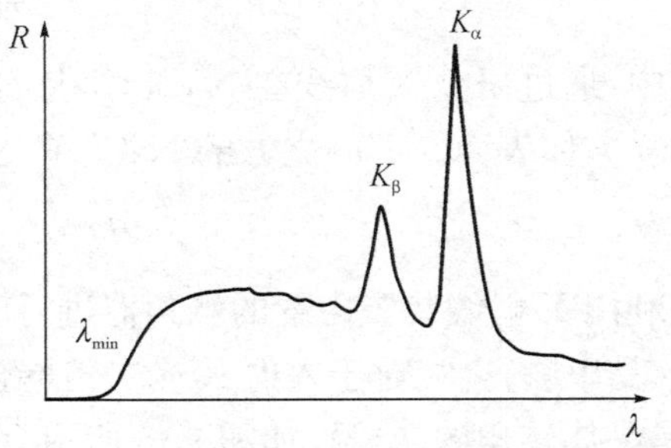

图 9-3　X 射线光谱

例如，钼原子内主要有两对能级差，分别为17.4 keV 和 19.6 keV，电子从高能级跃迁到低能级时，分别发出波长为 7.11×10^{-2} nm 和 6.31×10^{-2} nm 的两种 X 光。这两种 X 光在光谱图上表现为两个尖峰，如图 9-3 所示，在理想情况下为两条线，故称为线光谱，这种线光谱反映了该物质(钼)的特性。也就是说，X 光谱线是由连续谱和特征谱叠加而成。

除了 X 射线管能产生 X 光外，同步回旋加速器中产生的 X 光强度高，单色性好，频率可选择。同时，用 X 射线或 γ 射线激发(XIX)的二次 X 射线也经常被应用。

9.3　实验目的

(1) 利用钼的特征 X 射线研究 NaCl 单晶的布拉格反射。
(2) 确定钼的特征 X 射线 K_α 和 K_β 的波长。
(3) 证实布拉格反射定律。
(4) 验证 X 射线的波的特征。

X 射线晶体衍射的历史

9.4　实验原理

1913 年，英国科学家布拉格父子(W. H. Bragg 和 W. L. Bragg)认识到在晶体中原子和(或)离子的有序排列可以理解为处于平行晶面上的晶格格点组成的阵列。把这样的晶体曝露于平行的 X 射线时，此外假定 X 射线具有波的特性，则晶面上的每一元素都是形成球面波的一个散射点。这些球面波叠加会产生一个反射波前。在这个模型中，波长 λ 相对入射波前始终是不变的，而且垂直于入射波前和出射波前的辐射方向满足入射角等于反射角的条件。

各个晶面反射的 X 射线在它们的光程差 Δ 为波长 λ 的整数倍时，会产生干涉。

$$\Delta = n\lambda \quad n = 1, 2, 3, \cdots \tag{9-18}$$

如图 9-4 所示，对晶面间距为 d 的相邻两晶面，以掠射角 θ 入射和反射的光的光程差为 Δ_1

和 Δ_2：$\Delta_1=\Delta_2=d\sin\theta$。因此总光程差 Δ 为

$$\Delta=2d\sin\theta \tag{9-19}$$

由式(9-18)和式(9-19)可得布拉格反射定律：

$$2d\sin\theta=n\lambda \tag{9-20}$$

本实验中，通过研究 X 射线在 NaCl 单晶上的衍射来证实布拉格反射定律，晶面族平行于晶体原胞的立方体表面。面心立方的 NaCl 单晶的晶面间距 d 是晶格常数 a_0 的一半。因此

$$2d=a_0=562.02\ (\text{pm}) \tag{9-21}$$

实验是利用 X 射线装置内置的测角器进行的。X 射线用 GM 计数管(端窗计数器)检测，它与 NaCl 单晶串联，以相对于入射 X 光二倍耦合的速度旋转；这意味着 GM 计数管总是超前一角度，它是晶体转角的二倍。如图 9-5 所示。

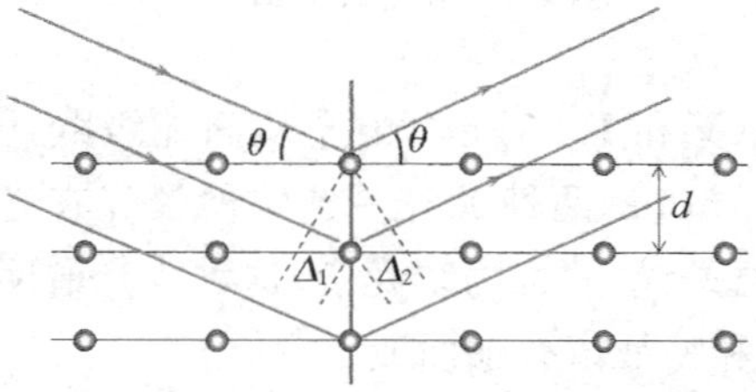

Δ_1，Δ_2—光程差； θ—掠射角； d—面间距

图 9-4 X 射线在单晶晶面上的反射

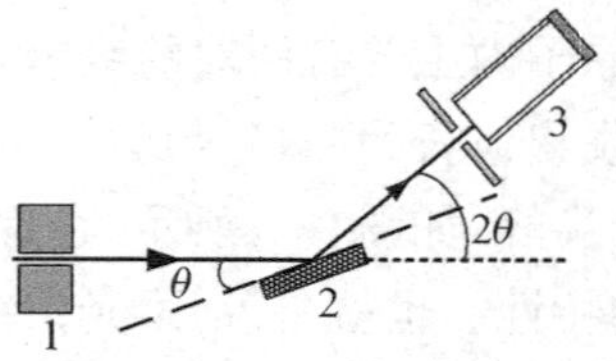

1—准直器； 2—单晶； 3—计数管

图 9-5 X 射线在单晶上的衍射原理和计数管角与掠射角间的 2θ 耦合

X 射线辐射是由连续的韧致辐射和几条确定的尖峰谱线组成，谱线对应钼阳极的特征 X 射线辐射，且发源于钼原子的 K_α 和 K_β 跃迁。这个特征辐射特别适合于研究布拉格反射定律。特征辐射的性质列出在表 9-1 中。在 NaCl ($d=282.01$ pm) 单晶上散射时，预期会出现特征 X 射线衍射最大值所对应的掠射角给出在表 9-2 中，最高可达三级。

表 9-1 钼的特征 X 射线辐射的能量 E，频率 ν 和波长 λ

	E/keV	ν/EHz	λ/pm
K_α	17.443	4.226 4	71.080
K_β	19.651	4.828 7	63.095

注：keV $=10^3$ eV，EHz $=10^{18}$ Hz，pm $=10^{-12}$ m。

表 9-2 钼的特征 X 射线辐射在 NaCl 单晶上衍射时的掠射角 θ

N	$\theta(K_\alpha)$	$\theta(K_\beta)$
1	7.24	6.42
2	14.60	12.93
3	22.21	19.61

由于 X 光的波长与一般物体中原子的间距同数量级，因此 X 光成为研究物质微观结构的有力工具。在 NaCl 单晶上，X 射线的谱线如图 9-6 所示。

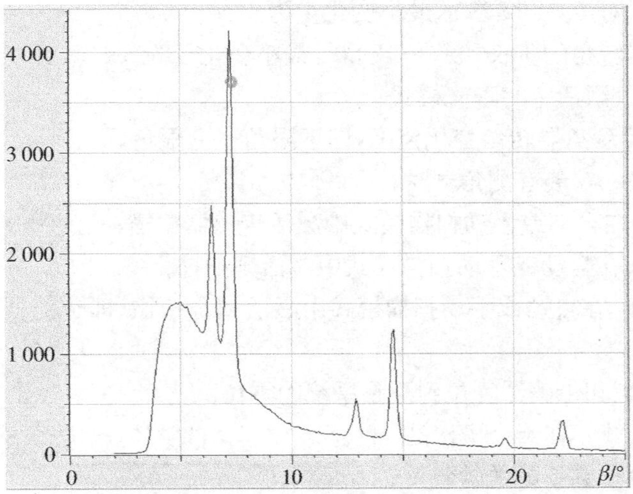

图 9-6　X 射线在 NaCl 单晶上的布拉格反射形成的三级衍射谱

9.5　实验仪器

本实验使用的是德国莱宝教具公司生产的 X 射线实验仪，如图 9-7 所示。实验仪可分为三部分：左侧是监控区，中间是 X 射线光管室，右侧是实验区。

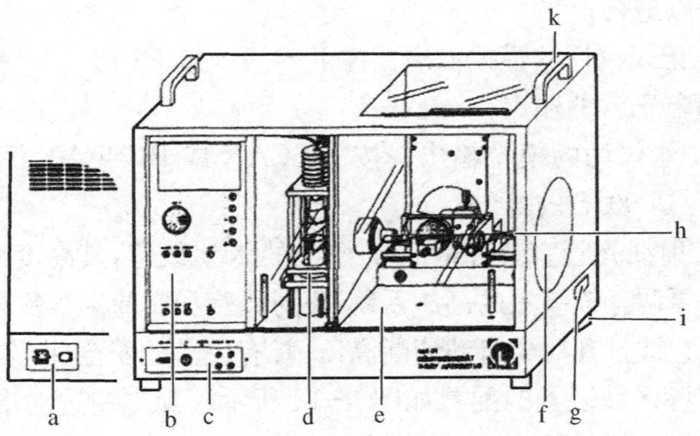

a—电源板；　b—控制面板；　c—接口面板；　d—X 射线光管室；　e—实验区；
f—荧光屏；　g—闲置通道；　h—锁定杠杆；　i—地脚；　k—把手

图 9-7　X 射线实验仪

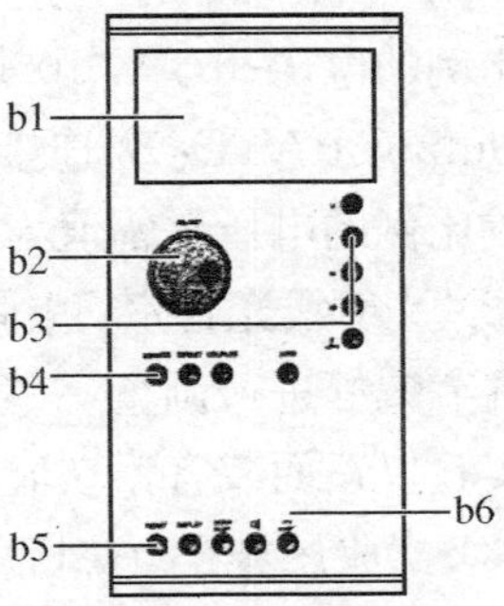

图 9-8　控制面板

三区域的功能如下。

(1) 监控区：包括控制面板和接口面板，控制面板如图 9-8 所示。

b1：顶部液晶显示区域。可以显示实时测量时的计数率和实验参数的设置值。

b2：调节旋钮。可调节各个实验参数的设置值。

b3：参数选择键。当 b3 的某一控制键按下后，可通过调节 b2 设置参数。

U：管电压，$0\sim35$ kV；

I：管电流，$0\sim1.0$ mA；

Δt：测量时间，1 ～ 9 999 s，最小变化量为 1 s；

$\Delta\beta$：测角器转角的步长，0.0° ～ 20.0°，最小变化量为 0.1°。 $\Delta\beta = 0.0°$ 时，退激自动扫描模式，激活定时曝光模式；

β LIMITS：测角器转角变化范围，即下限角～上限角。

b4：扫描模式键。在装有测角器时，

SENSOR：在自动或手动扫描模式中激活传感器扫描；

TARGER：在自动或手动扫描模式中激活靶扫描；

COUPLED：在自动或手动扫描模式中激活耦合扫描，即传感器与靶以 2∶1 的方式耦合；

ZERO：使靶和传感器复位到测量系统的零位。

b5：实验操作区域。有 4 个操作键：

RESET：复位到系统的缺省值；

REPLAY：取多次计数率的平均值；

SCAN On/Off：开启/关闭自动扫描；

Hv On/Off：开启/关闭高压。

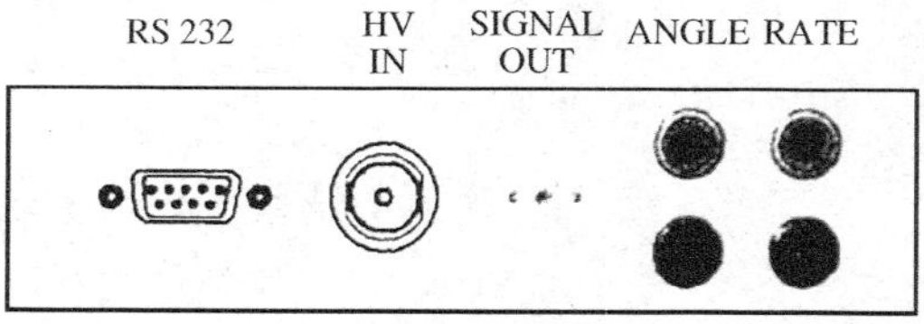

图 9-9　接口面板

b6：高压指示灯。接口面板如图 9-9 所示。

RS-232 输出：通过一电缆可把 X 射线实验仪的输出信号送到计算机实时显示；

Input HV IN：与实验区终端托架的 HV OUT 相连，使有外接计数器的 GM 计数管实验得以进行；

Output SIGNAL OUT：与实验区终端托架的 BNC input SIGNAL IN 相连，BNC 输出使用 BNC 接头的传感器的实验能得以进行；

Output ANGLE：为连接 XY 记录仪用的模拟输出。按下 SCAN 或 REPLAY 键时，与角度成比例的电压；0.5 V/10°是测角器靶臂的输出；

Output RATE：为连接 XY 记录仪用的模拟输出。按下 SCAN 或 REPLAY 键时，与计数率成比例的电压是幅值为 0.5 V/1 000/S 的输出。

(2) X 射线光管室：中间的 X 射线光管室装有钼(Mo)阳极的 X 射线管，其高度可通过底部的调节螺杆进行调整，一般不需要调。该装置的高压系统、X 射线管和实验区被完全密封起来。实验仪正面装有铅玻璃门，当它被打开时会自动切断高压，具有较大的安全性。

(3) 实验区域：布拉格反射实验区域装置的配置如图 9-10 所示。其中左边对准 X 射线管室射出位置装有准直器；中间是靶台，测试的晶体就安装在靶台上；右边是测角器。松开锁定杆可调测角器的位置，装有 GM 计数管的传感器也安装在测角器上。图 9-11 是端窗型 GM 计数管示意图。实验仪正面也装有铅玻璃门，打开时，需按玻璃门下方的黑色小按钮，同时当它被打开时会自动切断高压。在实验区右侧面有一圆形的荧光屏，它是一种表面涂有荧光物质的铅玻璃平板，用于观察 X 射线成像。平时用盖板罩起来以避免损坏荧光物质。

X 射线实验仪的工作模式有以下三种。

(1) 自动扫描模式：在自动扫描模式，按下 SCAN 键后，测角器臂会自动转动。你可以在扫描模式 TARGET，SENSOR 和 COUPLED 间选择。在扫描时，仪器显示当前的计数率与靶的位置，或在耦合扫描模式显示传感器与靶的位置。此外，一起还储存了所有测量数据(角度和计数率)。操作步骤包括：

• 选择扫描模式，按 TARGET，SENSOR 或 COUPLED 键。

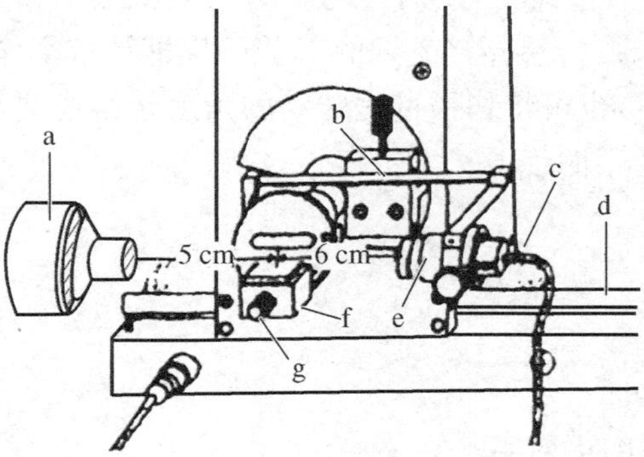

a—准直器；　b—顶部导杆；　c—连接器；　d—底部导轨；
e—装有 GM 计数管的传感器；　f—靶台安装吸收体系列；
g—锁定杆

图 9-10　布拉格反射实验装置的配置

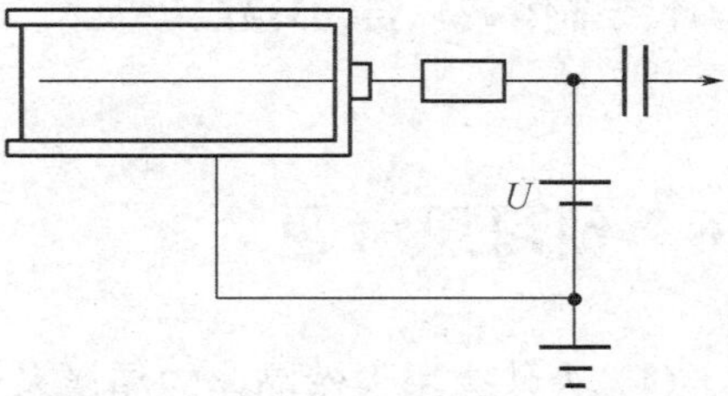

图 9-11　端窗型 GM 计数管

• 按 β LIMITS 键，并利用 ADJUST 旋钮设置扫描的下限。

• 按 β LIMITS 键，并利用 ADJUST 旋钮设置扫描的上限。

• 选择测量参数 I 和 U。

• 选择角度步长 $\Delta\beta$。

• 选择每一个角度想要测量的测量时间 Δt。

• 如果需要，通过 RS-232 串行界面接计算机，并启动软件程序“X-ray apparatus”。

• 用 SCAN 键启动自动扫描。

• 如果需要，按 REPLAY 键，利用 ADJUST 旋钮可浏览对每个角度储存的测量数据。

(2) 手动扫描模式：在手动扫描模式，测量器臂利用 ADJUST 旋钮手动定位。你可以在扫描模式 TARGET，SENSOR 和 COUPLED 间选择。操作步骤包括：

• 选择扫描模式，按 TARGET，SENSOR 或 COUPLED 键。

• 选择测量参数 I 和 U。

• 选择每一个角度希望的测量时间 $\Delta t = 1$ s。

• 如果合适，通过 RS-232 串行界面接计算机，并启动软件程序“X-ray apparatus”。

• 手动调节 ADJUST 旋钮，使测角器臂转到要求的位置。

• 约等 2 s 直至新的角度位置上的计数率在显示板上出现，然后，记下该计数率。

(3) 定时曝光模式：如名字所暗示，定时曝光模式对 X 射线胶片让你设置曝光时间，或对单个计数率测量让你设置测量时间。操作步骤包括：

• 安装想要的附件(如测角器或 X 射线胶片夹持架)。

• 需要时，手动调节 ADJUST 旋钮，使测角器的传感器臂或靶臂转到要求的位置。

• 改变测量参数 I 和 U。

• 设置角度步长 $\Delta\beta = 0.0°$。

• 设置想要的测量时间 Δt。

• 用 SCAN 键开始测量：测量时间在显示板上递减至 0。靶臂和传感臂扔在选定的位置上。

• 测量时间终了时，按下 REPLAY 键。显示板上给出在 Δt 内的平均计数率。

X 射线实验仪在测量中，显示屏可实时地显示 GM 计数管的计数率，它对应接收的 X 光强度。但实验也可以通过实验仪与计算机连接，计算机可实时地与实验仪同步显示 GM 计数管的计数率，并可将实验扫描过程中角度作 X 轴，传感器接受到的 X 光强度即计数率作 Y 轴，实时描绘出掠入射角 θ 与计数率 R 的关系曲线，也可将扫描过程转动的角度转换成波长作 X 轴，计数率作 Y 轴，实时描绘出波长 λ-X 光强关系曲线。

9.6 预习思考题

(1) 为什么用天然晶体的晶格来做 X 射线的衍射实验?

(2) X 射线实验仪结构、工作原理即使用方法是怎样的?

(3) (选做)证明：在倒空间中，当 $\boldsymbol{k}$ 落于一倒格矢 $\boldsymbol{K}_h$ 的垂直平分面上时，会发生布拉格反射。

(4) (选做)在某立方晶系的铜 K_α X 射线粉末相中，观察到的衍射角 θ_i 有下列关系：

$$\sqrt{3}:\sqrt{4}:\sqrt{8}:\sqrt{11}:\sqrt{12}:\sqrt{16}:\sqrt{19}:\sqrt{20}$$
$$=\sin\theta_1:\sin\theta_2:\sin\theta_3:\sin\theta_4:\sin\theta_5:\sin\theta_6:\sin\theta_7:\sin\theta_8$$

试确定该立方晶体是属于 SC、FCC 还是 BCC?

提示：运用布拉格衍射公式和倒格子的性质(晶面族间距)进行考虑。

9.7 实验内容及步骤

9.7.1 实验内容

(1) 测量 X 射线通过 NaCl 单晶的布拉格反射，并根据钼靶 X 光谱的特征波长与 NaCl 晶体的晶格常数 d 的理论值 282.01 pm，计算各级衍射角的理论值，并与实测值相比较，求出其百分误差。

(2) 测量 X 射线通过 LiF 单晶的布拉格衍射曲线，计算其晶格常数，并与理论值($d=201$ pm)比较。

9.7.2 X 射线通过 NaCl 单晶的布拉格反射

(1) 打开 X 射线实验仪电源。按 ZERO 键，使测角器归零。

(2) 启动"X-ray apparatus"软件。按 F4 键清除所有已存的数据。软件设置：X 轴为角度，Y 轴为计数率即 X 射线光强度，表示为 R-1/S。

(3) 按住下方的黑色锁定按钮，打开铅玻璃门，把 NaCl 单晶样品放置在样品台上(为防止样品潮解，拿取样品时需戴上手套)，调节样品到准直器与传感器的距离分别为 5 cm 和6 cm左右。然后，关上铅玻璃移门。

(4) 设置 X 射线实验参数。

管电压：$U=35.0$ kV(按 b3 中第一个，旋转 b2 调节)。

管电流：$I=1.0$ mA(按 b3 中第二个，旋转 b2 调节)。

测量时间：每个角度的测量时间 $\Delta t = 5$ s（按 b3 中第三个，旋转 b2 调节）。

角度步长：$\Delta\beta = 0.1°$（按 b3 中第四个，旋转 b2 调节）。

测量的下限角和上限角：下限角为 2.5°，上限角为 25°（按下 COUPLED 键，再按 b3 中第五个，并调节 b2，设置下限角，在重复一次设上限角）。

（5）采用自动扫描模式：按下 COUPLED 键，启动 SCAN 进行自动扫描。放在样品台上的 NaCl 晶体，随测角器转动，从而改变 X 射线的掠入射角 θ，传感器（GM 计数器）以 2θ 角耦合转动。从晶面族反射的 X 射线进入 GM 计数管进行测量。测量数据被传输到与仪器相连的计算机上，实时地显示出来。

（6）将实验数据与图线保存下来。计算与分析各级衍射角的实验误差和 X 射线 K_α 和 K_β 的波长。

根据钼靶 X 光谱的特征波长 7.11×10^{-2} nm 和 6.31×10^{-2} nm，与 NaCl 晶体晶格常数 d 的理论值 282.01 pm，可计算各级衍射角的理论值，并与实测值比较，求出其百分误差。

9.7.3　测量 X 射线通过 LiF 单晶的布拉格衍射曲线

在以上实验完成的基础上，将样品换成 LiF 单晶。实验参数设置基本与以上实验相同（上限角扩展到 35°）。就可测绘出 X 射线通过 LiF 单晶的布拉格衍射曲线，根据测出的各级衍射角，计算 LiF 晶体的晶格常数 d，与其理论值 $d = 201$ pm 比较，求出其百分误差。

9.8　实验注意事项

（1）NaCl 晶体会吸湿，易碎。应把它储存在干燥的地方。应避免在晶体上施加压力，只触摸其窄的侧面。

（2）如计数率太低，可稍许减小靶与传感器之间的距离 s_2。这个距离不应该太小，否则测角器的角分辨率不再足够达到能分离特征 K_α 和 K_β 线。

（3）实验前应检查样品表面是否平整。

（4）须注意高压安全。

（5）对于新的 X 射线管和超过 100 h 未使用的 X 光管，需进行正常老化；对于超过 24 h 但不超过过 100 h 未使用的 X 射线管，需进行快速老化。

（6）X 射线会对人体组织造成伤害。因此要时刻注意铅玻璃等防护材料是否完整，不用的窗口关闭好，如存在防护材料不完整，需立即停止实验，并进行修复。

（7）不得随意加大 X 射线管的工作电压和工作电流，以免过载。

9.9　思考题

（1）布拉格反射实验，能否采用传感器扫描转动，而靶样品不动的模式进行？为什么？

（2）NaCl 晶体是面心立方，其中有很多的晶面，为什么能够确定所得结果就是所需晶面产生的布拉格反射？

（3）简述 X 射线在单晶上的布拉格反射的特点和应用。

(4) X射线在多晶上衍射产生的衍射图样有什么特点?

9.10 拓展实验设计参考

测量薄膜厚度

当X射线照到晶体材料(如银等)单层膜时,一方面由于晶体具有点阵结构,当晶面满足布拉格条件时会发生衍射。一般材料的晶面间距 d 是零点几纳米,所以由材料本身的晶面反射所产生的衍射峰大多出现在大角范围内(衍射角 $\theta > 5°$)。另一方面,X射线通过单层膜,会发生单缝衍射效应。薄膜的厚度 D 相当于单缝衍射的峰宽。当单层膜的厚度在几十纳米时,由此产生的衍射峰一般出现在小角区域(衍射角 $\theta < 5°$)。从而可以通过测定该衍射峰的峰位来计算单层膜的膜厚。

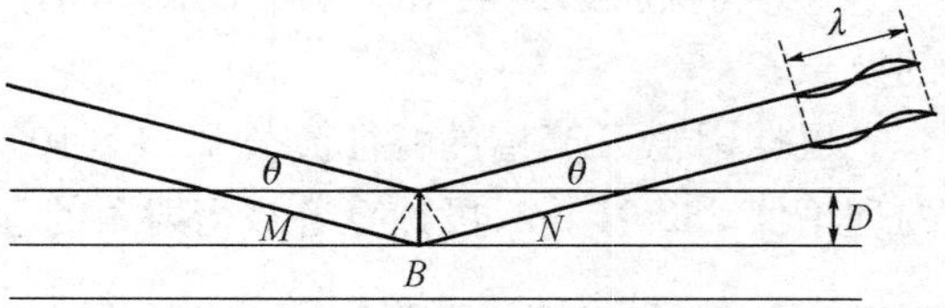

图 9-12 衍射原理

由单峰衍射(图 9-12)所产生衍射峰的峰位满足

$$2D\sin\theta = n\lambda \tag{9-22}$$

其中,D 是单层膜的膜厚,n 表示衍射级数,θ 为衍射峰的峰位,λ 为X射线波长。对于两个相等的衍射峰,如第 n 级和第 $n+1$ 级,于是有

$$2D\sin\theta_{n+1} = (n+1)\lambda \tag{9-23}$$

$$2D\sin\theta_n = n\lambda \tag{9-24}$$

由式(9-23)与式(9-24)相减可得

$$2D(\sin\theta_{n+1} - \sin\theta_n) = \lambda \tag{9-25}$$

从而膜厚为

$$D = \frac{\lambda}{2(\sin\theta_{n+1} - \sin\theta_n)} \tag{9-26}$$

因此可以通过测量单层膜的衍射谱,得到相邻两个衍射峰的峰位,从而计算出薄膜的厚度 D。

实验 10

X 射线衰减的研究

10.1 引言

1895 年,德国科学家伦琴(W. K. Rontgen)发现 X 光,是人类揭开研究微观世界序幕的“三大发现”之一(另外两大发现分别是 1896 年法国贝克勒尔发现放射性和 1897 年英国汤姆逊发现电子),X 光管的制成,则被誉为人造光源史上的第二次大革命(第一次是电灯的制成,第三次是激光的出现)。X 光也叫 X 射线,它是波长在 0.001 nm 到 100 nm 范围的电磁波,它在医学(如 X 射线诊断)、工业(如 X 射线探伤)、材料科学(如 X 射线分析)、天文学(如 X 射线望远镜)、生物学(如 X 光显微镜)等方面的应用十分广泛。100 多年来,它对人类的贡献是巨大的。所以,X 射线的性质、应用及与此相关研究领域也逐渐形成了十分丰富的研究体系。

威廉·康拉德·伦琴

10.2 实验目的

(1) 了解 X 射线的产生机制、特点和应用。
(2) 研究 X 射线的衰减与吸收体的厚度关系。
(3) 研究 X 射线的衰减系数与波长及吸收体材料的关系。

10.3 实验原理

10.3.1 X 射线谱

X 射线谱一般采用高速电子轰击靶核的方法产生。图 10-1 为 X 射线管的构造。管内旁热式加热的阴极发射的电子在电场作用下打在阳极靶核上,产生 X 射线。调节此电压可以改变轰击阳极电子的能量。

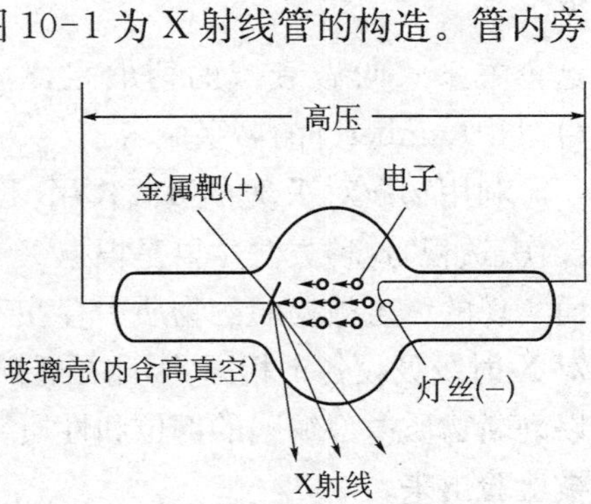

图 10-1 X 射线管

X 射线谱包括两个部分:波长连续变化的连续谱和具有分立波长的标识谱。连续谱由韧致辐射产生:经典电动力学告诉我们,带电粒子在加速或减速时伴随辐射,当电子与靶核相碰撞时,一部分动能转化为辐射能,一部分动能转化成热能使靶变热。电子的速度是连续变化的,因此辐射的 X 射线具有连续谱的性质。它的最小波长只与外加电压有关，强度正比于靶核电荷的平方，反比于入射带电粒子质量的平方。分立波长的标识谱取决于靶材料本身，是由电子内壳层的跃迁产生的。峰值的位置与外加电压无关。

X射线的判断方法

10.3.2 X射线的衰减

光子与物质相互作用主要包括：光电效应——光子与束缚电子的相互作用；康普顿散射——光子与自由电子的散射；电子偶效应——光子的能量大于电子静止能量的两倍，光子在原子核附近转化为一对正负电子。

所谓X射线的衰减，指的是辐射穿过物质时发生的强度的减弱。X射线由低能光子组成，X射线穿过介质时发生的相互作用主要是光电效应和康普顿散射。X射线量子在衰减体材料原子上的散射会引起部分辐射改变方向，这减小了在原来方向上的强度。这个散射可以是弹性散射或非弹性散射，即有能量损失或者波长偏移的散射。在吸收时，X射线量子的全部能量被转移给被辐照材料的原子或者分子作为激发能或电离能。对一定波长的X射线，原子序数 Z 大的重元素比 Z 小的轻元素吸收作用大，其吸收量与 Z^4 成正比。

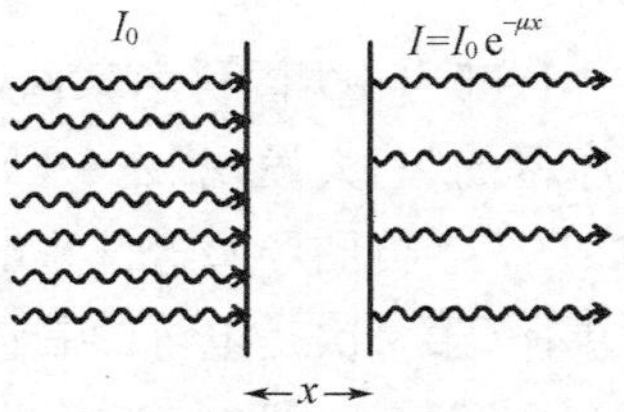

图 10-2 X射线经过衰减物质

如果 I_0 是不经过衰减体时的计数率，而 I 是经过衰减体后的计数率，则可以利用 I/I_0 来量化辐射的透射，以表征一个衰减体的透射率。衰减体的透射率越大，其衰减能力越低。

$$T=\frac{I}{I_0} \tag{10-1}$$

透射依赖于衰减体的厚度。假定入射辐射的性质不变，则厚度 x 增加 $\mathrm{d}x$，透射率 T 就减少 $\mathrm{d}T$。因此，透射率的相对减小与厚度的绝对增加成正比

$$-\frac{\mathrm{d}T}{T}=\mu\mathrm{d}x \tag{10-2}$$

比例因子 μ 称为线性衰减系数。

$x=0$ 时，$T=1$，对式(10-2)积分得

$$T=e^{-\mu x} \tag{10-3}$$

或

$$\ln T=-\mu x \tag{10-4}$$

这个关系式叫做衰减的朗伯定律，以18世纪数学家和物理学家约翰·海因里希·朗伯(J. H. Lambert)的名字命名。

利用物质对X光的吸收作用，我们可以对吸收体(材料或者生物体)进行无损检测(也叫探伤、透视)这种方法主要是根据X射线经过衰减系数不同的吸收体时，所穿过射线强度不同而实现的。若被检验的物质中存在着气泡、裂纹、夹杂物或生物体中的病变等，由于这些部位对X射线吸收各不相同，因此在透射方向的感光底片上便出现深浅不一的阴影。根据阴影可以判断物质内部缺陷的部位和性质。一般来说，缺陷的厚度仅为吸收体厚度的1%时，就可以被检验出来。

10.4　实验仪器

X 射线实验仪如图 10-3 所示，其正面装有两扇铅玻璃门，既可看清楚 X 射线管和实验装置的工作状况，又保证了人身不受到 X 射线的危害。为保护操作者的安全，一旦打开玻璃门，X 射线管上的高压会立即断开。该装置分为三个工作区：中间是 X 射线管，右边是实验区，左边是监控区。

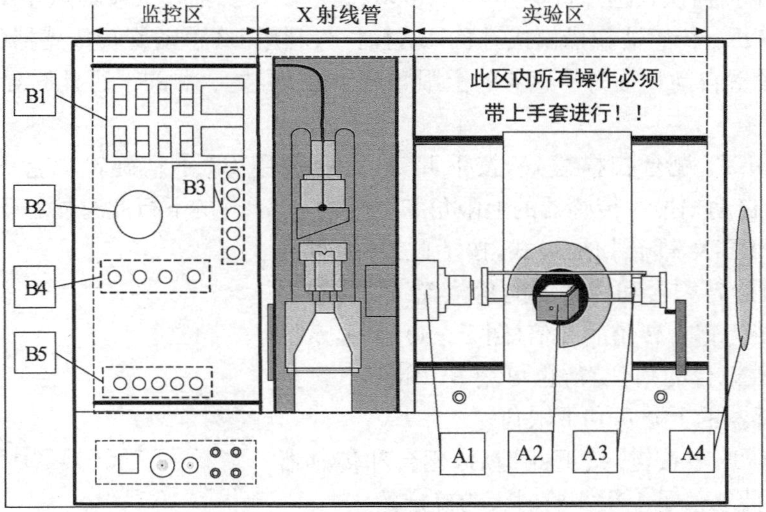

图 10-3　X 射线实验仪

实验区包括以下装置。

A1　准直器。准直器前后端面各开有一条狭缝，使得从准直器出射的 X 射线形成一束平行的片状光束。准直器前端可套上各种滤波器。

A2　安放晶体样品的靶台。

A3　装有 GM 计数管的传感器，它用来探测 X 射线的强度。GM 计数管是一种用来测量 X 射线强度的探测器，其计数率与所测 X 射线的强度成正比。由于本实验仪器的 X 射线强度不大，因此计数管的计数率较低，根据放射性的统计规律，射线的强度可表示为 $N \pm \sqrt{N}$，故计数的相对不确定度较大；延长计数管每次测量的持续时间，从而增大总强度计数 N，有利于减少计数的相对不确定度。

A2 和 A3 都可以转动，并可通过测角器分别测出它们的转角。

A4　荧光屏，它是一块表面内涂有荧光物质的圆形铅玻璃平板，平时外面有一块盖板遮住，以免环境光太亮而损害荧光物质；让 X 射线打在荧光屏上，打开盖板，即可在荧光屏的右侧外面直接看到 X 射线的荧光，但因荧光较弱，此观察应在较暗的环境中进行。

左边的监控区包括电源和各种控制装置。

B1　液晶显示区，分上下两行，上行显示 GM 计数管的计数率 N（正比与 X 射线强度 R），下行显示工作参数。

B2　大转盘，用来调节和设置各参数。

B3　含五个设置按键，确定 B2 所调节和设置的对象，这五个按键从上至下依次是

(1) U：设置 X 射线管上所加的高压值(通常取 35 kV)；

(2) I：设置 X 射线管内的电流值(通常取 1.00 mA)；

(3) Δt：设置每次测量的持续时间(通常取 5 ~ 10 s)；

(4) $\Delta\beta$：设置自动测量时测角器每次转动的角度，即角步幅(通常取 0.1°)；

(5) β LIMITS：在选定扫描模式后，设置自动测量时测角器的扫描范围，即上限角与下限角。第一次按此键时，显示器上出现"↓"符号，此时利用 B2 选择下限角；第二次按此键时，显示器上出现"↑"符号，此时利用 B2 选择上限角。

B4 有三个扫描模式选择按键和一个归零按键。三个扫描模式按键从左至右依次是：

(1) SENSOR：传感器扫描模式，按下此键时，可利用 B2 手动旋转传感器的角位置，也可用 β LIMITS 设置自动扫描时传感器的上限角和下限角，显示器的下行此时显示传感器的角位置；

(2) TARGET：靶台扫描模式，按下此键时，可利用 B2 手动旋转靶台的位置，也可用 β LIMITS设置自动扫描时传感器的上限角和下限角，显示器的下行此时显示靶台的角位置；

(3) COUPLED：耦合扫描模式，按下此键时，可利用 B2 手动同时旋转靶台和传感器的角位置——传感器的转角自动保持为靶台转角的 2 倍(图 10-4)，而显示器的下行此时显示靶台的角位置，也可用 β LIMITS 设置自动扫描时传感器的上限角和下限角；

(4) ZERO：归零按键，按下此键后，靶台和传感器都回到 0 位，但此 0 位是上次实验时人为确定的。

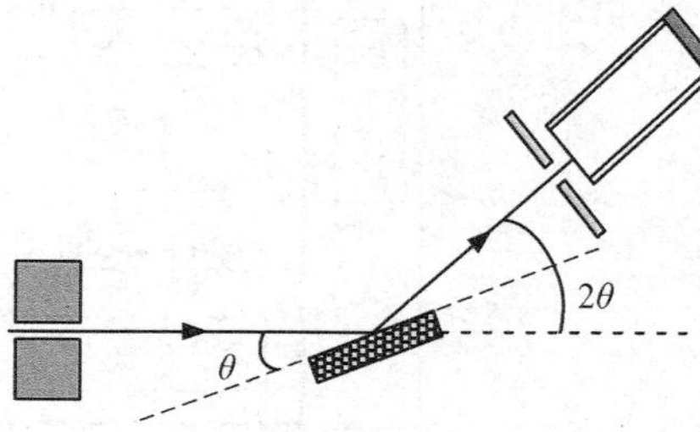

图 10-4 COUPLED 模式下靶台和传感器的角位置

B5 有五个操作键，它们依次是：

(1) RESET：按下此键，靶台和传感器都回到测量系统的 0 位置，所有参数都回到缺省值，X 射线管的高压断开；

(2) REPLAY：按下此键，仪器会把最后的测量数据再次输出至计算机或记录仪上；

(3) SCAN(NO/OFF)：此键是整个测量系统的开关键，按下此键，在 X 射线管上就加了高压，测角器开始自动扫描，所得数据会被储存起来，若开启了计算机的相关程序，则所得数据自动输出至计算机；

(4) ◁：此键是声脉冲开关；

(5) HV(ON/OFF)：此键开关 X 射线管上的高压，它上面的指示灯闪烁时，表示已加了高压。

10.5 预习思考题

(1) X 射线与可见光在发光机制、光子能量、光波波长等方面有什么区别？

(2) 为什么低能光子轰击金属时，金属并不发射可见光？为什么在气体放电管端加高电压，它并不发射 X 射线？

(3) 请分析原子序数 Z 与 X 射线的透射因数的关系。

10.6　实验内容及步骤

(1) 测定 X 射线通过不同厚度的铝 Al 后的强度，计算铝对 X 射线的透射因数及衰减系数。

(2) 测量不同材料(原子序数 Z 不同)对 X 射线的透射因数及衰减系数。

10.6.1　实验步骤

实验器材中有两个吸收体，如图 10-5 所示。

图 10-5 上：同种物质铝(Al, $Z=13$)，厚度分别为 0.5 mm, 1.0 mm, 1.5 mm, 2.0 mm, 2.5 mm, 3.0 mm，共六块吸收板。

图 10-5 下：同样厚度(0.5 mm)，吸收材料分别为碳 ($Z=6$)，铝($Z=13$)，铁($Z=26$)，铜($Z=29$)，锆($Z=40$) 和银($Z=47$)，共六块吸收板。

实验时，按下铅玻璃门下方的黑色按钮，打开铅玻璃门，拆除并取出靶架。关上玻璃移门，按下 SENSOR 键，打开 HV，调节 B2 键使传感器处于计数率最大处。然后，再打开铅玻璃移门，将吸收体的滑槽放进靶支架弯曲的狭缝中。如图 10-6 所示。

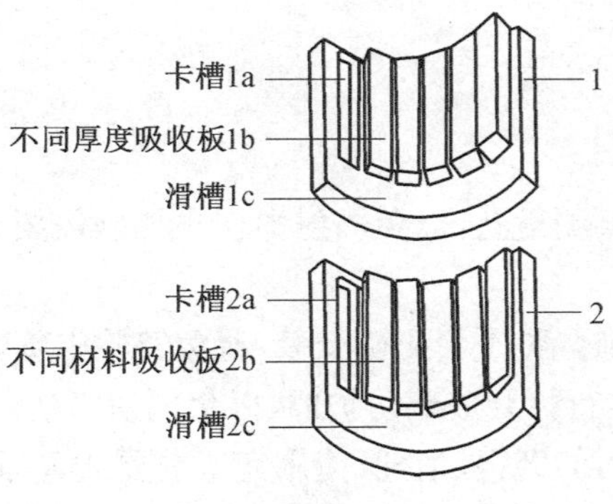

图 10-5　吸收体附件

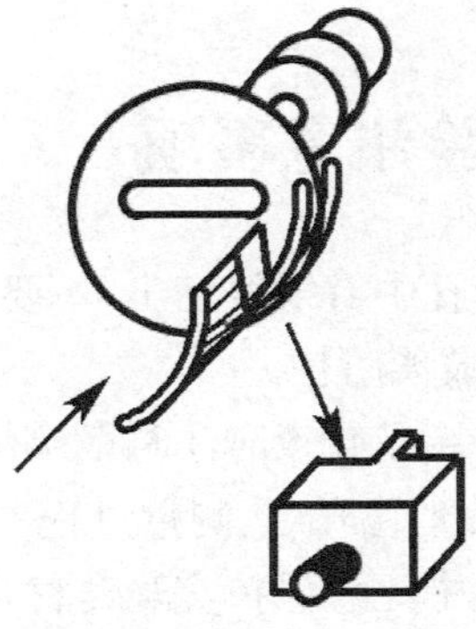

图 10-6　安装吸收板

(1) 测量不同厚度的铝材料的透射因数及衰减系数时，可以不用计算机。实验需采用两种方式进行：

① 没有锆(Zr)滤波片时设置：$U=21$ kV, $I=0.05$ mA, $\Delta t=100$ s, $\Delta\beta=0$;

② 带有锆(Zr)滤波片时设置：$U=21$ kV, $I=0.15$ mA, $\Delta t=200$ s, $\Delta\beta=0$。

实验时均采用定时曝光模式。传感器(GM 管)对准从准直器出射的 X 射线后固定不动，通过让靶架每次转动 10°来更换吸收板。实验步骤是先按 TARGET 键，手动调节 ADJUST 旋钮(B2)，让靶架上的样品依次转动一个指定角度(近似 0°，10°，20°，30°，40°，50°和 60°)。然后，按 SCAN 键开始测量，经过设定的测量时间 Δt 后，按下 REPLAY 键，显示 Δt 内的平均计数率 R，记下此次试验结果。无吸收板(近似 0°) 时测得的计数率对应入射 X 光强度为 I_0。

(2) 测量厚度相同(0.5 mm)，而 Z 不同材料的透射因数及衰减系数时，测量方法与上面一样。实验也要采用两种方式进行：不带锆滤波片与带锆滤波片。

不带锆滤波片时的参数设置：

① 对无吸收体，C, Al 材料(近似 0°，10°，20°)：$U=30$ kV, $I=0.02$ mA, $\Delta t=30$ s;

② 对 Fe，Cu，Zr，Ag 材料(近似 30°,40°,50°,60°)：$U=30$ kV，$I=1.00$ mA，$\Delta t=300$ s。

带锆滤波片时的参数设置：

① 对无吸收体，C，Al 材料(近似 0°,10°,20°)：$U=30$ kV，$I=0.02$ mA，$\Delta t=30$ s；

② 对 Fe，Cu，Zr，Ag 材料(近似 30°,40°,50°,60°)：$U=30$ kV，$I=1.00$ mA，$\Delta t=300$ s。

实验测得数据应同样列表计算透射因数及衰减系数。

(3) 测量本底的影响：设置 $U=0$ kV，$I=0$ mA，$\Delta t=300$ s，测量本底计数率 R。

10.6.2 实验数据的记录与处理

(1) 测量不同厚度的铝材料的透射因数及衰减系数，将没有锆滤波片和有锆滤波片时测得的数据分别列出两个表格，计算不同厚度铝的透射因数及衰减系数。以 d(铝材厚度，单位：mm)，$\ln T$(透射因数) 为 X，Y 轴作图，比较画在同一张图上的两条曲线，进行结果的分析与讨论，并分析误差。

(2) 测量厚度相同(0.5 mm)，而 Z 不同材料的透射因数及衰减系数，方法同上。但计算时，应注意，用电流 I 结果作 μ-Z 图线。进行实验结果分析与讨论，并分析误差。

10.7 实验注意事项

(1) 测量孔中有射线发出，不要裸眼观察测量孔，以免辐射损伤。如确需要观察测量孔内部，必须用铅玻璃防护。

(2) 在安装吸收板时注意衔接位置，必须佩戴手套正确安装，避免实验中旋转掉落。

(3) 在 X 光管开启、测量过程中，不可强行打开玻璃防护门，以免辐射损伤。

(4) 实验中注意保护实验器材，减少材料的磨损、消耗，使用完毕需要放置原处。

10.8 思考题

(1) 实验中，能否采用传感器(SENSOR)扫描转动而靶样品不动模式进行，为什么？

(2) 实验中锆(Zr)滤波片有何作用？

(3) X 光管电流大小、电压大小对实验有什么影响？

实验 11

NaI(Tl)单晶 γ 能谱仪

11.1 引言

中国核物理研究开拓者——赵忠尧

测量 γ 射线的强度和能量是核辐射探测的一个重要方面，在核物理研究中，测量原子核的激发能级，研究核衰变，测定短的核寿命及进行核反应实验等，都需要测量 γ 射线。在放射性同位素的工业、农业、医疗和科学研究的各种应用中也经常使用 γ 射线和要求进行 γ 射线的各种特性测量。

在 γ 射线测量工作中广泛使用 NaI(Tl)单晶 γ 能谱仪和 Ge(Li)半导体能谱仪，由于后一谱仪具有高的能量分辨率，同时使用计算机技术，使 γ 射线的能谱测量工作在广度和精度方面都有很大的进展。Ge(Li)半导体谱仪虽然具有高的分辨率和良好的线性，但是它要求在低温下保存和使用，需要定期添加液氮，而且它对仪器设备有较高的要求，价格也较为昂贵；而 NaI(Tl)单晶 γ 谱仪则有较高的探测效率，易于保管和使用，所以在一般情况下尽可能使用 NaI(Tl)单晶 γ 能谱仪。

本实验的重点是 NaI(Tl)单晶 γ 能谱仪的调整方法及测量 γ 射线的能谱，首先分析 γ 射线的能谱，然后测量谱仪的性能和标定它的能量定标曲线，同时也包括用个人计算机处理能谱数据的方法。

11.2 实验目的

(1) 了解闪烁探测器的结构与原理。

(2) 掌握 NaI(Tl)单晶 γ 闪烁谱仪的几个性能指标和测试方法。

(3) 了解核电子学仪器的数据采集、记录方法和数据处理原理。

11.3 实验基础

11.3.1 闪烁体的发光机制

有机闪烁体包括有机晶体闪烁体、有机液体闪烁体和有机塑料闪烁体等。

最常用的无机晶体是铊激活的碘化钠单晶闪烁体，常记为 NaI(Tl)，属离子型晶体，在碘化钠晶体中掺入铊原子，其关键作用是可以在低于导带和激发带的禁带中形成杂质能级，这些杂质原子会捕获自由电子或激子到达杂质能级上，然后以发光的形式退激到价带，这就形成了闪烁过程的发光，这种光因能量小于禁带宽度而不再被晶体吸收，不再产生激发或电离，因此加入少量激活杂质的晶体，才能成为实用的闪烁体。

对于 NaI(Tl)单晶闪烁体而言，其发射光谱最强的波长为 415 nm 的蓝紫光，发光强度反映了进入闪烁体内的带电粒子能量的大小。

11.3.2 γ 射线与物质相互作用的一般特性

NaI(Tl)单晶 γ 能谱仪是通过 γ 光子与 NaI(T1)单晶的相互作用来探测 γ 光子及其能量的，所以我们先讨论 γ 射线与物质的相互作用。

γ 射线与物质相互作用时可能产生三种效应：光电效应、康普顿效应和电子对效应，这三种效应产生闪烁发光，如图 11-1 所示。

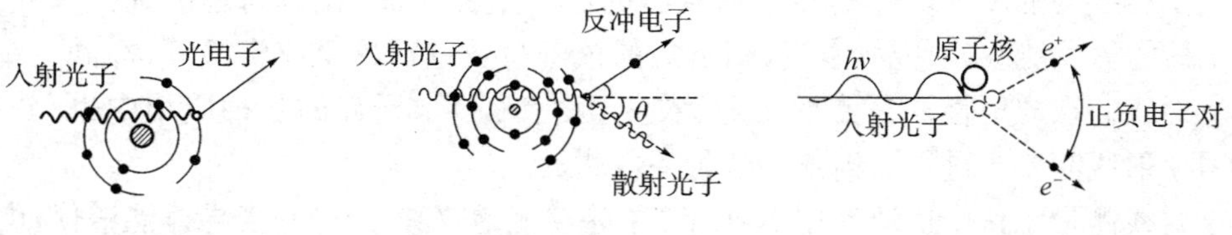

(a) 光电效应　　(b) 康普顿效应　　(c) 电子对效应

图 11-1　γ 射线与物质相互作用时可能产生三种效应

表 11-1 列出了这些相互作用的基本过程。由于单能 γ 射线所产生的这三种次级电子能量各不相同，甚至对康普顿效应是连续的，因此相应一种单能 γ 射线，闪烁探头输出的脉冲幅度谱也是连续的。

表 11-1　γ 射线在 NaI(Tl)闪烁体中相互作用的基本过程

基本过程	次级电子获得的能量 E_e
光电效应 γ+原子→原子激发或→离子激发+电子	$E_e = E_\gamma - E_B$ (该层电子结合能)
康普顿效应 γ+电子→γ′(散射)+反冲电子	按 $E_e = \dfrac{E_\gamma s(1-\cos\theta)}{1+s(1-\cos\theta)}$，$s=\dfrac{E_\gamma}{m_0c^2}$； θ 为散射角，从 0 至最大能量 $\dfrac{2sE_\gamma}{1+2s}$ 连续分布， 峰值在最大能量处
电子对效应 γ+原子→原子+e^++e^-	电子对均分能量 $E_\gamma - 2m_0c^2$

γ 射线与闪烁体发生光电效应时，γ 射线产生的光电子动能为

$$E_e = E_\gamma - E_B \tag{11-1}$$

其中，E_B 为 K、L、M 等壳层中电子的结合能。在 γ 射线能区，光电效应主要发生在 K 壳层，此时 K 壳层留下的空穴将为外层电子所填补，跃迁时将放出 X 光子，其能量为 E_x。这种 X 光子在闪烁晶体内很容易再产生一次新的光电效应，将能量又转移给光电子。上述两个过程几乎是同时发生的，因此闪烁体得到的能量将是两次光电效应产生的光电子能量和

$$E = (E_\gamma - E_B) + E_x = E_\gamma \tag{11-2}$$

所以，由光电效应形成的脉冲幅度就直接代表了 γ 射线的能量。

在康普顿效应中，γ 光子把部分能量传递给次级电子，自身则被散射。反冲电子(次级电

子)动能为

$$E_e \approx \frac{E_\gamma}{1+\dfrac{1}{2E_\gamma(1-\cos\theta)}} \tag{11-3}$$

散射光子能量可近似写成

$$E'_\gamma \approx \frac{E_\gamma}{1+2E_\gamma(1-\cos\theta)} \tag{11-4}$$

式(11-3)、式(11-4)中 θ 为散射 γ 与入射 γ 射线的夹角(散射角)。

当 $\theta=180^\circ$时,即光子向后散射,称为反散射光子。此时有

$$E_{e_{\max}} \approx \frac{E_\gamma}{1+\dfrac{1}{4E_\gamma}} \tag{11-5}$$

$$E'_\gamma(\theta=180^\circ) \approx \frac{E_\gamma}{1+4E_\gamma} \tag{11-6}$$

11.4　实验原理

11.4.1　NaI(Tl)闪烁探测器

1. 概述

核辐射与某些物质相互作用会使其电离、激发而发射荧光,闪烁探测器就是利用这一特性来运作的。

首先简要介绍下闪烁探测器的基本组成部分和工作过程。

闪烁探测器由闪烁体、光电倍增管和相应的电子仪器三个主要部分组成,如图 11-2 所示。其中探测器最前端是一个对射线灵敏并能产生闪烁光的闪烁体,当射线(如 γ,β)进入闪烁体时,在某一地点产生次级电子,使闪烁体分子电离和激发,退激时发出大量光子(一般光谱范围从可见光到紫外光,并且光子向四面八方发射出),在闪烁体周围包以反射物质,使光子集中向光电倍增管方向射出。光电倍增管是一个电真空器件,由光阴极、若干个打拿极和阳极组成;通过高压电源和分压电阻使阳极、各打拿极和阴极间建立从高到低的电位分布。当闪烁光子入射到光阴极上,由于光电效应就会产生光电子,这些光电子受极间电场加速和聚焦,在各级打拿极上发生倍增(一个光电子最终可产生 $10^4 \sim 10^9$ 个电子),最后被阳极收集。大量电子会在阳极负载上建立起电信号,通常为电流脉冲或电压脉冲,然后通过起阻抗匹配作用的射极跟随器,由电缆将信号传输到电子仪器。

常将闪烁体、光电信增管、分压器及射极跟随器安装在一个暗盒中,统称探头;探头中有时在光电倍增管周围包以起磁屏蔽作用的屏蔽管(如本实验装置),以减弱环境中磁场的影响;电子仪器的组成单元则根据闪烁探测器的用途而异,常用有高、低压电源,线性放大器,单道或多道脉冲分析器等。

闪烁探测器的工作可分为五个相互联系的过程:

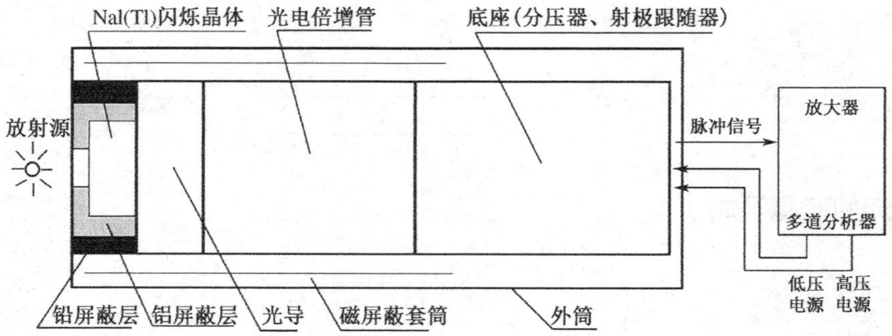

图 11-2　NaI(Tl)闪烁探测器

(1) 射线进入闪烁体,与之发生相互作用,闪烁体吸收带电粒子能量而使原子、分子电离和激发;

(2) 受激原子、分子退激时发射荧光光子;

(3) 利用反射物和光导将闪烁光子尽可能多的收集到光电倍增管的光阴极上,由于光电效应,光子在光阴极上击出光电子;

(4) 光电子在光电倍增管中倍增,数量由一个增加到 $10^4 \sim 10^9$ 个,电子流在阳极负载上产生电信号;

(5) 此信号由电子仪器记录和分析。

2. NaI(Tl)单晶 γ 闪烁谱仪的主要指标

1) 能量分辨率

由于单能带电粒子在闪烁体内损失能量引起的闪烁发光所放出的荧光光子数有统计涨落;一定数量的荧光光子打在光电倍增管光阴极上产生的光电子数目有统计涨落,这就使同一能量的粒子产生的脉冲幅度不是同一大小而近似为高斯分布。能量分辨率的定义是

$$\eta = \frac{\Delta E}{E} \times 100\% \tag{11-7}$$

由于脉冲幅度与能量有线性关系,并且脉冲幅度与多道道数成正比,故又可写为

$$\eta = \frac{\Delta CH}{CH} \times 100\% \tag{11-8}$$

ΔCH 为记数率极大值一半处的宽度(或称半宽度),记作 FWHM(Full Width at Half Maximum)。CH 为记数率极大处的脉冲幅度。

显然谱仪能量分辨率的数值越小,仪器分辨不同能量的本领就越高,且可以证明能量分辨率和入射粒子能量有关

$$\eta = \frac{1}{\sqrt{E}} \times 100\% \tag{11-9}$$

通常 NaI(Tl)单晶 γ 闪烁谱仪的能量分辨率以 ^{137}Cs 的 0.661 MeV 单能 γ 射线为标准。它的值一般是 10%左右,最好达到 6%～7%。

2) 线性

能量的线性就是指输出的脉冲幅度与带电粒子的能量是否有线性关系,以及线性范围的大小。

NaI(Tl)单晶的荧光输出在 150 keV $< E_\gamma <$ 6 MeV 的范围内和射线能量是成正比的。NaI(Tl)单晶 γ 闪烁谱仪的线性度还取决于闪烁谱仪的工作状况。例如，当射线能量较高时，由于光电倍增管后几个联极的空间电荷影响，会使线性度变差。为了检查谱仪的线性，必须用一组能量 E 已知的 γ 射线，在相同的实验下，分别测出它们的光电峰位，作出能量-幅度曲线，称为能量刻度曲线（或能量校正曲线），如图 11-3 所示。用最小二乘法进行线性回归，线性度一般在 0.99 以上。对于未知能量的放射源，由谱仪测出脉冲幅度后，利用线性关系就可以求出射线的能量。

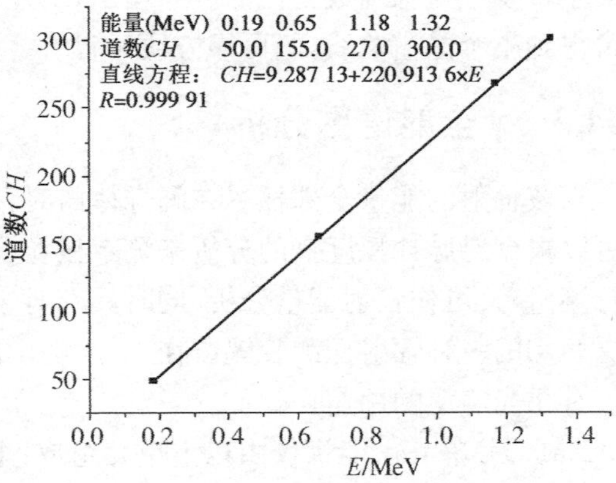

图 11-3　能量刻度曲线

3) 谱仪的稳定性

谱仪的能量分辨率，线性的正常与否与谱仪的稳定性有关。因此在测量过程中，要求谱仪始终能正常的工作，如高压电源，放大器的放大倍数，单道脉冲分析器的甄别阈和道宽。如果谱仪不稳定则会使光电峰的位置变化或峰形畸变。在测量过程中经常要确定^{137}Cs 的峰位，以验证测量数据的可靠性。为避免电子仪器随温度变化的影响，在测量前仪器必须预热半小时。

11.4.2　单道脉冲幅度分析器和多道脉冲幅度分析器的工作原理

单道脉冲幅度分析器（简称“单道”）是一种分析射线能谱的仪器。

所谓射线的能谱，是指各种不同能量粒子的相对强度分布；在以能量 E 为横坐标，单位时间内测到的射线粒子数为纵坐标的图中是一条曲线。根据这条曲线，可以清楚地看到此种射线中各种能量的粒子所占的百分比。因此可以用单道或多道脉冲幅度分析器来完成。

由于闪烁探测器可将入射粒子的能量转换为电压脉冲信号，而信号幅度大小与入射粒子能量成正比。因此只要测到不同幅度的脉冲数目，也就得到了不同能量的粒子数目。由于 γ 射线与物质相互作用机制的差异，从探测器出来的脉冲幅度有大有小，单道就起到从中“数出”某一幅度脉冲数目的作用。

单道里有一个甄别电压 V_0（此电压可以连续调节），称为阈值，它就像一道屏障一样，将所有低于 V_0 的信号都挡住了，只有大于 V_0 的信号才能通过。在单道中还有一个窗宽，使幅度大于 $V_0 + \Delta V$ 的脉冲亦被挡住，只让幅度为 $V_0 \sim (V_0 + \Delta V)$ 的信号通过[有的单道是$[(V_0 - \Delta V)/2] \sim [(V_0 + \Delta V)/2]$]；当 ΔV 取得很小时，所通过的脉冲数目就可以看成幅度为 V_0 的脉冲数目。

简单地说，单道脉冲分析器的功能是把线性脉冲放大器的输出脉冲分级。若线性脉冲放大器的输出是 0～10 V，如果把它按脉冲高度分成 500 级，或称为 500 道，则每道宽度为 0.02 V，也就是输出脉冲的高度按 0.02 V 的级差来分类。在实际测量能谱时，保持道宽 ΔV 不变，逐点增加 V_0，这样就可以测出整个谱形。道宽的选择必须恰当，过大会使谱畸变，分辨率变坏，能谱曲线上实验点过少；道宽过小则使每道的计数减小，统计涨落增大，或者使测量时间相应增加。

上面所描述的情况可以称之为单道工作在微分状态下；当单道工作在积分状态下时，只要脉冲高度大于阈值电压单道就输出一个脉冲，即记录大于某一高度的所有脉冲数目。

在本实验装置中采用了多道脉冲分析器。多道脉冲分析器的作用相当于数百个单道分析器与定标器，它主要由0～10 V 的 A/D 转换器和存储器组成，脉冲经过 A/D 转换器后即按高度大小转换成与脉高成正比的数字输出，因此可以同时对不同幅度的脉冲进行计数，一次测量便可得到整个能谱曲线，既可靠方便又省时。

11.4.3 γ 全能谱图分析

当核辐射的能量全部耗尽在闪烁体内时，探测器输出脉冲幅度与入射粒子能量成正比，因此可以根据对脉冲幅度谱的分析来测定核粒子的能谱。NaI(Tl)单晶 γ 谱仪既能对辐射强度进行测量，又可作辐射能量分析，同时具有对 γ 射线探测效率高和分辨时间短的优点，是目前广泛使用的一种辐射探测装置。在工业、医学的应用领域及核物理实验中，NaI(Tl)单晶 γ 能谱仪有相当广泛的用途。

NaI(Tl)单晶 γ 能谱仪由以下单元组成：闪烁探头[包括 NaI(Tl)晶体和光电倍增管]、高压电源、线性放大器，脉冲幅度分析器(分为单道分析器和多道分析器)。

下面介绍 NaI(Tl)闪烁 γ 射线能谱仪对 ^{137}Cs 的单能 γ 射线 ($E_\gamma = 0.661$ MeV) 的响应问题，即对测得的脉冲幅度谱的形状进行分析。

如图 11-4 所示，测得的 γ 能谱有三个峰和一个平台。最右边的峰 A 称为全能峰，这一脉冲幅度直接反映 γ 射线的能量即 0.661 MeV；这个峰中包含光电效应及多次效应的贡献，本实验装置的闪烁探测器对 0.661 MeV 的 γ 射线能量分辨率为 7.5%。平台状曲线 B 称为康普顿平台，是康普顿效应的贡献，其特征是散射光子逃逸后留下一个能量从 0 到 $E_\gamma/(1 + 1/4E_\gamma)$ 的连续的电子谱。

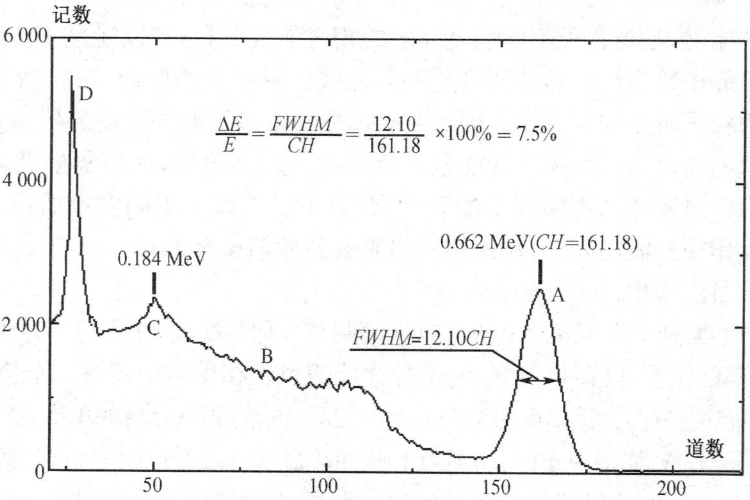

图 11-4 NaI(Tl)谱仪测得的 ^{137}Cs 的 γ 能谱

峰 C 是反散射峰。由 γ 射线透过闪烁体射在光电倍增管的光阴极上发生康普顿反散射或 γ 射线在源及周围物质上发生康普顿反散射，而反散射光子进入闪烁体通过光电效应而被记录所致。这就构成反散射峰。可以根据式(11-5)算出反散射峰能量为

$$E'_\gamma(\theta = 180^\circ) \approx E_r/(1 + 4E_r) = 0.662/(1 + 4 \times 0.662) = 0.184\ (\text{MeV}) \quad (11\text{-}10)$$

峰 D 是 X 射线峰，它是由 ^{137}Ba 的 K 层特征 X 射线贡献的。^{137}Cs 的 β 衰变体 ^{137}Ba 的 0.661 MeV 激发态在放出内转换电子后造成 K 空位，外层电子跃迁后产生此 X 光子。

11.5　实验仪器

实验仪器包括：①γ 放射源 ^{137}Cs 和 ^{60}Co(强度≈1.5 微居里)；②200 μm Al 窗 NaI(Tl)闪烁探头；③高压电源、放大器、多道脉冲幅度分析器。

11.6　预习思考题

(1) γ 射线和物质有哪三种主要作用？各有什么特点？

(2) 闪烁晶体起什么作用？NaI(Tl)闪烁体中为什么要加 Tl 元素？

(3) 为什么康普顿平台是一个能量连续的电子谱？

(4) 根据 γ 射线与 NaI(Tl)闪烁体的相互作用，试对这一过程中产生的电子和光电子的能量分布做预估。

(5) 比较 X 射线与 γ 射线的特性。

11.7　实验内容

(1) 学会 NaI(Tl)单晶 γ 闪烁谱仪整套装置的操作、调整和使用，调试一台谱仪至正常工作状态。

(2) 测量 ^{137}Cs 和 ^{60}Co 的 γ 能谱，求出能量分辨率、峰康比、线性等各项指标，并分析谱形。

(3) 了解多道脉冲幅度分析器在 NaI(Tl)单晶 γ 谱测量中的数据采集及其基本功能。

(4) 数据处理(包括对谱形进行光滑、寻峰，曲线拟合等)。

11.8　实验步骤

(1) 连接实验仪器线路，经检查后接通电源。

(2) 开机预热后，选择合适的工作电压使探头的分辨率和线性适当。

(3) 把 γ 放射源 ^{137}Cs 或 ^{60}Co 放在探测器前，调节高压和放大倍数，使 ^{60}Co 能谱的最大脉冲幅度尽量大而又不超过多道脉冲分析器的分析范围。

(4) 分别测 ^{137}Cs 和 ^{60}Co 的全能谱并分析谱形，指明光电峰、康普顿平台和反散射峰。

(5) 利用多道数据处理软件对所测得的能谱进行数据处理，分别进行光滑化、寻峰、半宽度记录、峰面积计算、能量刻度、感兴趣区处理等工作，并求出各光电峰的能量分辨率。

(6) 根据实验测得的相对于 0.661 MeV，1.17 MeV，1.33 MeV 的光电峰位置，作 E-CH 能量定标曲线(0.184 MeV 的 ^{137}Cs 反散射峰也可记录在内)。

(7) 对上一步骤所得结果进行最小二乘拟合，求出回归系数，并判断闪烁探测器的线性。

(8) 定标曲线的应用：测量 ^{137}Cs 谱形，积累一定计数(0.661 MeV 峰顶计数达到 3 000 以上)后寻找反散射峰和康普顿峰，分别记下道数，并找出康普顿峰计数一半处的道位(对应 $\theta=180°$的康普顿反散射能量)，利用上一步得到的能量定标曲线求出反散射光子的能量和反冲电子能量并与理论值相比较，计算百分误差，可以用式(11-12)、式(11-15)计算理论值。

11.9 实验安全和注意事项

(1) 闪烁探测器上的高压电源、前置电源、信号线严禁错接。开启多道分析仪后，将光电倍增管高压电源逐步增大，实验结束，应将减小电源电压后，再关闭电源。

(2) 放射源随用随开，用完即盖上；使用放射源完成实验后，请洗手。

(3) 小心保护真空室薄膜，以防损坏密封薄膜。

11.10 实验数据的记录与处理

11.10.1 求定标曲线方程

根据最小二乘原理用线性拟合的方法可以得出：

$$a=\frac{1}{\Delta}\left[\sum_i CH_i^2\cdot\sum_i E_i-\sum_i CH_i\cdot\sum_i(CH_i\cdot E_i)\right] \tag{11-11}$$

$$b=\frac{1}{\Delta}\left[n\sum_i(CH_i\cdot E_i)-\sum_i CH_i\cdot\sum_i E_i\right] \tag{11-12}$$

$$\Delta=n\sum_i CH_i^2-\left(\sum_i CH_i\right)^2 \tag{11-13}$$

可以采用二次五点法的光滑公式对谱形进行光滑处理，采用逐道比较法求峰位。

$$\hat{y}_i=\frac{1}{35}(-3y_{i-2}+12y_{i-1}+17y_i+12y_{i+1}-3y_{i+2}) \tag{11-14}$$

推导过程详见拓展资料 11.14.3 节。

11.10.2 根据能谱，求出各项指标

根据所测量的^{137}Cs，^{60}Co 的 γ 能谱，求出能量分辨率、峰康比、线性等各项指标，并分析谱形。

11.11 思考题

(1) 简单描述 NaI (Tl)闪烁探测器的工作原理。

(2) 试述脉冲多道分析器的工作原理和使用时的注意事项。

(3) 若只有^{137}Cs 源，能否对闪烁探测器进行大致的能量标度？

(4) NaI (Tl) 单晶 γ 闪烁谱仪的能量分辨率定义是什么？如何测量？能量分辨率与哪些量有关？能量分辨率的好坏有何意义？

(5) 为什么要测量 NaI (Tl) 单晶 γ 闪烁谱仪的线性？谱仪线性主要与哪些量有关？线

性指标有何意义？

(6) 反散射峰是如何形成的？

(7) 若要确定一个未知 γ 源的能量，实验应如何设计？

11.12　拓展实验设计参考

选取 ^{137}Cs 的 0.661 MeV 光电峰的一段谱形，编程进行光滑和寻峰处理(电压为 711 V，放大系数细调为 0.2)。Count0 为测得的原始数据，采用二次五点法光滑公式

$$\hat{y}_i = \frac{1}{35}(-3y_{i-2} + 12y_{i-1} + 17y_i + 12y_{i+1} - 3y_{i+2}) \tag{11-15}$$

用 C/C++语言编制程序对其进行光滑化处理

```
#define N 42
#define M 4
int mAin()
{
int i,j;
float f1[N], f2[N];
for ( i = 0; i < N; i++)
scanf("%f", &f1[i]);
  for ( j = 0; j < M; j++)
{
for( i = 2; i < N - 2; i++)
  f2[i] = ( -3 * f1[i-2] + 12 * f1[i-1] + 17 * f1[i] + 12 * f1[i+1] - 3 * f1
  [i+2]) / 35;
for(; i >= 2; i--)
f1[i] = f2[i];
}
for(i = 2; i < N-2; i++)
printf("f2[%d]=%5.3f\t", i, f2[i]);
retun 0;
}
```

得到 Count1，2，3，4 为光滑处理 1，2，3，4 次的结果如表 11-2 所示。

表 11-2　^{137}Cs 全能峰实验数据记录及光滑化处理结果

CH	Count 0	Count 1	Count 2	Count 3	Count 4
130	86.000	86.000	86.000	86.000	86.000
131	87.000	87.000	87.000	87.000	87.000
132	86.000	86.000	85.885	85.654	85.157

（续表）

CH	Count 0	Count 1	Count 2	Count 3	Count 4
133	82.000	79.600	79.595	78.607	78.151
134	67.000	69.143	67.767	68.296	68.507
135	61.000	58.429	61.566	62.475	63.437
136	59.000	66.714	65.987	66.430	66.606
137	86.000	76.657	75.411	74.222	73.129
138	77.000	79.400	79.052	77.857	77.603
139	76.000	80.629	79.997	82.083	82.499
140	99.000	90.086	95.278	94.610	95.555
141	108.000	124.886	117.585	118.299	117.141
142	169.000	141.571	147.395	144.989	145.384
143	151.000	181.857	176.854	180.033	180.073
144	243.000	219.514	226.180	224.177	224.311
145	274.000	286.686	278.499	277.706	275.407
146	347.000	337.743	340.307	339.341	341.463
147	417.000	422.571	427.357	434.618	437.457
148	547.000	561.143	566.675	564.308	564.359
149	735.000	717.600	700.575	696.058	690.992
150	814.000	791.543	798.980	796.927	797.619
151	820.000	881.200	884.506	893.081	896.764
152	1 051.000	998.029	1 003.722	1 002.615	1 004.615
153	1 091.000	1 114.914	1 103.159	1 100.660	1 097.161
154	1 142.000	1 138.314	1 142.269	1 139.015	1 136.894
155	1 127.000	1 111.829	1 109.669	1 110.295	1 109.528
156	1 012.000	1 032.914	1 031.935	1 031.860	1 032.848
157	940.000	924.229	928.338	930.021	931.037
158	810.000	819.857	819.017	819.567	820.188
159	705.000	705.943	704.476	703.434	702.327
160	593.000	578.429	578.801	577.317	576.719
161	431.000	450.371	448.231	449.824	450.114
162	346.000	330.486	336.314	336.535	338.009
163	239.000	252.457	248.017	249.640	249.751
164	192.000	181.971	185.733	184.130	184.257
165	130.000	136.514	132.927	133.702	132.909
166	95.000	89.686	91.770	90.570	90.679
167	53.000	56.943	55.390	56.199	56.020
168	32.000	29.429	30.913	30.784	31.355
169	14.000	16.400	16.023	16.614	16.627
170	11.000	9.800	9.908	9.321	9.087
171	7.000	5.971	4.855	4.382	3.900

图 11-5 给出具体谱形。

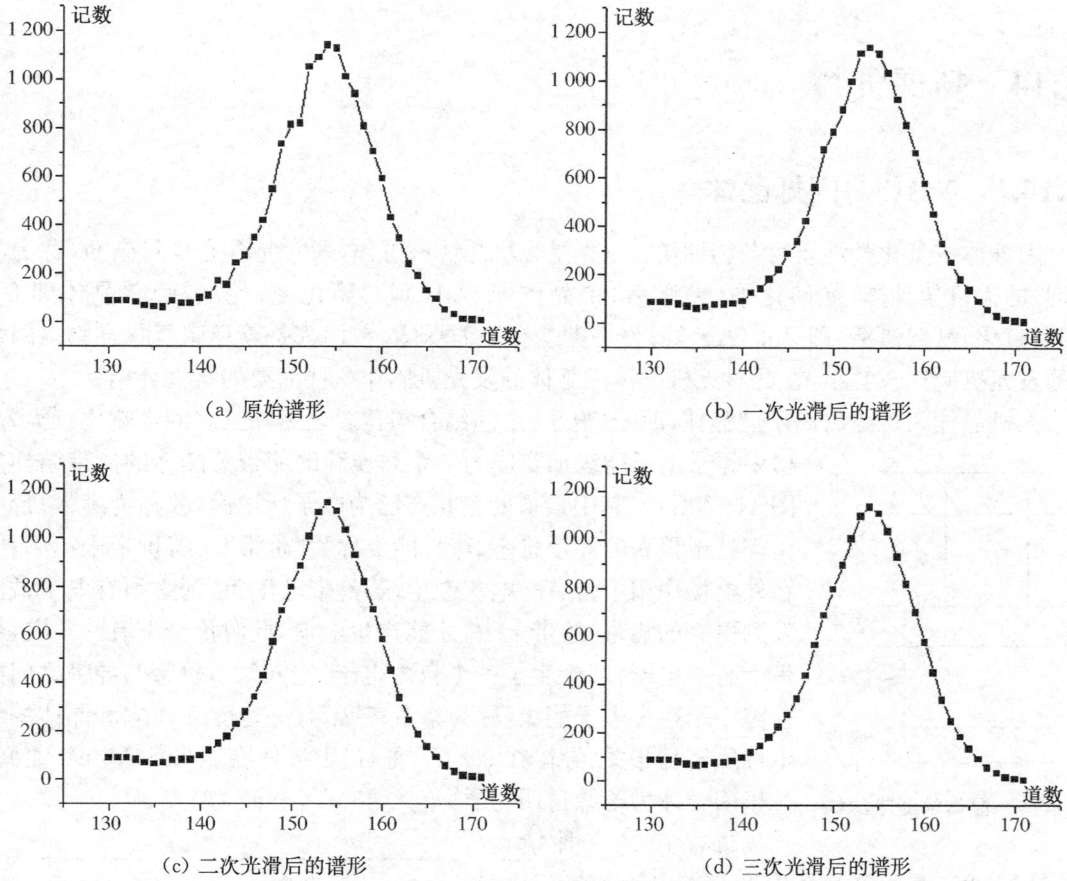

图 11-5　光滑处理后的^{137}Cs 的 0.661 MeV 光电峰的一段谱形

根据^{137}Cs 光电峰谱图选择计数最高的三点：(153，1 097.161)，(154，1 136.894)，(155，1 109.528)，确定二次多项式 $y=a+bx+cx^2$，得

$$a=-795\ 463.5,\quad b=10\ 339.43,\quad c=-33.55$$

计算出最计数点所对应的峰位为 $CH=-\dfrac{b}{2c}=-\dfrac{10\ 339.43}{-2\times 33.55}=154.09$，而多道计算机程序的峰位为 154.18，二者基本相同。

11.13　补充材料

由同济大学近代物理实验室研发的实验仪器 RES-99 型相对论效应验证实验谱仪系统由 β 磁分离器、NaI(T1)闪烁探测器、RS 能谱仪和多道脉冲分析软件组成，系统的功能包括能谱数据的采集、谱线图的显示、谱数据的平滑、谱线图的寻峰、核素识别等各种能谱的处理过程，通过这个实验可以学习有关磁谱仪测量原理，闪烁记数器的使用方法及一些核

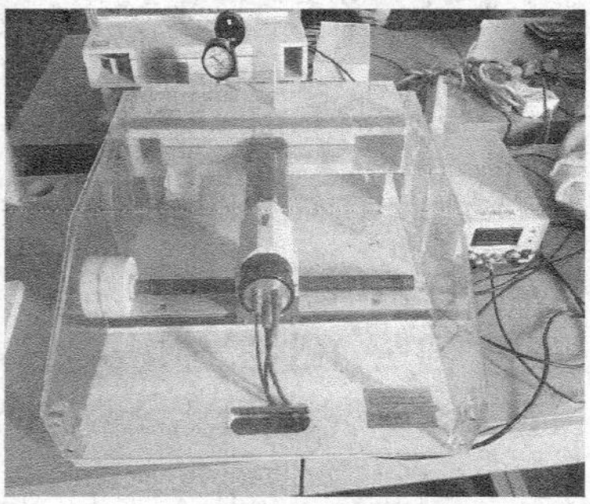

图 11-6　RES-99 型相对论效应验证实验谱仪系统

实验数据处理的方法，可以从侧面验证狭义相对论原理。

11.14 拓展资料

11.14.1 NaI(Tl)闪烁晶体

闪烁体按其化学性质可分为两类：一类是无机晶体闪烁体，通常是含有少量杂质（称为激活剂）的无机盐晶体，如碘化钠（铊激活）单晶体即 NaI(Tl)，碘化铯（铊激活）单晶体即 CsI(Tl)，硫化锌（银激活）即 ZnS(Ag)等；另一类是有机闪烁体，它们都是苯环碳氢化合物。闪烁体的发光机制比较复杂，在此对无机晶体闪烁体的发光机制作一些简要的定性介绍。

无机晶体闪烁体属离子型晶体，原子（离子）之间结合得比较紧密相互之间影响比较大，晶格中原子电子能级加宽成为一系列连续的能带。晶体的能带结构如图 11-7 所示，其中最低能量状态已为电子所填满，故称为满带；价电子都处于稍高的能量状态，这种能带称为"价带"。若价带未填满，则在外电场作用下将有净电流产生；若价带已填满，则必须有电子被激发到更高的能带-导带上去，才能产生电流，此时价带上有一空穴，导带上有一电子，即产生了一个自由电子-空穴对。价带与导带之间的空隙中不存在电子能级，称为禁带；禁带有一宽度 E_g，它和晶体的导电性质密切相关，导体在 0.1 eV 左右，半导体在 0.63～2.5 eV 之间，无机闪烁体为绝缘透明物质，$E_g > 3$ eV，NaI 为 7.0 eV。

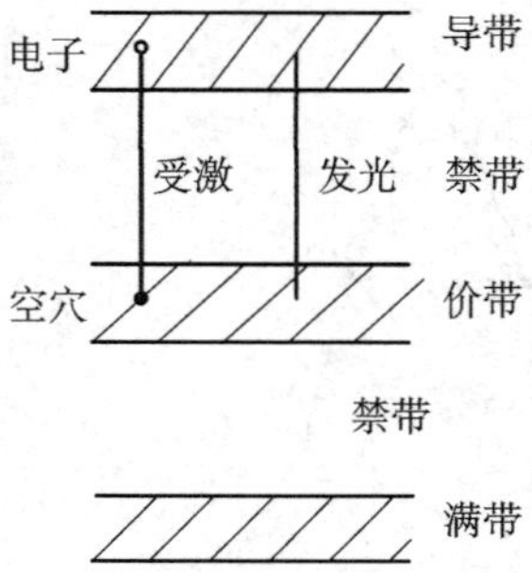

图 11-7 晶体的能带结构

也存在另一种情况（图 11-8），在闪烁晶体中产生的电子-空穴对仍束缚着，称为激子，它们在晶格中一起运动，在外电场中无净电流产生，其能带在导带之下，称为激带。自由的导带电子和价带空穴可以复合成激子，激子也可以吸收热运动能量变成自由电子-空穴对。

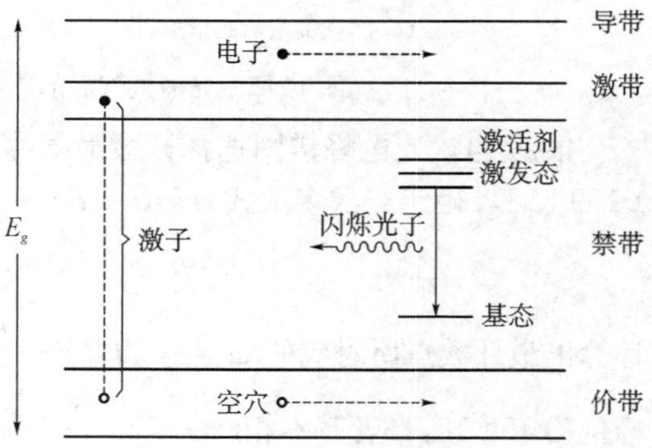

图 11-8 晶体能级禁带中出现由激活剂产生的能级

当核辐射进入闪烁体时，既可产生自由电子-空穴对，也可以产生激子。而后电子从导带或激带跃迁到价带，退激过程中放出光子；也存在着竞争过程——非辐射跃迁，即通过放热（晶格振动）退激。

有一点需要指出，纯的 NaI 晶体不是有效的闪烁体。一是因为相应禁带宽度的光子能量在紫外光范围，不是可见光；二是退激发出的光子尚未逸出晶体就会被晶体自身吸收。为了解决这一问题，在纯晶体中掺入少量杂质原子（如 Tl），称为"激活剂"，它们成为发光中心，形成一套激发能级，能量比导带低，而基态却比价带高，这样跃迁产生的光子能量就比禁带宽度 E_g 小，那么它就不可能再使价带上的电子激发到导带上去，从而避免自吸收。

碘化钠闪烁晶体能吸收外来射线能量使原子、分子电离和激发，退激时发射出荧光光子。NaI(Tl)晶体的密度较大（$\rho = 3.67\ g/cm^3$），而且高原子序数的碘占重量的 85%，所以对 γ 射线的探测效率特别高，同时相对发光效率大；它的发射光谱最强波长为 415 nm 左右，能与光电倍增管的光谱响应较好匹配。此外，晶体的透明性也很好，测量 γ 射线时其能量分辨率也是闪烁体中较好的一种。

另一个需要指出的问题是：在闪烁体的选取上要注意闪烁体对所测的粒子要有较大的阻止本领，以使入射粒子(特别是能量较大的粒子)在闪烁体中能损耗较多的能量而退激产生光子。原先使用的国产 NaI(Tl)晶体尺寸为 $\phi 20\ \text{mm} \times 20\ \text{mm}$，这一厚度对定标时测高能 γ($E >$ 1 MeV)时的效率不够高，而且对高能 β 粒子的计数率也比较低；本装置现采用的闪烁探测器的尺寸为 $\phi 25\ \text{mm} \times 45\ \text{mm}$ 的 NaI(Tl)晶体可以说是一大改进，一方面可以提高探测高能 γ 部分的效率，另一方面也提高了实验中高能 β 粒子的计数率。

NaI(Tl)晶体的缺点是容易潮解，吸收空气中的水分就会变质失效；因此我们采用了 220 μm 的铝来密封；这就需要对 β 穿过 Al 膜时的能量损失进行修正。在实验中我们发现，对于不同的 β 粒子能量的损失不尽相同；所以在实际的实验和数据处理中进行了能量损失的合理修正。

11.14.2　光电倍增管

光电倍增管是一种常用的灵敏度很高的光探测器，它由光阴极、电子光学输入系统、倍增系统及阳极组成，并且通过高压电源及一组串联的电阻分压器在阴极-打拿极(又称“倍增极”)-阳极之间建立一个电位分布。其工作原理如图 11-9 所示，光辐射照射到阴极时，由于光电效应，阴极发射电子，把微弱的光输入转换成光电子；这些光电子受到各电极间电场的加速和聚焦，光电子在电子光学输入系统的电场作用下到达第一倍增极，产生二次电子，由于二次发射系数大于 1，电子数得到倍增。以后，电子再经倍增系统逐级倍增，阳极收集倍增后的电子流并输出光电流信号，在负载电阻上以电压信号的形式输出。

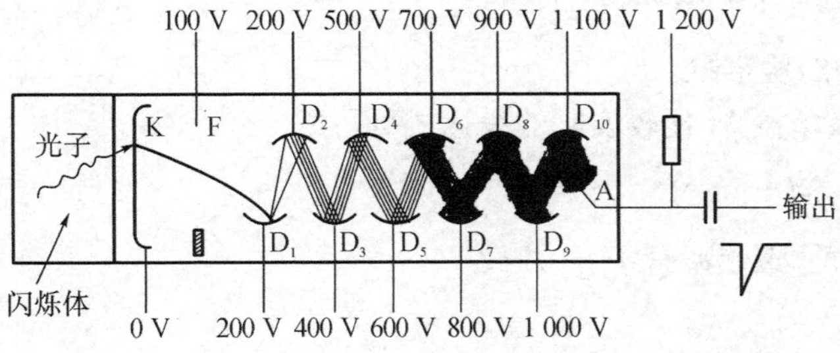

K—光阴极；　F—聚焦极；　$D_1 \sim D_{10}$—打拿极；　A—阳极

图 11-9　光电倍增管工作原理

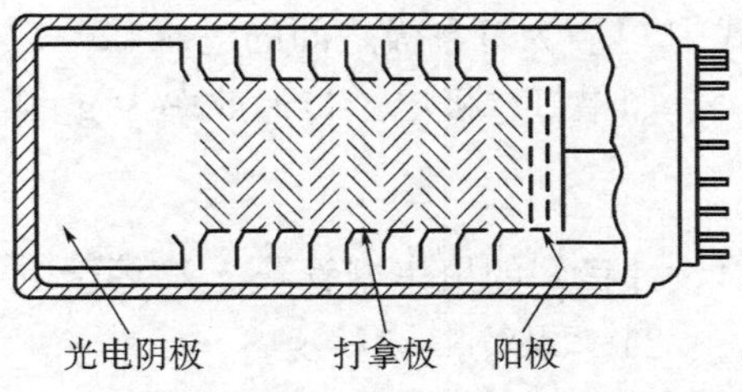

图 11-10　百叶窗式光电倍增管

根据打拿极的几何形状和排列方式，光电倍增管分为聚焦型(环状、直线)和非聚焦型(百叶窗式、盒栅式)。本装置采用百叶窗式光电倍增管(图 11-10)，过去采用 GDB44F 型，现采用 GDB43 型。其优点为脉冲幅度分辨率较好，适用闪烁能谱测量。

它的主要指标应该包括以下几方面：光电转换特性、电子倍增特性、噪声或暗电流、时间特性等。在此主要介绍光电转换特性和电子倍增特性。

1. 光电转换特性——光阴极的光谱响应和灵敏度

光阴极是接收光子并放出光电子的电极，一般是在真空中把阴极材料蒸发在光学窗的内表面上，形成半透明的端窗阴极；光阴极材料的品种有数十种，但最常用的只是五、六种，如锑铯化合物等。一般光电倍增管光阴极前的光学窗有两种：硼玻璃窗或石英窗，前者适用于可见光，后者可透过紫外光。光阴极受到光照射后发射光电子的几率是波长的函数，称为光谱响应。在长波端的响应极限主要由光阴极材料的性质决定，而短波端的响应主要受入射窗材料对光的吸收所限制。了解光电倍增管的光谱响应特性有利于正确选择不同管子使之与闪烁体的发射光谱相匹配。

在实际应用中，光电转换特性通常使用另一个宏观定义，即一定通量 F 的白光照射阴极所能获得的光电子流(i_k) 称为光阴极光照灵敏度

$$S_k = \frac{i_k}{F} \tag{11-18}$$

其中，i_k 单位为微安；F 为光通量，单位为“流明”(lm)。

2. 电子倍增特性——光电倍增管的放大倍数及阳极灵敏度

1) 光电倍增管的放大倍数(增益)M

由于打拿极的倍增作用，从光阴极发射出来的电子不断被倍增，最后可在阳极上得到大量电子。从光阴极射出，到达第一打拿极的一个电子，经过多次倍增后在阳极得到的电子数，称为光电倍增管电流放大倍数(增益)，即

$$M = \frac{\text{阳极接收到的电子数}}{\text{第一打拿极收集到的电子数}} \tag{11-19}$$

在理想情况下一般可写成

$$M = \delta^n \tag{11-20}$$

式中，δ 是平均二次发射系数，n 为打拿极的级数。二次发射系数 δ 是极间电压的函数，可用经验公式表示

$$\delta = a\ (V_D)^b \tag{11-21}$$

式中，V_D 为打拿极之间的电压，a，b 为经验常数。

如果打拿极电子传递效率为 g，那么增益 M 比较实际的表达式可写成

$$M = (g\delta)^n \tag{11-22}$$

对设计良好的聚焦型管子 g 约等于 1，对非聚焦型管子 $g < 1$。

2) 阳极光照灵敏度 S

放大倍数是光电倍增管的重要参数之一，但往往有些技术说明书不直接给出它的数值，而是在给出光阴极光照灵敏度 S_k 的同时，给出光电倍增管的“阳极光照灵敏度”S_a，它们之间的关系是：

$$S_a = g_c M S_k = \frac{\text{阳极电流}\ i_a}{\text{入射到阴极的光通量}\ F} \tag{11-23}$$

其中，S_a 的单位为 A/lm，g_c 为第一打拿极对光电子的收集效率。阳极光照灵敏度的物理意义是：当一个流明的光通量照在光阴极上时，在光电倍增管阳极上输出的电流(阳极电流)i_a 的数值。

当入射光通量 F 增大时，阳极电流 i_a 在相当宽的范围内是线性增大的；但 F 太大时，就出现偏离线性。原因之一是打拿极发射二次电子疲劳，使放大倍数减小；其二是最后几级打拿极和阳极上有空间电荷堆积；也有可能是分压电阻选择不当，使最后几级打拿极以及阳极之间的电压降低，放大系数减小，这一问题可以通过调整分压电阻来解决。

阳极光照灵敏度 S_a 和总电压的关系可知：$S_a \propto V^{bm}$，故 $\log S_a \propto \log V$，两个量的对数成线性关系；因而随着电流增加到某一数值会出现非线性，$\log S_a$ 增加变得缓慢；一般说来，加在光电倍增管上的高压在 1 000 V 之内线性还是比较理想的。

需要指出的是：闪烁探测器的线性问题是由多个因素共同作用的结果，不仅光电倍增管是个重要因素，闪烁晶体本身也存在能量线性问题。因此在实际应用中，必须考虑多方面的因素，比如各部件的匹配等，而常用的解决方法则是调整光电倍增管的工作参数。

光电倍增管的管脚插入底座。底座是由分压器与射极跟随器组成。

分压器：光电倍增管中各电极的电位由外加电阻分压器抽头供给。本实验使用正高压电路，阴极接地，阳极处于高电位，输出端使用耐高压电容隔开。所加电压应根据说明书或不同用途以及管子的性能进行考虑；建议用户在使用本实验装置时采用我们的推荐值。

射极跟随器：射极跟随器具有电流放大作用（放大倍数一般为几十到一百以上），但其电压放大倍数恒小于 1 而接近于 1，且输出电压和输入电压同相，因此具有电压跟随的特点，频率响应较好。

11.14.3　多项式拟合及能谱的光滑处理和寻峰

1. 多项式拟合

1）概述

在实际的物理实验中，我们经常测出某一未知形式函数 $f(x)$ 在若干点 x_i 处的值 $y_i(i=1, 2, \cdots, n)$，所要做的是根据这些数值点推导 $f(x)$ 的近似表达式，这就是所谓的曲线拟合问题。

在介绍曲线拟合之前首先要谈一下函数插值。所谓函数插值是根据插值原理建立一个次数不高于 n 的插值多项式 $P_n(x)$ 作为函数 $f(x)$ 的近似表达式，基本要求是拟合曲线通过所有数据点。而曲线拟合不要求通过所有数据点，只要求得出的近似函数能反映数据的基本关系，因此曲线拟合比函数插值得到的结果更能反映客观实际。曲线拟合还更有实用价值，因为实际问题中所提供的数据点往往很多，用函数插值势必得出次数很高的插值多项式，导致计算上的很多麻烦，而且高次多项式的振荡问题也是一大弊端。因此实际工作中更多采用了曲线拟合的处理方法。

那么对给出的数据点 (x_i, y_i) 作拟合曲线时，怎样才算“拟合得最好”？或者说采取的原则是什么？一般希望使各观测数据与拟合曲线的方差和最小，就能使拟合曲线更接近真实函数，即最小二乘原理。

2）算法

用一个 m 次多项式 $y(x)=a_0+a_1x+a_2x^2+\cdots+a_mx^m=\sum_{j=0}^{m} a_jx^j$ 来拟合 n 个观测数据点，其中 m 远小于 n。

误差平方和 $F(a_0, a_1, a_2 \cdots, a_m)=\sum_{k=1}^{n}[y(x_k)-y_k]^2$，要求 F 的极小值则必须分别对 $a_0, a_1, \cdots, a_m$ 求偏导数并使之为零，因此得到

$$\frac{\partial F}{\partial a_j}=2\sum_{k=1}^{n}[y(x_k)-y_k]x_k^j=0 \quad (j=0, 1, 2 \cdots, m) \tag{11-24}$$

即 $\sum_{k=1}^{n}[a_0+a_1x_k+a_2x_k^2+\cdots+a_mx_k^m-y_k]x_k^j=\sum_{k=1}^{n}[a_0x_k^j+a_1x_k^{j+1}+\cdots+a_mx_k^{j+m}-y_kx_k^j]=0$

即系数 $a_0, a_1, \cdots, a_m$ 应满足如下方程组

$$a_0\sum_{k=1}^{n}x_k^j+a_1\sum_{k=1}^{n}x_k^{j+1}+\cdots+a_m\sum_{k=1}^{n}x_k^{j+m}=\sum_{k=1}^{n}y_kx_k^j \tag{11-25}$$

此方程组中有 $m+1$ 个方程,通常称为法方程;其系数矩阵为一个对称矩阵,并且是正定的,可以求出唯一解 $a_0, a_1, \cdots, a_m$,而后代入 m 次多项式即可得拟合结果。

3) 多项式拟合阶数的选取

在对实验数据点进行多项式拟合的过程中,拟合阶数的选取是一个至关重要的问题;如果拟合阶数选取过低则无法找准 y 与 x 的关系,若选取过高则高次多项式的振荡问题在所难免。

若用 $y(x)=a_0+a_1x+a_2x^2+\cdots+a_kx^k$ 来拟合数据点(x_i, y_i),可以根据上面介绍的方法算出系数 $\hat{a}_0, \hat{a}_1, \cdots, \hat{a}_k$ 代入拟合多项式,则拟合值 $\hat{y}=\hat{a}_0+\hat{a}_1x+\cdots+\hat{a}_0x^k$,单个 $\hat{y}_i$ 的残差为

$$v_i=y_i-\hat{y}_i \tag{11-26}$$

残差平方和为

$$R=\sum_{i=1}^{n}v_i^2=\sum_{i=1}^{n}[y_i-(\hat{a}_0+\hat{a}_1x+\cdots+\hat{a}_kx^k)]^2 \tag{11-27}$$

可以用 $\frac{R}{n-k+1}$ 来估计观测值方差 σ_y^2,即

$$\sigma_y=\sqrt{\frac{R}{n-k+1}} \tag{11-28}$$

因此,拟合阶数 k 的选取是否合适将直接关系到观测数据的方差估计。k 选取过小,则由于未找准 y 与 x 的关系而引起很大误差;k 选取过大,则由于 R 趋于稳定,而式(11-34)根号中分母变小同样会使方差估计偏大。

原则上选取对应于 R 随 k 值开始变化不大时的 k 值。什么叫"R 随 k 值开始变化不大"呢?这需要一个定量的判据,下面介绍一个统计性判据。

按 k 阶拟合可以得到相应的残差平方和 R_k,按$(k-1)$阶拟合可以得到 R_{k-1}。

根据 R 的统计性质可以证明 $\frac{R_k}{\sigma_k^2}\sim\chi^2(n-k-1)$, $\frac{R_{k-1}}{\sigma_{k-1}^2}\sim\chi^2(n-k)$(参考文献[13]第十八章的附录四)。

假如由这两种阶数多项式拟合得到的方差在某一显著水平上没有明显差异,则不必用 k 阶而考虑用 $k-1$ 阶来拟合;反之若方差有较大差异,则考虑用 k 阶来拟合。要检验两种分布的方差是否一致,可以用 F 分布来检验。

假设 $\sigma_{k-1}^2=\sigma_k^2=\sigma^2$,令 $S_k=R_{k-1}-R_k$,由 χ^2 分布加减法可以得到

$$\frac{S_k}{\sigma^2}=\frac{R_{k-1}-R_k}{\sigma^2}\sim\chi^2(1) \tag{11-29}$$

而 $\frac{S_k}{\sigma^2}$ 和 $\frac{R_k}{\sigma^2}$ 互相独立,因此由 F 分布定义

$$F_k = \frac{\dfrac{\dfrac{S_k}{\sigma^2}}{1}}{\dfrac{\dfrac{R_k}{\sigma^2}}{(n-k-1)}} \sim F(1,\ n-k-1)$$

即

$$F_k = \frac{(n-k-1)S_k}{R_k} \sim F(1,\ n-k-1) \tag{11-30}$$

也就是说，F_k 服从第一自由度为1，第二自由度为 $n-k-1$ 的 F 分布(有关 F 分布可以参考概率论和数理统计的相关章节)。

具体方法为：用最小二乘法对观测数据分别作 k 阶和 $k-1$ 阶的多项式拟合，算出相应的 R_k，R_{k-1} 和 S_k；按显著水平 $\alpha=0.01$ 或 $\alpha=0.05$ 查 F 分布表，找出相对于自由度为 1 和 $n-k-1$的 F 分布的临界值 F_α，比较 F_K 和 F_α。当 $F_K<F_\alpha$，说明由 k，$k-1$ 阶两种拟合结果一致，因此不必用 k；当 $F_K \geqslant F_\alpha$，说明二者有显著差异，有必要考虑 k 阶拟合。

下面举一个实例来说明：

表 11-3 给出了变量 x 和 y 的一组观测值，试确定用多项式来拟合的适宜阶数。

表 11-3 观测结果

x_i	−0.92	−0.84	−0.66	−0.56	−0.50	−0.38	−0.26	0.0.10	0.24	0.38	0.50	0.62	0.66	0.92
y_i	0.716	1.052	1.521	1.598	1.767	1.948	2.157	2.270	2.260	2.078	2.040	1.829	1.705	1.134

依此取 $k=0,1,2,3$ 计算相应的 R_k 和 S_k，得表 11-4 结果。

表 11-4 计算结果

k	R_k	S_k
0	2.934 2	—
1	0.495 5	2.438 7
2	0.024 1	0.471 4
3	0.024 0	0.000 1

当 $k=3$ 时，在 $\alpha=0.05$ 的显著水平下查 F 分布表($\nu_1=1$，$\nu_2=n-k-1=14-3-1=10$)得 $F_{0.05}(1,10)=4.96$。又计算 F_3 为：

$$F_3 = \frac{(n-k-1)S_k}{R_k} = \frac{10S_3}{R_3} = \frac{10\times 0.000\,1}{0.024\,0} = 0.041\,7$$

由于 $F_3=0.041\,7<4.96=F_{0.05}(1,10)$，故在 $\alpha=0.05$ 的显著水平下不取 $k=3$。

当 $k=2$ 时，在 $\alpha=0.05$ 的显著水平下查 F 分布表($\nu_1=1$，$\nu_2=n-k-1=14-2-1=11$)得 $F_{0.05}(1,11)=4.84$。又计算 F_2 为

$$F_2 = \frac{(n-k-1)S_k}{R_k} = \frac{11S_2}{R_2} = \frac{11\times 0.471\,4}{0.024\,1} = 1\,128.3$$

由于 $F_2=1\,128.3>4.84=F_{0.05}(1,11)$，故在 $\alpha=0.05$ 的显著水平下可以考虑取 $k=2$。

综上所述，用二次多项式来拟合曲线。

$$y = 2.277\,99 + 0.207\,49x - 1.568\,34x^2$$

2. 能谱的光滑处理

为了减少能谱实验数据统计涨落的影响，同时又要保留能谱形状最重要的特征，可对数据采用光滑(修匀)技术。

事实上最简单而又直观的光滑方法是用纸和铅笔的作图方式，但它依赖于操作者的技巧和主观意识，所以最好还是借助数据光滑的数学公式由计算机来进行这一工作。

1) 原理

不同的方法可以导出不同的数据光滑公式，常用的一种是多项式拟合移动法。该方法是：在实验谱上所要光滑的一点的两边各取 m 个点，连同本身共 $2m+1$ 个点，用一个以该点为中心的 q 次多项式对这一谱段作最小二乘拟合，所得到的多项式在中心点的值即为光滑谱的值；然后逐点移动中心点作同样的计算，得到整个光滑谱。

2) 用二次多项式拟合点数为五点(即 $m=2$)时的光滑谱公式

为简单起见，道数 x_i 取 -2，-1，0，1，2(其中 $x_i=0$ 为拟合中心道)，相应计数观测值 y_{-2}，y_{-1}，y_0，y_1，y_2，设拟合曲线为 $y = a_0 + a_1x + a_2x^2$。

由最小二乘拟合的法方程组：$a_0\sum_{k=1}^{n} x_k^j + a_1\sum_{k=1}^{n} x_k^{j+1} + \cdots + a_m\sum_{k=1}^{n} x_k^{j+m} = \sum_{k=1}^{n} y_k x_k^j$ 可以得到

$$\begin{pmatrix} n & \sum x_i & \sum x_i^2 \\ \sum x_i & \sum x_i^2 & \sum x_i^3 \\ \sum x_i^2 & \sum x_i^3 & \sum x_i^4 \end{pmatrix} \begin{pmatrix} a_0 \\ a_1 \\ a_2 \end{pmatrix} = \begin{pmatrix} \sum y_i \\ \sum x_i y_i \\ \sum x_i^2 y_i \end{pmatrix} \tag{11-31}$$

有关数据计算如表 11-5 所示。

表 11-5　计算数据

	x_i	y_i	x_i^2	x_i^3	x_i^4	$x_i y_i$	$x_i^2 y_i$
	-2	y_{-2}	4	-8	16	$-2y_{-2}$	$4y_{-2}$
	-1	y_{-1}	1	-1	1	$-y_{-1}$	y_{-1}
	0	y_0	0	0	0	0	0
	1	y_1	1	1	1	y_1	y_1
	2	y_2	4	8	16	$2y_2$	y_2
$\sum$	0	$\sum y_i$	10	0	34		

代入法方程组写出

$$\begin{cases} 10a_0 + 10a_2 = y_{-2} + y_{-1} + y_0 + y_1 + y_2 \\ 10a_1 = -2y_{-2} - y_{-1} + y_1 + 2y_2 \\ 10a_0 + 34a_2 = 4y_{-2} + y_{-1} + y_1 + 4y_2 \end{cases} \tag{11-32}$$

解出

$$\begin{cases}a_0=\dfrac{1}{35}(-3y_{-2}+12y_{-1}+17y_0+12y_1-3y_2)\\a_1=\dfrac{1}{10}(-2y_{-2}-y_{-1}+y_1+2y_2)\\a_2=\dfrac{1}{14}(2y_{-2}-y_{-1}-2y_0-y_1+2y_2\end{cases}\tag{11-33}$$

把解出的 a_0，a_1，a_2 代入方程 $y=a_0+a_1x+a_2x^2$，就得到了对于这五道的拟合曲线。光滑后的计数就是对中心道而言取拟合曲线上的数值，因此将 $x_i=0$ 代拟合曲线就得到对应该道计数的光滑值：

$$y_0=a_0=\frac{1}{35}(-3y_{-2}+12y_{-1}+17y_0+12y_1-3y_2)\tag{11-34}$$

对每道 I 都可选作中心道并在它的左右各取两道数据来拟合，因此五点光滑公式为

$$\hat{y}_i=\frac{1}{35}(-3y_{i-2}+12y_{i-1}+17y_i+12y_{i+1}-3y_{i+2})\tag{11-35}$$

还可以求出一阶导数 $\hat{y}'_i$ 和二阶导数 $\hat{y}''_i$ 为

$$\begin{cases}\hat{y}'_i=a_1=\dfrac{1}{10}(-2y_{-2}-y_{-1}+y_1+2y_2)\\\hat{y}''_i=2a_2=\dfrac{1}{7}(2y_{-2}-y_{-1}-2y_0-y_1+2y_2)\end{cases}\tag{11-36}$$

类似地还可以导出七点、九点等的数据光滑公式。

3）点数 m、拟合次数 q 的选取

拟合点数 m 如果太大则容易把峰拉平，导致将峰顶计数填入峰谷；m 太小则不足以达到应有的光滑效果。一般拟合点数 $2m+1$ 不应大于峰的半宽度内所占有的道数。拟合次数一般不应大于 4，防止高次多项式振荡。综合考虑，通常用二次多项式的五点或七点光滑公式。

3. 寻峰

利用计算机寻找能谱峰位的方法有多种，如逐道比较法、导数法、对称零面积线性对合法、协方差法等等。在此简单介绍其中的逐道比较法。

若峰位在 k 道，峰左右两侧的峰谷分别在 l 道和 r 道，则峰的底宽为 $2w=r-l+1$，若 y 为计数，则峰谷计数比为 $S=2y_k/(y_l+y_r)$。因此：

峰顶：$y_k\geqslant y_{k\pm1}\geqslant y_{k\pm2}$；

峰谷：$y_l\leqslant y_{l\pm1}$，$y_r\leqslant y_{r\pm1}$。

利用上面的式子进行逐道比较，若找到满足上式的 k，l，r，还要用 $2w$ 和 S 作进一步判定。一般当 $2w>2.5FWHM$ 且 $S>1.2$ 时，认为是真峰。需要说明的是，对于不同核素 $2w$ 和 S 的合理取值有所差异。比如要寻找高本底上的弱峰，S 要小一些为好。

判定有峰后，还要进一步确定峰顶的具体位置。可以采用二阶多项式进行插值运算：找到 k 后取三点 $(k-1, y_{k-1})$，(k, y_k)，$(k+1, y_{k+1})$ 确定一个二次三项式 $y=a+bx+cx^2$（将三点代入即可求出 a，b，c），求出极值点 $\left(x=-\dfrac{b}{2c}\right)$ 即为峰位。

实验 12

核衰变的统计规律

12.1 引言

在人们已经发现的 2 000 多种核素中，绝大多数都是不稳定的，会通过自发蜕变成为另一种核素，同时发出各种射线，这样的现象称为核衰变。核衰变是认识原子核的重要途径之一，不稳定的放射性核放射出射线后衰变为另一种核或衰变为能量较低的核，放射过程中遵从电荷守恒、质量数守恒和能量守恒。对核衰变产生的射线可用计数方式测量。然而，研究发现即使保持相同的实验条件，多次测量相同时间间隔内的计数每次所得的测量结果并不相同，而是围绕某一平均值上下涨落，反映出核衰变的随机性。

物质放射性的发现

中国核科学的奠基人——王淦昌

12.2 实验目的

(1) 了解并验证原子核衰变及放射性计数的统计性，掌握计算统计误差的方法。

(2) 学习 NaI (Tl) 闪烁探测器的工作原理，测量坪曲线，确定适合的工作电压。

(3) 学习检验测量数据的分布类型的方法。

12.3 实验原理

12.3.1 放射性测量的随机性和统计性

在进行重复的放射性测量中，即使保持完全相同的实验条件(例如放射性的半衰期足够长，因此在实验时间内可以认为其强度基本上没有变化；源与计数器的相对位置始终保持不变；每次测量时间不变；测量仪器足够精确，不会产生其他的附加误差等)，每次的测量结果并不完全相同，而是围绕其平均值上下涨落，也就是说物理实验的测量结果具有偶然性，或随机性。物理测量的随机性产生原因不仅在于测量时的偶然误差，而且更是物理现象(当然包括放射性核衰变)本身的随机性质，即物理量的实际数值时刻围绕着平均值发生微小起伏。在微观现象领域，特别是在高能物理实验中，物理现象本身的统计性更为突出。按照量子力学的原理，对处于同一个态的微观粒子，测量同一个可观测的物理量时，即使不考虑测量误差，各次测量结果也会不同，除非粒子处于这个可观测量的本征态；比如同一种粒子的寿命，其实测值分布在从相当短到相当长的范围内。这个实验正是通过研究核衰变的测量计数的统计分布规律从而找出在随机数据中包含的规律性。

1. 核衰变数的统计分布

放射性原子核衰变数的统计分布可以根据数理统计分布的理论来推导。放射性原子核衰变的过程是一个相互独立彼此无关的过程，即每一个原子核的衰变是完全独立的，与其他原子核是否衰变无关；因此放射性原子核衰变的测量计数可以看成是一种伯努利试验问题。在 N_0 个原子核的体系中，单位时间内对于每个原子核来说只有两种可能：A 类是原子核发生衰变，B 类是没有发生核衰变。

若放射性原子核的衰变常数为 λ，设 A 类的概率为 $p=(1-e^{-\lambda t})$，其中 $(1-e^{-\lambda t})$ 为原子核发生衰变的概率；B 类的概率为 $q=1-p=e^{-\lambda t}$。

由二项式分布可以知道，在 t 时间内的核衰变数 n 为一随机变量，其概率 $P(n)$ 为

$$P(n)=\frac{N_0!}{(N_0-n)!\ N!}p^n(1-p)^{N_0-n} \tag{12-1}$$

在 t 时间内，衰变粒子数为 $m=N_0p=N_0(1-e^{-\lambda t})$，对应方根差为 $\sigma=\sqrt{N_0pq}=\sqrt{m(1-p)}$。假如 $\lambda t\ll 1$，即时间 t 远比半衰期小，这时 q 接近于 1，则 σ 可简化为 $\sigma=\sqrt{m}$。

在放射性衰变中，原子核数目 N_0 很大而 p 相对而言很小，且如果满足 $\lambda t\ll 1$，则二项式分布可以简化为泊松分布，因为此时 $m=N_0p\ll N_0$，对于在 m 附近的 N 值可得到

$$\frac{N_0!}{(N_0-n)!}=N_0(N_0-1)(N_0-2)\cdots(N_0-n+1)\approx N_0^n$$

$$(1-p)^{N_0-n}\approx(e^{-p})^{N_0-n}=e^{-pN_0}$$

代入式(12-1)并注意到 $m=N_0p$，就得到

$$P(N)=\frac{N_0^n}{N!}p^ne^{-pN_0}=\frac{m^n}{N!}e^{-m} \tag{12-2}$$

即为泊松分布。可以证明，服从泊松分布的随机变量的期望值和方差分别为 $E(x)=m$，$\sigma^2=m$。在核衰变测量中常数 $m=N_0p$ 的意义是明确的：单位时间内，N_0 个原子核发生衰变概率 p 为 m/N_0，因此 m 是单位时间内衰变的粒子数。

现在讨论泊松分布中 N_0 很大从而使 m 具有较大数值的极限情况。在 n 较大时，$n!$ 可以写成 $n!=\sqrt{2\pi n}n^ne^{-n}$ 代入式(12-2)，并记 $\Delta=n-m$，则有

$$P(N)=\frac{m^n}{n!}e^{-m}\approx\frac{1}{\sqrt{2\pi m}}\left(\frac{m}{n}\right)^{n+1/2}e^{n-m}=\frac{e^{\Delta}}{\sqrt{2\pi m}}\frac{1}{(1+\Delta/m)^{m+\Delta+1/2}} \tag{12-3}$$

根据 $\left(1+\frac{\Delta}{m}\right)^{m+\Delta+1/2}\approx e^{\Delta+\frac{\Delta 2}{2m}}$，可得

$$P(N)=\frac{1}{\sqrt{2\pi m}}e^{-\frac{\Delta 2}{2m}}=\frac{1}{\sqrt{2\pi m}}\exp\left[-\frac{(n-m)^2}{2\sigma^2}\right] \tag{12-4}$$

式中，$\sigma^2=m$。即当 N 很大时，原子核衰变数趋向于正态分布；可以证明 σ^2 和 m 就是正态分布的方差和期望值。

需要指出的是，实验中连续型的随机变量往往服从正态分布。在自然界中，由大量的、相互独立的因素共同微弱作用下所得到的随机变量也都服从正态分布。即使有些物理量不服从正态分布，但它(或它的测量平均值)也往往以正态分布为它的极限分布，泊松分布就是一个很好的例子。

2. 放射性测量中计数值的统计分布

上面讨论原子核衰变的统计现象，下面我们分析在放射性测量中计数值的统计分布。可以证明，原子核衰变的统计过程服从的泊松分布和正态分布也适用于计数的统计分布，只需将分布公式中的放射性核衰变数 n 换成计数 N，将衰变掉粒子的平均数 m 换成计数的平均值 M 即可。

$$P(N)=\frac{M^N}{N!}\mathrm{e}^{-M} \tag{12-5}$$

$$P(N)=\frac{1}{\sqrt{2\pi}\sigma}\mathrm{e}^{-\frac{(N-M)2}{2\sigma 2}} \tag{12-6}$$

对于有限次的重复测量，例如测量次数为 A，则标准偏差 S_x 为

$$S_x=\sqrt{\frac{\sum_{i=1}^{A}(N_i-\bar{N})^2}{A-1}} \tag{12-7}$$

其中，$\bar{N}=M=\frac{1}{A}\sum_{i=1}^{A}N_i$，为测量计数的平均值，可以证明 $\bar{N}$ 为正态分布期望值的无偏估计。S_x 为正态分布方差的渐进无偏估计（即当 $N\to\infty$，$S_x\to\sigma^2$）。

当 A 足够大时，$\sigma=S_x=\sqrt{M}$，即 $\sigma^2=M$。当 M 值较大时，σ^2 也可用某一次计数值 N 来近似，即 $\sigma^2\approx N$，$\sigma\approx\sqrt{N}$。

由于核衰变的统计性，在相同条件下作重复测量时每次测量结果并不完全相同，围绕着平均计数值 M 有一个涨落，其大小可以用均方根差 σ 来表示。

众所周知，正态分布决定于平均值 M 及方差 σ 这两个参数，它对称于 $N=\bar{N}$。对于 $\bar{N}=0$，$\sigma=1$ 则称为标准正态分布

$$n(z;\ 0,\ 1)=\frac{1}{\sqrt{2\pi}}\mathrm{e}^{-\frac{z2}{2}} \tag{12-8}$$

正态分布数值表都是对应于标准正态分布的。

如果对某一放射源进行多次重复测量，得到一组数据，其平均值为 $\bar{N}$，那么计数值 N 落在 $\bar{N}\pm\sigma$（即 $\bar{N}\pm\sqrt{N}$）范围内的概率为

$$\int_{\bar{N}-\sigma}^{\bar{N}+\sigma}P(N)\mathrm{d}N=\int_{\bar{N}-\sqrt{\bar{N}}}^{\bar{N}+\sqrt{\bar{N}}}\frac{1}{\sqrt{2\pi}}\mathrm{e}^{-\frac{(N-\bar{N})2}{2\sigma 2}}\mathrm{d}N \tag{12-9}$$

用变量 $z=\frac{N-\bar{N}}{\sigma}$ 来代换化成标准正态分布并查表，式(12-9)即为

$$\int_{-1}^{1}\frac{1}{\sqrt{2\pi}}\mathrm{e}^{-\frac{z2}{2}}\mathrm{d}z=0.683 \tag{12-10}$$

这就是说，在某实验条件下对某次测量若计数值为 N_1，则可以认为 N_1 落在 $\bar{N}\pm\sigma$（即 $\bar{N}\pm\sqrt{N}$）范围内的概率为 68.3%，或者说在 $N_1\pm\sqrt{N}$ 范围内包含真值的概率是 68.3%。在实际运算中由于出现概率较大的计数值与平均值 $\bar{N}$ 的偏差不大，可以用 $\sqrt{N_1}$ 来代 $\sqrt{N}$；因此对于

单次测量值 N_1，可以近似地说在 $N_1 \pm \sqrt{N_1}$ 范围内包含真值的概率是 68.3%，这样一来用单次测量值就大体上确定了真值的范围。

这种由于放射性衰变的统计性引起的误差称之为统计误差。由于放射性统计涨落服从正态分布，所以用均方根偏差(也称标准误差) $\sigma \approx \sqrt{N}$ 来表示。当采用标准误差表示放射性的单次测量值 N_1 时，则可以表示为 $N_1 \pm \sigma = N_1 \pm \sqrt{N} \approx N_1 \pm \sqrt{N_1}$。其中，概率68.3%称为置信概率(或置信度)，相应的置信区间为 $\bar{N} \pm \sigma$；同理可证当置信区间为 $\bar{N} \pm 2\sigma$，$\bar{N} \pm 3\sigma$ 时的置信概率为 95.5%，99.7%。

12.3.2　χ^2 检验法

χ^2 检验法的简单介绍

放射性核衰变的测量计数是否符合正态分布或泊松分布或者其他的分布，是一个涉及对随机变量的概率密度函数的假设检验问题。放射性衰变是否符合于正态分布或泊松分布，可由一组数据的频率直方图与理论正态分布或泊松分布进行比较。而 χ^2 检验法是从数理统计意义上给出了比较精确的判别准则，其基本思想是比较理论分布与实测数据分布之间的差异，然后根据概率意义上的反证法即小概率事件在一次实验中不会发生的基本原理来判断这种差别是否显著，从而接受或拒绝理论分布。

设对某一放射源进行重复测量得到了 A 个数值，对它们进行分组，序号用 i 表示($i=1,\ 2,\ 3,\ \cdots,\ m$)，令

$$\chi^2 = \sum_{i=1}^{m} \frac{(f_i - f'_i)^2}{f'_i}$$

其中，m 代表分组数，f_i 表示各组实际观测到的次数，f'_i 为根据理论分布计算得到的各组理论次数。理论次数可以从正态分布概率积分表上查出各区间的正态面积，再乘以总次数得到。

可以证明 χ^2 统计量服从 χ^2 分布，其自由度为 $m-l-1$，l 是在计算理论次数时所用的参数个数：对于具有正态分布的自由度为 $m-3$，泊松分布为 $m-2$。与此同时，χ^2 分布的期望值即为其自由度：$\langle \chi^2 \rangle = \nu = m-l-1$。得到根据实测数据算出的统计量 χ^2 后，比较的方法为先设定一个小概率 α，即显著水平，由 χ^2 分布表查找拒绝域的临界值，若计算量 χ^2 落入拒绝域即 $\chi^2 \geqslant \chi^2_{1-\alpha}(m-l-1)$，则拒绝理论分布；反之则接受。

12.3.3　闪烁探测器工作参数的选择

在核衰变统计规律实验中，应使工作条件保持稳定(包括几何条件和探测器工作参数)。在实际情况下，如果探测器工作参数有变化，则闪烁探测器测得的计数不仅包含核衰变统计的涨落，而且还包含了工作参数(如高压)变化引起的涨落，这与实验的设计初衷不符。本实验为了保持高压的稳定，采用了必要的稳定性好的高压模块。

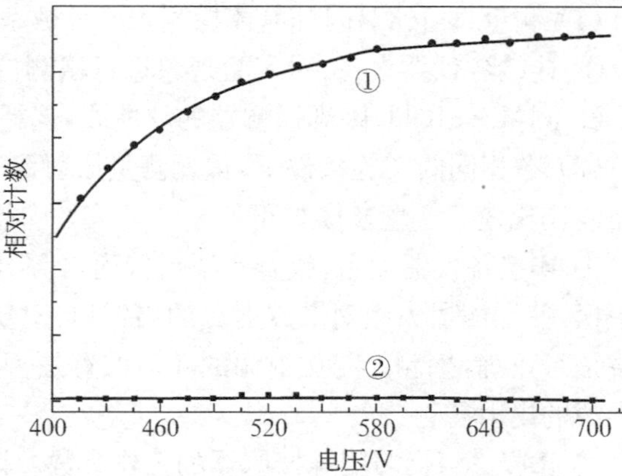

图 12-1　闪烁计数器特性曲线

当入射粒子的强度不变时，闪烁探测器的计数率随工作电压会有变化。图 12-1 是某次实验所得的闪烁探测器的相对计数随

工作电压变化的曲线。其中，曲线①是放射源计数率与工作电压关系；曲线②是本底计数率与工作电压关系，可以看出本底计数率相对很低。本底计数率主要是光电倍增管的暗电流、电子学噪声、宇宙射线及环境辐射产生的。工作电压应选择在源计数率随电压变化较小处。由于仪器使用的高压模块稳定性很好，由图可见，工作电压选在 550～730 V 范围内是合适的。

12.4 实验仪器

实验仪器主要包括：NaI(Tl) 闪烁探测器(图 12-2)、γ 放射源(^{137}Cs 、^{60}Co)、高压电源、放大器和多道脉冲幅度分析器等。

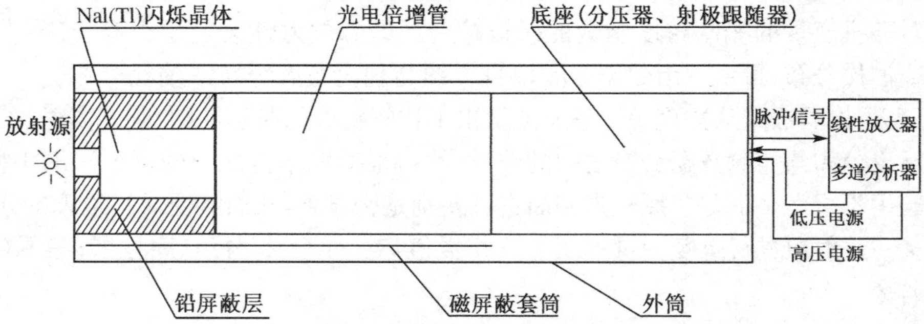

图 12-2 NaI(Tl)闪烁探测器

12.5 预习思考题

(1) 什么是放射性核衰变的统计性？它服从什么规律？

(2) 放射性测量实验中要注意哪些实验安全问题？

12.6 实验内容及实验步骤

(1) 测量 NaI(Tl)闪烁晶体探测器的计数率随工作变化的关系曲线。实验步骤如下：

① 连接各仪器设备，对实验现象进行粗测，判断工作是否正常；

② 测量 NaI(Tl)闪烁探测器的坪曲线，选择适当的工作电压。

(2) 在相同的实验条件下，重复测量放射源^{137}Cs 的放射性计数的频率直方图并与理论分布曲线作比较。实验步骤如下：

① 连接各仪器设备，检查完毕后接通电源，放置^{137}Cs γ 放射源，拧上盖子，摇动丝杆左侧的手柄，使探测器大致对准放射源的出射口，对实验现象进行粗测，判断工作是否正常。注意连线是否正确，探测器与放射源的几何位置是否合理。两者不宜离开太远，探测器前狭缝大致对准源的出射孔；

② 选择 NaI(Tl)闪烁探测器的工作参数。调节工作电压和放大倍数，使^{137}Cs 0.661 MeV 的光电峰位于 180～220 道之间，固定此时实验所用的工作电压和放大倍数，稳定 10 min 以上

再开始测量(光电倍增管的放大倍数与所加高压的七次方成正比,即 $M \propto V^7$,因此 $\Delta M/M = 7 \cdot \Delta V/V$。本实验采用的高压稳定性好于 0.05%,因此由于高压不稳而带来的对放大倍数的影响小于 0.5%,对于 $\bar{N} = 1\,499$,带来的统计涨落小于 7.5,显著小于标准差的估计值 42,因此工作电压在 550～730 V 范围内选取可以得到满意的实验结果);

③ 点击统计规律测量程序软件的图标,启动该数据采集软件,在左上角的参数设置栏内,设置好串口号(1 或 2),每次测量的时间(如每次定时 5 s)和重复测量次数(如 200～400 次),便可开始自动采集数据。

(3) 用 χ^2 检验法检验放射性计数的统计分布类型。定时采集数据结束后,把采集的数据保存在指定的文件中,然后按软件要求进行数据处理。可以手工处理,也可以利用统计规律数据软件计算。本实验中有可能影响探测器探测效率的因素都必须严格保持不变,如工作点要保持稳定,高压值、放大倍数、探测器和源的几何位置及角度也不可改变等。

(4) 在相同条件下对本底进行重复测量,画出本底计数的频率分布图,并与理论分布曲线作比较。

12.7　实验安全和注意事项

(1) 闪烁探测器上的高压电源、前置电源、信号线严禁错接。开启多道分析仪后,将光电倍增管高压电源逐步增大,实验结束,应将减小电源电压后,再关闭电源。

(2) 放射源随用随开,用完即盖上。实验中,不要将 β 与 γ 放射源同时开启。装置的有机玻璃防护罩打开之前应先关闭 β 源,应防止 β 源强烈震动,以免损坏它的密封薄膜;使用放射源完成实验后,请洗手。

(3) 小心保护真空室薄膜,以防损坏密封薄膜。

12.8　实验数据的记录与处理

(1) 对所测数据分别计算平均值与子样方差,并求出标准误差,对实验装置是否存在统计误差以外的偶然误差因素作出判断。

(2) 对放射源 ^{137}Cs 测得的数据进行如下处理。

① 作频率直方图。频率直方图是一种简单直观的检验方法(图 12-3)。将一组测量数据按一定的区间分组,统计测量结果出现在各区间内的次数 f_i 或频率(f_i/ 总次数 A),以次数 f_i 或频率 f_i/A 为纵坐标,以测量值为横坐标,这样作出的图形在统计上称为频率直方图。将此图与理论的正态分布比较,就能粗略得出放射性衰变的计数分布规律是否是正态分布。

本实验中,测得 A 个数据后,计算算术平均值 $\bar{N}$ 和均方根差的估计值 S_x 为

$$S_x = \sqrt{\frac{\sum_{i=1}^{A} (N_i - \bar{N})^2}{A - 1}}$$

图 12-3 中,A 为总测量次数,将平均值 $\bar{N}$ 置于中央,以 $S_x/2$ 为组距把数据分组,算出相

应的实验组频率 f_i/A，以 $(N-\bar{N})/S_x$ 为横坐标，组频率为纵坐标，作频率直方图。

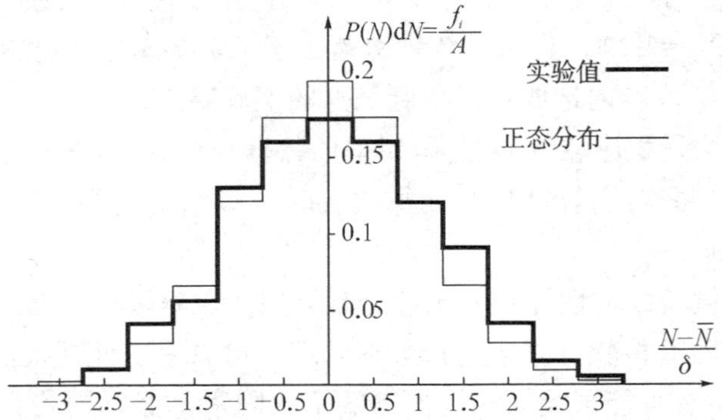

图 12-3　频率直方图

② 作理论分布曲线。若计数值服从正态分布，则可算出以 $S_x/2$ 为组距的各个相应的理论组的频率 P'_i，并画于图中。

$$P'_i=\frac{1}{\sqrt{2NS_x^2}}\exp\left[-\frac{(N-\bar{N})^2}{2S_x^2}\right]\mathrm{d}N \tag{12-11}$$

令 $x=\dfrac{N-\bar{N}}{S_x}$，则 $P'_i=\dfrac{1}{\sqrt{2N}}\exp\left(-\dfrac{x^2}{2}\right)\dfrac{\mathrm{d}N}{S_x}$；因 $\mathrm{d}N=\dfrac{S_x}{2}$，故

$$P'_i=\frac{1}{2\sqrt{2N}}\exp\left(-\frac{x^2}{2}\right) \tag{12-12}$$

③ 计算测量数据落在 $\bar{N}\pm\sigma$，$\bar{N}\pm2\sigma$，$\bar{N}\pm3\sigma$ 范围内的频数，并与理论值作比较。

④ 对数据进行 χ^2 检验。作本底的实验及理论分布曲线，并对此作 χ^2 检验。正确表示测得的结果，单次计数值与平均计数值。

12.9　思考题

(1) σ 的物理意义是什么？以单次测量值 N 来表示放射性测量值时，为什么是 $N\pm\sqrt{N}$？其物理意义又是什么？

(2) 为什么以多次测量结果的平均值来表示放射性测量时，其精确度要比单次测量值更高？

实验13

γ 射线的吸收与物质吸收系数 μ 的测定

13.1 引言

γ 射线一般是指波长短于 0.2 Å 的电磁波，它由原子核能级间的跃迁而产生，是继 α 射线和 β 射线后发现的第三种原子核射线。γ 射线波长比 X 射线短，因此具有更强的穿透能力，目前广泛应用于工业探伤、测厚、冶金、自动化、医疗等方面。研究不同物质对 γ 射线的线性吸收系数的测量方法，这对于在工业应用中对 γ 射线进行防护，以及利用 γ 射线准确检测各种容器内所储存的液体、浆体或固体物料的位置等方面都具有重要的意义。

13.2 实验目的

(1) 了解 γ 射线与物质相互作用的特性。

(2) 了解窄束 γ 射线在物质中的吸收规律及测量其在不同物质中的吸收系数。

13.3 实验原理

γ 射线拓展知识

13.3.1 γ 射线与物质相互作用

γ 跃迁可定义为一个核由激发态到较低的激发态、而原子序数 Z 和质量数 A 均保持不变的退激发过程。γ 辐射是处于激发态原子核损失能量的最显著方式，其产生的原因主要有：①衰变引起的副产品；②核反应；③基态激发。γ 射线会与被束缚在原子中的电子、自由电子、库仑场、核子等带电体发生相互作用，大部分作用是光电效应（图 13-1）、康普顿效应（图 13-2）、电子对效应（图 13-3）中的一种。

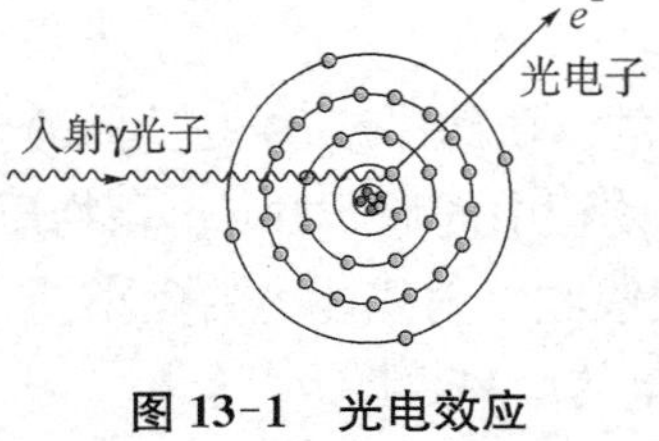

图 13-1　光电效应

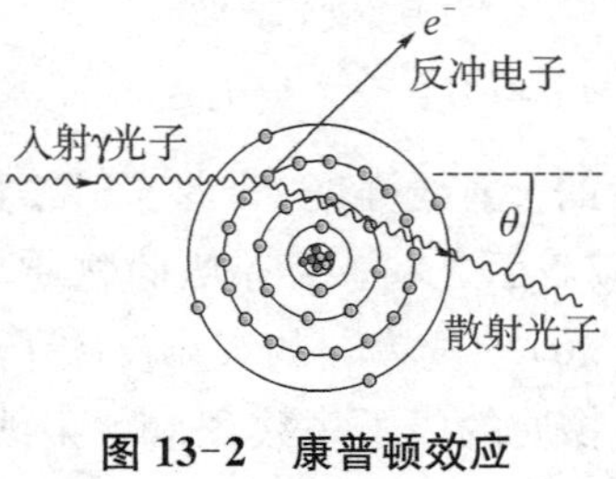

图 13-2　康普顿效应

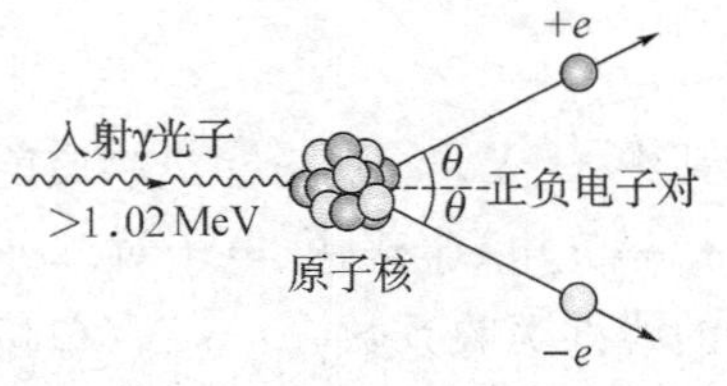

图 13-3　电子对效应

(1) 光电效应是原子吸收光子而放出电子的过程。它主要发生在 γ 射线能量低、吸收物质原子序数 Z 高的情况下。当入射光子能量大于电子在原子中的结合能时，光子将其全部能量传递给核外壳层电子时，能使这些电子脱出，如果入射光子能量为 $h\upsilon$，所在壳层电子的结合能为 E_B，那么根据能量守恒，打出电子的动能 $E_e = E_\gamma - E_B = h\upsilon - E_B$。

(2) 康普顿效应是入射 γ 光子与物质中的电子相碰撞，把一部分能量交给电子，而 γ 光子本身被电子所散射，从而波长变长，这个反冲电子称为康普顿电子。当 γ 光子能量大大超过电子的结合能时（光子能量在 1 MeV 左右），以康普顿效应为主。光子最大散射角 ψ 可达 π，康普顿电子出射角 θ 最大可达 π/2，当 $\psi=0$ 时，$\theta=\pi/2$，康普顿电子动能最小，为零；当 $\psi=\pi$ 时，$\theta=0$，康普顿电子动能最大，散射光子能量最小。

(3) 电子对效应是当入射光子能量大于 $2mec^2$（即 1.022 MeV）时，在原子核或电子的库伦场中发生光子消失而产生一对正负电子的过程，它主要发生在 γ 射线能量高，吸收物质原子序数 Z 也高的情况下。

图 13-4 显示了按光子能量和原子序数表示的三种效应占优势的区域。

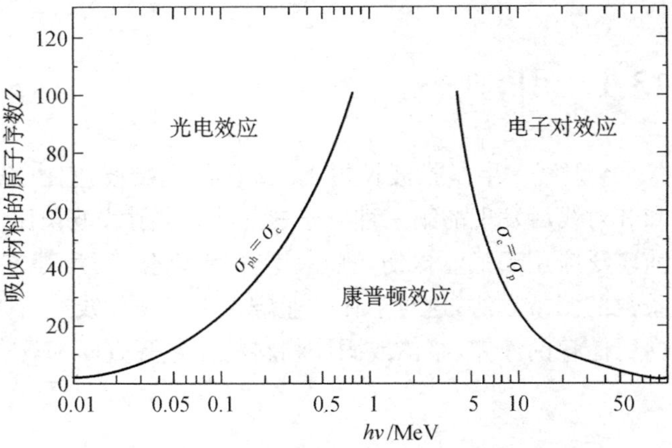

图 13-4　按光子能量和原子序数表示的三种效应占优势的区域

13.3.2　γ 射线与物质相互作用的特点

γ 射线一旦与吸收物质原子发生这三种相互作用，原来能量为 $h\nu$ 的光子就消失，或散射后能量改变，并偏离原来的入射方向；总之，一旦发生相互作用，就从原来的入射 γ 束中移去。γ 射线与物质原子间的相互作用只要发生一次碰撞就是一次大的能量转移；它不同于带电粒子在物质中逐渐损失能量，最后停止下来，有射程概念；γ 射线穿过物质时，强度逐渐减弱，按指数规律衰减，不与物质发生相互作用的光子穿过吸收层，其能量保持不变，因而没有射程概念可言，但可用半吸收厚度来表示 γ 射线对物质的穿透情况。

本实验研究的主要是窄束 γ 射线在物质中的吸收规律。所谓窄束 γ 射线是指不包括散射成份的射线束，通过吸收片后的 γ 光子，仅由未经相互作用或称为未经碰撞的光子所组成。

13.3.3　γ 射线的吸收系数

窄束 γ 射线在穿过物质时，由于上述三种效应，其强度就会减弱，这种现象称为 γ 射线的吸收。γ 射线强度随物质厚度的衰减服从指数规律，即

$$I = I_0 e^{-\sigma_r N x} = I_0 e^{-\mu x} \tag{13-1}$$

其中，I_0，I 分别是穿过物质前、后的 γ 射线强度，x 是 γ 射线穿过的物质的厚度（单位为 cm），σ_r 是光电、康普顿、电子对三种效应截面之和，N 是吸收物质单位体积中的原子数，μ 是物质的线性吸收系数 $\mu=\sigma_r N$（单位为 cm）。显然 μ 的大小反映了物质吸收 γ 射线能力的大小。

需要说明的是，吸收系数 μ 是物质的原子序数 Z 和 γ 射线能量的函数，且：

$$\mu = \mu_{ph} + \mu_c + \mu_p \tag{13-2}$$

式中，μ_{ph}，μ_c，μ_p 分别为光电、康普顿、电子对效应的线性吸收系数；其中：$\mu_{ph} \propto Z^5$，$\mu_c \propto Z$，

$\mu_p \propto Z^2$（Z 为物质的原子序数）。γ 射线与物质相互作用的三种效应的截面都是随入射 γ 射线的能量 E_γ 和吸收物质的原子序数 Z 而改变。γ 射线的线性吸收系数 μ 是三种效应的线性吸收系数之和。图 13-5 给出了铅对 γ 射线的线性吸收系数与 γ 射线能量的线性关系。

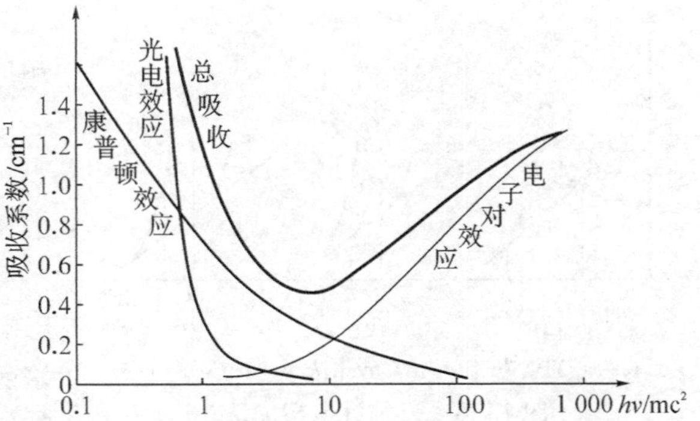

图 13-5　铅对 γ 射线的吸收系数和能量的关系曲线

实际工作中常用质量厚度 R (g/cm²) 来表示吸收体厚度，以消除密度的影响。因此式(13-1)可表达为

$$I = I_0 e^{-\mu_m R/\rho} \tag{13-3}$$

由于在相同的实验条件下，某一时刻的计数率 N 总与该时刻的 γ 射线强度 I 成正比，又对式(13-3)取对数得

$$\ln N = -\frac{\mu_m}{\rho}R + \ln N_0 \tag{13-4}$$

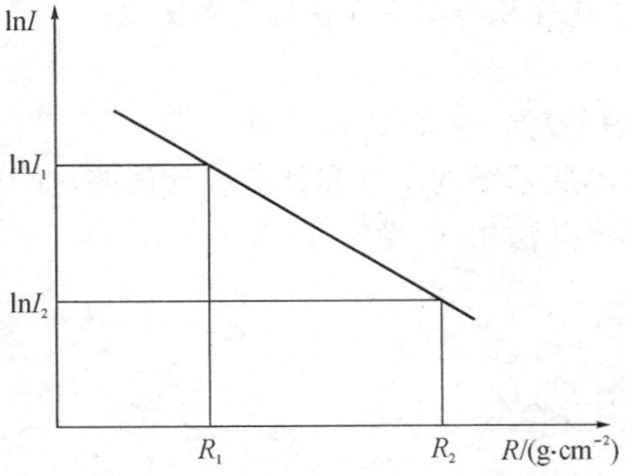

图 13-6　γ 放射源强度与吸收体质量密度关系曲线

由此可见，如果将吸收曲线在半对数坐标纸上作图，将得出一条直线，如图 13-6 所示。μ_m/ρ 可以从这条直线的斜率求出，即

$$-\frac{\mu_m}{\rho} = \frac{\ln N_2 - \ln N_1}{R_2 - R_1} \tag{13-5}$$

物质对 γ 射线的吸收能力也经常用半吸收厚度表示。所谓半吸收厚度就是使入射的 γ 射线强度减弱到一半时吸收物质的厚度，记作

$$d_{\frac{1}{2}} = \frac{\ln 2}{\mu} = \frac{0.693}{\mu} \tag{13-6}$$

13.3.4　光电峰净面积的计算

要求出材料对 γ 射线的质量吸收系数，必须先计算光电峰净面积 $A_i = A_g - A_b$。式中，A_g 为光电峰的毛面积，是峰谷之间（含峰谷）每道计数之和；A_b 为本底面积，是全能峰两边峰谷连线组成的直角梯形面积。如图 13-7 所示。

下面介绍计算光电峰净面积的方法。

确定峰面积有很多方法，原则上可分两类，第一类称为计数相加法，即把峰内测到的各道计数按一定公式相加，方法简单，但只适于确定单峰面积；第二类称为函数拟合法，即将所测到的数据拟合与一个函数，然后积分这个函数得到峰面积，此方法比较准确，也适于重迭峰，但计算工作量较大。因为，我们用以测吸收系数和测厚的是 ^{137}Cs，^{60}Co 源的全能峰，峰形比较简单，为了计算方便，可采用计数相加法。

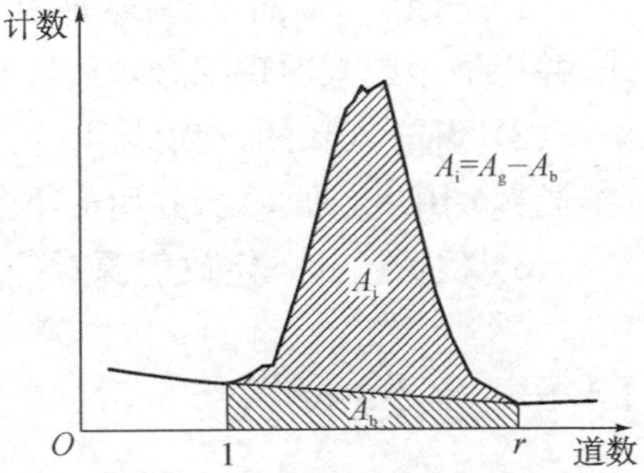

图 13-7　光电峰

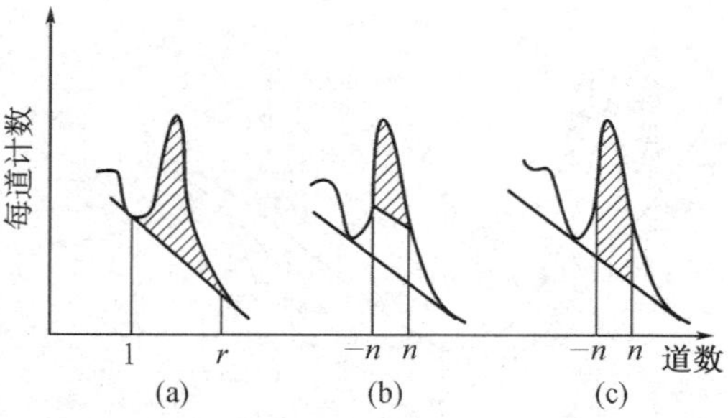

(a) TPA法　(b) Covell法　(c) Wasson法

图 13-8　三种计数相加法

按照本底扣除和边界道选取方法的不同，计数相加法主要可分为以下几种方法，如图13-8所示。

1）全峰面积法(TPA 法)

取两边峰谷 l、r，把 l 道至 r 道的所有脉冲计数相加，直线以下的计数作为本底扣除。

这种方法的误差受本底扣除的方式及面积的影响较大；但该方法利用了峰内全部的脉冲数，受峰的漂移和分辨率变化的影响最小，同时也比较简单。

2）Covell 法

该方法是在峰的前后沿上对称地选取边界道，并以直线连接峰曲线上相应于边界的两点，把此直线以下的面积作为本底扣除。

此方法提高了峰面积与本底面积的比值，结果受本底不确定的影响较小。但 n 的选择对结果的精度有较大的影响，n 太大，失去采用道数较少的优点；若 n 选得太小，则容易受峰漂和分辨率变化的影响，同时 n 太小则基线较高，从而降低了峰面积与本底面积的相对比值。

3）Wasson 法

该法边界道的取法与 Covell 法一样，但本底基线选择较低，与 TPA 法一样。

这一方法进一步提高了峰面积与本底面积的比值，本底基线的不准和计数统计误差对峰面积准确计算的影响较小；而受分辨率变化的影响与 Covell 法相同，没有 TPA 法好。

此外，^{60}Co 有 1.17 MeV，1.33 MeV 的双峰，本实验中可以分别进行实验，也可取它们的平均值 1.25 MeV，并在本底的扣除中采用图 13-9 的方式。

^{60}Co 1.17 MeV，1.33 MeV 两个光电峰相交处是两个峰的叠加，而每个峰都有其自己的康普坪，致使本底情况比较复杂。实际运算中分别确定两个峰的峰谷，连线成两个梯形作为本底比较近似。

在具体的实验数据处理中，推荐用 TPA 方法处理就可以了。

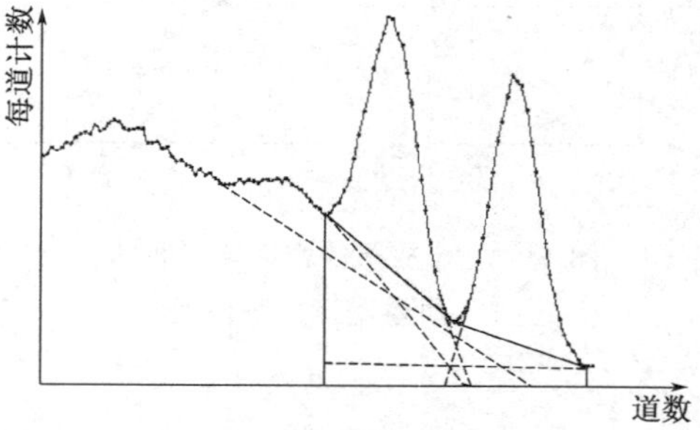

图 13-9　^{60}Co 源双峰本底

13.4　实验内容

(1) 测量^{137}Cs 的 γ 射线(取 0.661 MeV 光电峰)在一组吸收片(铅、铜或铝)中的吸收曲线，并用最小二乘原理拟合求线性吸收系数。

(2) 测量^{60}Co 的 γ 射线(取 1.17、1.33 MeV 光电峰或 1.25 MeV 综合峰)在一组吸收片(铅或铜)中的吸收曲线，并用最小二乘原理拟合求线性吸收系数。

(3) 根据已知一定放射源对一定材料的吸收系数来测量该材料的厚度。

13.5　实验装置

实验仪器主要包括：①NaI(Tl) 闪烁探测器；②γ 放射源(^{137}Cs，^{60}Co)；③高压电源、放大器和多道脉冲幅度分析器；④吸收片等实验材料。

做 γ 射线吸收实验的一般做法是如图 13-10(a)所示，在源和探测器之间用中间有小圆孔的铅砖作准直器。吸收片放在准直器中间，前部分铅砖对源进行准直；后部分铅砖则滤去 γ 射线穿过吸收片时因发生康普顿散射而偏转一定角度的那一部分射线。这样的装置体积比较大，且由于吸收片前后两个长准直器使放射源与探测器的距离较远，因此放射源的源强需在毫居里量级。但它的窄束性、单能性较好，因此可用闪烁探测器测量。

本实验中，在 γ 源的源强约 2 微居里的情况下，由于专门设计了源准直孔（$\phi 3$ mm×12 mm），基本达到使 γ 射线垂直出射（主要由于用多道脉冲分析器测 γ 能谱），就可起到去除 γ 射线与吸收片产生康普顿散射影响的作用。因此，实验装置就可如图 13-10(b)所示，这样的实验装置与图 13-10(a)相比，在轻巧性、直观性及放射性防护方面有其优点，但它需要使用多道分析器。

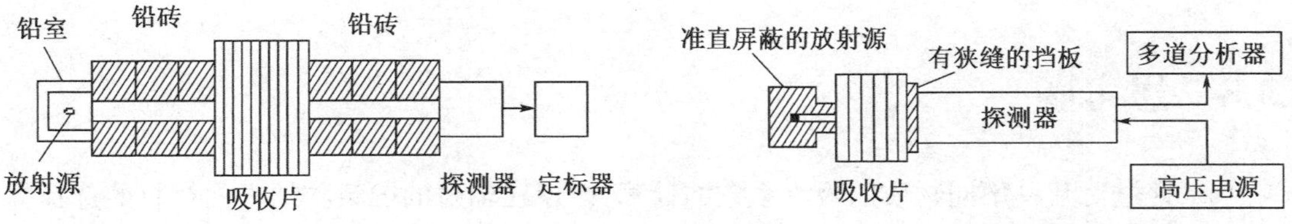

(a) 一般装置　　(b) 本实验装置

图 13-10　γ 吸收的装置

13.6　预习思考题

(1) 解释 γ 吸收过程。分析 γ 射线与 X 射线、γ 吸收与 X 吸收有何异同。

(2) 说明 γ 射线通过物质时无射程概念的原因，分析 γ 射线与物质相互作用机制。

(3) γ 射线在社会生产中有哪些应用？这些应用的物理基础为何？

13.7　实验步骤

(1) 将托架放置在放射源前端，调整放射源位置，使其出射口对准托架椭圆开口中；接下来调整闪烁探测器，使探测器中心与出射口位于一条直线上。

(2) 选取合适的高压、放大数值，使 ^{137}Cs 的谱形处于合理位置（一般 0.661 MeV 光电峰要达到多道分析范围的 40%；对取道数为 512 时，0.661 MeV 光电峰峰位约为 200 道）。

(3) 在闪烁探测器和放射源之间加上已知质量厚度的铝吸收片（若采用 6 块铝吸收片）。后调整探测器使探测器与放射源竟可能接近。接下来进行定时测量，时间预置选框中可设置测量时间为 900 s 或 1 200 s。

(4) 点击开始自动测量按钮。在测得谱线上，将光电峰设置在感兴趣区，先后设置起点与终点。此时可看见感兴趣区谱线被加红，可计算出峰面积（这里采用全面积法）。注意感兴趣区选定后，测量过程中不能发生变化。记录感兴趣区总面积、感兴趣区起始点与终点的道数与计数（用于本底面积扣除）。

(5) 从托架上取出两块铝吸收片，保持探测器与放射源间距离不变。在同样的定时时间内测量。测量结束后统计同一个感兴趣区的总面积(此时理论上面积应当增大而峰位置未移动)，同时须记录感兴趣区起始点与终点的道数与计数。

(6) 再依次取走两块铝吸收片，步骤同上，测量得到相应感兴趣区总面积、感兴趣区起始点与终点的道数与计数(吸收片全取走测得结果即为射线强度 I_0)。

(7) 计算所要研究的光电峰净面积 $A_i = A_g - A_b$，每个 A_i 对应公式中的 I_i、N_i。

(8) 分别用作图法和最小二乘法计算吸收片材料的质量吸收系数。

(9) 依照上述步骤再测量 Pb 对 ^{137}Cs 的 γ 射线(取 0.661 MeV 光电峰)的质量吸收系数。

(10) 同上述步骤测量 Pb、Al 对 ^{60}Co 的 γ 射线(取 1.17 MeV，1.33 MeV 光电峰或 1.25 MeV综合峰)的质量吸收系数。(选做)

(11) 利用 Al 对 ^{137}Cs 的 γ 射线(取 0.661 MeV 光电峰)的质量吸收系数测 Al 片厚度。(选做)

13.8 思考题

(1) 通过对几种不同物质的吸收系数的计算，谈谈在辐射的屏蔽防护方面材料的选择。

(2) 物质对 γ 射线的吸收系数与哪些因素有关?

(3) 分析三种不同的本底扣除方法对实验结果误差的影响及原因。

13.9 拓展实验设计参考

利用数值拟合方法计算 Co 双峰(图 13-11)对应的吸收系数 γ 射线衰减规律(某一时刻计数率 N 与该时刻的射线强度 I 成正比)

$$N = N_0 e^{-u\frac{R}{\rho}} \tag{13-7}$$

其中，u 吸收系数，R 为质量厚度。

则吸收系数为

$$u = -\frac{\rho}{R}\ln\frac{N}{N_0} \tag{13-8}$$

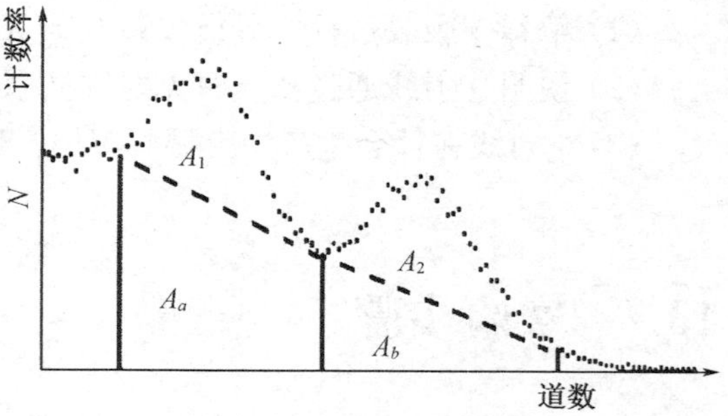

图 13-11　^{60}Co 双峰

式(13-8)适用于计算单一能量的 γ 射线的吸收系数。对于像 Co 放射源发出的 γ 射线包含两种能量：1.17 MeV 的射线 1 与 1.33 MeV 的射线 2。由式(13-7)知

$$N_0 e^{-ux} = aN_0 e^{-u_1 x} + (1-\alpha)N_0 e^{-u_2 x} \tag{13-9}$$

式中，u_1，u_2 分别指射线 1，射线 2 的吸收系数，α 指射线 1 的初始强度与总强度之比。

由式(13-9)可得

$$u = \frac{\ln\left[a e^{-u_1 x} + (1-a)e^{-u_2 x}\right]}{-x} \tag{13-10}$$

其中，α 可表示为

$$a=\frac{I_{10}}{I_0}=\frac{N_{10}}{N_0} \tag{13-11}$$

根据式(13-11)可通过测量初始时射线 1，2 强度确定 α。测定 u 与 x 之间关系后，可利用数值拟合的方法确定两射线各自的吸收系数 u_1，u_2。

这里可采用 Mathematica 计算软件里的 Find-Fit 函数做数值拟合。有兴趣的同学，可自行查阅文末提供的参考文献。

13.10　拓展资料

(1) 几种材料对 ^{137}Cs、^{60}Co 两种 γ 射线的线性吸收系数如下表 13-1、表 13-2 所示。

① $E=0.661$ MeV

表 13-1

材　料	$\rho/(\mathrm{g\cdot cm^{2}})$	$\mu/\mathrm{cm^{-1}}$	材　料	$\rho/(\mathrm{g\cdot cm^{-2}})$	$\mu/\mathrm{cm^{-1}}$
Pb	11.34	1.213	Al	2.7	0.194
Cu	8.9	0.642	Fe	7.89	0.573

② $E=1.25$ MeV

表 13-2

材　料	$\rho/(\mathrm{g\cdot cm^{-2}})$	$\mu/\mathrm{cm^{-1}}$	材　料	$\rho/(\mathrm{g\cdot cm^{-2}})$	$\mu/\mathrm{cm^{-1}}$
Pb	11.34	0.674	Al	2.7	0.150
Cu	8.9	0.474	Fe	7.89	0.424

(2) 用本实验装置进行 γ 射线在物质中的吸收规律实验所得谱形如图 13-12(a)和图 13-12(b)所示。

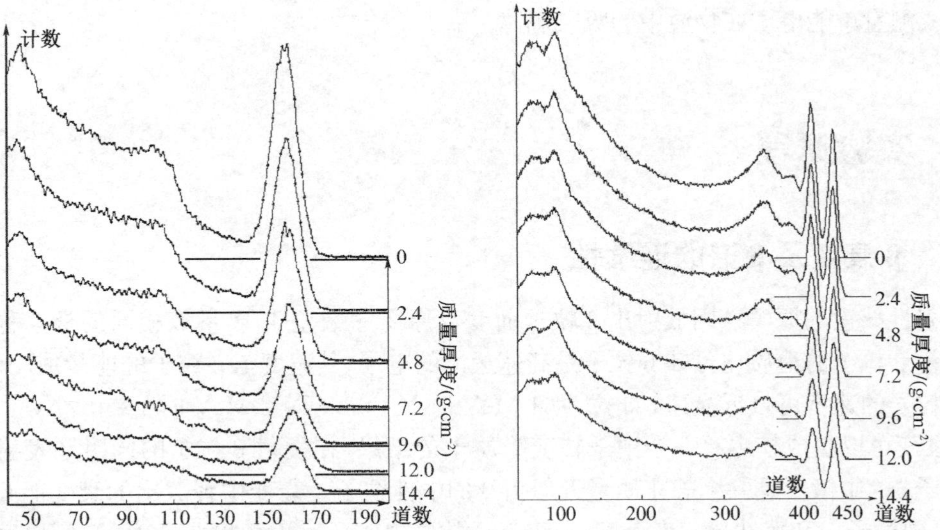

(a) ^{137}Cs 全能峰　　(b) ^{60}Co 全能峰

图 13-12　^{137}Cs 和 ^{60}Co 的全能峰随铅吸收片厚度的增加而减弱

实验 14

单能电子物质阻止本领$\frac{1}{\rho}\left(\frac{\mathrm{d}E}{\mathrm{d}x}\right)$和半吸收厚度的测定

14.1 引言

β射线是高速运动的电子流 e，贯穿能力很强，电离作用弱，β粒子是指当放射性物质发生β衰变，所释出的高能量电子，其速度可达至光速的 99%。在β衰变过程当中，放射性原子核通过发射电子和中微子转变为另一种核，产物中的电子就被称为β粒子。在正β衰变中，原子核内一个质子转变为一个中子，同时释放一个正电子，在负β衰变中，原子核内一个中子转变为一个质子，同时释放一个电子，即β粒子。发生β衰变的放射性核素所发射的β粒子的能量一般在4 MeV以下。

14.2 实验目的

(1) 了解β粒子与物质相互作用的特性。
(2) 了解β粒子在物质中能量损失的方式。
(3) 测量单能电子在物质中的阻止本领，利用阻止本领测量薄膜的厚度。
(4) 测量单能电子在物质中的吸收规律。

14.3 实验原理

14.3.1 β衰变及β谱的连续性

放射性核素的原子核因放射出β粒子而变为原子序数差 1、质量数相同的核素称为β衰变。测量β粒子的荷质比可知β粒子是高速运动的电子，其速度与β粒子的能量或动量有关。高能β粒子的速度可接近光速，如 pc 为 1 MeV 时 $V=0.89$ C，2 MeV 时 $V=0.97$ C。

β衰变可以看成核中有一个中子转变为质子的结果，在发射β粒子的同时还发射出一个反中微子 $\bar{\upsilon}$。中微子是一个静止质量近似为 0 的中性粒子。衰变中释放出的衰变能 Q 将被β粒子、反中微子 $\bar{\upsilon}$ 和反冲核三者分配；由于三个粒子之间的发射角度是任意的，所以每个粒子所携带的能量并不固定，β粒子的动能可以在零至 Q 之间变化，形成一个连续谱。图 14-1(a)为本实验所用的$^{90}_{38}$Sr—$^{90}_{39}$Y 源的衰变。$^{90}_{38}$Sr 的半衰期为 28.6 年，它发射的β粒子最大能量为

0.546 MeV。${}^{90}_{38}$Sr 衰变后成为${}^{90}_{39}$Y，${}^{90}_{39}$Y 的半衰期为 64.1 h，它发射的 β 粒子的最大能量为 2.27 MeV。因而${}^{90}_{38}$Sr—${}^{90}_{39}$Y 源在 0 至 2.27 MeV 的范围内形成一个连续的 β 谱，如图 14-1(b)所示，其强度随着动能的增加而减弱。

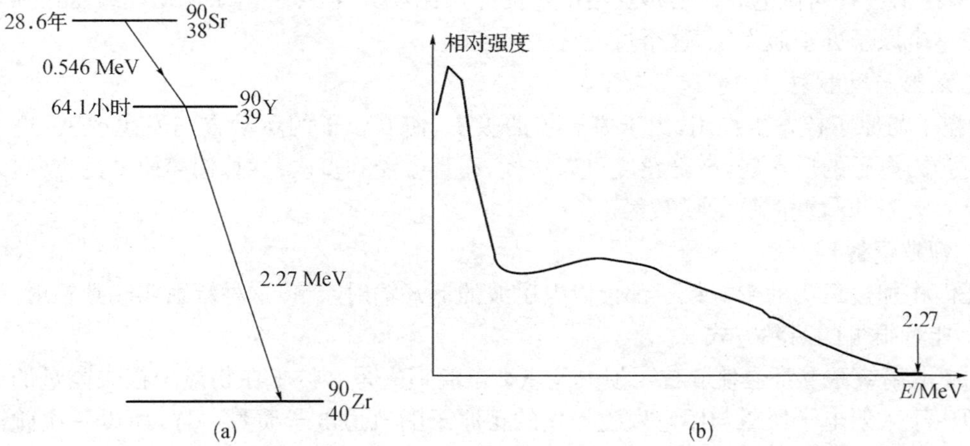

(a)　　(b)

图 14-1　${}^{90}_{38}$Sr—${}^{90}_{39}$Y 源的衰变和 β 谱

14.3.2　β 射线的防护

由于 β 谱是连续谱，因而一般近代物理实验中只测 β⁻ 粒子的吸收和散射。利用本实验装置可以容易地进行这方面的研究。图 14-2 和图 14-3 显示了吸收体材料——铝和有机玻璃对 β 射线的吸收（源强度：1 毫居里，测量时间已归一化处理）。对于同一种吸收体，β 源越强，保证安全所需的屏蔽材料越厚；对同一种 β 源，不同的吸收体对其阻挡的本领是不同的。可见，吸收材料厚度为 5 mm 时已经起到了很好的屏蔽作用。

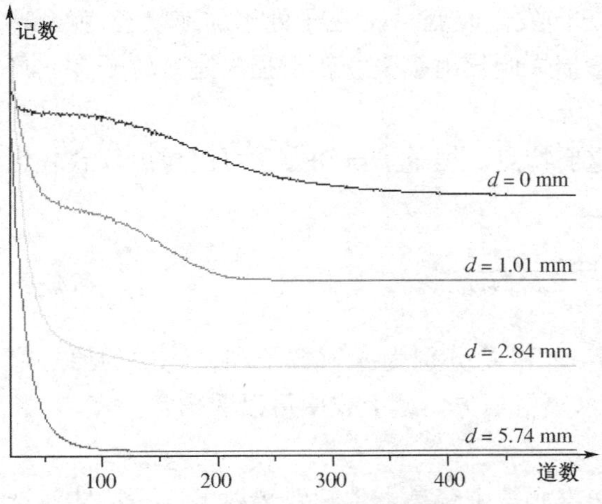

图 14-2　^{90}Sr—^{90}Y β 谱随吸收体(铝)厚度增加而减弱

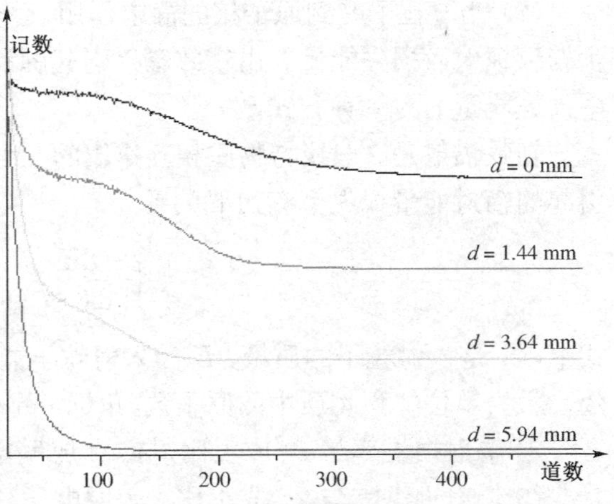

图 14-3　^{90}Sr—^{90}Y β 谱随吸收体(有机玻璃)厚度增加而减弱

14.3.3　β 射线与物质的相互作用

β 射线（包括负电子和正电子）是轻带电粒子，电子与靶原子的作用类型主要有电离、激发、散射和轫致辐射，能量的损失主要由电离、激发和辐射引起。

1. 电离与激发

电子通过靶物质时，与核外电子的库仑场作用(非弹性碰撞)，把部分能量转移给核外电子，若这个能量足以使核外电子克服原子核束缚而脱离，原子就被分离成一个自由电子和一个正离子，这个过程叫做电离。若传递给电子的能量比较少，但可使电子从低能级跃迁到较高能级上使整个原子处于激发态，这个过程称为激发。

2. 散射与反散射

β粒子与原子核发生作用，由于原子核的吸引，使β粒子的运动方向发生改变，这个过程叫散射。因电子的质量轻，散射角度可以很大，而且会受到多次散射，偏离原来的方向，最后散射角可以大于90°，此时称为反散射。

3. 韧致辐射

任何作加速运动的带电粒子都会以电磁波的形式辐射能量，这种辐射叫韧致辐射。

4. 能量损失的两种方式

(1) 电离或激发都会使β粒子损失能量。电离损失是β粒子在物质中损失能量的重要方式。但由于入射电子质量与跟它发生作用的靶原子的轨道电子质量一样，所以一次碰撞可能损失很大能量(最大能量转移可为电子能量的一半，大多数情况下的平均能量转移为几个keV)。碰撞后入射电子运动方向会有较大的改变。

由非弹性碰撞所引起的电子能量损失的表达式，在低能时为

$$\left(-\frac{\mathrm{d}E}{\mathrm{d}x}\right)_{\mathrm{e}}=\frac{4\pi e^4}{m_0 v^2}NZ\left(\ln\frac{2m_0 v^2}{I}-1.232\,9\right) \tag{14-1}$$

在高能时，考虑相对论效应，表达式还要更复杂一些。电子的$\left(-\frac{\mathrm{d}E}{\mathrm{d}x}\right)_{\mathrm{e}}$与粒子的速度平方成反比，在能量相同的情况下，电子的速度比α粒子的速度大得多。因而电子的电离损失率比α粒子要小得多，穿透物质的能力也比α粒子大得多。

(2) 当β粒子受到原子核的静电作用，运动方向发生改变时，β粒子处于加速状态，就会产生韧致辐射而损失能量。由韧致辐射引起的能量损失叫辐射损失。辐射损失是β粒子在物质中损失能量的另一种方式。

韧致辐射是β射线与物质相互作用的一个重要特点。据量子电动力学可以得出韧致辐射引起的辐射能量损失率有如下关系：

$$\left(\frac{-\mathrm{d}E}{\mathrm{d}x}\right)_{\mathrm{rad}}\propto\frac{z^2}{m^2}Z^2NE \tag{14-2}$$

式中，m 是入射粒子的质量，E 为入射粒子能量，z 和 Z 分别为入射粒子和靶物质的原子序数，N 为单位体积物质中的原子数，角标 rad 表示辐射损失。从上式中可以看出：

① 辐射损失率与 z^2 成正比，与 m^2 成反比。

② 辐射损失率与 Z^2 成正比。表明电子打在重元素中容易发生韧致辐射。这一特性对选择合适的材料来阻挡β射线很重要。因为电离损失率与 Z 成正比，从电离损失考虑，采用高 Z 元素来阻挡β射线，然而这会产生很强的韧致辐射，反而起不到防护作用，所以应采用低 Z 元素防护β射线。

③ 辐射损失率与粒子能量 E 成正比。

14.3.4 单一能量电子的获得

众所周知，β射线的能谱是连续谱，如何才能获得单能电子呢？应用本实验装置的β半圆聚焦磁谱仪来分离β射线可以获得单能电子。图 14-4 所示为探测器接收到的单能电子的谱形。谱形的前端翘起的部分主要是韧致辐射，中部凹下的一段是韧致辐射和低能电子，计数最高处为单能电子峰。

NaI(Tl)闪烁晶体探测器在不同的 Δx 处接收到不同动量 $p=mv=eB\Delta x/2$ 的单能电子，固定探测器于某一 Δx 处(即对应于某一能量的单能电子)时，可以在多道显示器上观察到出射电子的单能电子峰及在出射电子与探测器之间插入不同厚度铝箔时的能谱，如图 14-4 所示。由谱形可知，β射线经过物质吸收后不仅强度减小，能量也在降低。此特性与γ射线是不同的。

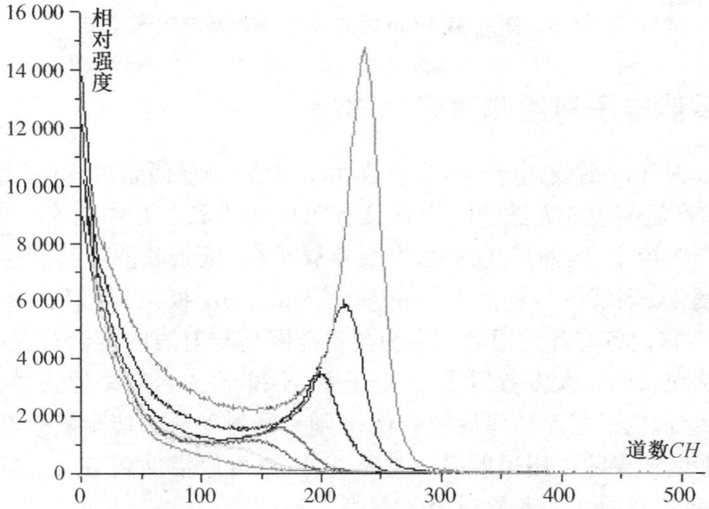

图 14-4 插入不同厚度的铝箔得到的单能电子能谱

14.3.5 物质的阻止本领 $\frac{1}{\rho}\left(\frac{dE}{dx}\right)$ 的测定

阻止本领是用来描述入射带电粒子在介质中每单位长度路径上损失的平均能量的物理量，是研究带电粒子与物质相互作用的主要内容之一。

在一般能量范围内，如 $E<10$ MeV，β粒子在物质中，主要由电离、激发和韧致辐射损失能量，其中，碰撞阻止本领对应电离损失，记作 $\left(\frac{dE}{dx}\right)_{col}$；辐射阻止本领对应辐射损失，记作 $\left(\frac{dE}{dx}\right)_{rad}$；总阻止本领 $\left(\frac{dE}{dx}\right)$ 为 $\left(\frac{dE}{dx}\right)_{col}$ 与 $\left(\frac{dE}{dx}\right)_{rad}$ 之和。为了消除吸收材料密度的影响，常用质量阻止本领 $\frac{1}{\rho}\left(\frac{dE}{dx}\right)$ 来表示，它可以通过实验，测得一定能量的单能电子在物质中的能量损失而求得。

利用插入已知厚度的吸收物质(例如插入 41.1 μm Al 膜)后单能电子能量的变化(峰位的变化)来测量物质对单能电子的阻止本领，如图 14-5 所示。同样道理，作为核技术的应用也可以根据已知材料的 $\frac{dE}{dx}$ (单位路程上的能量损失)数值，由实验测定该材料的厚度。

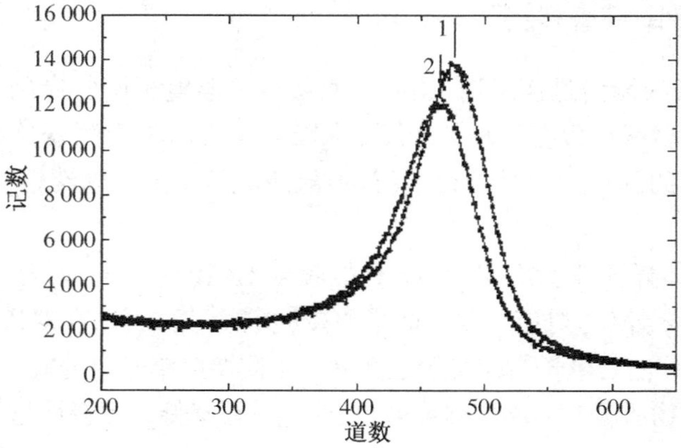

图 14-5　插入 41.1 μm 厚的 Al 箔前后单能电子能谱

14.3.6　利用单能电子射线测薄膜的厚度

利用放射线（α 射线，β 射线，电子束，X 射线和 γ 射线）测量薄膜、板材和容器壁等的厚度是现代工业和实验室广泛使用的方法。因为它具有非接触式和不必中断生产的优点，特别适宜应用在自动化生产监控中，例如某些钢铁、有色金属带材，纸张和塑料薄膜生产过程的厚度和均匀度的自动控制。α 射线的测量范围是 $\mu g/cm^2 \sim mg/cm^2$ 级，β 射线是 $mg/cm^2 \sim g/cm^2$ 级，γ 是 g/cm^2 级以上，它们各有各的用途。因为测量范围是与射线的能量有关的，实际上各种射线测量范围彼此是交叉的。大多数射线（β、电子束、X 和 γ）的透射率随膜材、板材的厚度增加而减小，也可测量它们的反射率随厚度的变化；α 则是测量射线的能量随膜厚增加而减小。因此单能电子束除了用透射率法测厚度外，也可以借助测量射线能量随膜厚度变化来测厚度，这是本实验要讨论的方法。

关于阻止本领和射程的理论计算说明

利用本实验装置测定单能电子在物质中的能量损失可以反推薄膜的厚度，前提是要预先知道该材料的阻止本领数值（它随能量而变）。阻止本领数值可以用实验测量，也可利用理论计算得到。14.10 节中给出了佩吉斯（L. Pages）等人的一些计算结果（计算方法参见右边二维码）。单能电子通过薄层 Δx 的能量损失：

$$\Delta E = \frac{1}{\rho}\left(\frac{\mathrm{d}E}{\mathrm{d}x}\right)\Delta x\rho \tag{14-3}$$

则

$$\Delta x\rho = \frac{\Delta E}{\left(\dfrac{\mathrm{d}E}{\mathrm{d}x}\right)} \tag{14-4}$$

积分可得到薄膜的厚度

$$T = \frac{1}{\rho}\int_{E_1}^{E_0} \frac{\mathrm{d}E}{\left(\dfrac{\mathrm{d}E}{\mathrm{d}x\rho}\right)} \tag{14-5}$$

式中，E_0 为单能电子的初始能量，E_1 为单能电子经薄膜衰减后的能量。

由此，只要测出单能电子的初始能量与待测薄膜衰减后的能量，使用实验测得的 $\frac{1}{\rho}\left(\frac{\mathrm{d}E}{\mathrm{d}x}\right)$ 或由 14.10 节中表（1），（2）和（3）做线性插值求得某一能量对应的物质阻止本领值，采用梯形积分法求出积分，即得薄膜厚度。

14.3.7　单能电子的半吸收厚度测量

利用β射线监测大气颗粒物浓度

1. 半吸收厚度

电子和物质作用时，由于把能量传给核外电子使物质原子电离和激发或辐射 γ 光子，电子的能量逐渐减少，速度越来越慢，最后就会停留在这种物质中，即电子被这种物质吸收了。电子沿原来运动方向所能穿过的最大距离叫电子在这种物质中的射程。一般以 R 表示(注意射程与实际路程的差别)。

使电子的强度减弱一半(即 $I/I_0=1/2$) 的吸收层厚度，称为半衰减层厚度或半吸收厚度，也可以称作半价层 $\Delta_{1/2}$，记做 $d_{1/2}$。射程与半吸收厚度之间有一定的比例关系，它们都能反映物质对 β 射线的吸收能力，所以测量半吸收厚度对于 β 射线的屏蔽具有实际意义。

实验中，采取逐渐增加吸收物质厚度，直到电子的强度减弱到无吸收片时电子强度的一半，就可确定此能量电子的半吸收厚度。

2. 实验方法

电子强度的计数采用取峰位右侧总计数的方法。

在分析能量损失机制时已提到，由于电子与物质相互作用时会发生韧致辐射，而 NaI(Tl) 探测器对韧致辐射很灵敏，主要集中在能谱的前端，导致能谱前端上翘，如图 14-6 所示。

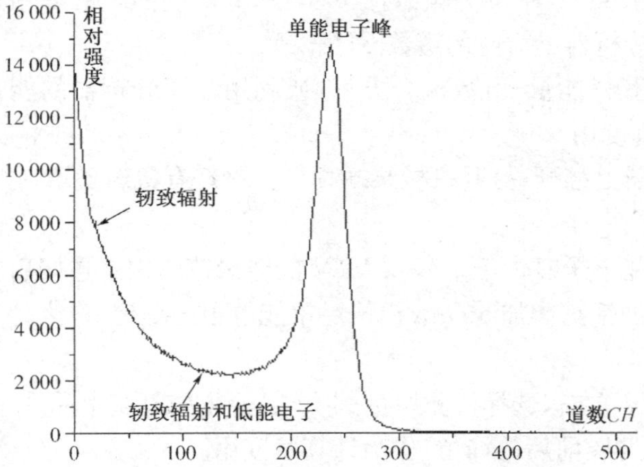

图 14-6　由多道显示器得到的单能电子能谱

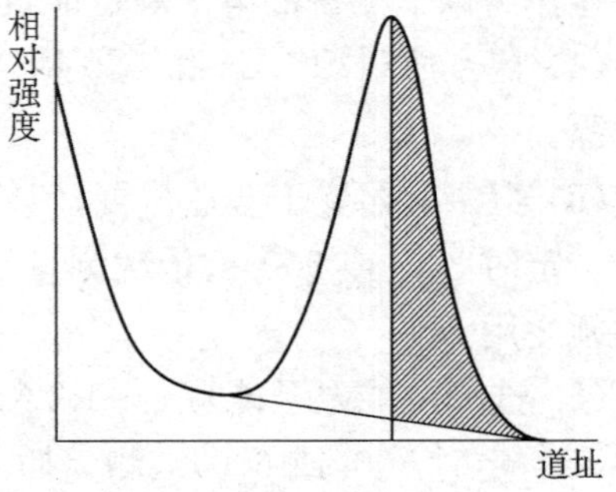

图 14-7　扣除本底

由于能量大于单能电子峰中心的那部分计数中受到韧致辐射的影响很小，所以只取峰位右侧总计数，并从中减去本底作为电子的强度，如图 14-7 中阴影部分所示，这样处理得到的实验结果较好。

14.4　预习思考题

(1) 为什么会出现单能电子峰?

(2) 为什么吸收强度采用取峰位右侧总计数方法?

(3) 单能电子能谱图的本底包含哪些辐射? 分别来自什么?

(4) 为什么铝箔的厚度增加会导致单能电子峰的峰值及其所对应的道数(能量)变小?

(5) 查询铝的第一电离能,判断 β 电子使其电离的难易程度。

14.5 实验内容及步骤

14.5.1 实验内容

(1) 测量铝箔对单能电子的阻止本领。

(2) 利用理论计算的阻止本领数据测量 PET 塑料薄膜的厚度。

(3) 测量单能电子在铝吸收体中的半吸收厚度。

14.5.2 实验步骤

(1) 打开电源,调节高压并放大到适当位置,稳定 30 min 左右(多道脉冲分析器总道数选在 512 道)。

(2) 对探测器进行能量定标。首先测^{60}Co 的 γ 能谱,当 1.33 MeV 全能峰的峰顶计数达到 1 000 以上后(尽量减少统计涨落带来的误差),记录 1.17 MeV 和 1.33 MeV 两个全能峰在多道能谱分析器上对应的道数 CH_2、CH_3;测^{137}Cs 的 γ 能谱,当 0.661 MeV 全能峰的峰顶计数达到 1 000 以上后,记录其在多道能谱分析器上对应的道数 CH_1。

(3) 对上述能峰作最小二乘拟合,获得能量-道数拟合方程,或利用多道分析器的能量刻度功能作为以下测量的电子峰位能量刻度用。

(4) 把 γ 放射源^{137}Cs 和^{60}Co 从仪器上移开,打开机械泵抽真空。罩好有机玻璃罩,打开 β 放射源。

(5) 把探测器置于合适位置,使单能电子峰位于 1～1.2 MeV 的能量范围内。选好后固定位置。定时 300(或 600)s,依次测量不加铝箔和加 50 μm 铝箔后单能电子的峰位,作为计算阻止本领之用。

(6) 选择单能电子能量 1～1.2 MeV 左右,选择待测厚度的 PET 薄膜(2～4 片,每片大约 265 μm),定时 300(或 600)s,测量插入薄膜前后的峰位,作为计算厚度用。

(7) 固定探头在 1～1.2 MeV 左右位置,定时 600 s,依次测量不加铝箔和加 300 μm, 350 μm, 400 μm, 450 μm, 500 μm 铝箔的能谱,记录右半峰计数并把谱图保存,用作半吸收厚度数据分析。

(8) 实验结束后,把 β 放射源关上,高压降为零后关闭。

14.6 实验注意事项

(1) 闪烁探测器上的高压电源、前置电源、信号线严禁错接。开启多道分析仪后,将光电倍增管高压电源逐步增大,实验结束,应减小电源电压后,再关闭电源。

(2) 放射源随用随开,用完即盖。实验中,不要将 β 与 γ 放射源同时开启。装置的有机玻璃防护罩打开之前应先关闭 β 源,应防止 β 源强烈震动,以免损坏密封薄膜;使用放射源完成实验后，请洗手。

(3) 小心保护真空室薄膜，以防损坏密封薄膜。

14.7　实验数据的记录与处理

本实验中单一能量电子的动能是通过 γ 射线对探测器的能量定标来确定的。因为探测器的 NaI(Tl)闪烁晶体容易潮解，因此在晶体的前表面用了 220 μm 的铝来密封。根据前面介绍的射线与物质相互作用的原理知道，这部分的铝对 γ 射线的能量并没有影响，只是使其强度稍为减弱；但却衰减了 β 射线能量，因此必须对多道测得的 β 射线能量给予修正，能量修正表如表 14-1 所示。

表 14-1　能量修正

E_2/MeV	E_1/MeV	E_2/MeV	E_1/MeV	E_2/MeV	E_1/MeV
0.317	0.200	0.887	0.800	1.489	1.400
0.360	0.250	0.937	0.850	1.536	1.450
0.404	0.300	0.988	0.900	1.583	1.500
0.451	0.350	1.039	0.950	1.638	1.550
0.497	0.400	1.090	1.000	1.685	1.600
0.545	0.450	1.137	1.050	1.740	1.650
0.595	0.500	1.184	1.100	1.787	1.700
0.640	0.550	1.239	1.150	1.834	1.750
0.690	0.600	1.286	1.200	1.889	1.800
0.740	0.650	1.333	1.250	1.936	1.850
0.790	0.700	1.388	1.300	1.991	1.900
0.840	0.750	1.435	1.350	2.038	1.950

注：E_1：探测器实测到的能量(即电子穿过探测器前 220 μm 铝膜后的能量)；
E_2：对探测器前 220 μm 铝膜的吸收作修正后的能量(即电子穿过真空室前的有机膜后的能量)。

14.7.1　单能电子的物质阻止本领 $\frac{1}{\rho}\left(\frac{dE}{dx}\right)$ 的测定

利用在出射电子与探测器之间插入 50 μm 铝箔后能峰的变化来计算单能电子的质量阻止本领，即求铝箔对能量为 $E=\frac{(E_0+E_1)}{2}$ 的单能电子的物质阻止本领

$$\frac{1}{\rho}\left(\frac{\mathrm{d}E}{\mathrm{d}x}\right)=\frac{E_0-E_1}{T\rho} \tag{14-6}$$

其中，T 为铝箔厚度；ρ 为铝的密度。

此处 E_0 是穿过 50 μm 铝膜前的能量，而 E_1 是穿过 50 μm 铝膜后的能量，因为质量阻止本

领随能量而改变，所以取其中值作为阻止本领对应的能量。

要求：根据参考数据中给出的铝对不同能量电子阻止本领计算能量为 $E=\dfrac{(E_0+E_1)}{2}$ 的单能电子的质量阻止本领的理论值，实验值与理论值比较，求相对偏差，将数据记录在表14-2中。如果只测量一个能量的阻止本领值，那探头固定在一个位置不变，表 14-2 只使用一列。

表 14-2　数据记录（$T_\rho=0.005\ \mathrm{cm}\times2.7\ \mathrm{g/cm^3}=0.013\,5\ \mathrm{g/cm^2}$）

Δx/cm								
铝箔厚度 /μm	0	50	0	50	0	50	0	50
峰位 / 道数								
E/MeV								
E 修正值 /MeV								
E 平均值$\left(\dfrac{E_0+E_1}{2}\right)$ /MeV								
$\dfrac{1}{\rho}\left(\dfrac{\mathrm{d}E}{\mathrm{d}x}\right)$ 实验值 /MeV · cm^2/g								
$\dfrac{1}{\rho}\left(\dfrac{\mathrm{d}E}{\mathrm{d}x}\right)$ 理论值 /(MeV · cm^2 · g^{-1})								
偏差 %								

14.7.2　薄膜厚度的测定数据处理

根据上面实验步骤(6)对待测厚度 PET 薄膜所测得的插入前后的道数 $\mathrm{CH_0}$ 和 $\mathrm{CH_1}$ 及根据能量刻度所得的最小二乘拟合方程，可确定薄膜插入前后的能量为 E'_0，E'_1，将此能量对探测器的 200 μm Al 窗的能量吸收作校正，求得经过校正的 PET 薄膜插入前后的真实能量为 E_0 和 E_1，待测 PET 薄膜引起的能量损失为(E_0-E_1)。按前述薄膜的厚度为

$$T=\frac{1}{\rho}\int_{E_1}^{E_0}\frac{\mathrm{d}E}{\dfrac{\mathrm{d}E}{\mathrm{d}x\rho}}\tag{14-7}$$

采用梯形积分法求出积分，即为薄膜的厚度。其中 $\dfrac{\mathrm{d}E}{\mathrm{d}x\rho}$ 的值由参考数据(2)做线性插值求得。将待测 PET 薄膜用千分卡尺测厚，它的密度为 1.35 g/cm^2，计算其质量厚度（或将上述实验结果转换为线性长度），并与实验结果比较。

注：如果测量铝或聚乙烯薄膜的厚度，可以利用参考数据(1)和(3)，如果测量完全未知阻止本领的材料的厚度，也找不到理论阻止本领的数据，可以按本实验方法，测出一套随能量而变的阻止本领数据，再按本节所述方法测定其厚度。

14.7.3　半吸收厚度的测量

在表 14-3 中记录无铝箔和依次插入 300 μm，350 μm，400 μm，450 μm，500 μm 铝箔后的能谱的右半峰总计数，用插值法求吸收强度降到一半所对应的铝箔厚度，与经验值比较，计算相对误差。

表 14-3　数据记录

探测器前 Al 箔厚度/μm	0	300	350	400	450	500
右半峰的总计数 $I_i(i=0, 1, 2, 3, 4, 5)$						
扣除本底的计数 $I'_i(i=0, 1, 2, 3, 4, 5)$						
$I'_i/I_0(i=1, 2, 3, 4, 5)$						

注：在此实验内容中，将没插入 Al 箔时电子计数作为 I_0，所以此时得到的能量值即可作为计算半吸收厚度理论值的能量，无需经过修正。半吸收厚度的经验值由参考数据经插值求得。

14.8　思考题

(1) 浅谈 β 射线与物质相互作用的类型。

(2) 对多道测得的 β 射线能量对真空室前的有机塑料薄膜可以不修正，为什么？

(3) 比较 γ、β 射线与物质相互作用机制的不同和防护材料的不同。

(4) 通过本次实验谈谈你对 β 射线防护的认识。

(5) 谈谈你对利用单能电子和 β 射线测量薄膜厚度的认识。

(6) 分析多道分析器总道数的选择对实验的影响。

(7) 分析真空度的影响及实验误差。

14.9　拓展实验设计参考

用 β 射线测量铝镀膜密度和均匀性

镀膜样品和铝箔的不同点在于，镀膜样品是附在衬底上的，因此需要测量衬底的吸收并作为本底，在处理数据时一同减去。根据公式(14-8)，我们只要用其他方法测得薄膜厚度(如椭圆偏振实验)，就可以测得薄膜密度。通过测量多个点的密度，就可以大致了解镀膜的致密程度和均匀性。

$$\rho=\frac{1}{T}\int_{E_1}^{E_0}\frac{\mathrm{d}E}{\left(\frac{\mathrm{d}E}{\mathrm{d}x\rho}\right)} \tag{14-8}$$

具体步骤只需要将实验步骤中的“测量不加铝箔的能谱图”替换为“测量电子透过衬底的能谱图”就可以完成，数据处理和前面实验类似，只需要将已知厚度代入公式即可求得铝镀膜密度。

14.10 拓展资料

（1）铝对不同能量（MeV）电子的阻止本领（MeV·cm²/g）（表 14-4）

表 14-4

E/MeV	0.35	0.40	0.45	0.50	0.55	0.60
$\frac{1}{\rho}/\left(\frac{\mathrm{d}E}{\mathrm{d}x}\right)$	1.751 7	1.686 5	1.638 1	1.601 5	1.573 5	1.551 8
E/MeV	0.65	0.70	0.75	0.80	0.85	0.90
$\frac{1}{\rho}/\left(\frac{\mathrm{d}E}{\mathrm{d}x}\right)$	1.534 8	1.521 6	1.511 3	1.503 4	1.497 3	1.492 7
E/MeV	0.95	1.00	1.25	1.50	1.75	2.00
$\frac{1}{\rho}/\left(\frac{\mathrm{d}E}{\mathrm{d}x}\right)$	1.489 4	1.487 2	1.494 1	1.501 0	1.512 2	1.523 3

（2）PET 对不同能量电子的阻止本领（MeV ·cm²/g）（表 14-5）

表 14-5

E/MeV	0.3	0.35	0.4	0.45	0.5	0.55
$\frac{1}{\rho}/\left(\frac{\mathrm{d}E}{\mathrm{d}x}\right)$	2.217 3	2.101	2.016 2	1.952 4	1.903 2	1.864 7
E/MeV	0.6	0.65	0.7	0.75	0.8	0.85
$\frac{1}{\rho}/\left(\frac{\mathrm{d}E}{\mathrm{d}x}\right)$	1.834	1.809 3	1.789 3	1.773	1.759 6	1.748 6
E/MeV	0.9	0.95	1	2		
$\frac{1}{\rho}/\left(\frac{\mathrm{d}E}{\mathrm{d}x}\right)$	1.739 5	1.732	1.725 9	1.714 6		

（3）乙烯对不同能量（MeV）电子的阻止本领（MeV·cm²/g）（表 14-6）

表 14-6

E/MeV	0.3	0.35	0.4	0.45	0.5	0.55
$\frac{1}{\rho}/\left(\frac{\mathrm{d}E}{\mathrm{d}x}\right)$	2.508 8	2.375 9	2.279	2.205 9	2.149 4	2.105 1
E/MeV	0.6	0.65	0.7	0.75	0.8	0.85
$\frac{1}{\rho}/\left(\frac{\mathrm{d}E}{\mathrm{d}x}\right)$	2.069 7	2.041 1	2.017 9	1.998 8	1.983 1	1.970 1
E/MeV	0.9	0.95	1	2		
$\frac{1}{\rho}/\left(\frac{\mathrm{d}E}{\mathrm{d}x}\right)$	1.959 3	1.950 4	1.943	1.922 9		

（4）不同能量（MeV）电子在铝中半吸收厚度的经验值（μm）（表 14-7）

表 14-7

E/MeV	1.0	1.1	1.2	1.3	1.4
$d_{1/2}$/ μm	300	390	420	450	480

实验 15

验证快速电子的动量与动能的相对论关系

15.1 引言

经典力学总结了低速物体的运动规律，它反映了牛顿的绝对时空观，即认为时间和空间是两个独立的观念，彼此之间没有联系；同一物体在不同惯性参照系中观察到的运动学量（如坐标、速度）可通过伽利略变换而互相联系。这就是力学相对性原理，即一切力学规律在伽利略变换下是不变的。

阿尔伯特·爱因斯坦

19 世纪末至 20 世纪初，人们试图将伽利略变换和力学相对性原理推广到电磁学和光学时陷入困境；实验证明对高速运动的物体伽利略变换是不适用的，实验还证明在所有惯性参照系中，光在真空中传播的速度为常数。

在这些实验研究和洛伦兹变换等理论研究的基础之上，爱因斯坦于 1905 年 9 月在德国《物理学杂志》上发表了《论动体的电动力学》一文，由此建立了狭义相对论。“狭义”表示它只适用于惯性参考系。这个理论的出发点是两条基本假设：狭义相对性原理和光速不变原理。爱因斯坦分析球面光波在两个相对做匀速直线运动的惯性坐标系里的传播时，猜想光波方程应具有相同的形式，从而推导出两个坐标系之间的变换关系，其形式为洛伦兹变换。

狭义相对论预言了牛顿经典物理学所没有的一些新效应（相对论效应），如时间膨胀、长度收缩、横向多普勒效应、质速关系、质能关系等。这些相对论性的动力学理论已经被许多实验所证实。

相对论是 20 世纪物理学的最伟大的成就之一，它标志着物理学的重大发展，使一些物理学的基本概念发生了深刻的变革。狭义相对论提出了新的时空观，揭示了高速运动物体的力学规律，揭露了质量和能量的内在联系，成为近代物理学的两大支柱之一。

利用 μ 子寿命验证时间膨胀效应

15.2 实验目的

（1）本实验通过测定快速电子的动量和动能，验证动量和动能之间的关系符合狭义相对论。

（2）学习 β 磁谱仪测量原理、闪烁计数器的使用方法及相关实验数据处理方法。

15.3 实验原理

15.3.1 狭义相对论中动量和动能的关系

爱因斯坦于 1905 年提出狭义相对论，并据此导出从一个惯性系到另一惯性系的变换方程即“洛伦兹变换”。

洛伦兹变换下，静止质量为 m_0，速度为 v 的物体，狭义相对论定义的动量 p 为

$$p=\frac{m_0}{\sqrt{1-\beta^2}}v=mv \tag{15-1}$$

式中，$m=m_0/\sqrt{1-\beta^2}$，$\beta=v/c$。

著名的狭义相对论质能关系中，能量 E 为

$$E=mc^2 \tag{15-2}$$

其中，mc^2 是运动物体的总能量。

当物体静止时 $v=0$，物体的能量为 $E_0=m_0c^2$ 称为静止能量；两者之差为物体的动能 E_k，即

$$E_k=mc^2-m_0c^2=m_0c^2\left(\frac{1}{\sqrt{1-\beta^2}}-1\right) \tag{15-3}$$

由式(15-1)和式(15-2)可得

$$E^2-c^2p^2=E_0^2 \tag{15-4}$$

这就是狭义相对论的动量与能量关系。而动能与动量的关系为

$$E_k=E-E_0=\sqrt{c^2p^2+m_0^2c^4}-m_0c^2 \tag{15-5}$$

这就是我们要验证的狭义相对论的动量与动能的关系。对高速电子其关系如图 15-1 所示，图中 pc 用 MeV 作单位，电子的 $m_0c^2=0.511$ MeV。

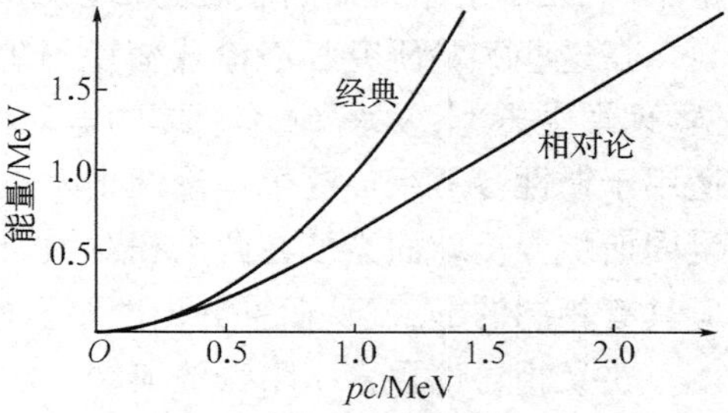

图 15-1　高速电子的动量与能量关系

式(15-3)可化为

$$E_k=\frac{1}{2}\frac{p^2c^2}{m_0c^2}=\frac{p^2c^2}{2\times0.511} \tag{15-6}$$

15.3.2　经典力学中动量和动能的关系

当 $\beta\ll1$ 时，式(15-3)可展开为

$$E_k=m_0c^2\left(1+\frac{1}{2}\frac{v^2}{c^2}+\cdots\right)-m_0c^2\approx\frac{1}{2}m_0v^2=\frac{1}{2}\frac{p^2}{m_0} \tag{15-7}$$

即得经典力学中的动量-能量关系。

15.4　实验装置

实验装置如图 15-2 所示，主要由以下部分组成：①真空、非真空半圆聚焦 β 磁谱仪；②β 放射源 $^{90}Sr-^{90}Y$(强度≈1 毫居里)，定标用 γ 放射源 ^{137}Cs 和 ^{60}Co(强度≈2 微居里)；③220 μm Al 窗 NaI(Tl)闪烁探头；④数据处理计算软件；⑤高压电源、放大器、多道脉冲幅度分析器。

β源射出的高速电子经准直后垂直射入一均匀磁场中（$\boldsymbol{v} \perp \boldsymbol{B}$），电子因受到与运动方向垂直的洛伦兹力的作用而作圆周运动。如果不考虑其在空气中的能量损失（一般情况下为小量），则粒子具有恒定的动量数值而仅仅是方向不断变化。粒子作圆周运动的方程为

$$\frac{\mathrm{d}\boldsymbol{p}}{\mathrm{d}t} = -e\boldsymbol{v} \times \boldsymbol{B} \tag{15-8}$$

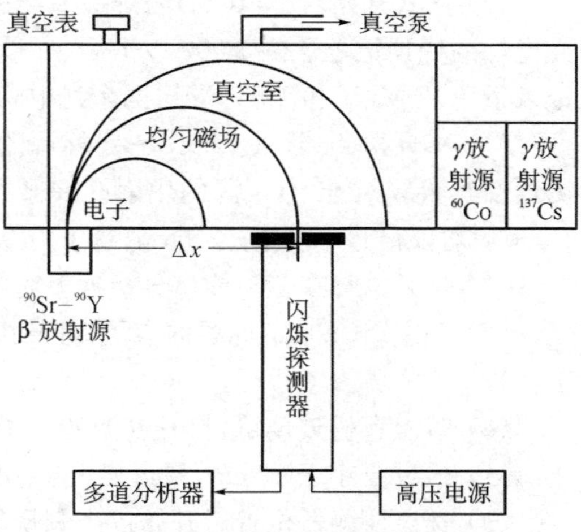

图 15-2　实验装置

式中，e 为电子电荷，$\boldsymbol{v}$ 为粒子速度，$\boldsymbol{B}$ 为磁场强度。由式(15-1)可知 $p = mv$，对某一确定的动量数值 p，其运动速率为常数，所以质量 m 是不变的，故

$$\frac{\mathrm{d}p}{\mathrm{d}t} = m\frac{\mathrm{d}v}{\mathrm{d}t}, \quad 且 \left|\frac{\mathrm{d}v}{\mathrm{d}t}\right| = \frac{v^2}{R}$$

所以

$$p = eBR \tag{15-9}$$

式中，R 为电子轨道的半径，为源与探测器间距的一半。

在磁场外离 β 源距离为 Δx 处，放置一个闪烁探测器来测量从该处出射的电子，则这些电子的能量（即动能）可由探测器直接测出，而粒子的动量值即为 $p = eBR = eB\Delta x/2$。由于β源 ${}^{90}_{38}\mathrm{Sr}-{}^{90}_{39}\mathrm{Y}$(0～2.27 MeV)射出的电子具有连续的能量分布(0～2.27 MeV)，因此探测器在不同的 Δx 位置就可测得一系列的能量与对应的动量值。这样就可以用实验方法确定动能与动量的对应关系，进而验证动能与动量之间的相对论关系。

15.5　预习思考题

(1) 当 $\beta(=v/c)$ 大于何值时，经典动能和相对论动能相差大于1%，10%？

(2) 实验中是如何控制变量的？如果动量取一定值，是否可以使能量值一定呢？

(3) 如果实验中的测量对象不是电子，而是质子的话，实验装置应该有什么改变？

15.6　实验内容及步骤

(1) 检查仪器线路连接是否正确，然后开启高压电源，开始工作。

(2) 打开 ^{60}Co γ 定标源的盖子，移动闪烁探测器使其狭缝对准 ^{60}Co 源的出射孔并开始记数测量。

(3) 调整加到闪烁探测器上的高压和放大数值，使测得的 ^{60}Co 的 1.33 MeV 峰位道数在一个比较合理的位置，建议在多道脉冲分析器总道数的 50%～70%之间，这样既可以保证测量高能β粒子(1.8～1.9 MeV)时不越出量程范围，又充分利用多道分析器的有效探测范围；

(4) 选择好高压和放大数值后，稳定 10～20 min。

(5) 正式开始对 NaI(Tl)闪烁探测器进行能量定标，首先测量^{60}Co 的 γ 能谱，当1.33 MeV 光电峰的峰顶记数达到 1 000 以上后(尽量减少统计涨落带来的误差)，对能谱进行数据分析，记录下 1.17 MeV 和 1.33 MeV 两个光电峰在多道能谱分析器上对应的道数 CH_3，CH_4。

(6) 移开探测器，关上^{60}Co γ 定标源的盖子，然后打开^{137}Cs γ 定标源的盖子并移动闪烁探测器使其狭缝对准^{137}Cs 源的出射孔并开始记数测量，当 0.661 MeV 光电峰的峰顶记数达到 1 000后对能谱进行数据分析，记录下 0.072 MeV 铅的 X 射线峰，0.184 MeV 反散射峰和 0.661 MeV光电峰在多道能谱分析器上对应的道数 CH_1，CH_2 和 CH_3。

(7) 关上^{137}Cs γ 定标源的盖子，打开机械泵抽真空(机械泵正常运转 2～3 min 即可停止工作)。

(8) 盖上有机玻璃罩，打开 β 源的盖子开始测量快速电子的动量和动能，探测器与 β 源的距离 Δx 最近要小于 10 cm，最远要大于 24 cm，保证获得动能范围 0.5～1.8 MeV 的电子。

(9) 选定探测器位置后开始逐个测量单能电子能峰，记下峰位道数 CH 和相应的位置坐标 Δx。

(10) 实验测量完毕后关闭 β 源及仪器电源，进行数据处理和计算。

15.7 实验安全和注意事项

(1) 闪烁探测器上的高压电源、前置电源、信号线严禁错接。开启多道分析仪后，将光电倍增管高压电源逐步增大，实验结束应将减小电源电压后，再关闭电源。

(2) 放射源随用随开，用完即盖。实验中，不要将 β 与 γ 放射源同时开启。装置的有机玻璃防护罩打开之前应先关闭 β 源，应防止 β 源强烈震动，以免损坏密封薄膜；使用放射源完成实验后，请洗手。

(3) 小心保护真空室薄膜，以防损坏密封薄膜。

15.8 实验数据的记录与处理

15.8.1 *β* 粒子动能的能量损失修正

β 粒子与物质相互作用是一个很复杂的问题，对其损失的能量进行必要的修正十分重要。

1. *β* 粒子在 Al 膜中的能量损失修正

在计算 β 粒子动能时还需要对粒子穿过 Al 膜[220 μm。其中，200 μm 为 NaI(Tl)晶体的铝膜密封层厚度，20 μm 为反射层的铝膜厚度]时的动能予以修正，计算方法如下。

设 β 粒子在 Al 膜中穿越 Δx 的动能损失为 ΔE，则

$$\Delta E = \frac{\mathrm{d}E}{\mathrm{d}x\rho}\rho\Delta x \tag{15-10}$$

其中，$\frac{\mathrm{d}E}{\mathrm{d}x\rho}$ $\left(\frac{\mathrm{d}E}{\mathrm{d}x\rho} < 0\right)$ 是 Al 对 β^- 粒子的能量吸收系数(ρ 是 Al 的密度)，$\frac{\mathrm{d}E}{\mathrm{d}x\rho}$ 是关于 E 的函数，不同 E 情况下 $\frac{\mathrm{d}E}{\mathrm{d}x\rho}$ 的取值可以通过计算得到。可设 $\frac{\mathrm{d}E}{\mathrm{d}x\rho}\rho = K(E)$，则 $E = K(E)\ \Delta x$；取

$x=0$，则 β^- 粒子穿过整个 Al 膜的能量损失为

$$E_2-E_1=\int_x^{x+d}K(E)\mathrm{d}x \tag{15-11}$$

即

$$E_1=E_2-\int_x^{x+d}K(E)\mathrm{d}x \tag{15-12}$$

其中，d 为薄膜的厚度，E_2 为穿过探测器 Al 膜后的动能，E_1 为穿过探测器 Al 膜前的动能。由于实验探测到的是经 Al 膜衰减后的动能(即 E_2)，所以经式(15-12)可计算出修正后的动能(即 E_1)。表 15-1 列出了根据本计算程序求出的 E_2 和 E_1 之间的对应关系。

表 15-1　E_2 和 E_1 之间的对应关系

E_1/MeV	E_2/MeV	E_1/MeV	E_2/MeV	E_1/MeV	E_2/MeV
0.317	0.200	0.887	0.800	1.489	1.400
0.360	0.250	0.937	0.850	1.536	1.450
0.404	0.300	0.988	0.900	1.583	1.500
0.451	0.350	1.039	0.950	1.638	1.550
0.497	0.400	1.090	1.000	1.685	1.600
0.545	0.450	1.137	1.050	1.740	1.650
0.595	0.500	1.184	1.100	1.787	1.700
0.640	0.550	1.239	1.150	1.834	1.750
0.690	0.600	1.286	1.200	1.889	1.800
0.740	0.650	1.333	1.250	1.936	1.850
0.790	0.700	1.388	1.300	1.991	1.900
0.840	0.750	1.435	1.350	2.038	1.950

2. β 粒子在穿过有机塑料薄膜时能量损失的修正

此外，实验表明封装真空室的有机塑料薄膜对 β 粒子存在一定的能量吸收，尤其对小于 0.4 MeV 的 β 粒子吸收近 0.02 MeV。由于塑料薄膜的厚度及物质组分难以测量，可采用实验的方法进行修正，如可测量不同能量的 β 粒子在穿过塑料膜前的动能 E_k 和穿过塑料膜后的动能 E_0 的关系，然后采用分段插值的方法进行计算。实验数据记录在表 15-2 中。

表 15-2　β 粒子在穿过塑料膜前的动能 E_k 和穿过塑料膜后的动能 E_0

E_k/MeV									
E_0/MeV									

15.8.2　数据处理的计算方法和步骤

表 15-3　利用 ^{60}Co 对探测器进行能量定标

放射源	^{60}Co		^{137}Cs	
能量/MeV	1.17	1.33	0.184	0.661
道数(CH)				

据最小二乘原理用线性拟合的方法求能量 E 和道数 CH 之间的关系：

$$E=a+b\cdot CH \tag{15-13}$$

其中，

$$a=\frac{1}{\Delta}\left[\sum_{i} CH_{i}^{2} \cdot \sum_{i} E_{i}-\sum_{i} CH_{i} \cdot \sum_{i}\left(CH_{i} \cdot E_{i}\right)\right]$$

$$b=\frac{1}{\Delta}\left[n \sum_{i}\left(CH_{i} \cdot E_{i}\right)-\sum_{i} CH_{i} \cdot \sum_{i} E_{i}\right] \tag{15-14}$$

$$\Delta=n \sum_{i} CH_{i}^{2}-\left(\sum_{i} CH_{i}\right)^{2}$$

表 15-4　求 β 粒子动能与动量

磁感应强度 B/T		电子电荷量 e_0(1.602 19 × 10^{-19} C)		
Δx/cm				
pc 的实验值 /MeV				
峰位 / 道数				
E/MeV				
铝膜对能量的修正值 E_1/MeV				
塑料薄膜对能量的修正值 E_0/MeV				
pc 的理论值 /MeV				
相对误差 E_0/%				

(1) 根据 β 粒子动能由动能和动量的相对论关系求出动量 pc 的理论值(为与动能量纲统一,故把动量 p 乘以光速,这样二者单位均为 MeV)。

由 $E_{\mathrm{k}}=E-E_0=\sqrt{c^2p^2+m_0^2c^4}-m_0c^2$，得出

$$pc=\sqrt{(E_{\mathrm{k}}+m_0c^2)^2-m_0^2c^4} \tag{15-15}$$

(2) 由 $p=eBR$ 求 pc 的实验值。

15.8.3　关于低真空度条件下的实验方法和数据处理

这一实验也可以在低真空度条件下进行,为了得到较为理想的结果,需要对实验结果进行修正。在低真空度条件下得到的单能电子峰与真空条件相比其分辨率明显变差,可能出现寻峰困难或不准的情况,建议在寻峰前先利用多道程序软件进行光滑化处理,可以较好地解决这一问题。在数据处理上要对电子在回转路径上因与空气发生相互作用而导致的能量损失进行修正,具体做法是对 E_{k} 进行电子在回转路径上与空气发生相互作用而导致的能量损失进行修正以得到最终的能量 E'_{k}。

15.9　思考题

(1) 观察狭缝的定位方式,试从半圆聚焦 β 磁谱仪的成象原理来论证其合理性。

(2) 本实验在寻求 p 与 Δx 的关系时使用了一定的近似,能否用其他方法更为确切地得出 p 与 Δx 的关系?

(3) 用 γ 放射源进行能量定标时,为什么不需要对 γ 射线穿过 220 μm 厚的铝膜时进行"能量损失的修正"?

(4) 为什么用 γ 放射源进行能量定标的闪烁探测器可以直接用来测量 β 粒子的能量?

(5) 试论述相对论效应实验的设计思想。

(6) 当相对论效应比较显著时,电子速度如何?

(7) 实验是否可以在非真空状态下进行? 如何进行?

(8) 思考实验成功的关键在哪里,如何提高实验精度。对实验误差进行分析。

15.10　拓展实验设计参考

测量不同压强下空气对电子的能量吸收系数

压强不同时,空气的密度不同,对电子的能量吸收系数也不同。通过测量非真空下的电子动能,利用相对论关系和动量的实验值求出理论动能,考虑铝膜和有机塑料膜修正后,可以求出电子的能量损耗。电子走过的路径可以根据回旋半径求出,从而可以求出空气对不同能量电子的能量吸收系数。其中,密度可以根据压强在理想气体近似下求得:

$$\frac{\rho'}{\rho_0}=\frac{p'}{p_0},\quad \frac{1}{\rho'}\frac{\mathrm{d}E}{\mathrm{d}x}=\frac{2(E_0-E_1)}{\rho'\pi x} \tag{15-16}$$

式中,ρ' 是压强为 p' 时的空气密度,p_0 为大气压,ρ_0 为大气压下的空气密度,E_0 为理论动能,E_1 为考虑修正后的实验动能。

具体步骤和验证相对论关系实验类似,这里需要用阀门控制真空室的压强,实验时可以取 0.1～1 atm,间隔 0.2 atm。

15.11　拓展资料

15.11.1　参考数据

电子静质量 $m=0.511\ \mathrm{MeV}/c^2$,电荷 $e=1.602\times10^{-19}\ \mathrm{C}$,大气压 $P_0=101.325\ \mathrm{kPa}$,空气密度 $\rho_0=1.290\ \mathrm{mg/cm^3}$。

表 15-5　空气对 β 粒子的能量吸收系数

粒子能量/MeV	$\frac{\mathrm{d}E}{\rho\mathrm{d}x}$/(MeV · cm^2 · g^{-1})	$\frac{\mathrm{d}E}{\mathrm{d}x}$/(MeV · cm^{-1})
0.1	3.629 4	4.682×10^{-3}
0.2	2.470 3	3.187×10^{-3}
0.3	2.087 1	2.692×10^{-3}
0.4	1.907 0	2.460×10^{-3}
0.5	1.808 7	2.333×10^{-3}
0.6	1.751 0	2.259×10^{-3}
0.7	1.715 9	2.214×10^{-3}
0.8	1.694 5	2.186×10^{-3}
0.9	1.681 9	2.170×10^{-3}
1.0	1.675 2	2.161×10^{-3}
2.0	1.714 0	2.211×10^{-3}

15.11.2 半圆聚焦 β 磁谱仪

前面所介绍的用闪烁探测器测量粒子能量的方法都是基于粒子通过物质时的能量损失；现在介绍另一类方法，它是基于带电粒子在磁场中的偏转即磁分析的方法。为了满足不同实验需要，人们设计并建造了多种类型的磁谱仪，它们基本上可分为两大类。一类称为横向磁谱仪，在这类谱仪中，电子的运动轨道大致与磁场方向垂直；另一类称为纵向磁谱仪，在这类谱仪中，电子的运动轨道大致与磁场方向平行。这里仅简要介绍横向磁谱仪中的半圆聚焦磁谱仪。

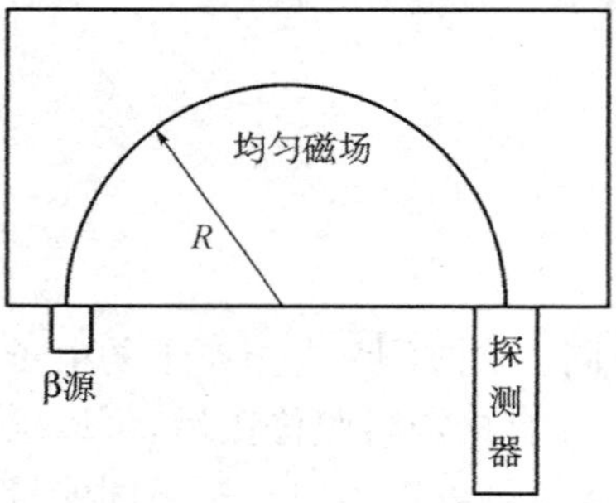

图 15-3 β 磁谱仪的基本原理图

1. 工作原理

基于式(15-9)中 p 与 BR 之间的简单比例关系，在磁谱仪中经常以 BR 值[以高斯·厘米(Gs·cm)为单位，称为磁刚度]来表示电子的动量。在 B 保持不变的情况下，不同的 R 值对应于电子的不同动量；由此可见，β 磁谱仪是一个进行动量分析的仪器，可以用它来得到单能 β 粒子。

多数情况下，β 磁谱仪研究的电子速度已接近光速，因此要用相对论关系式

$$E = mc^2 - m_0c^2 = \sqrt{c^2p^2 + (m_0c^2)^2} - m_0c^2 = m_0c^2\left[\sqrt{\left(\frac{eBR}{m_0c}\right)^2 + 1} - 1\right] \tag{15-17}$$

若 E 以 keV 为单位，BR 以 Gs·cm 为单位，再将 e，m_0 及 c 等基本常数代入，则有

$$E = 510.976\{[3\,442.2\times10^{-10}\,(BR)^2 + 1]^{1/2} - 1\} \tag{15-18}$$

2. 闪烁探测器的定位方式

实际上，除了最早的所谓“直接偏转法”外，磁谱仪的磁场都同时起了类似于光谱仪的棱镜与透镜的作用，即同时具备色散与聚焦的性能；而且聚焦性能好坏对整个谱仪的性能将起决定性的影响。

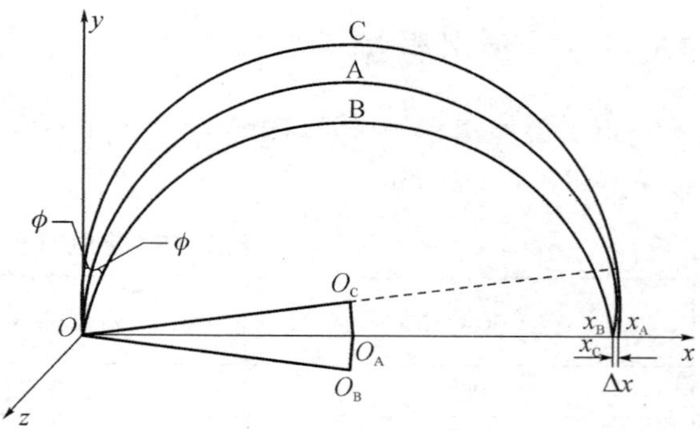

图 15-4 半圆聚焦原理

1912 年，丹尼兹(Danysz)指出在横向均匀磁场中利用半圆形轨道可以得到聚焦。设图15-4中均匀磁场方向垂直于 xy 平面，放射源位于 xy 坐标系原点，并只考虑位于 xy 平面内的轨道。图中 A，B，C 三轨道的圆心分别位于点 $O_A(R, 0)$，$O_B(R\cos\phi, -R\sin\phi)$，$O_C(R\cos\phi, R\sin\phi)$，其轨道方程分别为

$$\begin{gathered}(x-R)^2 + y^2 = R^2 \\ (x-R\cos\phi)^2 + (y+R\sin\phi)^2 = R^2 \\ (x-R\cos\phi)^2 + (y-R\sin\phi)^2 = R^2\end{gathered} \tag{15-19}$$

中心轨道 A 是沿着 Y 轴方向发出的，它在磁场作用下以曲率半径 R 的轨道偏转 180° 后落于 X 轴上某一点 $X_A = 2R$。另两条动量相同但与 Y 轴成最大散射角 ϕ 发出的轨道 B 与 C 也以

相同的曲率半径在磁场中偏转，与 X 轴交于 $X_B = X_C = 2R\cos\phi$ 处；穿过狭缝的其他轨道与 X 轴的交点均位于 $2R\cos\phi$ 到 $2R$ 的范围内。这样一来，点源在 X 轴上的像就有了一定的宽度；从图 15-4 中看到，原来散开的一束电子束在偏转一定角度后开始会聚，而在中心轨道偏转 180° 处有最窄的宽度；这一现象就称为半圆聚焦。

若以 Δx 表示这一像的宽度，则有

$$\Delta x = 2R(1-\cos\phi) = 2R\left(\frac{\phi^2}{2!} - \frac{\phi^4}{4!} + \frac{\phi^6}{6!} - \cdots\right) \tag{15-20}$$

由于 ϕ 角通常都很小，式(15-20)中第二项比第一项小两个数量级以上，可把高次项略去，只保留第一项，得

$$\Delta x = R\phi^2 \tag{15-21}$$

式中像的宽度正比于张角 ϕ 的二次方，称为一级聚焦。

特别要注意到，像在 x 方向的右边界是由通过β源狭缝中心的轨道决定的，这一边界位置与β源的尺寸及电子的散射情况均无关系，这对精确确定单能电子的能量是很重要的。

使用谱仪时，谱线的形状，即单能电子在 Δx 范围内的强度分布问题是十分重要的。以 $J(x)\mathrm{d}x$ 表示落在像的位置 x 与 $x+\mathrm{d}x$ 之间的电子数。对点源而言，聚焦在像的位置 x 与 $x+\mathrm{d}x$ 之间的电子是从放射源向 ϕ 与 $\phi+\mathrm{d}\phi$ 方向射出的，设电子的发射是各向同性的，则

$$J(x)\mathrm{d}x = -C'\mathrm{d}\phi \tag{15-22}$$

其中，C' 为常数。利用 x 与 ϕ 的关系 $x = 2R\cos\phi$，则

$$J = -C'\frac{\mathrm{d}\phi}{\mathrm{d}x} = \frac{C'}{2R\sin\phi} \tag{15-23}$$

又由 $x = 2R\cos\phi$，得

$$J = \frac{C'}{\sqrt{4R^2 - x^2}} = \frac{C'}{\sqrt{2R+x}} \cdot \frac{1}{\sqrt{2R-x}} \tag{15-24}$$

令 $z = 2R - x$，代表所研究的像点距像右边缘的距离，因为 $R \gg z$，故式(15-10)等式右边第一个因数可认为是恒定不变的，用 C 来表示这一恒量，则

$$J = \frac{C}{\sqrt{z}} \tag{15-25}$$

图 15-5 表示 J 与 z 的关系，像的右边缘有无穷大的强度，并且其位置与 ϕ 角无关；而像左边缘的位置则是由 ϕ 角决定：$x_1 = 2R\cos\phi$ 或 $z_1 = 2R\cos\phi$。$z=0$ 时 J 变为无限大这一情况和点源的假设有关。

根据以上理论结果，把闪烁探测器的接收窗口右缘对准主径迹的出射点时窗口对这种初始动量的β粒子接收效率最高，由此可以认为窗口接收到的β粒子的初始动量或出射时的动量即为主径迹落在窗口右缘的β粒子所具有的初始动量或出射时的动量。所以在推求探测器与β源之间的距离 Δx 与其接收到的β粒子的动量 pc 之间的关系时，均以狭缝窗口的右缘到β源中心的距离来表征探测器与β源之间的距离 Δx（即采用右对齐方式），以下的实验结果证明了这一结论。

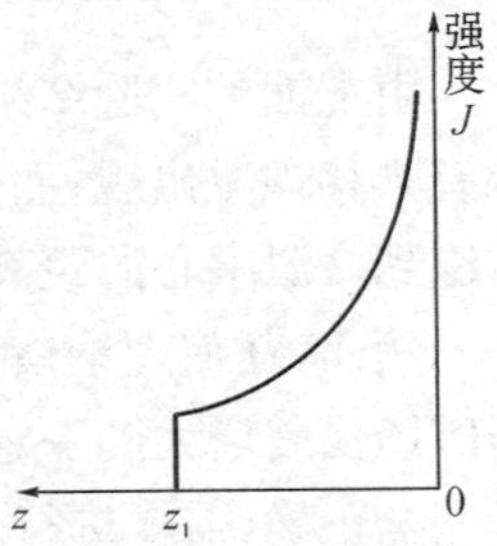

图 15-5　J 与 z 的关系

(1) 磁谱仪定位方式实验一

所选取的β磁谱仪的磁场强度约为600高斯,固定探测器位置,进行狭缝位置及宽度实验。

① 固定狭缝右缘,移动左缘以改变缝宽(右对齐方式),观察单能电子谱形的变化,实验数据如表15-6所示。

表15-6

探测器缝宽	峰位	峰顶计数	感兴趣区
1 mm	322.24	507 2	292～352
2 mm	322.41	508 7	292～352
3 mm	322.73	508 5	292～352
4 mm	322.09	507 2	292～352
5 mm	322.40	507 9	292～352

② 固定狭缝中线,移动两侧以改变缝宽(中对齐方式),观察单能电子谱形的变化,实验数据如表15-7所示。

表15-7

探测器缝宽	峰位	峰顶计数	感兴趣区
1 mm	323.39	505 2	293～353
2 mm	323.81	508 0	294～354
3 mm	324.57	505 4	295～355
4 mm	324.78	506 8	295～355
5 mm	325.30	506 9	295～355

③ 固定狭缝左缘,移动右缘以改变缝宽(左对齐方式),观察单能电子谱形的变化,实验数据如表15-8所示。

表15-8

探测器缝宽	峰位	峰顶计数	感兴趣区
1 mm	323.91	503 2	294～354
2 mm	325.50	504 8	296～356
3 mm	326.99	508 0	297～357
4 mm	328.83	504 2	299～359
5 mm	329.53	506 2	300～360

由上面的实验结果看出,当狭缝宽度发生变化时,采用中、左对齐方式所得单能电子峰位都有漂移现象出现;而采用右对齐方式时峰位基本上没有什么变化。所以说采用狭缝窗口的右缘到β源中心的距离来表征探测器与β源之间的距离 Δx 是正确的。

然而,任何理论模型都有其适用范围,对具体问题还必须具体分析才能得出正确的结论。当磁场强度增大到一定程度时,由于磁谱仪动量分辨率的降低,"右对齐"的探测器定位方式并不完全正确,需要进行一定修正。在上面的实验中,其他条件保持原状,而更换一个磁场强度为750高斯的β磁谱仪重新进行研究,发现右对齐方式同样存在峰位的漂移现象。

(2) 磁谱仪定位方式实验二

磁场强度约为 750 Gs，其他同实验一。

① 固定狭缝右缘，移动左缘以改变缝宽(右对齐方式)，观察单能电子谱形的变化，实验数据如表 15-9 所示。

表 15-9

探测器缝宽	峰位	峰顶计数	感兴趣区
1 mm	258.13	504 0	228～288
2 mm	256.95	505 6	227～287
3 mm	255.70	505 9	226～286
4 mm	254.31	503 2	224～284
5 mm	253.26	506 6	223～283

② 固定狭缝中线，移动两侧以改变缝宽(中对齐方式)，观察单能电子谱形的变化，实验数据如表 15-10 所示。

表 15-10

探测器缝宽	峰位	峰顶计数	感兴趣区
1 mm	259.74	504 4	228～288
2 mm	260.02	504 6	230～290
3 mm	260.05	505 2	231～291
4 mm	260.94	503 1	231～291
5 mm	261.37	506 0	231～291

③ 固定狭缝左缘，移动右缘以改变缝宽(左对齐方式)，观察单能电子谱形的变化，实验数据如表 15-11 所示。

表 15-11

探测器缝宽	峰位	峰顶计数	感兴趣区
1 mm	259.00	505 3	229～289
2 mm	261.05	505 0	231～291
3 mm	263.28	505 6	233～293
4 mm	265.34	504 5	235～295
5 mm	267.99	505 1	238～298

15.11.3　相对论效应实验中 p 与 Δx 关系表述的补充说明

1. 真空状态下 p 与 Δx 的关系的合理表述

由于工艺水平的限制，磁场的非均匀性(尤其是边缘部分)无法避免；直接用 $p=eBR=eB\Delta x/2$ 来求动量将产生一定的系统误差；因此需要采取更为合理的方式来表述 p 与 Δx 的关系。我们分别采用了三种不同的方法来解决这一问题。

(1) β 粒子的径迹计算及动量的求得(主径迹法)

在讨论 β 粒子的径迹计算之前必须先定义 β 粒子的主径迹。由于 β 源的准直程度有限，因此以同一初始动量值 pc_0 出射的 β 粒子在方向上有一个连续的分布，如图 15-6 所示。定义其中入射方向与 X 轴垂直的那条径迹为具有初始动量 pc_0 的 β 粒子的主径迹。

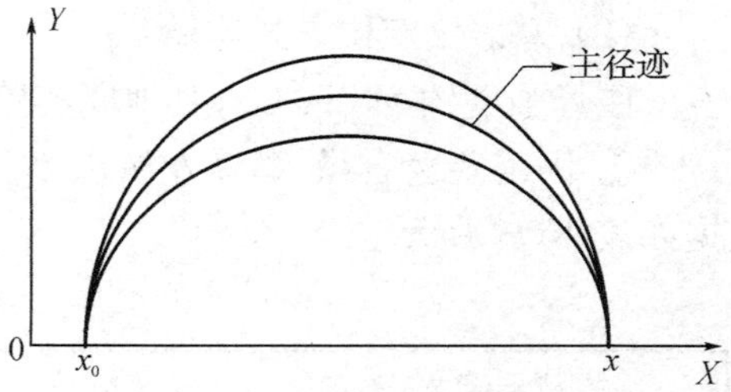

图 15-6 β 粒子的主径迹

由于在具有相同初始动量的 β 粒子的径迹中，主径迹的出射点(坐标为 x)与入射点(坐标为 x_0)间的距离最远，因此把闪烁探测器的接收窗口右缘对准主径迹的出射点时窗口对这种初始动量的 β 粒子接收效率最高。由此可以认为窗口接收到的 β 粒子的初始动量或出射时的动量即为主径迹落在窗口右缘的 β 粒子所具有的初始动量或出射时的动量。所以在用主径迹来推求探测器与 β 源之间的距离 Δx 与其接收到的 β 粒子的动量 pc 之间的关系时，均以狭缝窗口的右缘到 β 源中心的距离来表征探测器与 β 源之间的距离 Δx。

在测出 β 粒子与探测器之间的距离 Δx 后，只有 β 粒子所经过的路径磁场强度 B 为一定值条件成立的情况下才能用公式 $p=eBR=eB\Delta x/2$ 推算出与 Δx 相对应的 pc 值。但实际情况是磁场并非是一个均匀磁场，所以用上述简单方法求出的动量值与真实情况就有了一定的偏差。

为了消除这一偏差，就要考虑 β 粒子在磁场非均匀性的情况下，如何对 β 粒子的主径迹进行比较精确的计算，以找出 Δx（或 x）与初始动量或出口处动量之间的正确对应关系。实际的计算由计算机完成，计算时在磁场上建立坐标系，β 粒子的初始位置(即 β 源的位置) 坐标为 (10.0，0)，初始动量的变化范围为 0.45～3.0 MeV，径迹计算中所取步长为 1 mm，输出结果为主径迹出射点的横坐标 x 以及该主径迹所对应的出口处的动量值 $pc(x)$。用这一方法来从 x 求动量时，由能量损失和磁场非均匀性而产生的误差便得到了很好的解决。

具体的推算方法是：测得探测器(狭缝右缘)的位置坐标 x 后，用线性插值法从上述 x-$pc(x)$ 关系求得 $pc(x)$。线性插入的计算公式为

$$pc(x)=\{[pc(x_2)-pc(x_1)]/(x_2-x_1)\}(x-x_2)+pc(x_2) \tag{15-26}$$

式中，假设 $x_1<x\leqslant x_2$。

(2) 等效磁场法

另一种行之有效的方法是等效磁场法。

由于工艺水平的限制，磁场的非均匀性(尤其是边缘部分)无法避免，直接用 $p=eBR=eB\Delta x/2$ 来求动量将产生一定的系统误差；因此需要采取更为合理的方式来表述 p 与 Δx 的关系。

设粒子的真实径迹为 aOb，位移 ds 与 Y 轴的夹角为 θ，如图 15-7 所示；则 ds 在 X 轴上的投影为 $\sin\theta\cdot \mathrm{d}s$。显然有

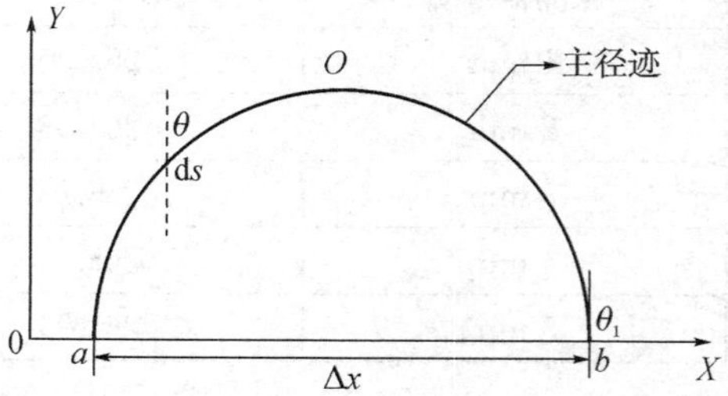

图 15-7 粒子的真实径迹

$$\Delta x=\int_0^{\theta_1}\sin\theta\cdot \mathrm{d}s\approx\int_0^{\pi}\sin\theta\cdot \mathrm{d}s \quad (\theta_1\approx\pi) \tag{15-27}$$

又因为 $\mathrm{d}s=R\cdot \mathrm{d}\theta$ 以及 $R=p/(eB)$，(其中 R，B 分别为 ds 处的曲率半径和磁场强度)，则有

$$\Delta x=\int_0^{\pi}\sin\theta\cdot\frac{p}{eB}\cdot \mathrm{d}\theta=\frac{p}{e}\int_0^{\pi}\frac{\sin\theta}{B}\cdot \mathrm{d}\theta \quad (\text{真空中 } p \text{ 为定值}) \tag{15-28}$$

所以有

$$p=e\Delta x/\int_{0}^{\pi}\frac{\sin\theta}{B}\cdot d\theta=\frac{1}{2}\bar{B}e\Delta x\left(\frac{1}{\bar{B}}=\frac{1}{2}\int_{0}^{\pi}\frac{\sin\theta}{B}\cdot d\theta\right) \tag{15-29}$$

把 $\frac{1}{\bar{B}}$ 改写成

$$\frac{1}{\bar{B}}=\frac{\int_{0}^{\pi}\frac{\sin\theta}{B}\cdot d\theta}{\int_{0}^{\pi}\sin\theta\cdot d\theta}$$

则物理含义更为明显：即 $1/\bar{B}$ 为粒子在整个路径上的磁场强度的倒数以各自所处位置处的位移与 Y 轴夹角的正弦为权重的加权平均值。显然，$\bar{B}$ 相当于均匀磁场下公式 $p=eBR=eB\Delta x/2$ 中的磁场强度 B；即只要求出 $\bar{B}$，就能更为确切地表述 p 与 Δx 的关系，进而准确地确定粒子的动量值。

实际计算操作中还需要把求积分进一步简化为求级数和；即可把画在磁场分布图上直径为 Δx 的半圆弧作 N 等分(间距取 10 mm 左右为宜)，依此读出第 i 段位移所在处的磁场强度 B_i，再注意到

$$\theta_i=\frac{\pi}{N}(i-1)\quad 以及\quad \Delta\theta_i=\frac{\pi}{N}$$

则最后求和可以得到

$$\frac{1}{\bar{B}}\approx\frac{1}{2}\int_{0}^{\pi}\frac{\sin\theta'}{B'}\cdot d\theta'\approx\frac{1}{2}\frac{\pi}{N}\sum_{i=1}^{N}\sin\left[\frac{\pi}{N}(i-1)\right]/B_i=\frac{\pi}{2N}\sum_{i=1}^{N}\sin\left[\frac{\pi}{N}(i-1)\right]/B_i \tag{15-30}$$

所以

$$p=\frac{Ne\Delta x}{\pi\sum_{i=1}^{N}\sin\left[\frac{\pi}{N}(i-1)\right]/B_i} \tag{15-31}$$

(3) 平均磁场法

平均磁场法，即在主观上认为磁场为一均匀磁场，取一个比较合理的磁场强度的平均值作为整个磁场区域的磁场强度。现取对应于不同 β 粒子运动径迹上的一系列磁场值，计算它们的算术平均值，作为装置的平均磁场强度。

2. 空气状态下 p 与 x 的关系的合理表述

当实验在非真空的状态下进行时，β 粒子在运动过程中不断损失能量，因而其动量值也在不断地变小；所以在进行数据处理时不仅要考虑磁场的非均匀性问题，还要对 β 粒子在空气中的能量损失进行必要的修正。在这种状况下如果采用公式 $p=eBR=eB\Delta x/2$ 求出的动量值与真实情况就有了一定误差。

由于用等效磁场法和平均磁场法的前提是 β 粒子在整个路径中能量守恒(即 pc 为一定值)，而在考虑空气中能量损失的情况下这是不可能的；所以在空气状态下，对动量的数据处理只能采取粒子的径迹计算法。具体的计算方法和真空状态下差不多，只是需要再加上能量的修正项。

实验 16

高温超导材料零电阻特性测试

16.1　引言

海克·卡末林·昂内斯

1987 年，液氮温区超导体的发现震动了整个世界，人们称之为 20 世纪最重大的科学技术突破之一，它预示着一场新的技术革命，同时也为凝聚态物理学提出了新的课题。

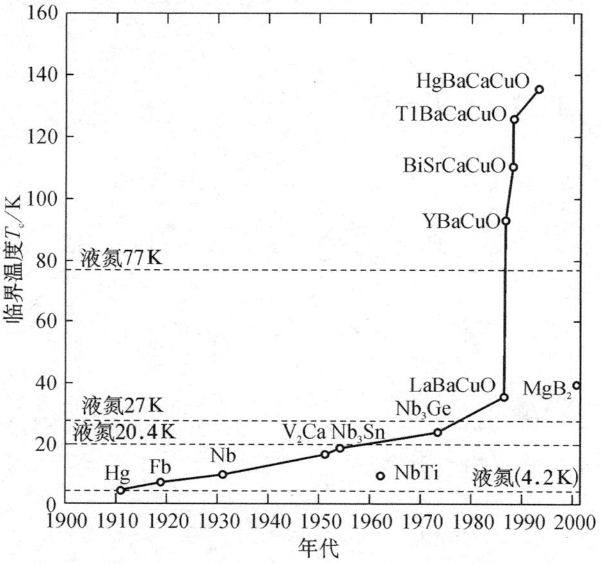

图 16-1　超导体 T_c 提高的历史简图

如图 16-1 所示，1911 年荷兰物理学家卡末林·昂内斯(H. K. Onnes)发现水银冷却到稍低于 4.2 K 时，其电阻急剧地下降到零。这种电阻突然消失的现象称为超导现象。卡末林·昂内斯还发现，如对物质加上足够强的磁场，即使在本可以实现超导的温度下，超导现象也会消失。定义超导体开始失去电阻时的温度为超导转变温度或超导临界温度，通常用 T_c 表示。一些金属(如 Pb，$T_c=7.2$ K)、合金(如 NbTi，$T_c=11$ K)、金属间化合物(如 A15 结构的 Nb_3Ge，$T_c=23.2$ K) 等上千种材料具有超导电性。

在超导现象发现以后，实验和理论研究以及应用都有很大发展，但是临界温度的提高一直很缓慢。1986 年以前，经过 75 年的努力，临界温度只达到 23.2 K，这一记录几乎保持了 12 年。此外，在 1986 年以前，超导现象的研究和应用主要依赖于液氦作为致冷剂。由于氦气昂贵、液化氦的设备复杂，4.2 K 的液氦温度是接近于绝对零度的极低温区等因素都大大限制了超导的应用。为此，探索高临界温度超导材料成为人们多年来梦寐以求的目标。

1983 年，瑞士科学家缪勒(K. A. Muller)开始从事氧化物超导体的探索性研究。他与他的合作者柏诺兹 (J. Bednorz)于 1986 年年初开始在 Ba-La-Cu-O 系统中作实验。他们基于双极化子导致超导电性的考虑着手实验研究，尽管这种理论并未被认定，但在探索中确实揭示了一条新的线索。1986 年 4 月他们首先发现了 35 K 的超导迹象，并确定了相应于这种超导相为 K_2NiF_4 结构。从此一条新的道路打开了。

1987 年 2 月，中美两国科学家独立地发现在 Y-Ba-Ca-O 体系中具有 LN_2 温区的超导性，1988 年 3 月，美日中科学家在法国科学家拉维(Ravue)工作基础上，在 Tl-Ba-Ca-Cu-O 体系中又将超导体的临界温度提高到了天然气液化的温区即高于 110 K。目前最高的超导转变温度为 125 K($Tl_2B_2Ca_3Cu_3O_y$)。短短两年把超导转变温度提高了 100 K,这是科学史上的奇迹。1988 年 2 月,盛正直等又进一步发现了 125 K 铊钡钙铜氧超导体。1993 年,法国科学家发现了 135K 的汞钡钙铜氧超导体。

为了使高温超导体尽快得以应用,必须要使材料的性能稳定,但是当时材料成材困难、韧性差、电流密度低(只有 $10^4 \sim 10^5\ A/cm^2$)。尽管在准单品薄膜样品中,其临界电流密度已达 $10^6\ A/cm^2$,但绝大部分是多晶材料,由于晶体的影响不能很好用于实际。最近发现了 Bi 和 Tl 化合物,它们的性能稳定使超导电子学和半导体工业相结合的综合应用的可能性大大增加了,如用于计算机芯体的连线。总之高温超导体在低温超导体所能应用方面都显出其潜在的应用价值。

高温超导材料

历史上已有八位科学家因为超导研究方面的成就而荣获诺贝尔物理学奖,可见超导研究的重要性,它是物理学的前沿课题。本实验将对低温的获得和控制、各类温度传感器和液面计的特性应用、电阻的四引线测量法、乱真电动势的判定等进行介绍。

16.2　基础知识

16.2.1　金属的电阻温度关系与铂电阻温度计的原理

金属的电阻率主要由两种因素构成。一种是由于晶格热振动对电子的散射而产生的,常称之为“理想”电阻率。“理想”电阻率 ρ_i 是温度的函数。根据金属能带理论的计算,低温下正比于温度 T 的五次方,而高温时正比于 T,其数学表达式如下:

$$\rho_i = \frac{497.6AT^5}{\theta^6}, \quad T < \frac{\theta}{10}(\text{低温}) \tag{16-1}$$

$$\rho_i = \frac{AT}{\theta^2}, \quad T > \frac{\theta}{2}(\text{高温}) \tag{16-2}$$

式中,θ 是特征温度,大致与德拜温度 Θ 相等;A 是只与材料有关的常数。

实际上,金属中总是含有物理缺陷和化学杂质的,这些缺陷和杂质对电子的散射造成附加电阻率 ρ_0,它基本上与温度无关。根据金属电导理论的马德森定则,如果金属中杂质原子的浓度较小,以致可以略去它们之间的相互影响,则金属电阻率 ρ 为 ρ_i 与 ρ_0 的代数和,即

$$\rho = \rho_i(T) + \rho_0 \tag{16-3}$$

当温度很低时,例如在 4.2 K 以下,晶格热振动渐趋沉寂,ρ_i 对 ρ 的贡献趋于零。这时的电阻几乎完全由杂质散射所造成。通常把液氦温度(4.2 K)下测得的样品电阻称为剩余电阻 $R_r = R_{4.2K}$,它近似与温度无关。而某两个固定温度点之间的电阻比的大小是样品纯度的一种标记,样品越纯,该固定点之间的电阻比越大。当金属纯度很高时,总电阻可以近似表达成 $R = R_i(T) + R_{4.2K}$,在液氮温度以上时 $R_i(T) \gg R_{4.2K}$,因此有 $R \approx R_i(T)$。

例如,铜和铂的德拜温度 Θ 分别 310 K 和 225 K,在 63 K 到室温的温度范围内,它们的电阻 $R \approx R_i(T)$,R 近似地正比于温度 T,然而,稍许精确的测量就会发现它们偏离线性关系,在较宽的温度范围内铂的电阻温度关系如图 16-2 所示。

在液氮从正常沸点到室温这一温度范围内,铂电阻温度计具有良好的线性电阻温度关系,

可表示为 $R(T)=AT+B$ 或 $T(R)=aR+b$，其中 A，B 和 a，b 是不随温度变化的常量。因此，根据我们所给出的铂电阻温度计在液氮正常沸点和冰点的电阻值，可以确定所用的铂电阻温度计的 A，B 或 a，b 的值，并由此可得到用铂电阻温度计测温时任一电阻相应的温度值。

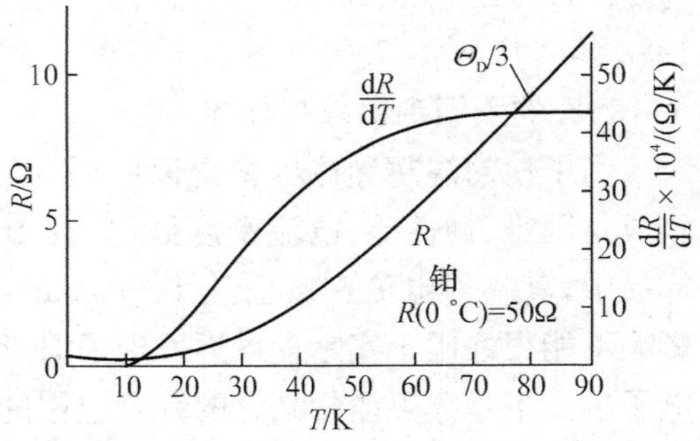

图 16-2 铂的电阻温度关系曲线

金属元素铂具有高电阻稳定性和化学惰性，可以提炼成高纯度，低温下其电阻率随温度的变化比较灵敏，机械强度好，易于加工等优点。从第一个国际温标（ITS-27）以来，铂电阻温度计一直是低温一定温区的标准内插仪器。例如，1968 年实用温标（IPTS-68）规定在13.81 K 至 630.74 ℃之间，实用标准温度元件为电阻比 $W(100)\geqslant 1.392\,50$ 的铂电阻，$W(100)$ 代表铂丝在 100 ℃时的电阻值与 0 ℃时的电阻值之比。1990 年，国际温标（ITS-90）规定，平衡氢三相点（13.803 3 K）到银凝固点（961.78 ℃）之间，T_{90} 用铂电阻温度计来定义，它使用一组规定的固定点和规定的参考函数以及内插温度的偏差函数来分度，其电阻比的定义为

$$W(T_{90})=R(T_{90})/R(273.16\text{K}) \tag{16-4}$$

一支适用的铂电阻温度计至少应满足下列两个关系之一：

$$W(29.764\,6℃)>1.118\,07$$
$$W(-38.834\,4℃)\leqslant 0.844\,235$$

标准铂电阻温度计，按等级可以分为国家基准、副基准、工作基准、一等标准和二等标准。我国的国家基准由中国计量科学研究院负责建立和保存，副基准由中国测试技术研究院建立和保存。

16.2.2 热电偶温度计原理

1821 年塞贝克（Seebeck）发现，由两种不同的金属材料 A 和 B 组成的回路中，如果两个接点处有不同的温度 T_1 和 T_2，那么在回路中就有电流。只要二接点存在温差，这个电流就始终存在。产生这个电流的电动势叫塞贝克热电势，简称热电势。热电偶温度计就是利用塞贝克效应来测温的。通过对热电偶回路的大量研究，人们总结出以下三个基本定律，称为热电定律。

(1) 均匀回路定律。单一材料构成的均匀回路中，不管其截面如何改变，仅靠加热的办法，不会产生电流。两种不同的均匀金属 A 与 B 产生的热电势 E，仅与二接点的温度 T_1 和 T_2 有关，与沿着金属导体的温度分布无关。

(2) 中间金属定律。在由两种均匀金属 A 和 B 组成的接点温度为 T_1 和 T_2 的回路中，割开 A 置入第三种金属 C，形成两个新的接点。只要金属 C 整个处于相同的温度，则回路的总的电势 E 不受影响。

由上述两个定律可以推论：如果任意两种金属 A 和 B 相对于第三种金属 C 的热电势已知，则金属 A 和 B 接合时的热电势为它们对参考金属 C 的热电势之和（图 16-3）。

(3) 中间温度定律。如果两种均匀金属，当接点温度为 T_1，T_2 时热电势为 E_1，温度为 T_2，T_3 时热电势为 E_2，则当接点的温度为 T_1，T_3 时热电势为 E_1+E_2（图 16-4）。

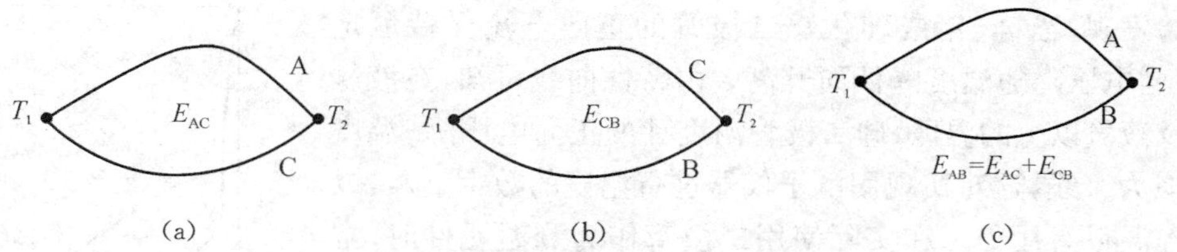

图 16-3　均匀回路定律、中间金属定律

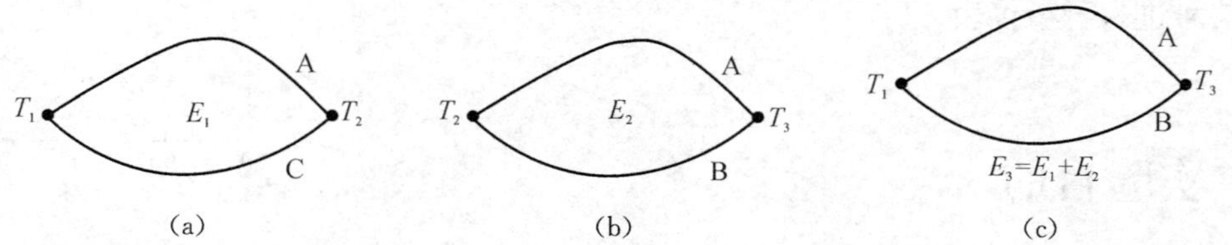

图 16-4　中间温度定律

因为热电偶温度计的体积小、响应快、制作简单，所以它得到广泛应用。目前常用低温热电偶负臂的有康铜、铜铁和金铁，作为正臂的常用材料有铜和镍铬合金等。铜和材料容易做到成分均匀，由铜和康铜组成的热电偶其热电性能比较稳定，在液氮温度以上灵敏度较高，常用于液氮温度以上的低温测量。至于液氮温度以下，则以铜铁-镍铬或金铁接线为佳。

16.2.3　二极管温度计

半导体具有与金属不同的电阻温度关系。一般而言，在较大的温度范围内，半导体具有负的电阻温度系数。半导体的导电机制比较复杂，电子和空穴是半导体的导电粒子，常统称为载流子。纯净的半导体由所谓的本征激发产生载流子；而掺杂的半导体除了本征激发外，所谓的杂质激发也能产生载流子，因此其具有比较复杂的电阻温度关系。如图 16-5 所示，锗电阻温度计的电阻温度关系可以分为四个区。在Ⅰ区中，半导体本征激发占优势，它所激发的载流子的数目随着温度的升高而增多，使其电阻随温度的升高而呈指数下降。当温度降低至Ⅱ区和Ⅲ区时，半导体杂质激发占优势，在Ⅲ区中温度开始升高时，它所激发的载流子的数目也是随着温度的升高而增多的，从而使其电阻随温度的升高而呈指数下降；但当温度升高进入Ⅱ区时，杂质激发已全部完成，因此当温度继续升高时，由于晶格对载流子散射作用的增强以及载流子热运动的加剧，电阻随温度的升高而增大。最后在Ⅳ区中温度已经降低到本征激发和杂质激发几乎都不能进行时，靠载流子在杂质原子之间的跳动在电场下形成微弱的电流，因此温度越高电阻越低。适当调整掺杂元素和掺杂量可以改变Ⅲ和Ⅳ这两个区所覆盖的温度范围以及交接处曲线的光滑程度，从而做成所需的低温锗电阻温度计。此外硅电阻温度计、碳电阻温度计渗碳玻璃电阻温度计和热敏电阻温度计等也都是常用的低温半导体温度计。显然，在大部分温区中，半导体具有负的电阻温度系数，这是与金属完全不同的。

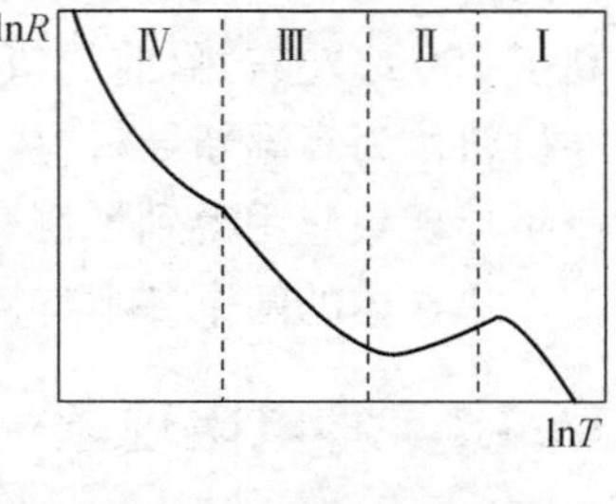

图 16-5　半导体锗的电阻温度关系曲线

在恒定电流下，硅和砷化镓二极管 PN 结的正向电压随着温度的降低而升高，如图 16-6 所示。用一支二极管温度计能测量很宽范围的温度，且灵敏度很高。由于二极管温度计的发热量最大，常把它作为控温敏感元件。

实验发现，当硅、锗或砷化镓二极管的正向电流保持恒定时，其正向电压降随温度降低而升高。由特性曲线可知，在液氮温区以及液氮以上的温区，硅二极管温度计的正向电压降-温度特性近似为直线，这对实现用电子仪器进行温度的数字显示，以及自动控温很有用处。在实际使用二极管作为测温元件时，常在二极管两端并联一只小电容以避免因二极管的检波效应而使电干扰信号进入测量仪表。

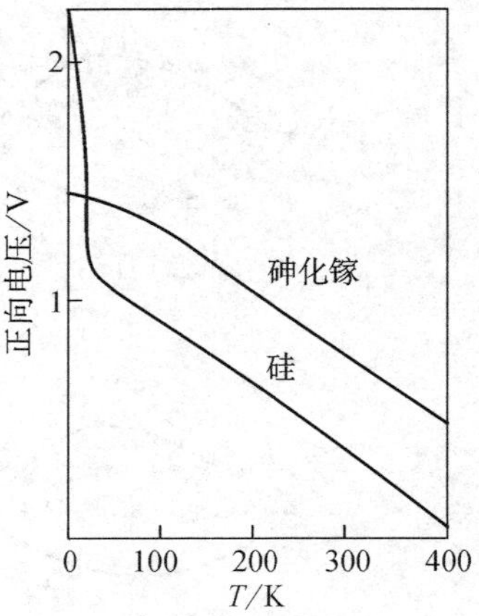

图 16-6　二极管正向电压温度关系曲线

16.3　实验目的

(1) 学习了解超导材料的零电阻基本特性及其测试方法。

(2) 学习几种低温温度计：铂电阻、半导体硅二极管、热电偶温差计等的原理及其应用。

(3) 进行低温实验，学习恒温操作控制的方法。

16.4　实验原理

通常把材料在一定温度下电阻突然跌落到零的现象，称为零电阻现象或超导现象，具有超导现象的材料称为超导体。超导体具有在一定低温下电阻突然变为零和完全抗磁性两个基本特性。超导材料电阻变为零的温度称为临界温度，用 T_c 表示，不同材料的临界温度 T_c 是不一样的。而在 1911 年最早发现的超导体其临界温度 T_c 是极低的(水银：4.2 K)，显然这样低温下的超导材料应用是受限制的。经过将近八十年的研究，人类才将超导材料的临界温度提高到了 100 K 左右，目前的超导材料临界温度已达到 130 K 以上。而具有较高临界温度 T_c 的超导材料称为高温超导材料，高温超导材料主要是氧化物陶瓷超导材料。高温超导材料的发现使超导现象应用得到了快速的发展。

超导体的两个基本特性是零电阻现象和完全抗磁性。

16.4.1　零电阻现象

当超导体温度降到某一温度 T_c 以下时，其电阻为零，这就是零电阻现象。在临界临界温度以上，超导材料与一般金属一样，有一正常的电阻值。金属在温度 $T < T_c$ 时称为超导态；$T > T_c$ 称为正常态。由正常态向超导态转变是在一个有限的温度间隔 $\Delta T = (T_1 - T_2)$ 内完成的，见图16-7。ΔT 越小，说明材料的纯度和晶格的完整性越理想，理想超导材料的 $\Delta T \leqslant 10^{-3}$ K。在一般的实际测量中，地磁场并没有被屏蔽，样品中通过的电流也并不太小，而且超导转变往往发生在并不很窄的温度 ΔT 范围内。所以通常引进 ΔT 中间的转变温度作为超导材料的临界温度 T_c。迄今为止，已发现 28 种金属元素(在地球常态下)

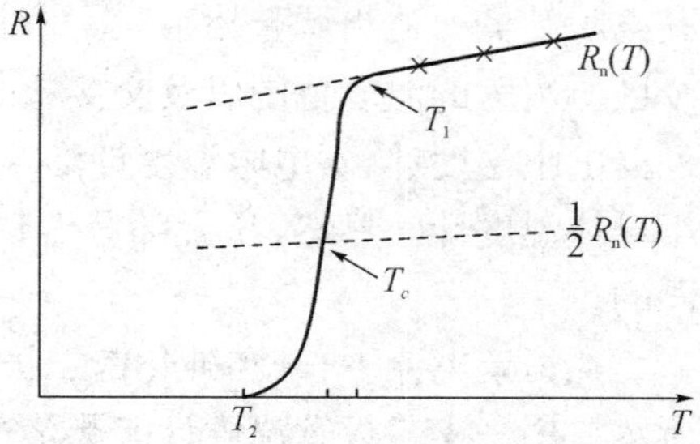

图 16-7　超导体电阻与温度关系曲线

及许多合金和化合物具有超导电性，还有些元素只在高压下才具有超导电性。表 16-1 中给出了一些典型的超导材料的临界温度 T_c（零电阻温度值）。

表 16-1 典型超导材料的临界温度 T_c

超导材料	T_c/K	超导材料	T_c/K
Hg(α)	4.15	Nb_3Ge	23.2
Pb	7.20	$YBaCu_3O_7$	90
Nb	9.25	$Bi_2Sr_2Ca_2Cu_3O_{10}$	105
V_3Si	17.1	$Tl_2Ba_2Ca_2Cu_3O_{10}$	125
Nb_3Sn	18.1	$HgBa_2Ca_2Cu_3O_8$	134
Nb_3Ga	20.3		

在实验中测量材料的超导特性主要是需对超导材料进行降温控制与低温温度的测量。降温一般采用液氮或液氦，而低温测量可使用金属铂电阻温度计、半导体温度计、热电偶温度计等。在超导材料降温过程中，可用逐点测量的方法得到高温超导体的温度与电阻关系曲线，再从该曲线可求得超导体的临界温度值 T_c。

16.4.2 完全抗磁性

根据电磁学定律，导体内部的磁力线不会因导体的电阻而改变。当导体的电阻降为零时，这种“理想导体”内部的磁力线不应改变，仍然存在于体内，见图 16-8(b)。而 1933 年迈斯纳(W. F. Meissner)等人发现，不论是在有或没有外加磁场的情况下，使超导样品从正常态转变为超导态，只要 $T < T_c$，在超导体内部的磁感应强度 B 总是等于零的，见图 16-8(a)。这个效应称为迈斯纳效应，表明超导体有完全抗磁性。这是超导体所具有的独立于零电阻现象的另一最基本特性。

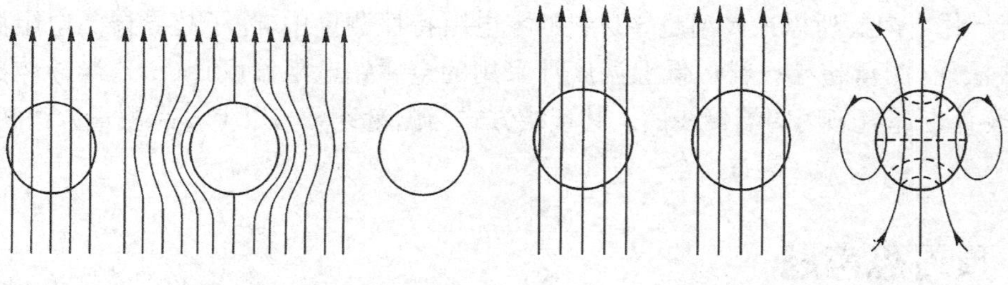

(a) 超导体的迈斯纳效应　　(b) 理想导体

图 16-8 超导体的迈斯纳效应与理想导体的比较

迈斯纳效应可用磁悬浮实验演示，当我们将永久磁铁慢慢落向超导体时，磁铁不会触及到超导体，而会被悬浮在一定的高度上。其原因是磁感应线无法穿过具有完全抗磁性的超导体，因而磁场受到畸变而产生向上的浮力。超导体的零电阻特性和完全抗磁性是超导的两个完全独立特性，不能由任何一个推知另一个的存在。所以对超导体而言，温度的升高，超导体外磁场或超导电流的增大，都可以使超导体从超导态转变为正常态。因此常用临界温度 T_c、临界磁场 B_c 和临界电流密度 j_c 作为临界参量来表征超导材料的超导性能。

16.4.3 低值电阻与低温温度计测量方法与原理

超导样品电阻测量：用一般的惠斯更电桥或伏安法测量电阻，都有接线电阻和接触电阻的影响，所以对于低值电阻的精密测量一般都应采用四端接线法以消除接线电阻和接触电阻引起的误差。四端接线法测量电阻原理如图 16-9 所示。

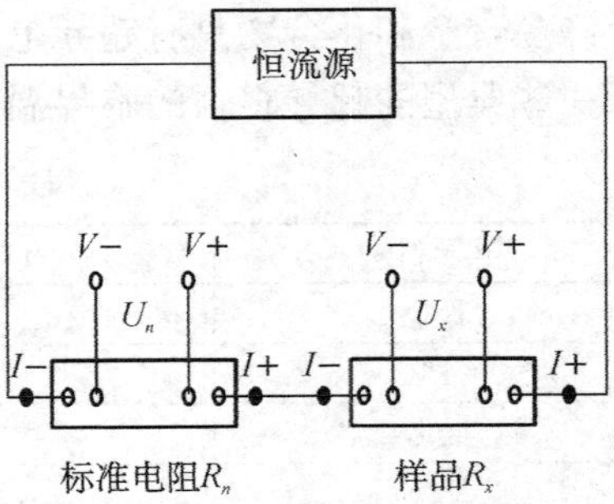

图 16-9　四端接线法测量电阻原理

测量电流由恒流源提供，电流从被测电阻四端接线的外端流入与流出（称为电流端），电势测量是四端接线的两里端引出。由于两根电压引线与样品的接点处在两根电流引线的接点之间，因此排除了电流引线与样品之间的接触电阻对测量的影响。而测量样品电阻上的电势一般都应采用输入阻抗较高的数字电压表，这样在电势测量中，电压引线的电阻以及它们与样品之间的接触电阻对测量的影响可以不计。四端接线法是国际上通用的低值电阻标准测量方法。根据测量线路采用的标准电阻 R_n 标称值及其上的电压 U_n 与待测样品电阻上的电压 U_x 测量值计算得出被测电阻：

$$R_x = \frac{U_x}{I} = \frac{U_x}{U_n} R_n \tag{16-5}$$

低温温度计：因为一般液体温度计无法测量超导所需的低温温度，所以超导温度一般可应用金属或半导体电阻随温度变化的特性进行测量。通常金属材料的电阻值随温度升高而增大，例如铜和铂，在 63 K 到室温的温度范围内，铜和铂的电阻值 R 变化近似地正比于温度 T，也就是说具有正的温度系数。所以，只要根据下式

$$T(\mathrm{K}) = a + bR \tag{16-6}$$

测量出铂电阻的电阻值 R，就可计算出相应的温度 T。

半导体具有与金属不同的电阻温度关系。一般而言，在较大温度范围内，半导体具有负的温度系数，因此温度越高，则其电阻越低。不论是金属材料的电阻值还是半导体材料的电阻值都是属于低值电阻。所以在高温超导材料的零电阻特性测量中，除了超导样品电阻测量需用四端接线法外，测量超导材料的低温温度计采用的金属铂电阻温度计（Pt）、半导体硅二极管（SiD）温度计也都需采用四端接线法。其接线方式与测量计算与以上样品测量方法相同。

16.5　预习思考题

（1）什么是超导现象？超导材料有什么主要特性？表征超导性能的基本参量有哪些？

（2）一个样品有零电阻现象，能否说该样品具有超导电性？为什么？

（3）在“四引线测量法”中电流引线和电压引线能否互换，为什么？

（4）确定超导样品零电阻时，测量电流为何必须反向？

（5）本实验是如何测量超导体电阻值的？

（6）超导体和理想金属的区别是什么？

16.6　实验仪器

实验所用仪器主要包括不锈钢杜瓦容器、低温恒温器与 19 芯引线拉杆支架（高温超导样

品、紫铜恒温块、铂电阻、硅二极管、温差热电偶)、电控制仪器、数字电压表。

不锈钢杜瓦容器(见剖视图 16-10):容器具有真空夹层。借助于手电筒照射,可将沸点为 77.4 K 的液氮倒入不锈钢真空夹层杜瓦容器中。容器上方的有机玻璃盖与下面低温恒温器的上挡板都起着阻挡来自室温的辐射热作用。

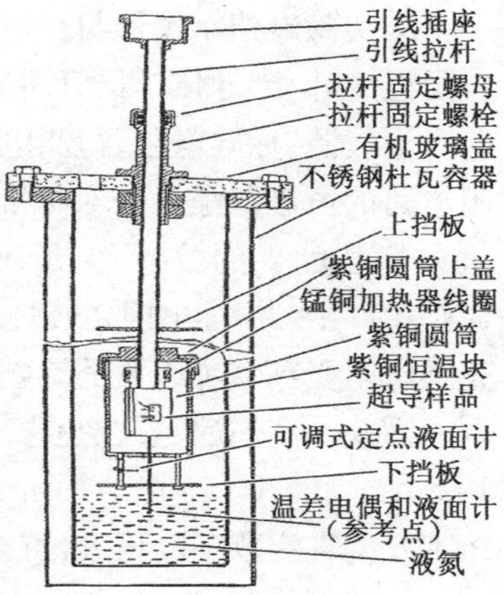

图 16-10　低温恒温器和杜瓦容器

低温恒温器与 19 芯引线拉杆支架:低温恒温器安装在一长拉杆支架下方,其内部结构见图 16-10。低温恒温器的核心部件是安装有超导样品和测量温度计的紫铜恒温块(图 16-11)。其周围的紫铜圆筒及其上下挡板包围着紫铜恒温块起均温作用。安装在紫铜恒温块上的超导样品所需电流与电势的测量由四线引出。同样,在低温恒温器内作为测温和比对测温用的铂电阻与半导体二极管温度计也是四端接线法测量其电阻。低温恒温器内所有的电引线由拉杆引出到 19 芯插座,再接入到电控制仪器。由铜-康铜组成的温差电偶温度计与液面计可探测低温恒温器的温度及超导样品与液面的高低。温差电偶液面计与温度计各有一参考端被安置在下挡板下方,其在整个实验过程中都应浸没在液氮内。液面计热电偶的另一端固定在下挡板与恒温器中间的螺钉上(可调);测温用的热电偶温度计另一端在紫铜恒温块上。当紫铜恒温器在液氮杜瓦容器中下降至下挡板下方温差热电偶参考端浸没在液氮内时,温度将逐渐下降,但如需保持在某一温度,则需通过调节 25 Ω 锰铜加热线圈的电流达到。

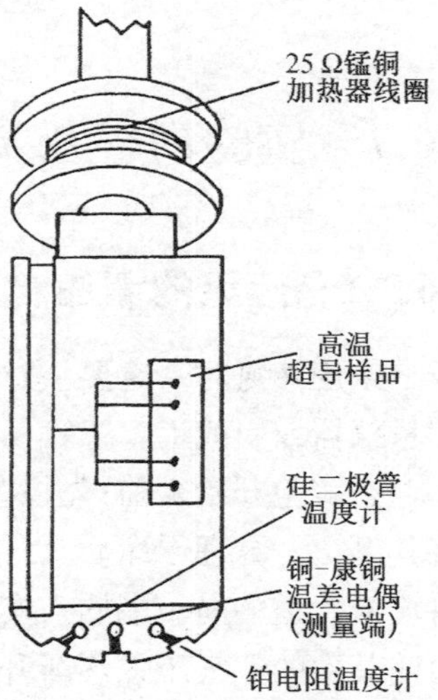

图 16-11　紫铜恒温块(探头)

电控制仪器:BW_2 型高温超导材料特性测试装置面板见图 16-12。

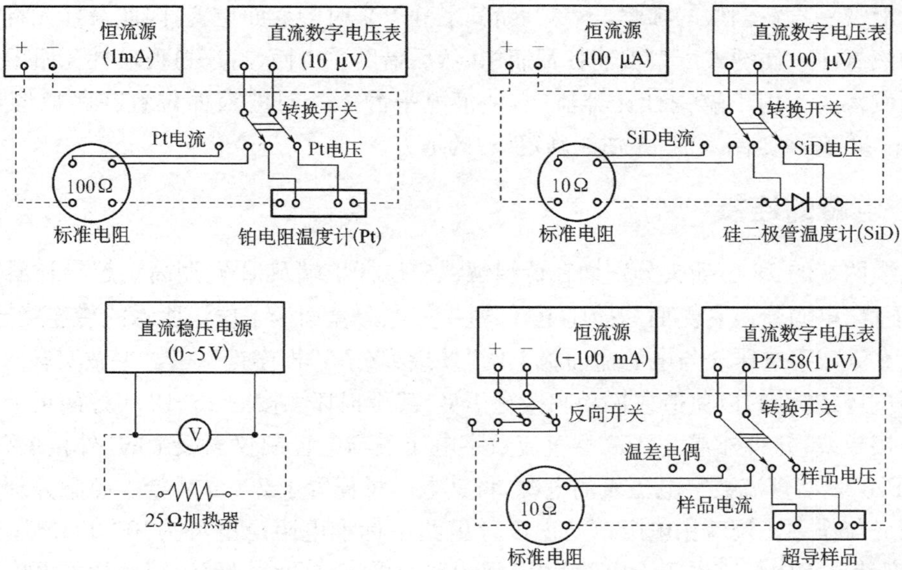

图 16-12　BW_2 型高温超导材料特性测试电控制仪器

本实验电控制仪器与低温恒热器上 19 芯引线插座连接。其功能承担了低温恒温器上铂电阻温度计、半导体二极管温度计、25 Ω 锰铜加热线圈、超导样品四个工作电路，每一电路均包含恒流源、标准电阻、待测电阻、数字电压表和转换开关等五个主要部件。实验中，提供铂电阻电路的恒流源是 1 mA、标准电阻 100 Ω、数字电压表量程 100.00 mV(精度是10 μV)，铂电阻 R 随温度 T 的关系为：$T(\mathrm{K})=a+bR$(a，b 值由实验室给出)。提供硅二极管电路的恒流源是 100 μA、标准电阻 10 kΩ、数字电压表量程 1.000 0 V(精度是 100 μV)。由于超导样品的正常电阻受到多种因素的影响，因此每次测量所使用的超导样品的正常电阻可能有较大的差别。为此，本实验装置在超导样品测量电路中，采用多档输出式的恒流源来提供电流。共设置 100 μA，1 mA，5 mA，10 mA，50 mA，100 mA 六档电流输出。利用转换开关和外置的 PZ158 型直流数字电压表，可以监测样品电压、铜-康铜温差电偶的电动势以及可调式定点液面计的指示，PZ158 型直流数字电压表精度可达 1 μV，是 $5\frac{1}{2}$位数字电压表。

16.7 实验内容及步骤

16.7.1 液氮的灌注

使用液氮时一定要注意安全，不要让液氮溅到身体上，也不要把液氮倒在有机玻璃盖板、测量仪器或引线上。

在实验开始之前，先检查实验用不锈钢杜瓦容器中是否有剩余液氮或其他物质，如有则需将其倒出。清理干净后，可将输液管道的一端插入贮存液氮的杜瓦容器中并拧紧固定螺母，并将输液管道的另一端插入实验用不锈钢杜瓦容器中，然后关闭储存杜瓦容器上的通大气的阀门使其中的氮气压强逐渐升高，于是液氮将通过输液管道注入实验用不锈钢杜瓦容器中(向储存液氮的杜瓦容器中充氮气)。

由于液氮一直在剧烈的沸腾，不易判断其平静下来时的液面位置，因此最好先将储存杜瓦容器中的液氮注入便携式广口玻璃杜瓦瓶中，然后借助手电筒，将广口玻璃杜瓦瓶中的液氮缓慢地逐渐倒入实验用不锈钢杜瓦容器中，使液氮平静下来时的液面位置在距离容器底部约 30 cm(该高度在液氮倒入前，先估测确定好)的地方。

16.7.2 电路的连接

将电缆两端的 19 芯插头分别插在低温恒温器拉杆顶端及 BW_2 型高温超导材料特性测试装置(以下称“电源盒”)右侧面的插座上，同时接好电源盒面板上虚线所示的待连接导线，并将 PZ158 型直流数字电压表与电源盒面板上的“外接 PZ158”相连接。在学生做实验时，19 芯插头插座不应经常拆卸，以免造成松动和接触不良，甚至损坏。按图 16-12 接好面板上虚线内所示的待连接导线，并将外置 PZ158 型直流数字电压表与电控制仪面板上的“外接 PZ158”相连接，打开 PZ158 型直流数字电压表的电源，将其电压量程置于 200 mV 档。熟悉并理解面板各线路的意义与作用。调节铂电阻(Pt)温度计电路中标准电阻上电势为100.00 mV，硅二极管(SID)温度计电路中标准电阻上电势为 1.000 0 V。再将这两个温度计转换开关再拨至(Pt)与(SID)电压档。并确认面板上已将转换开关旋至“液面指示”，25 Ω 锰铜加热线圈电源旋钮应处在指零的位置上，超导恒流源取小于 50 mA。

16.7.3　室温检测

打开 PZ158 型直流数字电压表的电源开关(将其电压量程置于 200 mV 挡)以及电源盒的总电源开关，并依次打开铂电阻、硅二极管和超导样品等三个分电源开关，调节两支温度计的工作电流，测量并记录其室温下的电流和电压数据。原则上为了能够测量得到反映超导样品本身性质的超导转变曲线，通过超导样品的电流应该越小越好，然而为了保证用 PZ158 型直流数字电压表能够较明显地观测到样品的超导转变过程，通过超导样品的电流又不能太小。一般的样品可按照超导样品上的室温电压大约为(50～200 μV)来选定所通过的电流的大小，但最好不要大于 50 mA。

最后，将转换开关先后旋至“温差电偶”和“液面指示”处，此时 PZ158 型直流数字电压表的示值应当很低。

16.7.4　低温恒温器降温速率的控制及低温温度计的比对

1. 低温恒温器降温速率的控制

测量是否能够在规定的时间内顺利完成，关键是能否调节好低温恒温器的下挡板浸入液氮的深度，使紫铜恒温块以适当速率降温。为了确保整个实验工作可在 3 小时以内顺利完成，在低温恒温器的紫铜圆筒底部与下挡板间距离的 1/2 处安装了可调式定点液面计。在实验过程中只要随时调节低温恒温器的位置，保证液面计指示电压刚好为零，即可保证液氮表面刚好在液面计位置附近。

降温速率控制的具体步骤如下。

(1) 确认是否已将转换开关旋至“液面指示”处。

(2) 为了避免低温恒温器的紫铜圆筒底部一开始就触及液氮表面而使紫铜恒温块温度骤然降低造成实验失败，可在低温恒温器放进杜瓦容器之前，先用米尺测量液氮面距杜瓦容器的深度，然后旋松拉杆固定螺母，调节拉杆位置使低温恒温器下挡板至有机玻璃板的距离刚好至该深度，重新旋紧拉杆固定螺母，并将低温恒温器缓缓放入杜瓦容器中。当低温恒温器的下挡板碰到了液面时，会发出像烧热的铁块碰到水时的声音，同时用手可感觉到有冷气从有机玻璃板上的小孔喷出，还可用手电筒通过有机玻璃板照射杜瓦容器内部，仔细观察低温恒温器的位置。

(3) 当低温恒温器的下挡板浸入液氮时，液氮表面将会像水沸腾一样翻滚并伴有响声和大量冷气喷出，大约 1 min 后液氮逐渐平静下来。这时，可稍旋松拉杆固定螺母，控制拉杆缓缓下降，密切监视与液面指示计相连接的 PZ158 型直流数字电压表的示值(以下简称“液面计示值”)，使之逐渐减小到零，立即拧紧固定螺母不让其继续下滑。这时液氮面恰好处于紫铜圆筒底部与下挡板间距离的 1/2 处(该处安装有液面计，是液面计另一端)。

(4) 伴随着低温恒温器温度的不断下降，液氮会汽化，液氮面也会缓慢下降，引起液面计示值的增加(大于零)。一旦发现液面计示值不再是零，应将拉杆向下移动少许(约 2 mm，切不可下移过多)，使液画计示值恢复零值。因此，在低温恒温器的整个降温过程中，要不断地控制拉杆下降来恢复液面计示值为零，维持低温恒温器下挡板的浸入深度不变。

2. 低温温度计的比对

当紫铜恒温块的温度开始下降时，观察并测量铂电阻温度计、硅二极管温度计、超导样品、温差热电偶的电压值。除了温差热电偶外，其他的电压测量均需先测量出各电路中标准电阻上的电压值。而后开始大约每隔 5 min 测量一次各温度计与样品的电压值。

由于铂电阻温度计已经标定，性能稳定，且有较好的线性电阻温度关系，因此可以利用所给出的铂电阻温度计的电阻温度关系简化公式，由相应温度下铂电阻温度计的电阻值确定紫铜恒温块的温度，再以此温度为横坐标，分别以所测得的硅二极管的正向电压值和温差电偶的电动势值为纵坐标，画出它们随温度变化的曲线。

如果要在较高的温度范围进行较精确的温度计对比工作，应将低温恒温器置于距液面尽可能远的地方，并启用电加热器，以使紫铜恒温块能够稳定在中间温度。在以测量超导转变为主要目的的实验过程中，尽管紫铜恒温块从室温到 150 K 附近的降温过程进行得很快，仍可以通过测量对具有正和负的温度系数的两类物质的低温物性加深印象，并可以利用这段时间熟悉实验装置和方法，例如利用液面计示值来控制低温恒温块降温速率的方法，装置的各种显示、转换开关的功能，三种温度计的温度和超导样品电阻的测量方法等。

16.7.5　超导转变曲线的测量

当紫铜恒温块的温度降低到 130 K 附近时，开始测量超导体的电阻以及这时铂电阻温度计所给出的温度，测量点的选取可视电阻变化的快慢而定，例如在超导转变发生之前可以每 5 分钟测量一次，在超导转变过程中大约每半分钟测量一次。确切地说，应视电阻变化的快慢而定。在这些测量点应同时测量各温度计的测温参量，进行低温温度计的比对。

由于电路中的乱真电动势并不随电流方向而改变，因此当样品电阻接近于零时，可利用电流反向后的电压是否改变来判定该超导样品的零电阻温度。具体做法是先在正向电流下测量超导体的电压，然后按下电流反向开关按钮，重复上述测量，若两次测量所得数据相同，则表明超导样品达到了零电阻状态。最后，画出超导体电阻随温度变化的曲线，并确定其起始转变温度 T_1 和零电阻温度 T_c。

在上述测量过程中，低温恒温器降温速率的控制依然是十分重要的。在发生超导转变之前，即在 T_1 温区，每测完一点都要把转换开关旋至“液面计”挡，用 PZ158 型直流数字电压表测量液面的变化。在发生超导转变的过程中，即在 $T_c < T < T_1$ 温区，由于在液面变化不大的情况下，超导样品的电阻随着温度的降低而迅速减小，因此不必每次再把转换开关旋至“液面计”挡，而是应该密切监测超导样品电阻的变化。当超导样品的电阻接近零值时，如果低温恒温器的降温已经非常缓慢甚至停止，这时可以逐渐下移拉杆，甚至可使低温恒温器紫铜圆筒的底部接触液氮表面，使低温恒温器进一步降温，以促使超导转变的完成。最后，在超导样品已达到零电阻之后，将低温恒温器直接浸入液氮中，使紫铜恒温块的温度尽快降至液氮温度。

16.8　实验注意事项

(1) 使用液氮时，一定要注意安全。不要让低温液体触及人体，以防造成冻伤。盛放低温液体的容器不能完全封死。必须留有供蒸汽逸出的孔道。

(2) 实验中要防止拉杆下滑导致低温恒温器的下档板与杜瓦容器内底部相碰，损坏杜瓦容器及超导样品。每次实验结束，需将超导样品拉杆从杜瓦容器内取出放安全处。如长时期不做实验，可将超导样品从紫铜恒温块上取下放干燥容器内。

(3) 所有测量必须在同一次降温过程中完成，应避免紫铜恒温块的温度上下波动。如果实验失败或需要补充不足的数据，必须将低温恒温器从杜瓦容器中取出并用电吹风机加热使其温度接近室温，待低温恒温器温度计示值重新恢复到室温数据附近时，重做本实验，否则所得的数据点将有可能偏离规则曲线较远。当然，这样势必会大大延误实验时间，因此应从一开始就认真按照要求进行实验，避免实验失误，并一次性取齐数据。

(4) 恒流源不可开路，稳压电源不可短路。PZ158 直流数字电压表也不宜长时间处在开路状态，必要时可利用随机提供的校零电压引线将输入端短路。

(5) 为了达到标称的稳定度，PZ158 直流数字电压表和电源盒至少应预热 10 min。

(6) 在电源盒接通交流 220 V 电源之前，一定要检查好所有电路的连接是否正确。特别是在开启总电源之前，各恒流源和直流稳压电源的分电源开关均应处在断开状态，电加热器的电压旋钮应处在指零的位置上。

(7) 低温下塑料套管又硬又脆，极易折断。在实验结束取出低温恒温器时，一定要避免温差电偶和液面计的参考端与杜瓦容器(特别是出口处)相碰。由于液氮杜瓦容器的内筒深度远小于低温恒温器的引线拉杆的长度，因此在超导特定测量的实验过程中，杜瓦容器内的液氮深度不应少于 15 cm，而且一定不要将拉杆往下移动太多，以免温差电偶和液面计的参考端与杜瓦容器内筒底部相碰。

(8) 在旋松固定螺母并下移拉杆时，一定要握紧拉杆，以免拉杆下滑。

(9) 低温恒温器的引线拉杆是厚度仅 0.5 mm 的薄壁德银管，注意一定不要使其受力，以免其变形或损坏。

(10) 不锈钢金属杜瓦容器的内筒壁厚仅为 0.5 mm，应避免硬物的撞击。杜瓦容器底部的真空封嘴已用一段附加的不锈钢圆管加以保护，切忌磕伤。

16.9　实验数据的记录与处理

(1) 根据实验测量数据计算与绘制超导样品的电阻与温度(以铂电阻测量温度值为准)关系曲线，计算 ΔT 及超导样品的临界温度 T_c 值。

(2) 以铂电阻所测温度为标准，绘制硅二极管、温差热电偶的电阻(或电势)与温度关系曲线，进行低温温度计的比对。对这两个温度计进行定标并分析各温度计的线性度及测温情况。

16.10　思考题

(1) 如何判断低温恒温器的下档板或紫铜圆筒底部碰到了液氮面?

(2) 实验中采用什么温度计进行低温温度的测量? 比对测量有什么意义?

(3) 如何进行低温温度的控制?

(4) 讨论影响本实验中 T_c 测量精度的各种因素。

(5) 如果分别在降温和升温过程中测量超导转变曲线，结果将会怎样，为什么?

(6) 为何在施加了一定的磁场之后，低温超导体会失去超导的特性?

(7) 金属低温超导理论中，最基本的出发点是什么? 试用 BCS 理论及二流体模型解释超导电性。

(8) 超导磁悬浮是什么效应的直接结果？试描述上海磁悬浮列车工作原理。

16.11 拓展实验设计参考

用交流磁化率方法测量超导体抗磁性和起始抗磁转变温度，观察磁悬浮现象。图16-13所示交流电桥法可以分别测量高温超导体样品的交流磁化率实部 χ' 和虚部 χ'' 随温度变化的关系。它在超导转变时发生突变，由此可定出超导起始磁转变温度 T_c。

16.11.1 交流磁化率测量超导体抗磁性

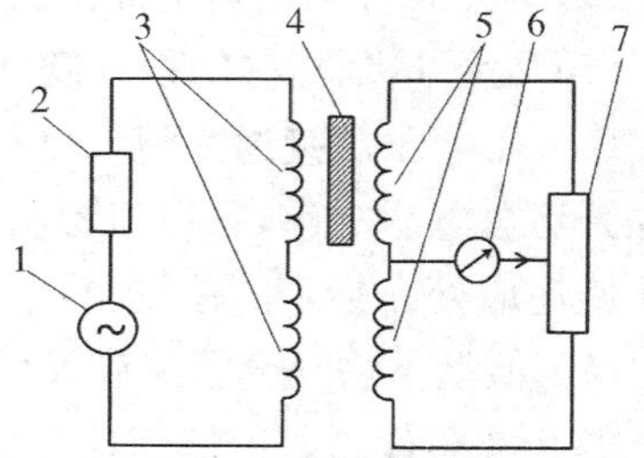

1—低频信号发生器(提供振幅小于 1 V，频率为 314 Hz 的交流信号)；
2—限流电阻 $R=1\,000\ \Omega$；
3—初级线圈(各 350 圈)，在次级线圈外面；
4—样品(约 5 mm 长，2 mm 粗)；
5—次级线圈(各 1 100)圈；
6—锁相放大器，输出接 X-Y 记录仪 Y 轴；
7—十圈电位器(1 kΩ)

图 16-13 交流磁化率测量线路

实验线路如图 16-13 所示。图中有两组线圈，每组线圈都由初级和次级组成。初级和次级线圈分别相等。两个次级线圈构成电桥两臂，样品放在其中的一个线圈中心。当没有样品时，由于次级线圈是两个完全对称的线圈，因此当电位器适当调整时，电桥输出为零。但是由于实际上两线圈不可能完全一样，因此输出不完全为零，在使用高灵敏度的锁相放大器作桥路指零仪时，这种情况很明显，因此可把无样品时的输出线看作零线，它随温度下降线性下降。放入样品后由低频信号发生器提供一个低频电流加到初级线圈上，从而产生一个交变磁场作用到样品上。桥路的另外两臂是一个十圈电位器。当样品处于正常态时 ($T>T_c$) 其呈顺磁性，在这种条件下调节电桥平衡，当样品发生超导磁转变时($T>T_c$)，样品从顺磁变为抗磁。根据超导体特性，这时就有一部分磁通从样品中排出，从而电桥失去平衡，不平衡的信号经锁相放大器放大后，变为直流信号输出，由 X-Y 记录仪进行记录。可以证明，在一级近似下，磁化率实部 χ' 与不平衡信号的电抗改变量 ΔL 成正比，其相位与电源电压相差 90°。虚部 χ'' 与电阻改变量 ΔR 成正比其相位与电源电压相同。因此 χ' 和 χ'' 相位差为 90°。由于超导体的零电阻和迈斯纳效应都是直流效应，在交流情况下，它也表现有损耗，χ'' 就反映了样品的能量损耗。

具体操作是：在室温下调节电桥平衡，然后把测量杆插入广口杜瓦瓶中，当温度降至约 150 K 时 X-Y 记录仪落笔作连续记录，这样可以分别作出磁化率 χ' 和 χ'' 随温度变化曲线。

16.11.2 观测磁悬浮现象(迈斯纳效应)

为了观测迈斯纳效应，可以把钕铁硼 (Nd-Fe-B) 永磁体放在 $Y_3Ba_2Cu_3O_2$ 样品上，降温使之进入超导态。样品的特征决定了它们具有非完全迈斯纳效应，即不能把全部磁通从样品中排出。尽管如此，仍有大部分磁通从样品中排出以形成梯度磁场，致使 Nd-Fe-B 浮起，静止在某一位置(浮力和重力相当)。或者先冷却样品使之进入超导态，再把永磁体放上，结果永磁体也会浮起，甚至更高。仔细观察两次悬浮高度的不同，试分析该现象。

实验 17
塞曼效应实验

17.1 引言

塞曼

1896 年，荷兰物理学家塞曼(P. Zeeman)发现当光源放在足够强的磁场中时，原来的一条光谱线分裂成几条光谱线，分裂的谱线成分是偏振的，分裂的条数随能级的类别而不同，后人称此现象为塞曼效应。塞曼效应是继英国物理学家法拉第(M. Faraday)1845 年发现磁致旋光效应，克尔(John Kerr)1876 年发现磁光克尔效应之后，发现的又一个磁光效应。

法拉第旋光效应和克尔效应的发现在当时引起了众多物理学家的兴趣。1862 年法拉第出于"磁力和光波彼此有联系"的信念，曾试图探测磁场对钠黄光的作用，但因仪器精度欠佳未果。

塞曼在法拉第的信念的激励下，经过多次的失败，最后用当时分辨本领最高的罗兰凹面光栅和强大的电磁铁，终于在 1896 年发现了钠黄线在磁场中变宽的现象，后来又观察到了镉蓝线在磁场中的分裂。

塞曼在洛仑兹的指点及其经典电子论的指导下，解释了正常塞曼效应和分裂后的谱线的偏振特性，并且估算出的电子的荷质比与几个月后汤姆逊从阴极射线得到的电子荷质比相同。

塞曼效应

塞曼效应不仅证实了洛仑兹电子论的准确性，而且为汤姆逊发现电子提供了证据。还证实了原子具有磁矩并且空间取向是量子化的。1902 年，塞曼与洛伦兹因这一发现共同获得了诺贝尔物理学奖。直到今日，塞曼效应仍旧是研究原子能级结构的重要方法。

早年把那些谱线分裂为三条，而裂距按波数计算正好等于一个洛伦兹单位的现象叫做正常塞曼效应[洛伦兹单位 $L = eB/(4\pi mc)$]。正常塞曼效应用经典理论就能给予解释。实际上大多数谱线的塞曼分裂不是正常塞曼分裂，分裂的谱线多于三条，谱线的裂距可以大于也可以小于一个洛伦兹单位，这类现象称为反常塞曼效应。反常塞曼效应只有用量子理论才能得到满意的解释。对反常塞曼效应以及复杂光谱的研究，促使朗德于 1921 年提出 g 因子概念，乌伦贝克和哥德斯密特于 1925 年提出电子自旋的概念，推动了量子理论的发展。

17.2 实验目的

(1) 掌握观测塞曼效应的方法，加深对原子磁矩及空间量子化等原子物理学概念的理解。

(2) 学习法布里-珀罗标准具的调节方法以及 CCD 器件在光谱测量中的应用。

(3) 观察汞原子 546.1 nm 谱线的分裂现象及它们的偏振状态，由塞曼裂距计算电子荷质比。

17.3 实验原理

17.3.1 原子的总磁矩和总角动量的关系

原子的总磁矩由电子磁矩和核磁矩两部分组成，但由于后者比前者小三个数量级以上，所以暂时只考虑电子磁矩这一部分。原子中的电子由于作轨道运动产生轨道磁矩，电子还具有自旋运动产生自旋磁矩，根据量子力学的结果，电子的轨道磁矩 $\boldsymbol{\mu}_L$ 和轨道角动量 $\boldsymbol{P}_L$ 在数值上有如下关系：

$$\boldsymbol{\mu}_L = \frac{e}{2m}\boldsymbol{P}_L, \quad \boldsymbol{P}_L = \sqrt{L(L+1)}\,\hbar \tag{17-1}$$

自旋磁矩 $\boldsymbol{\mu}_S$ 和自旋角动量 $\boldsymbol{P}_S$ 在数值上有如下关系：

$$\mu_S = \frac{e}{m}P_S, \quad P_S = \sqrt{S(S+1)}\,\hbar \tag{17-2}$$

式中，e，m 分别表示电子电荷和电子质量，L，S 分别表示轨道量子数和自旋量子数。轨道角动量和自旋角动量合成原子的总角动量 $\boldsymbol{P}_J$，轨道磁矩和自旋磁矩合成原子的总磁矩 $\boldsymbol{\mu}$，由于 $\boldsymbol{\mu}$ 绕 $\boldsymbol{P}_J$ 运动只有 $\boldsymbol{\mu}$ 在 $\boldsymbol{P}_J$ 方向的投影，$\boldsymbol{\mu}_J$ 对外平均效果不为零，可以得到 $\boldsymbol{\mu}_J$ 与 $\boldsymbol{P}_J$ 数值上的关系为

$$\mu_J = g\,\frac{e}{2m}P_J \tag{17-3}$$

其中，

$$g = 1 + \frac{J(J+1) - L(L+1) + S(S+1)}{2J(J+1)} \tag{17-4}$$

叫做朗德(Lande)因子，它表征原子的总磁矩与总角动量的关系，而且决定了能级在磁场中分裂的大小。

17.3.2 外磁场对原子能级的作用

在外磁场中，原子的总磁矩在外磁场中受到力矩 $\boldsymbol{L}$ 的作用

$$\boldsymbol{L} = \boldsymbol{\mu}_J \times \boldsymbol{B} \tag{17-5}$$

式中 $\boldsymbol{B}$ 表示磁感应强度，力矩 $\boldsymbol{L}$ 使角动量 $\boldsymbol{P}_J$ 绕磁场方向作进动，进动引起附加的能量 ΔE 为

$$\Delta E = -\mu_J B\cos\alpha \tag{17-6}$$

将式(17-3)代入式(17-6)得

$$\Delta E = g\,\frac{e}{2m}P_J B\cos\beta \tag{17-7}$$

其中，α 和 β 的意义如图 17-1 所示。

由于 μ_J 与 P_J 在磁场中取向是量子化的，也就是 P_J 在磁场方向的分量是量子化的。P_J 的分量只能是$\hbar$ 的整数倍，即

$$P_J \cos\beta = M\hbar,\quad M = J, (J-1), \cdots, -J \tag{17-8}$$

磁量子数 M 共有 $2J+1$ 个值。将式(17-8)代入式(17-7)得到

$$\Delta E = Mg\frac{e\hbar}{2m}B \tag{17-9}$$

这样，无外磁场时的一个能级在外磁场作用下分裂为 $(2J+1)$ 个子能级。由式(17-9) 决定的每个子能级的附加能量正比于外磁场 B，并且与朗德因子 g 有关。

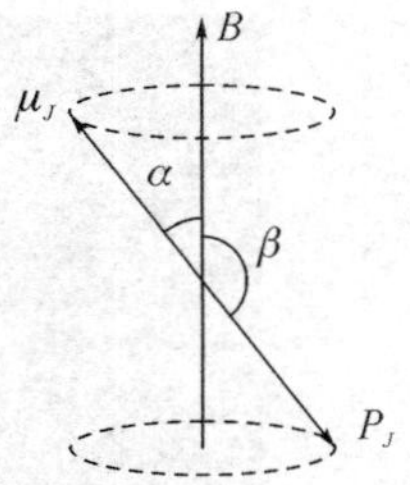

图 17-1　原子总磁矩受场作用发生的旋进

17.3.3　塞曼效应的选择定则

设某一光谱线在未加磁场时跃迁前后的能级为 E_2 和 E_1，则谱线的频率 ν 决定于

$$h\nu = E_2 - E_1 \tag{17-10}$$

在外磁场中，上下能级分裂为 $(2J_2+1)$ 和$(2J_1+1)$ 个子能级，附加能量分别为 ΔE_2 和 ΔE_1，并且可以按式(17-9) 算出。新的谱线频率 ν' 取决于

$$h\nu' = (E_2 + \Delta E_2) - (E_1 + \Delta E_1) \tag{17-11}$$

所以，分裂后谱线与原谱线的频率差为

$$\Delta\nu = \nu' - \nu = \frac{1}{h}(\Delta E_2 - \Delta E_1) = (M_2 g_2 - M_1 g_1)\frac{eB}{4\pi m} \tag{17-12}$$

用波数来表示为

$$\Delta\tilde{\upsilon} = (M_2 g_2 - M_1 g_1)\frac{eB}{4\pi mc} \tag{17-13}$$

令 $L = eB/(4\pi mc)$，L 称为洛伦兹单位。将有关物理常数代入得

$$L = 4.67\times 10^{-3} B/m$$

其中，B 的单位采用 Gs(1 Gs$=10^{-4}$T)。

但是，并非任何两个能级的跃迁都是可能的。跃迁必须满足以下选择定则：

$$\Delta M = M_2 - M_1 = 0, \pm 1\quad（当 J_2 = J_1 时，M_2 = 0 \rightarrow M_1 = 0 除外）$$

习惯上取较高能级的 M 量子数之差为 ΔM。

(1) 当 $\Delta M = 0$ 时，产生 π 线，沿垂直于磁场的方向观察时，得到光振动方向平行于磁场的线偏振光。沿平行于磁场的方向观察时，光强度为零。

(2) 当 $\Delta M = \pm 1$ 时，产生$\sigma^{\pm}$ 线，合称σ 线。沿垂直于磁场的方向观察时，得到的都是光振动方向垂直于磁场的线偏振光。当光线的传播方向平行于磁场方向时 σ^+ 线为一左旋圆偏振光，σ^- 线为一右旋圆偏振光。当光线的传播方向反平行于磁场方向时，观察到的 σ^+ 和 σ^- 线分别为右旋和左旋圆偏振光。

沿其他方向观察时，π 线保持为线偏振光，σ 线变为圆偏振光，如图 17-2 所示。由于光源必须置于电磁铁的两磁极之间，为了在沿磁场方向上观察塞曼效应，必须在磁极上镗孔。

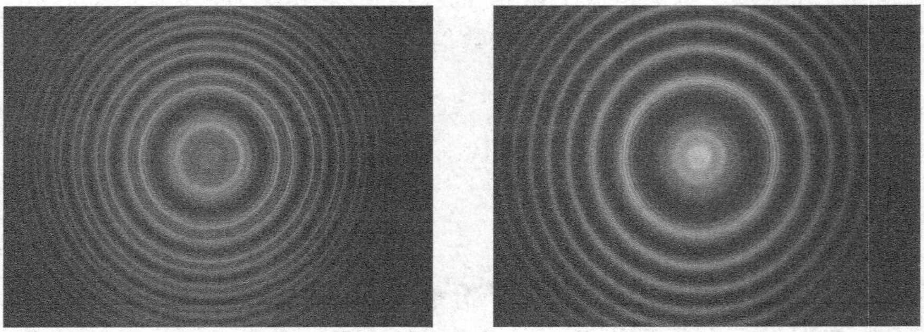

(a) π 成分　　　　(b) σ 成分

图 17-2　塞曼效应中的偏振光

17.3.4　汞绿线在外磁场中的塞曼效应

本实验中所观察的汞绿线 546.1 nm 对应于跃迁 $6s7s\,^3S_1 \rightarrow 6s6p\,^3P_2$。与这两能级及其塞曼分裂能级对应的量子数和 g，M，Mg 值以及偏振态如表 17-1、表 17-2 所列。

表 17-1　各光线的偏振态

选择定则	$K \perp B$(横向)	$K \parallel B$(纵向)
$\Delta M = 0$	线偏振光 π 成分	无光
$\Delta M = +1$	线偏振光 σ 成分	右旋圆偏振光
$\Delta M = -1$	线偏振光 σ 成分	左旋圆偏振光

注：K 为光波矢量；B 为磁感应强度矢量；σ 表示光波电矢量 $E \perp B$；π 表示光波电矢量 $E \parallel B$。

表 17-2　塞曼分裂能级对应的量子数和 g，M，Mg 值

原子态符号	7^3S_1	6^3P_2
L	0	1
S	1	1
J	1	2
g	2	3/2
M	1，0，−1	2，1，0，−1，−2
Mg	2，0，−2	3，3/2，0，−3/2，−3

这两个状态的朗德因子 g 和在磁场中的能级分裂，可以由式(17-4)和式(17-7)计算得出，并且绘成能级跃迁图，如图 17-3 所示。

由图 17-3 可见，上下能级在外磁场中分裂为三个和五个子能级。能级图上画出了选择规则允许的九种跃迁。在能级图下方画出了与各跃迁相应的谱线在频谱上的位置，他们的波数从左到右增加，并且是等距的，为了便于区分，将 π 线和 σ 线都标在相应的地方各线段的长度表示光谱线的相对强度。

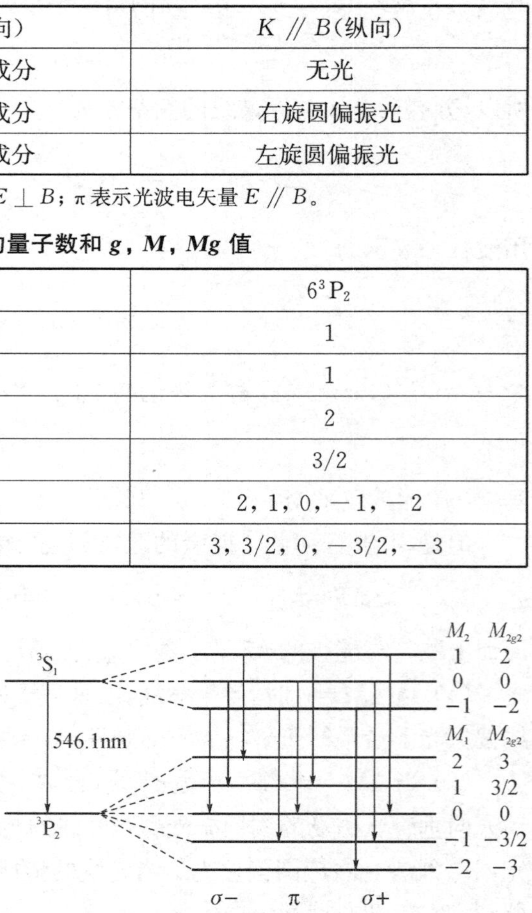

图 17-3　汞绿线的塞曼效应及谱线强度分布

17.3.5　法布里-珀罗标准具的原理和性能

塞曼分裂的波长差很小，普通的棱镜摄谱仪是不能胜任的，应使用分辨本领高的光谱仪器，如法布里-珀罗标准具、陆末-格尔克板、迈克尔逊阶梯光栅等。大部分的塞曼效应实验仪器选择法布里-珀罗标准具。

法布里-珀罗标准具(以下简称 F-P 标准具)由两块平行平面玻璃板和夹在中间的一个间隔圈组成。平面玻璃板内表面是平整的，其加工精度要求优于 1/20 中心波长。内表面上镀有高反射膜，膜的反射率高于 90%。间隔圈用膨胀系数很小的熔融石英材料制作，精加工有一定的厚度，用来保证两块平面玻璃板之间有很高的平行度和稳定间距。

F-P 标准具的光路如图 17-4 所示，当单色平行光束 S_0 以某一小角度入射到 F-P 标准具的 M 平面上；光束在 M_1 和 M_2 二表面上经过多次反射和投射，分别形成一系列相互平行的反射光束 1，2，3，… 及投射光束 1′，2′，3′，…，任何相邻光束间的光程差 Δ 是一样的，即 $\Delta = 2nd\cos\theta$，其中 d 为两平行板之间的间距，大小为 2 mm，θ 为光束折射角，n 为平行板介质的折射率，在空气中使用标准具时可以取 $n=1$。当一系列相互平行并有一定光程差的光束(多光束) 经会聚透镜在焦平面上发生干涉。光程差为波长整数倍时产生相长干涉，得到光强极大值

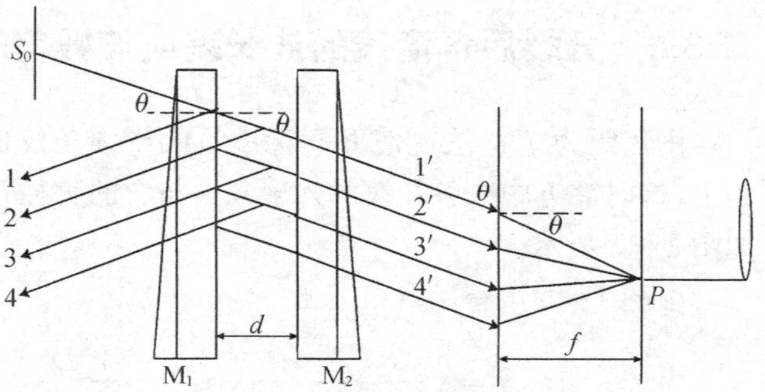

图 17-4　F-P 标准具的多光束干涉

$$2d\cos\theta = K\lambda \tag{17-14}$$

K 为整数，称为干涉序。由于标准具的间隔 d 是固定的，对于波长 λ 一定的光，不同的干涉序 K 出现在不同的入射角 θ 处，如果采用扩展光源照明，在 F-P 标准具中将产生等倾干涉，这时相同 θ 角的光束所形成的干涉花纹是一圆环，整个花样则是一组同心圆环。

由于 F-P 标准具中发生的是多光束干涉，干涉花纹的宽度非常细锐。通常用精细度(定义为相邻条纹间距与条纹半宽度之比)F 表征标准具的分辨性能，可以证明

$$F = \frac{\pi\sqrt{R}}{1-R} \tag{17-15}$$

其中，R 是平行板内表面的反射率。精细度的物理意义是在相邻的两干涉序的花纹之间能够分辨的干涉条纹的最大条纹数。精细度仅依赖于反射膜的反射率，反射率愈大，精细度愈大，则每一干涉花纹愈锐细，仪器能分辨的条纹数愈多，也就是仪器的分辨本领愈高。实际上玻璃内表面加工精度受到一定的限制，反射膜层中出现各种非均匀性，这些都会带来散射等耗散因素，往往使仪器的实际精细度比理论值低。

我们考虑两束具有微小波长差的单色光 λ_1 和 λ_2($\lambda_1 > \lambda_2$，且 $\lambda_1 \approx \lambda_2 \approx \lambda$)，例如，加磁场后汞绿线分裂成的九条谱线中，对于同一干涉序 K，根据式(17-14)，λ_1 和 λ_2 的光强极大值对应于不同的入射角 θ_1 和 θ_2，因而所有的干涉序形成两套花纹。如果 λ_1 和 λ_2 的波长差(随磁场 B) 逐渐加大，使得 λ_2 的 K 序花纹与 λ_1 的($K-1$) 序花纹重合，这时以下条件得到满足：

$$K\lambda_2 = (K-1)\lambda_1 \tag{17-16}$$

考虑到靠近干涉圆环中央处 θ 都很小，因而 $K=2d/\lambda$，于是上式可以写作

$$\Delta\lambda=\lambda_1-\lambda_2=\frac{\lambda^2}{2d} \tag{17-17}$$

用波数表示为

$$\Delta\tilde{\upsilon}=\frac{1}{2d} \tag{17-18}$$

将按以上两式算出的 $\Delta\lambda$ 或 $\Delta\tilde{\upsilon}$ 定义为 F-P 标准具的色散范围，又称自由光谱范围。色散范围是 F-P 标准具的特征量，它给出了靠近干涉圆环中央处不同波长差的干涉花纹不重序时所允许的最大波长差。

17.3.6 分裂后各谱线的波长差或波数差的测量

用焦距为 f 的透镜使 F-P 标准具的干涉条纹成像在焦平面上，这时靠近中央各花纹的入射角 θ 与它的直径 D 有的关系如图 17-5 所示。

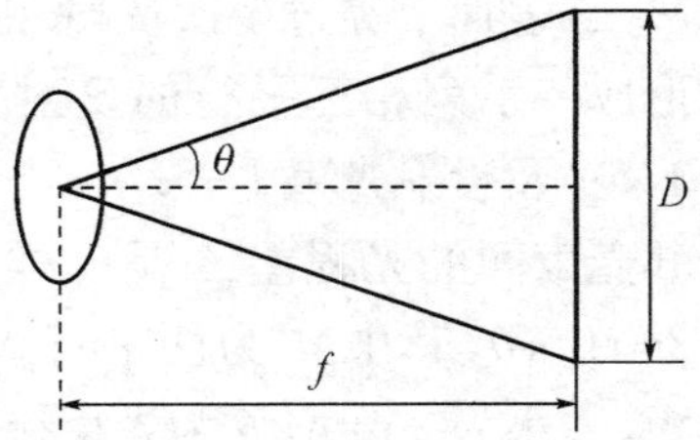

图 17-5 入射角与干涉圆环直径的关系

由图 17-5 可得

$$\cos\theta=\frac{f}{\sqrt{f^2+(D/2)^2}}\approx 1-\frac{1}{8}\frac{D^2}{f^2} \tag{17-19}$$

代入式(17-14)得

$$2d\left(1-\frac{D^2}{8f^2}\right)=K\lambda \tag{17-20}$$

由式(17-20)可见，靠近中央各花纹的直径平方与干涉序成线性关系。对同一波长而言，随着花纹直径的增大，花纹愈来愈密，并且式(17-15)左侧括号内符号表明，直径大的干涉环对应的干涉序低。同理，就不同波长同序的干涉环而言，直径大的波长小。

同一波长相邻两序 K 和 $K-1$ 花纹的直径平方差 ΔD^2 可以从式(17-20)求出，得到

$$\Delta D^2=D_{K-1}^2-D_K^2=\frac{4f^2\lambda}{d} \tag{17-21}$$

可见，ΔD^2 是一个常数，与干涉序 K 无关。

由式(17-20)又可以求出在同一序中不同波长 λ_a 和 λ_b 之差，例如，分裂后两相邻谱线的波长差为

$$\lambda_a-\lambda_b=\frac{d}{4f^2K}(D_b^2-D_a^2)=\frac{\lambda}{K}\frac{D_b^2-D_a^2}{D_{K-1}^2-D_K^2} \tag{17-22}$$

测量时，通常可以只利用在中央附近的 K 序干涉花纹。考虑到标准具间隔圈的厚度比波长大的多，中心花纹的干涉序是很大的。因此，用中心花纹干涉序代替被测花纹的干涉序所引入的误差可以忽略不计，即

$$K=\frac{2d}{\lambda} \tag{17-23}$$

将式(17-23)代入式(17-22)得到

$$\lambda_a-\lambda_b=\frac{\lambda^2}{2d}\frac{D_b^2-D_a^2}{D_{K-1}^2-D_K^2} \tag{17-24}$$

用波数表示为

$$\tilde{\upsilon}_a - \tilde{\upsilon}_b = \frac{1}{2d}\frac{D_b^2 - D_a^2}{D_{K-1}^2 - D_K^2} = \frac{1}{2d}\frac{\Delta D_{ab}^2}{\Delta D^2} \tag{17-25}$$

其中，$\Delta D_{ab}^2 = D_b^2 - D_a^2$，由式(17-25)得知波数差与相应花纹的直径平方差成正比。

将式(17-25)代入式(17-13)式得到电子荷质比

$$\frac{e}{m} = \frac{2\pi c}{(M_2 g_2 - M_1 g_1)Bd}\left(\frac{D_b^2 - D_a^2}{D_{K-1}^2 - D_K^2}\right) \tag{17-26}$$

17.3.7　CCD 摄像器件

CCD 是电荷耦合器件的简称。它是一种金属氧化物-半导体结构的新型器件，具有光电转换、信息存储和信号传输功能，在图像传感、信息处理和存储等方面有广泛的应用。

CCD 摄像器件是 CCD 在图像传感领域中的重要应用。在本实验中，经有 F-P 标准具出射的多光束，经透镜会聚相干，呈多光束干涉条纹成像于 CCD 光敏面。利用 CCD 的光电转换功能，将其转换为电信号图像，由荧光屏显示。因为 CCD 是对弱光极为敏感的光放大器件，所以能够呈现明亮、清晰的干涉图样。

17.4　实验仪器

如图 17-6 所示，永磁塞曼效应实验仪主要由控制主机、笔形汞灯、毫特斯拉计探头、永磁铁、会聚透镜、干涉滤光片、法布里-珀罗标准具、成像透镜、读数显微镜、导轨以及六个滑块组成。另外用户还可以选配 CCD 摄像器件(含镜头)、USB 接口外置图像采集盒以及塞曼效应实验分析软件。永磁塞曼效应实验仪器的主要技术指标如表 17-3 所示。

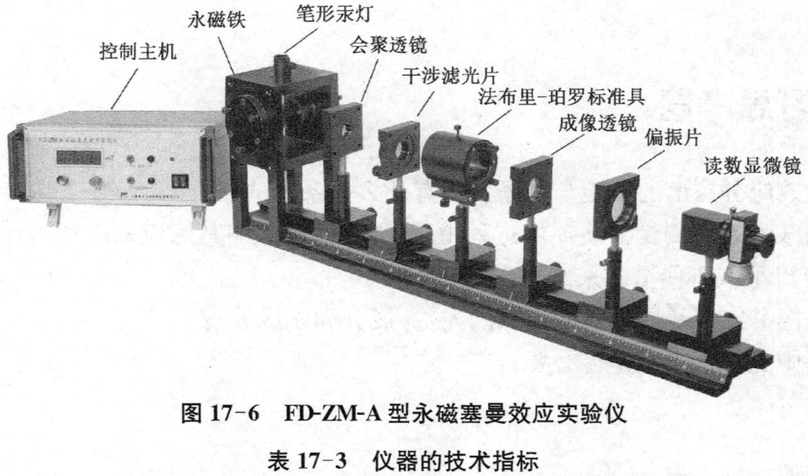

图 17-6　FD-ZM-A 型永磁塞曼效应实验仪

表 17-3　仪器的技术指标

仪器	技术指标
毫特斯拉计	量程：0～1 999 mT 分辨率：1 m T
笔形汞灯	发光区直径：7 mm 起辉电压：1 700 V 额定功率：3 W

（续表）

仪器	技术指标
永磁铁	最大磁场：1 300 mt 磁头间隙：＞7 mm（可调节）
干涉滤色片	中心波长：546.1 nm 半带宽：8 nm 通光口径：ϕ19 mm
法布里-珀罗标准具（F-P 标准具）	通光口径：ϕ40 mm 间隔块：2 mm 波段宽：＞100 nm 反射率：95 % 平面性误差：$<\lambda/30<\lambda/30$
透镜	会聚透镜孔径：ϕ34 mm 成像透镜孔径：ϕ30 mm 成像透镜焦距：约 157 mm
读数显微镜	放大倍数：20 有效测量范围：8 mm 目镜分划尺格植：1 mm 测微鼓最小读数：0.01 mm
CCD 摄像头（选配件）	成像器件：1/3″SONY HAD CCD 有效像素：752（H）×582（V） 水平解析度：570 线 最低照度：0.001 Lux（F1.2） 信噪比：大于 48 dB 电源：直流 12 V
USB 接口外置图像采集盒	接口标准：USB2.0 标准接口 采集方式：单帧或者多帧 采集图像：黑白/彩色图像

17.5　预习思考题

（1）塞曼效应分裂谱的裂距与磁场强度有什么关系？试分析。

（2）利用塞曼效应测量荷质比的过程中，有哪些因素影响其感应强度和圆环直径 D 的测量精确度？可以采取哪些措施来减小误差？

（3）如何区分塞曼效应中不同偏振的光（π 成分和 σ 成分）？

（4）光路中的小孔光阑是否必要？

17.6　实验内容及步骤

17.6.1　实验步骤

等高共轴及其调节

（1）按照图 17-7 所示，依次放置各光学元件（偏振片可以先不放置），并调节光路上各光学元件等高共轴，点燃汞灯，使光束通过每个光学元件的中心。

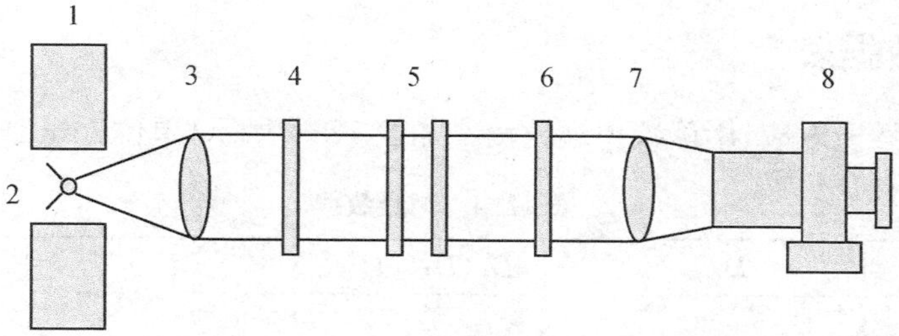

1—磁铁；　2—笔形汞灯；　3—会聚透镜；　4—干涉滤色片；　5—F-P 标准具；
6—偏振片；　7—成像透镜；　8—读数显微镜

图 17-7　直读法测量塞曼效应实验装置

(2) 注意图中会聚透镜和成像透镜的区别：成像透镜焦距大于会聚透镜，而会聚透镜的通光孔径大于成像透镜的通光孔径。用内六角扳手调节标准具上三个压紧弹簧螺丝(一般出厂前，标准具已经调好，学生做实验时，请不要自行调节)，使两平行面达到严格平行，从测量望远镜中可观察到清晰明亮的一组同心干涉圆环。

(3) 从测量望远镜中可观察到细锐的干涉圆环发生分裂的图像。调节会聚透镜的高度，或者调节永磁铁两端的内六角螺丝，改变磁间隙，达到改变磁场场强的目的，可以看到随着磁场 B 的增大，谱线的分裂宽度也在不断增宽。放置偏振片(注意，直读测量时应将偏振片中的小孔光阑取掉，以增加通光量)，当旋转偏振片为 0°，45°，90°各不同位置时，可观察到偏振性质不同的 π 成分和 σ 成分。

小孔光阑

(4) 旋转偏振片，通过读数望远镜能够看到清晰的每级三个的分裂圆环(即 π 成分)，如图 17-8 所示，旋转测量望远镜读数鼓轮，用测量分划板的铅垂线依次与被测圆环相切，从读数鼓轮上读出相应的一组数据，它们的差值即为被测的干涉圆环直径，测量四个圆的直径 D_c，D_b(即 D_{K-1})，D_a，D_K，用毫特斯拉计测量中心磁场的磁感应强度 B，代入公式(17-26) 计算电子荷质比，并计算测量误差。

(5) 如果选配了 CCD 摄像器件、USB 外置图像采集卡和塞曼效应实验分析软件。如图 17-9 所示，可以在前面直读测量的基础上，将读数望远镜和成像透镜去掉，装上 CCD 摄像器件，并连接 USB 外置图像采集卡，安装驱动程序以及塞曼效应实验分析 VCH4.0 软件，进行自动测量。注意这时偏振片上应该加装小孔光阑。具体软件的操作见可以参考附录中的软件操作说明，也可以安装软件后阅读软件“使用说明”。

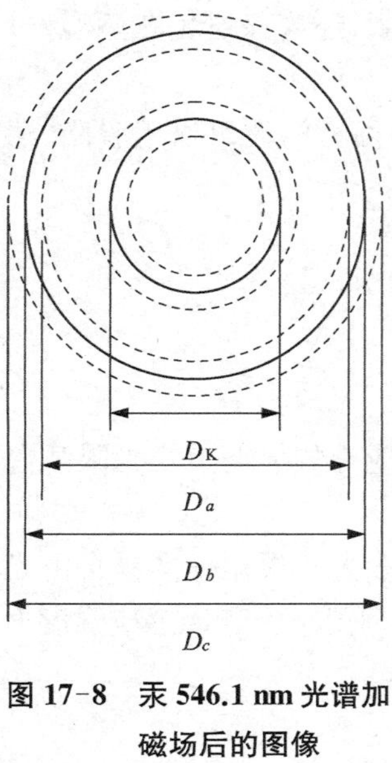

图 17-8　汞 546.1 nm 光谱加磁场后的图像

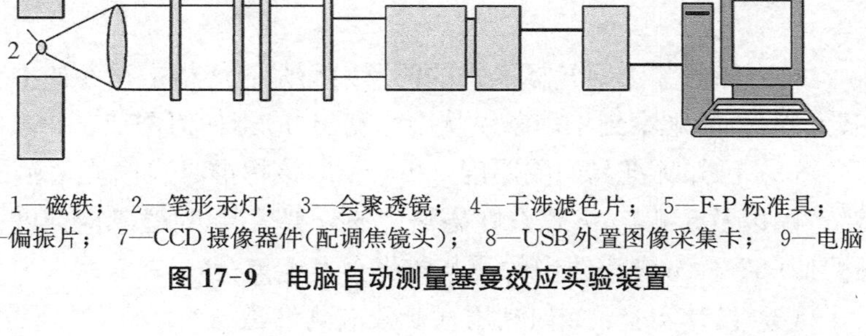

1—磁铁；　2—笔形汞灯；　3—会聚透镜；　4—干涉滤色片；　5—F-P 标准具；
6—偏振片；　7—CCD 摄像器件(配调焦镜头)；　8—USB 外置图像采集卡；　9—电脑

图 17-9　电脑自动测量塞曼效应实验装置

17.6.2 实验数据表

加磁场后，观察横效应，用读数望远镜测量如表 17-4 所示(单位：mm)。

表 17-4 测量数据

	D_c	$D_b(D_{K-1})$	D_a	D_K
上切读数				
下切读数				
测量直径				

用毫特斯拉计测量中心磁场 $B=$___T，$d=$ 2 mm，并且 $M_2g_2-M_1g_1=1/2$；

由公式(17-26)得到 $\dfrac{e}{m}=\dfrac{\pi c}{(M_2g_2-M_1g_1)Bd}\left(\dfrac{D_c^2-D_a^2}{D_{K-1}^2-D_K^2}\right)$，

将测量数据代入上式得到 $\dfrac{e}{m}=$__________(C/kg)，

查得电子荷质比参考数值为 $\dfrac{e}{m}=$__________ C/kg)，

测量误差 $E=$_______%。

17.7 实验注意事项

(1) 笔形汞灯工作时辐射出较强的 253.7 nm 紫外线，实验时操作者请不要直接观察汞灯灯光，如果需要直接观察灯光，请佩戴防护眼镜。

(2) 为了保证笔形汞灯有良好的稳定性，在振荡直流电源上应用时，对其工作电流应该加以选择。另外将笔形汞灯管放入磁头间隙时，注意尽量不要使灯管接触磁头。

(3) 仪器应存放在干燥、通风的清洁房间内，长时间不用时请加罩防护。

(4) 法布里-珀罗标准具等光学元件应避免沾染灰尘、污垢和油脂，还应该避免在潮湿、过冷、过热和酸碱性蒸汽环境中存放和使用。

(5) 光学零件的表面上如有灰尘可以用橡皮吹气球吹去。如表面有污渍可以用脱脂、清洁棉花球蘸酒精、乙醚混合液轻轻擦拭。

17.8 思考题

(1) 如何鉴别 F-P 标准具的两反射面是否严格平行？如不平行应当如何调节？当眼睛向某方向移动，观察到干涉条纹从中心冒出，应当如何调节？

(2) 已知标准具间隔厚度 $d=5$ mm，该标准具自由光谱范围是多大？根据标准具自由光谱范围以及 546.1 nm 谱线在磁场中的分裂情况，对磁感应强度 B 有何要求？若磁感应强度 B 达到 0.62 T，分裂谱线中的哪几条将会发生重叠？

(3) 设计实验：如何利用塞曼效应测量磁场？

实验 18

法拉第效应与磁光调制实验

18.1 引言

1845年,法拉第(M. Faraday)在探索电磁现象和光学现象之间的联系时,发现了一种现象:当一束平面偏振光穿过介质时,如果在介质中,沿光的传播方向上加一个磁场,就会观察到光经过样品后偏振面转过一个角度,即磁场使介质具有了旋光性,这种现象后来就称为法拉第效应。法拉第效应第一次显示了光和电磁现象之间的联系,促进了对光本性的研究。之后费尔德(Verdet)对许多介质的磁致旋光进行了研究,发现了法拉第效应在固体、液体和气体中都存在。

法拉第(1791—1876)

法拉第效应有许多重要的应用,尤其在激光技术发展后,其应用价值越来越受到重视。如用于光纤通信中的磁光隔离器,应用了法拉第效应中偏振面的旋转只取决于磁场的方向,而与光的传播方向无关的特性,使光沿规定的方向通过同时阻挡反方向传播的光,从而减少光纤中器件表面反射光对光源的干扰。磁光隔离器也被广泛应用于激光多级放大和高分辨率的激光光谱,激光选模等技术中。在磁场测量方面,利用法拉第效应驰豫时间短的特点制成的磁光效应磁强计可以测量脉冲强磁场、交变强磁场。在电流测量方面,利用电流的磁效应和光纤材料的法拉第效应,可以测量几千安培的大电流和几兆伏的高压电流。

法拉第效应的发现及应用

磁光调制主要应用于光偏振微小旋转角的测量技术,可以通过测量光束经过某种物质时偏振面的旋转角度来测量物质的活性,这种测量旋光的技术在科学研究、工业和医疗中有广泛的用途,在生物和化学领域以及新兴的生命科学领域中也是重要的测量手段。如物质的纯度控制、糖分测定;不对称合成化合物的纯度测定;制药业中的产物分析和纯度检测;医疗和生化中酶作用的研究;生命科学中研究核糖和核酸以及生命物质中左旋氨基酸的测量;人体血液中或尿液中糖分的测定等。在工业上,光偏振的测量技术可以实现物质的在线测量。在磁光物质的研制方面,光偏振旋转角的测量技术也有很重要的应用。

磁光效应的应用

18.2 实验目的

(1) 用特斯拉计测量电磁铁磁头中心的磁感应强度,分析线性范围。

(2) 法拉第效应实验:用正交消光法检测法拉第磁光玻璃的费尔德常数。

(3) 磁光调制实验:熟悉磁光调制的原理,用倍频法精确测定消光位置。

(4) 磁光调制倍频法研究法拉第效应，精确测量不同样品的费尔德常数。

18.3 实验原理

18.3.1 法拉第效应

实验表明，在磁场不是非常强时，如图 18-1 所示，偏振面旋转的角度 θ 与光波在介质中走过的路程 d 及介质中的磁感应强度在光的传播方向上的分量 B 成正比，即

$$\theta = VBd \tag{18-1}$$

比例系数 V 由物质和工作波长决定，表征着物质的磁光特性，这个系数称为费尔德(Verdet)常数。

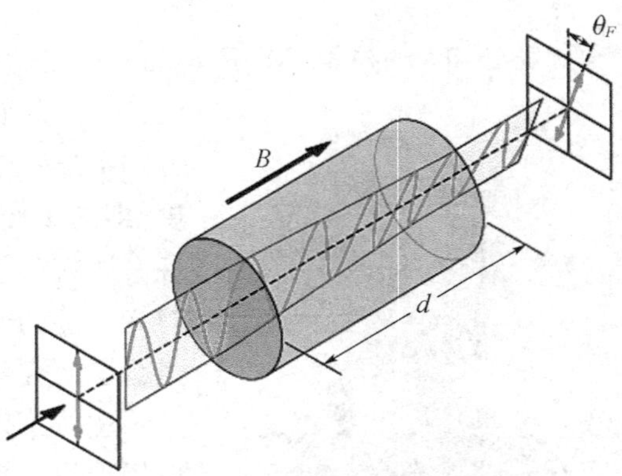

图 18-1 法拉第磁致旋光效应

费尔德常数 V 与磁光材料的性质有关，对于顺磁、弱磁和抗磁性材料(如重火石玻璃等)，V 为常数，即 θ 与磁场强度 B 有线性关系；而对铁磁性或亚铁磁性材料(如 YIG 等立方晶体材料)，θ 与 B 不是简单的线性关系。表 18-1 为几种物质的费尔德常数。几乎所有物质(包括气体、液体、固体)都存在法拉第效应，不过一般都不显著。

表 18-1 几种材料的费尔德常数

物质	λ /nm	$V/(\times 10^{-2}\ \text{rad} \cdot \text{T}^{-1} \cdot \text{m})$
水	589.3	1.31×10^2
二硫化碳	589.3	4.17×10^2
轻火石玻璃	589.3	3.17×10^2
重火石玻璃	830.0	$8\times10^2 \sim 10\times10^2$
冕玻璃	632.8	$4.36\times10^2 \sim 7.27\times10^2$
石英	632.8	4.83×10^2
磷素	589.3	12.3×10^2

不同的物质，偏振面旋转的方向也可能不同。习惯上规定，以顺着磁场观察，偏振面旋绕向与磁场方向满足右手螺旋关系的称为右旋介质，其费尔德常数 $V>0$；反向旋转的称为左旋介质，费尔德常数 $V<0$。

对于每一种给定的物质，法拉第旋转方向仅由磁场方向决定，而与光的传播方向无关(不管传播方向与磁场同向或者反向)，这是法拉第磁光效应与某些物质的固有旋光效应的重要区别。固有旋光效应的旋光方向与光的传播方向有关，即随着顺光线和逆光线的方向观察，线偏振光的偏振面的旋转方向是相反的，因此当光线往返两次穿过固有旋光物质时，线偏振光的偏振面没有旋转。而法拉第效应则不然，在磁场方向不变的情况下，光线往返穿过磁致旋光物质时，法拉第旋转角将加倍。利用这一特性，可以使光线在介质中往返数次，从而使旋转角度加

大。这一性质使得磁光晶体在激光技术、光纤通信技术中获得重要应用。

与固有旋光效应类似，法拉第效应也有旋光色散，当一束白色的线偏振光穿过磁致旋光介质，紫光的偏振面要比红光的偏振面转过的角度大，这就是旋光色散。实验表明，磁致旋光物质的费尔德常数 V 随波长 λ 的增加而减小，如图 18-2 所示，旋光色散曲线又称为法拉第旋转谱。

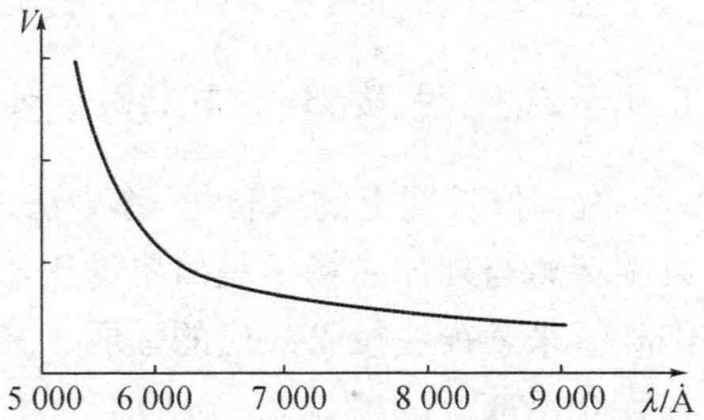

图 18-2　磁致旋光色散曲线

18.3.2　法拉第效应的唯象解释

从光波在介质中传播的图像看，法拉第效应可以做如下理解：一束平行于磁场方向传播的线偏振光，可以看作是两束等幅左旋和右旋圆偏振光的迭加。这里左旋和右旋是相对于磁场方向而言的。

如果磁场的作用是使右旋圆偏振光的传播速度 c/n_R 和左旋圆偏振光的传播速度 c/n_L 不等，于是通过厚度为 d 的介质后，便产生不同的相位滞后：

$$\varphi_R = \frac{2\pi}{\lambda} n_R d, \quad \varphi_L = \frac{2\pi}{\lambda} n_L d \tag{18-2}$$

式中，λ 为真空中的波长。这里应注意，圆偏振光的相位即旋转电矢量的角位移，相位滞后即角位移倒转。在磁致旋光介质的入射截面上，入射线偏振光的电矢量 E 可以分解为图 18-3(a)所示两个旋转方向不同的圆偏振光 E_R 和 E_L，通过介质后，它们的相位滞后不同，旋转方向也不同，在出射界面上，两个圆偏振光的旋转电矢量如图 18-3(b)所示。当光束射出介质后，左、右旋圆偏振光的速度又恢复一致，我们又可以将它们合成起来考虑，即仍为线偏振光。从图上容易看出，由介质射出后，两个圆偏振光的合成电矢量 E 的振动面相对于原来的振动面转过角度 θ，其大小可以由图 18-3(b)直接看出，因为

$$\varphi_R - \theta = \varphi_L + \theta \tag{18-3}$$

所以

$$\theta = \frac{1}{2}(\varphi_R - \varphi_L) \tag{18-4}$$

由式(18-2)得

$$\theta = \frac{\pi}{\lambda}(n_R - n_L)d = \theta_F \cdot d \tag{18-5}$$

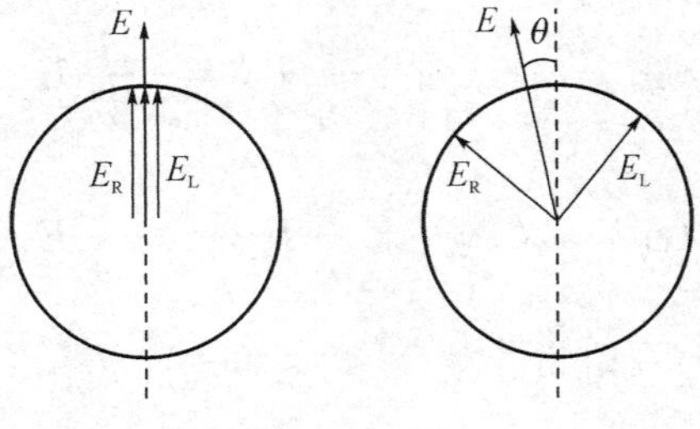

图 18-3　法拉第效应的唯象解释

当 $n_R > n_L$ 时，$\theta > 0$，表示右旋；当 $n_R > n_L$ 时，$\theta < 0$，表示左旋。假如 n_R 和 n_L 的差值正比于磁感应强度 B，由式(18-5)便可以得到法拉第效应公式(18-1)。式中的 $\theta_F = \frac{\pi}{\lambda}(n_R - n_L)$ 为单位长度上的旋转角，称为法拉第旋转比。因为在铁磁或者亚铁磁等强磁介质中，法拉第旋转角与外加磁场不是简单的正比关系，并且存在磁饱和，所以通常用法拉第旋转比 θ_F 的饱和值来表征法拉第效应的强弱。式(18-5)也反映出法拉第旋转角与通过波长 λ 有关，即存在旋光色散。

微观上如何理解磁场会使左旋、右旋圆偏振光的折射率或传播速度不同呢？上述解释并没有涉及这个本质问题，所以称为唯象理论。从本质上讲，折射率 n_R 和 n_L 的不同，应归结为在磁场作用下，原子能级及量子态的变化。这已经超出了我们所要讨论的范围，具体理论可以查阅相关资料。

其实，从经典电动力学中的介质极化和色散的振子模型也可以得到法拉第效应的唯象理解。在这个模型中，把原子中被束缚的电子看做是一些偶极振子，把光波产生的极化和色散看作是这些振子在外场作用下做强迫振动的结果。现在除了光波以外，还有一个静磁场 $\boldsymbol{B}$ 作用在电子上，于是电子的运动方程是

$$m\frac{\mathrm{d}^2\boldsymbol{r}}{\mathrm{d}t^2} + k\boldsymbol{r} = -e\boldsymbol{E} - e\left(\frac{\mathrm{d}\boldsymbol{r}}{\mathrm{d}t}\right) \times \boldsymbol{B} \tag{18-6}$$

式中，$\boldsymbol{r}$ 是电子离开平衡位置的位移，m 和 e 分别为电子的质量和电荷，k 是这个偶极子的弹性恢复力系数。上式等号右边第一项是光波的电场对电子的作用，第二项是磁场作用于电子的洛伦兹力。为简化起见，略去了光波中磁场分量对电子的作用及电子振荡的阻尼(当入射光波长位于远离介质的共振吸收峰的透明区时成立)，因为这些小的效应对于理解法拉第效应的主要特征并不重要。

假定入射光波场具有通常的简谐波的时间变化形式 $\mathrm{e}^{\mathrm{i}\omega t}$，因为我们要求的特解是在外加光波场作用下受迫振动的稳定解，所以 $\boldsymbol{r}$ 的时间变化形式也应是 $\mathrm{e}^{\mathrm{i}\omega t}$，因此式(18-6)可以写成

$$(\omega_0^2 - \omega^2)\boldsymbol{r} + \mathrm{i}\frac{e}{m}\omega\boldsymbol{r} \times \boldsymbol{B} = -\frac{e}{m}\boldsymbol{E} \tag{18-7}$$

式中，$\omega_0 = \sqrt{k/m}$，为电子共振频率。设磁场沿 $+z$ 方向，又设光波也沿此方向传播并且是右旋圆偏振光，用复数形式表示为

$$E = E_x \mathrm{e}^{\mathrm{i}\omega t} + \mathrm{i}E_y \mathrm{e}^{\mathrm{i}\omega t}$$

将式(18-7)写成分量形式

$$(\omega_0^2 - \omega^2)x + \mathrm{i}\frac{e\omega}{m}By = -\frac{e}{m}E_x \tag{18-8}$$

$$(\omega_0^2 - \omega^2)y - \mathrm{i}\frac{e\omega}{m}Bx = -\frac{e}{m}E_y \tag{18-9}$$

将式(18-9)乘以 i 并与式(18-8)相加可得

$$(\omega_0^2 - \omega^2)(x + \mathrm{i}y) + \frac{e\omega}{m}B(x + \mathrm{i}y) = -\frac{e}{m}(E_x + \mathrm{i}E_y) \tag{18-10}$$

因此,电子振荡的复振幅为

$$x+\mathrm{i}y=-\frac{e}{m(\omega_0^2-\omega^2)+e\omega B}(E_x+\mathrm{i}E_y) \tag{18-11}$$

设单位体积内有 N 个电子,则介质的电极化强度矢量 $\boldsymbol{P}=-Ne\boldsymbol{r}$。由宏观电动力学的物质关系式 $\boldsymbol{P}=e_0\chi\boldsymbol{E}$($\chi$ 为有效的极化率张量)可得

$$\chi=\frac{\boldsymbol{P}}{\varepsilon_0\boldsymbol{E}}=\frac{-Ne\boldsymbol{r}}{\varepsilon_0\boldsymbol{E}}=\frac{-Ne(x+\mathrm{i}y)\mathrm{e}^{\mathrm{i}\omega t}}{\varepsilon_0(E_x+\mathrm{i}E_y)\mathrm{e}^{\mathrm{i}\omega t}} \tag{18-12}$$

将式(18-10)代入式(18-12)得到

$$\chi=\frac{Ne^2/m\varepsilon_0}{\omega_0^2-\omega^2+\frac{e\omega}{m}B} \tag{18-13}$$

令 $\omega_c=eB/m$(ω_c 称为回旋加速角频率),则

$$\chi=\frac{Ne^2/m\varepsilon_0}{\omega_0^2-\omega^2+\omega\omega_c} \tag{18-14}$$

由于 $n^2=\varepsilon/\varepsilon_0=1+\chi$,因此

$$n_R^2=1+\frac{Ne^2/m\varepsilon_0}{\omega_0^2-\omega^2+\omega\omega_c} \tag{18-15}$$

对于可见光,ω 为$(2.5\sim4.7)\times10^{15}\,\mathrm{s}^{-1}$,当 $B=1\,\mathrm{T}$ 时,$\omega_c\approx1.7\times10^{11}\,\mathrm{s}^{-1}\ll\omega$,这种情况下式(18-15)可以表示为

$$n_R^2=1+\frac{Ne^2/m\varepsilon_0}{(\omega_0+\omega_L)^2-\omega^2} \tag{18-16}$$

式中,$\omega_L=\omega_c/2=(e/2m)B$,为电子轨道磁矩在外磁场中经典拉莫尔(Larmor)进动频率。

若入射光改为左旋圆偏振光,结果只是使 ω_L 前的符号改变,即有

$$n_L^2=1+\frac{Ne^2/m\varepsilon_0}{(\omega_0-\omega_L)^2-\omega^2} \tag{18-17}$$

对比无磁场时的色散公式

$$n^2=1+\frac{Ne^2/m\varepsilon_0}{\omega_0^2-\omega^2} \tag{18-18}$$

可以看到两点:一是在外磁场的作用下,电子做受迫振动,振子的固有频率由 ω_0 变成$(\omega_0\pm\omega_L)$,这正对应于吸收光谱的塞曼效应;二是由于 ω_0 的变化导致了折射率的变化,并且左旋和右旋圆偏振的变化是不相同的,尤其在 ω 接近 ω_0 时,差别更为突出,这便是法拉第效应。由此看来,法拉第效应和吸收光谱的塞曼效应是起源于同一物理过程。

实际上,通常 n_L,n_R和 n 相差甚微,近似有

$$n_L - n_R \approx \frac{n_R^2 - n_L^2}{2n} \tag{18-19}$$

由式(18-5)得到

$$\frac{\theta}{d} = \frac{\pi}{\lambda}(n_R - n_L) \tag{18-20}$$

将式(18-19)代入式(18-20)得到

$$\frac{\theta}{d} = \frac{\pi}{\lambda} \cdot \frac{n_R^2 - n_L^2}{2n} \tag{18-21}$$

将式(18-16)、式(18-17)、式(18-18)代入式(18-21)得到

$$\frac{\theta}{d} = \frac{-Ne^3\omega^2}{2cm^2\varepsilon_0 n} \cdot \frac{1}{(\omega_0^2 - \omega^2)^2} \cdot B \tag{18-22}$$

由于 $\omega_L^2 \ll \omega^2$，在式(18-22)的推导中略去了 ω_L^2 项。由式(18-18)得

$$\frac{\mathrm{d}n}{\mathrm{d}\omega} = \frac{Ne^2}{m\varepsilon_0 n} \frac{\omega}{(\omega_0^2 - \omega)^2} \tag{18-23}$$

由式(18-22)和式(18-23)可以得到

$$\frac{\theta}{d} = \frac{-1}{2c} \cdot \frac{e}{m}\omega \cdot \frac{\mathrm{d}n}{\mathrm{d}\omega} \cdot B = \frac{1}{2c} \cdot \frac{e}{m} \cdot \lambda \cdot \frac{\mathrm{d}n}{\mathrm{d}\lambda} \cdot B \tag{18-24}$$

式中，λ 为观测波长，$\frac{\mathrm{d}n}{\mathrm{d}\lambda}$ 为介质在无磁场时的色散。在上述推导中，左旋和右旋只是相对于磁场方向而言的，与光波的传播方向同磁场方向相同或相反无关。因此，法拉第效应便有与自然旋光现象完全不同的不可逆性。

18.3.3 磁光调制原理

磁光调制的基本装置如图 18-4 所示。

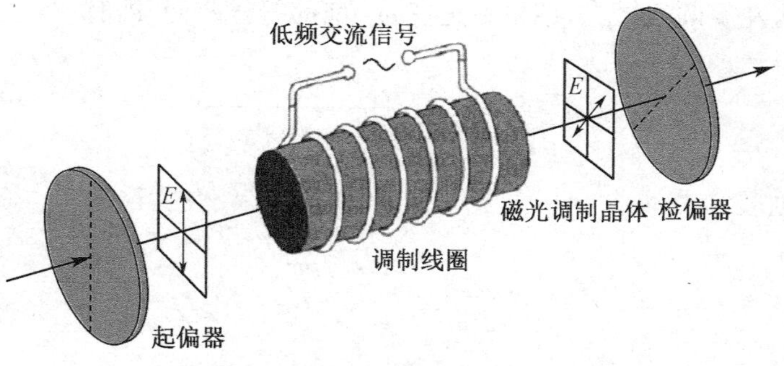

图 18-4 磁光调制装置

根据马吕斯定律，如果不计光损耗，则通过起偏器，经检偏器输出的光强为

$$I = I_0 \cos^2\alpha \tag{18-25}$$

式中，I_0 为起偏器同检偏器的透光轴之间夹角 $\alpha=0$ 或 $\alpha=\pi$ 时的输出光强。若在两个偏振器之间加一个由励磁线圈(调制线圈)、磁光调制晶体和低频信号源组成的低频调制器，则调制励磁线圈所产生的正弦交变磁场 $B=B_0\sin\omega t$，能够使磁光调制晶体产生交变的振动面转角 $\theta=\theta_0\sin\omega t$，$\theta_0$ 称为调制角幅度。此时输出光强由式(18-25)变为

$$I=I_0\cos^2(\alpha+\theta)=I_0\cos^2(\alpha+\theta_0\sin\omega t) \tag{18-26}$$

由式(18-26)可知，当 α 一定时，输出光强 I 仅随 θ 变化，因为 θ 是受交变磁场 B 或信号电流 $i=i_0\sin\omega t$ 控制的，从而使信号电流产生的光振动面旋转，转化为光的强度调制，这就是磁光调制的基本原理。

根据倍角三角函数公式由式(18-26)可以得到

$$I=\frac{1}{2}I_0[1+\cos 2(\alpha+\theta)] \tag{18-27}$$

显然，在 $0\leqslant(\alpha+\theta)\leqslant 90^\circ$ 的条件下，当 $\theta=-\theta_0$ 时输出光强最大，即

$$I_{\max}=\frac{I_0}{2}[1+\cos 2(\alpha-\theta_0)] \tag{18-28}$$

当 $\theta=\theta_0$ 时，输出光强最小，即

$$I_{\min}=\frac{I_0}{2}[1+\cos 2(\alpha+\theta_0)] \tag{18-29}$$

定义光强的调制幅度

$$A\equiv I_{\max}-I_{\min} \tag{18-30}$$

由式(18-28)和式(18-29)代入式(18-30)得到

$$A=I_0\sin 2\alpha\ \sin 2\theta \tag{18-31}$$

由式(18-31)可以看出，在调制角幅度 θ_0 一定的情况下，当起偏器和检偏器透光轴夹角 $\alpha=45^\circ$ 时，光强调制幅度最大

$$A_{\max}=I_0\sin 2\theta_0 \tag{18-32}$$

所以，在做磁光调制实验时，通常将起偏器和检偏器透光轴成 45° 角放置，此时输出的调制光强由式(18-27)知

$$I\big|_{\alpha=45^\circ}=\frac{I_0}{2}(1-\sin 2\theta) \tag{18-33}$$

当 $\alpha=90^\circ$ 时，即起偏器和检偏器偏振方向正交时，输出的调制光强由式(18-26)知

$$I\big|_{\alpha=90^\circ}=I_0\sin^2\theta \tag{18-34}$$

当 $\alpha=0^\circ$，即起偏器和检偏器偏振方向平行时，输出的调制光强由式(18-26)知

$$I\big|_{\alpha=0^\circ}=I_0\cos^2\theta \tag{18-35}$$

若将输出的调制光强入射到硅光电池上，转换成光电流，再经过放大器放大输入示波器，就可以观察到被调制了的信号。当 $\alpha=45^\circ$ 时，在示波器上观察到调制幅度最大的信号，当 $\alpha=0^\circ$ 或 $\alpha=90^\circ$，在示波器上可以观察到由式(18-34)和式(18-35)决定的倍频信号。但是因为 θ

一般都很小，由式(18-34)和式(18-35)可知，输出倍频信号的幅度分别接近于直流分量0或I_0。

18.3.4 磁光调制器的光强调制深度

磁光调制器的光强调制深度

$$\eta=\frac{I_{max}-I_{min}}{I_{max}+I_{min}} \tag{18-36}$$

实验中，一般要求在$\alpha=45°$位置时，测量调制角幅度θ_0和光强调制深度η，因为此时调制幅度最大。

当$\alpha=45°$，$\theta=-\theta_0$时，磁光调制器输出最大光强，由式(18-33)知

$$I_{max}=\frac{I_0}{2}(1+\sin 2\theta_0) \tag{18-37}$$

当$\alpha=45°$，$\theta=\theta_0$时，磁光调制器输出最小光强，由式(18-33)知

$$I_{min}=\frac{I_0}{2}(1-\sin 2\theta_0) \tag{18-38}$$

由式(18-37)和式(18-38)得

$$I_{max}-I_{min}=I_0\sin 2\theta_0,\quad I_{max}+I_{min}=I_0$$

所以有

$$\eta=\frac{I_{max}-I_{min}}{I_{max}+I_{min}}=\sin 2\theta_0 \tag{18-39}$$

调制角幅度θ_0为

$$\theta_0=\frac{1}{2}\sin^{-1}\frac{I_{max}-I_{min}}{I_{max}+I_{min}} \tag{18-40}$$

由式(18-39)和式(18-40)可知，测得磁光调制器的调制角幅度θ_0就可以确定磁光调制器的光强调制深度η，由于θ_0随交变磁场B的幅度B_m连续可调，或者说随输入低频信号电流的幅度i_0连续可调，所以磁光调制器的光强调制深度η连续可调。只要选定调制频率f(如$f=$ 500 Hz)和输入励磁电流i_0，并在示波器上读出在$\alpha=45°$状态下相应的I_{max}和I_{min}(以格为单位)。

将读出的I_{max}和I_{min}值，代入式(18-39)和式(18-40)，即可以求出光强调制深度η和调制角幅度θ_0。逐渐增大励磁电流i_0测量不同磁场B_0或电流i_0下的I_{max}和I_{min}值，做出θ_0-i_0和η-i_0曲线图，其饱和值即为对应的最大调制幅度$(\theta_0)_{max}$和最大光强调制幅度η_{max}。

18.4 预习思考题

(1) 什么是法拉第效应？法拉第效应有何重要应用？

（2）了解顺磁、弱磁、抗磁性、铁磁性或亚铁磁性材料的基本特性，以及费尔德常数 V 与磁光材料性质的关系。

（3）比较法拉第磁光效应与固有旋光效应的异同。

（4）磁光调制过程中，调制信号与输入信号之间的函数关系。

18.5　实验仪器

磁光效应综合实验仪包括：导轨滑块光学部件、两个控制主机、直流可调稳压电源、双踪示波器。

光学元件的放置如图 18-5 所示，分别安装有激光器、起偏器、检偏器、测角器（含偏振片）、调制线圈、会聚透镜、探测器、电磁铁。直流可调稳压电源通过四根连接线与电磁铁相连，电磁铁既可以串连，也可以并联，具体连接方式及磁场方向可以通过特斯拉计测量确定。

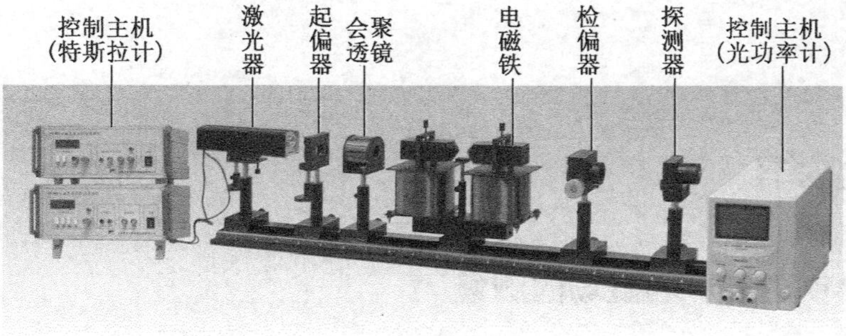

图 18-5　实验装置

两个控制主机共包括五部分：特斯拉计、调制信号发生器、激光器电源、光功率计和选频放大器。其中特斯拉计及信号发生器的面板如图 18-6 所示，光功率计和选频放大器面板如图 18-7 所示。

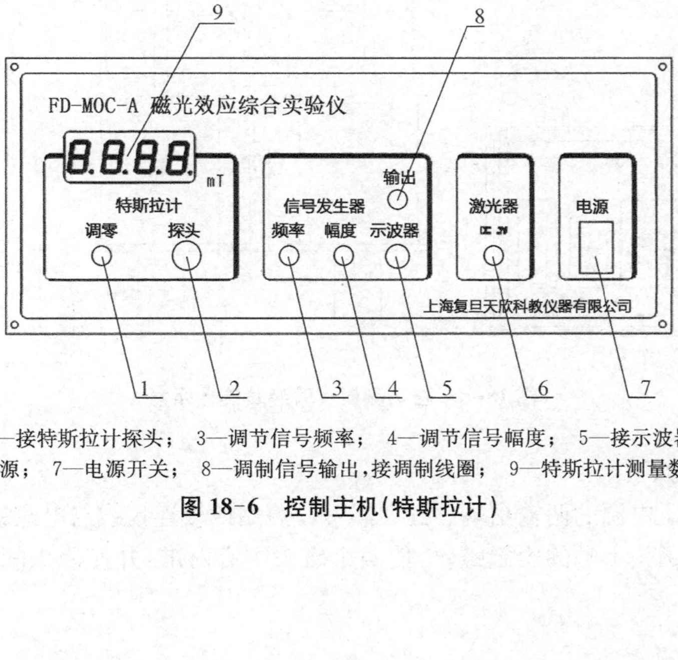

1—调零旋钮；　2—接特斯拉计探头；　3—调节信号频率；　4—调节信号幅度；　5—接示波器，观察调制信号；　6—激光器电源；　7—电源开关；　8—调制信号输出，接调制线圈；　9—特斯拉计测量数值显示面板

图 18-6　控制主机（特斯拉计）

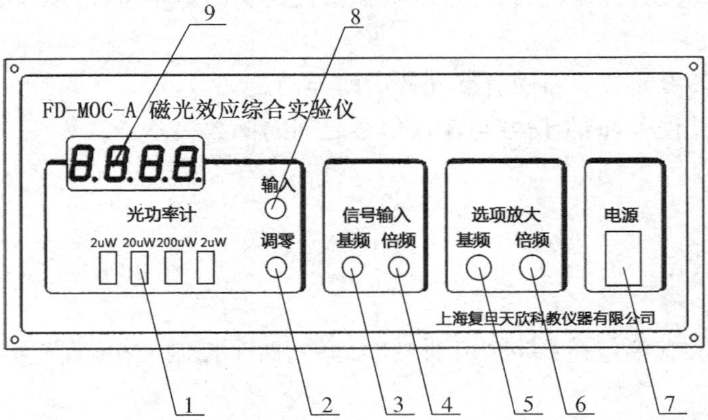

1—琴键换档开关； 2—调零旋钮； 3—基频信号输入端，接光电接收器； 4—倍频信号输入端，接光电接收器；
5—接示波器，观察基频信号； 6—接示波器，观察倍频信号； 7—电源开关； 8—光功率计输入端，接光电接收器；
9—光功率计表头显示

图 18-7 控制主机(光功率计)

18.6 实验内容

18.6.1 电磁铁磁头中心磁场的测量

将磁场测量装置按图 18-8 所示连接。

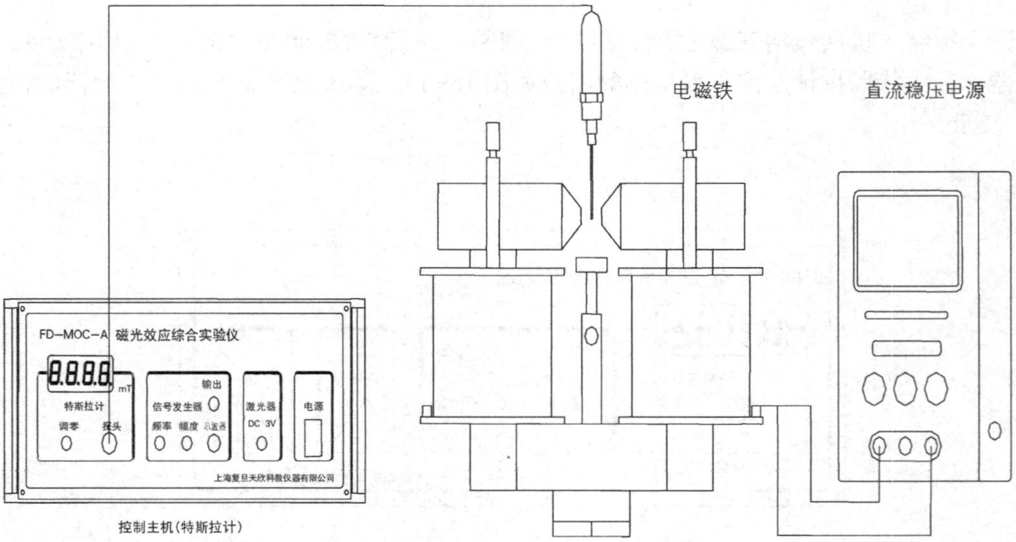

图 18-8 磁场测量实验装置连接示意

具体实验步骤如下。

(1) 将直流稳压电源的两输出端(“红”“黑”两端)用四根连接线与电磁铁相连。

(2) 调节两个磁头上端的固定螺丝，使两个磁头中心对准，并使磁头间隙为一定数值，如

20 mm 或者 10 mm。

(3) 将特斯拉计探头与装有特斯拉计的磁光效应综合实验仪主机对应插座相连，另外一端通过探头臂固定在电磁铁上，并使探头处于两个磁头正中心，旋转探头方向，使磁力线垂直穿过探头前端的霍尔传感器。

(4) 调节直流稳压电源的电流调节电位器，使电流逐渐增大，并记录不同电流情况下的磁感应强度。然后列表、画图分析电流-中心磁感应强度的线性范围，并分析磁感应强度饱和的原因。

18.6.2　正交消光法测量样品的费尔德常数

将实验仪器按图 18-9 所示连接，具体实验步骤如下。

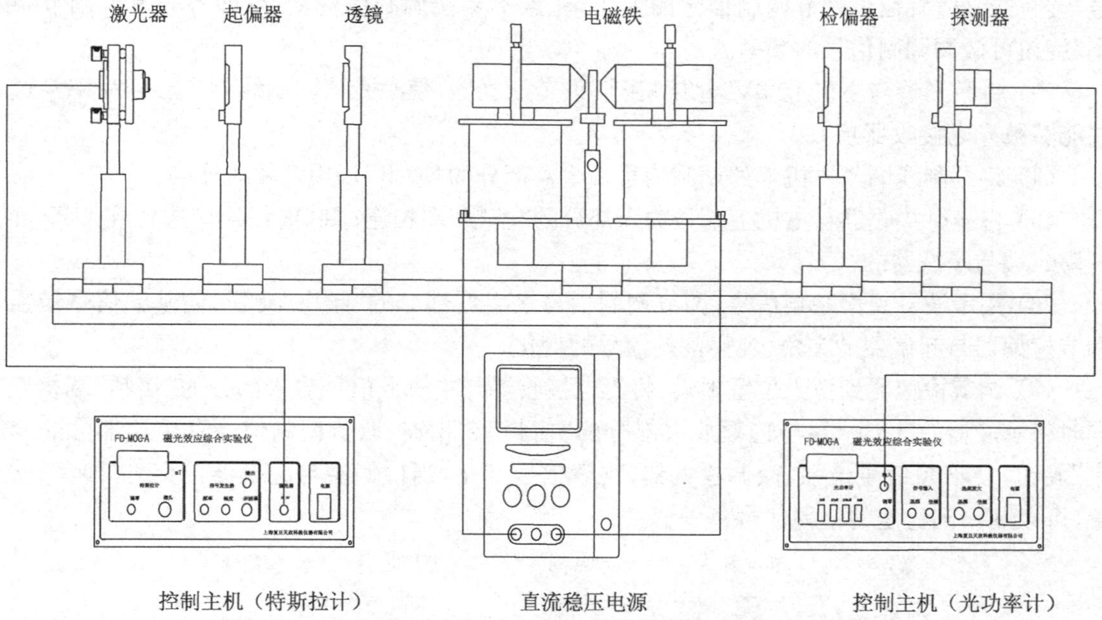

图 18-9　正交消光法测量法拉第效应实验装置连接示意

(1) 将半导体激光器、起偏器、电磁铁、检偏器、光电接收器依次放置在光学导轨上。

(2) 将半导体激光器与主机上“3 V 输出”相连，将光电接收器与主机面板上信号“输入”端相连。

(3) 将恒流电源与电磁铁相连(注意电磁铁两个线圈可以并联也可以串连)。

(4) 在磁头中间放入实验样品，样品共两种；这里选择费尔德常数比较大的法拉第旋光玻璃样品(冕玻璃和多轴晶体)。

(5) 调节激光器，使激光依次穿过起偏器、透镜、磁铁中心、样品、检偏器，并能够被光电接收器接收；连接光路和主机，先拿去检偏器，调节激光器，使激光斑正好入射进光电探测器(可以通过调节探测器前的光阑孔的大小实现)，转动起偏器，使光功率计输出数值最大(可以换档调节)，这样调节是因为，半导体激光器输出的是部分偏振光，所以实验前应该使起偏器的起偏方向和激光器的振动方向较强的方向一致，这样输出光强最大，以后的实验中就可以固定起偏器的方向。

(6) 由于半导体激光器为部分偏振光，可调节起偏器来调节输入光强的大小；调节检偏器，使其与起偏器偏振方向正交，这时检测到的光信号为最小，读取此时检偏器的角度 θ_1。

(7) 打开恒流电源，给样品加上恒定磁场，可看到光功率计读数增大，转动检偏器，使光功率计读数为最小，读取此时检偏器的角度 θ_2，得到样品在该磁场下的偏转角 $\theta=\theta_2-\theta_1$。

(8) 关掉半导体激光器，取下样品，用高斯计测量磁隙中心的磁感应强度 B，用游标卡尺测量样品厚度 d，根据公式 $\theta=VBd$，可以求出该样品的费尔德常数 V。

18.6.3　磁光调制实验

将实验仪器按图 18-10 所示连接，具体实验步骤如下。

(1) 将激光器、起偏器、调制线圈、检偏器、光电接收器依次放置在光学导轨上。

(2) 将主机上调制信号发生器部分的“示波器”端与示波器的“CH_1”端相连，观察调制信号，调节“幅度”旋钮可调节调制信号的大小，注意不要使调制信号变形(即不失真)，调节“频率”旋钮可微调调制信号的频率。

(3) 将激光器与主机上“3V 输出”相连，调节激光器，使激光从调制线圈中心样品中穿过，并能够被光电接收器接收。

(4) 将调制线圈与主机上的调制信号发生器部分的“输出”端用音频线连接。

(5) 将光电接收器与主机上信号输入部分的“基频”端相连；用 Q9 线连接选频放大部分的“基频”端与示波器的“CH_2”端。

(6) 用示波器观察基频信号，调节调制信号发生器部分的“频率”旋钮，使基频信号最强，调节检偏器与起偏器的夹角，观察基频信号的变化。

(7) 调节检偏器到消光位置附近，将光电接收器与主机上信号输入部分的“倍频”端相连，同时将示波器的“CH_2”端与选频放大部分的“倍频”端相连，调节调制信号发生器部分的“频率”旋钮，使倍频信号最强，微调检偏器，观察信号变化，当检偏器与起偏器正交时，即消光位置，可以观察到稳定的倍频信号。

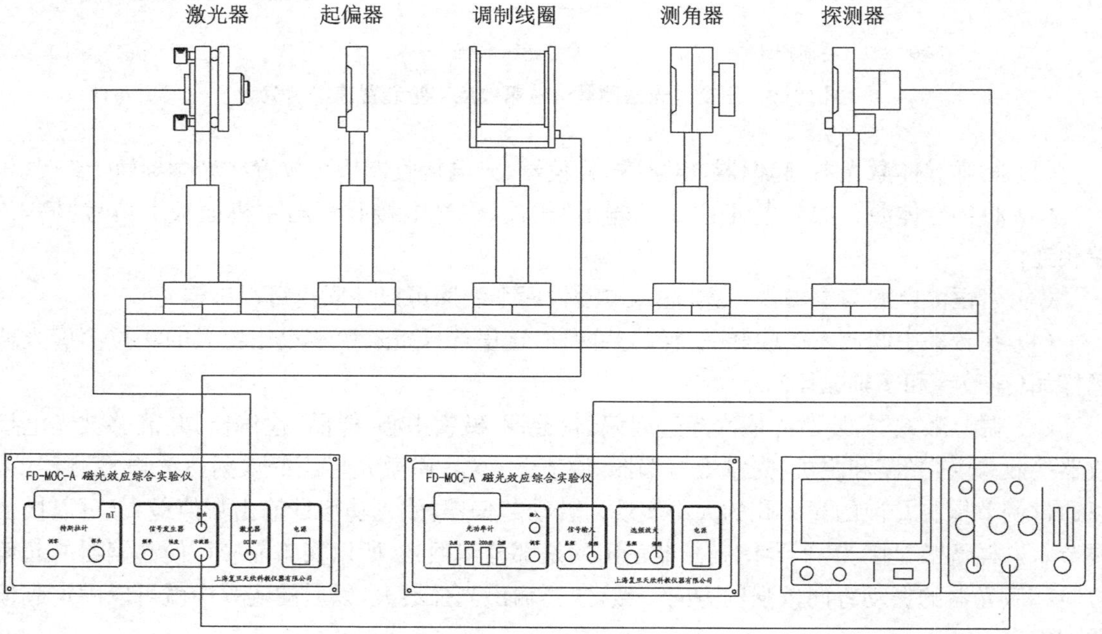

图 18-10　磁光调制实验装置连接示意

18.6.4　磁光调制倍频法实验

将实验仪器按图 18-11 所示连接，具体实验步骤如下。

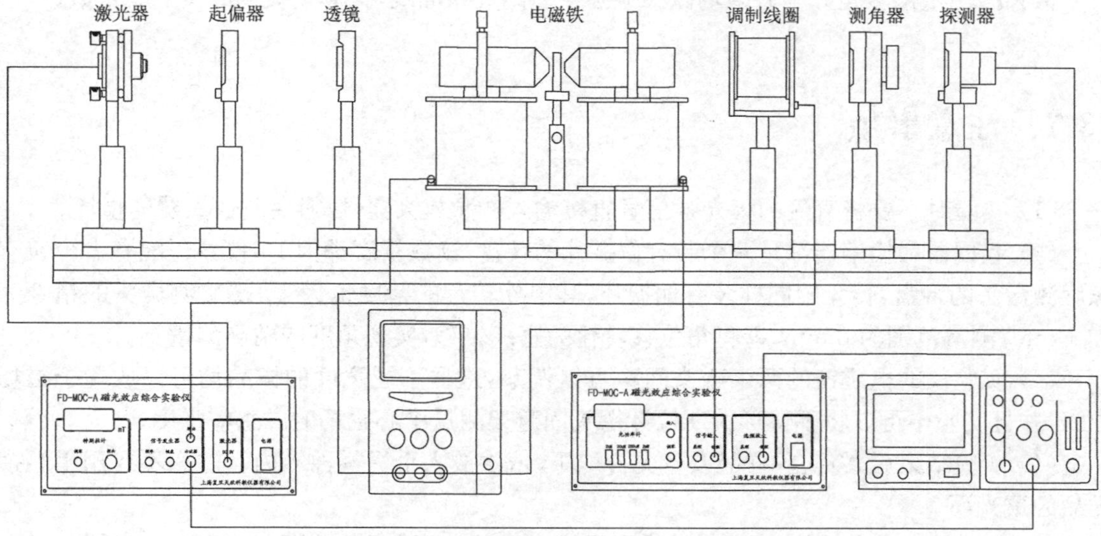

图 18-11　倍频法测量法拉第效应实验装置连接示意

(1) 将半导体激光器、起偏器、透镜、电磁铁、调制线圈、有测微机构的检偏器、光电接收器依次放置在光学导轨上。

(2) 在电磁铁磁头中间放入实验样品，将恒流电源与电磁铁相连，将主机上调制信号发生器部分的“示波器”端与示波器的“CH_1”端相连；将激光器与主机上“3 V 输出”相连，调节激光器，使激光依次穿过各元件，并能够被光电接收器接收；将调制线圈与主机上调制信号发生器部分的“输出”端用音频线相连；将光电接收器与主机上信号输入部分的“基频”端相连；用 Q9 线连接选频放大部分的“基频”端与示波器的“CH_2”端。

(3) 用示波器观察基频信号，旋转检偏器到消光位置附近，将光电接收器与主机上信号输入部分的“倍频”端相连，同时将示波器的“CH_2”端与选频放大部分的“倍频”端相连，微调检偏器的测微器到可以观察到稳定的倍频信号，读取此时检偏器的角度 θ_1。

(4) 打开恒流电源，给样品加上恒定磁场，可看到倍频信号发生变化，调节检偏器的测微器至再次看到稳定的倍频信号，读取此时检偏器的角度 θ_2，得到样品在该磁场下的偏转角 $\theta=\theta_2-\theta_1$。

(5) 关掉半导体激光器，取下样品，用高斯计测量磁隙中心的磁感应强度 B，用游标卡尺测量样品厚度 d，根据公式 $\theta=VBd$，可以求出该样品的费尔德常数 V。

18.6.5　数据处理

(1) 电磁铁磁头中心磁场的测量

分别取磁头间隙为 20 mm 和 10 mm，测出励磁电流 I 与中心磁场磁感应强度 B 关系曲线，通过作图法分析线性范围，并求出 B-I 关系式。

(2) 正交消光法测量法拉第效应实验

测量法拉第旋光玻璃的费尔德常数 V，并计算不确定度。

(3) 磁光调制实验

记录调制波形，根据磁光调制原理分析原因。

(4) 磁光调制倍频法测量法拉第效应实验

倍频法测量偏转角和中心磁场磁感应强度之间关系曲线，计算冕玻璃的费尔德常数。

18.7 注意事项

(1) 实验时不要将直流的大光强信号直接输入选频放大器，以避免对放大器的损坏。

(2) 起偏器和检偏器都是两个装有偏振片的转盘，读数精度都为1°，仪器还配有一个装有螺旋测微头的转盘，转盘中同样装有偏振片，其中外转盘的精度也为1°，螺旋测微头的精度为0.01 mm，测量范围为8 mm，即将角位移转化为直线位移，实现角度的精确测量。

(3) 实验仪的电磁铁的两个磁头间距可以调节，这样不同宽度的样品均可以放置于磁场中间，并且实验中可以将手臂形特斯拉计探头固定架测量中心磁场的磁感应强度。

(4) 实验结束后，将实验样品及各元件取下，依次放入手提零件箱内。注意不要用手触摸样品的透光面。

(5) 样品及调制线圈内的磁光玻璃为易损件，人为损坏不在保修范围内，使用时应加倍小心。

(6) 实验时应注意直流稳压电源和电磁铁不要靠近示波器，因为电源里的变压器或者电磁铁产生的磁场会影响电子枪，引起示波器的不稳定。

(7) 用正交消光法测量样品费尔德常数时，必须注意加磁场后要求保证样品在磁场中的位置不发生变化，否则光路改变会影响到测量结果。

(8) 完成实验时，注意测量环境不要有大的振动，外界不要有大的光源光强变化。最好在暗室内完成相关实验。

18.8 思考题

(1) 使用正交消光法时，如果发现半导体激光无法被完全消光，在仪器与实验环境没有问题的前提下，推断激光器发出的是什么类型的偏振光？

(2) 电磁铁的剩磁现象会对实验数据记录带来一定程度的影响，请问实验过程中用何方法能够消除剩磁现象？

(3) 光电检测器前面有一个可调光阑，实验时可以调节合适的通光孔，通光孔的大小调节有何意义？

(4) 正交消光法测量法拉第效应实验中采用的是旋光玻璃样品，如果费尔德常数较小的样品，则相同磁场下的偏转角的是变大还是减小？

(5) 进一步分析磁光材料费尔德常数稳定性对于其实际应用前景的影响，并思考为何晶体材料的应用较为受限(晶体本身的各向异性、双折射等原因)。

(6) 根据实验中对磁光效应的实际理解，结合大多数磁光材料费尔德常数受波长变化影响敏感这一特点，尝试分析一种以此为原理实现的应用(磁光开关、磁光传感、磁光存储等等)。简单叙述你的想法。

实验 19

真空与薄膜技术

中国真空技术
物理学家金建中

19.1 引言

“真空”来源于拉丁语“Vacuum”，原意“虚无”，但绝对真空不可能达到，也不存在。只能无限逼近。即使达到 $10^{-16} \sim 10^{-14}$ Torr 的极高真空，每立方厘米中仍有 33～330 个气体分子。在真空技术中，“真空”泛指低于该地区大气压的状态，也就是同正常大气压相比气体更加稀薄，所以真空是一个相对概念。在真空下，单位体积分子较少，故分子之间以及分子与其它粒子(电子、离子等)碰撞也减少，分子一定时间内碰撞器壁次数也大大减少，其宏观表现即是压强远小于标准大气压。真空的量度一般是真空度，而真空度的高低又是用压强的大小来表示(最直接的量度应是单位体积中的分子数，但分子数太多，很难测量，故用气体压强表示)，气体压强与真空度成反比。真空技术是建立低于大气压的环境，即真空，并在此环境中进行工艺制作、物理测量和科学实验等所需的技术。真空技术主要包括真空获得、真空测量、真空检漏和真空应用四个方面。

在 1643 年，意大利物理学家托里拆利就发现了真空的存在，他把一根一端封闭的长玻璃管灌满汞并倒立于汞槽时发现管内外高度差达到 76 cm，他认为这是由于管内汞上面为真空，而外界大气压作用于汞槽中的汞平面与管内汞柱相平衡。由此，真空压力单位用他的名字命名，即托里拆利(托)，简写为 Torr，除了托以外，压强单位还有帕斯卡(Pa)，巴(bar)，毫巴(mbar)，毫米汞柱(mmHg)，标准大气压(atm)，其中帕斯卡是 SI 单位即国际推荐使用的单位。几种单位之间的换算如下：$1\ \text{Torr} = 133.3\ \text{Pa} = 1\ \text{mmHg}$，$1\ \text{atm} = 1.013 \times 10^5\ \text{Pa}$，$1\ \text{bar} = 10^5\ \text{Pa} = 750\ \text{Torr}$，$1\ \text{atm} = 760\ \text{mmHg} = 760\ \text{Torr}$。

1654 年，德国物理学家格里克用其发明的活塞真空泵进行了著名的马德堡半球实验：他将两个金属半球合在一起并用真空泵将里面抽成真空，用两组八匹马以相反方向拉铜球都没把铜球拉开，这也证明了大气、大气压以及真空的存在。19 世纪中后期，英国工业革命极大促进了科学技术的进步，1850 年和 1865 年先后发明了汞柱真空泵和汞滴真空泵。从而研制出杜瓦瓶、压缩式真空计等器械，20 世纪初，真空电子管出现，促使高真空技术发展，并在 1935 年及后两年发明了气镇真空泵、油扩散泵和冷阴极电离计。19 世纪中后期，真空技术扩大到核研究、真空冶金、真空镀膜和冷冻干燥等方面，真空技术开始成为一个独立的学科。二战期间，原子实验对高质量真空器件的需求也进一步促进了真空技术的发展。

真空镀膜技术是一种新颖的材料合成加工技术，属于表面工程领域，其实质是利用物理或化学手段在固体表面涂覆一层特殊性能的薄膜，从而使固体表面具有耐磨损、耐高温、耐腐蚀、抗氧化、防辐射、导电、导磁、改变光学特性(折射率)、绝缘和装饰等符合人类需要的、优于原本材料的属性。早在 19 世纪，英国的格罗弗和德国的普利克尔相继在气体放电实验的辉光放电壁上观察到了溅射的金属薄膜，这就是真空镀膜的萌芽，后于 1877 年将金属溅射用于镜子的生产。1930 年左右将镀膜用于爱迪生唱机录音蜡主盘上的导电金属。以后的 30 年，高真空蒸发镀膜又得到了飞速发展，这时已能在实验室中制造单层反射膜、单层减反膜和单层分光膜，并且在1939年由德国的肖特等镀制出金属的法布里珀罗干涉滤波片，1952年又做出了高峰值、窄宽度的全介质干涉滤波片，真空镀膜技术历经一个多世纪的发展，目前已广泛用于电子、光学、磁学、半导体、无线电及材料科学等领域，成为一种不可缺少的新技术、新手段、新方法。

真空镀膜和其他镀膜方式相比，具有以下优点：

(1) 真空镀膜可以在固态基底上镀制金属、非金属、半导体等等各种各样的薄膜；

(2) 真空镀膜可以镀制高密度、高致密度以及与基底结合力强的满足特定要求的功能薄膜，例如大规模集成电路、硅太阳能电池等器件只能用真空镀膜技术镀制；

(3) 真空镀膜对环境污染小，尤其是PVD(物理气相淀积)，基本对环境无污染。

真空镀膜的缺点主要是对真空设备需求高，成本较高。

真空镀膜常用的方法有蒸发镀膜和溅射镀膜，蒸发镀膜包括电阻加热蒸发，电子束加热蒸发等，溅射镀膜包括射频溅射、磁控溅射和离子束溅射等。

本实验主要介绍电阻加热蒸发镀膜的原理和步骤。

19.2 实验目的

(1) 了解真空镀膜机的结构和使用方法。

(2) 掌握真空镀膜的工艺原理及在基片上蒸镀铝薄膜的工艺过程。

(3) 学习如何测量薄膜的特性以及如何监测镀膜过程。(选做)

19.3 实验原理

19.3.1 真空度

由气体分子运动论知，处在无规则热运动中的气体分子会相互发生碰撞，任意两次连续碰撞间隔分子自由运动的平均路程称为平均自由程，用$\bar{\lambda}$表示，它的大小反映了分子间碰撞的频繁程度。

$$\bar{\lambda} = \frac{kT}{\sqrt{2}\pi d^2 p} \tag{19-1}$$

式中，d为分子直径；T为环境温度(单位为K)；p为气体压强。

在常温下，平均自由程可近似表示为

$$\bar{\lambda} \approx \frac{5 \times 10^{-5}}{\bar{p}} \tag{19-2}$$

式中，$\bar{p}$为气体平均压强(单位为Torr)。

表19-1列出了各种真空度(气体平均压强)下的平均自由程以及其他几个典型参量。

表 19-1　各种真空度下气体的典型参量(常温下)

气体平均压强 $\bar{p}$/Torr	平均自由程 $\bar{\lambda}$/cm	气体密度 N/cm^{-2}	碰撞速度 $v/(\mathrm{cm}^{-2}\cdot\mathrm{s}^{-1})$
760	6×10^{-6}	2.7×10^{19}	3.8×10^{23}
10^{-3}	5×10^{0}	3.2×10^{13}	3.8×10^{17}
10^{-4}	5×10^{1}	3.2×10^{12}	3.8×10^{16}
10^{-5}	5×10^{2}	3.2×10^{11}	3.8×10^{15}
10^{-6}	5×10^{3}	3.2×10^{10}	3.8×10^{14}
10^{-14}	5×10^{11}	3.2×10^{2}	3.8×10^{6}

19.3.2　真空的获得

真空的获得是借由真空泵来完成的。实验室常用的真空泵是机械泵和扩散泵。

1. 机械真空泵

由波意耳-马略特定律 $pV=RT$ 可知，在一个等温过程中体积和压强的乘积是一个常数，这是机械真空泵的主要工作原理，通过不断改变吸气的空腔容积，使被抽容器内气体不断膨胀从而获得真空。如图 19-1 所示以旋片式机械泵为例，它由一个圆柱形空腔的定子，与一个偏心转子组成以及弹簧、旋片构成。装在转子沟槽内的两旋片依靠弹簧力和离心力保持与泵体充分接触。定子上有一个与被抽系统相连的进气口和一个附有单向活塞阀门的出气口。当转子顺时针转动时，由进气口进人转子与定子之间部分空间的体积不断扩大，而出气口与转子、定子间的部分空间体积不断缩小，前者相当于扩大了真空室容积，所以相应的压强不断减小，而后者的体积缩小，其相应的气体压强最终大于大气压而被排入大气。

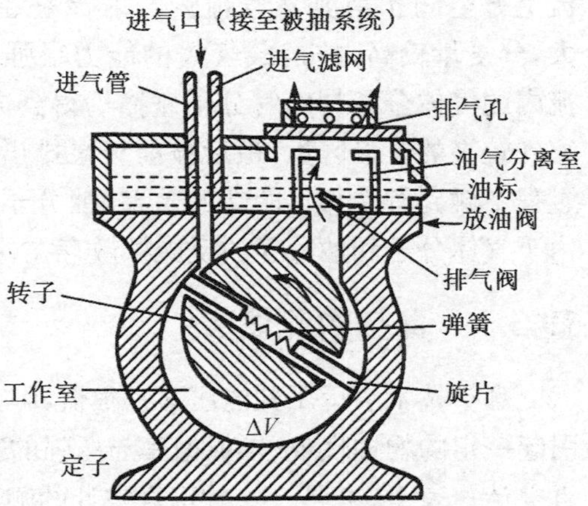

图 19-1　旋片式机械泵原理

当机械泵对体积为 V 的容器抽气时，因泵旋转一周所抽出气体体积为 ΔV。设抽气前的压强为 p，一个周期后压强为 p_1 则有

$$pV=p_1(V+\Delta V) \tag{19-3}$$

则

$$p_1=p\left(\frac{V}{V+\Delta V}\right) \tag{19-4}$$

N 个周期后有

$$p_N=p\left(\frac{V}{V+\Delta V}\right)N \tag{19-5}$$

可以看出随着运转次数的增加，容器内压强会越来越低，但是在实际中，受限于机械泵油的饱和蒸汽压，机械泵能达到的极限压强一般为 10^{-1} Pa。

2. 蒸汽流扩散泵

蒸气流扩散泵在历史上最早被用来获得高真空，目前仍广泛使用。它利用气体扩散现象来抽气。扩散泵按泵内工作液体的种类来分，有汞泵和油泵两种，因汞蒸气有毒，除特殊场合外，现已避免使用。按结构材料来分，有玻璃和金属泵两种，玻璃扩散泵都是小型的，制造容易，成本低，但抽速较小，易破裂，金属结构强度较高，适于制造大型泵。

单喷嘴油扩散泵的结构如图 19-2 所示。泵的底部为蒸发器，蒸发器内贮有高真空油液，经泵外的电炉加热后，产生一定的油蒸气，其压强约为 10^{-1} Torr的数量级。蒸气沿导管传输到上部，经由伞形喷嘴向下喷出。因为喷嘴外面的气体压强较低，约在 $10^{-2} \sim 10^{-3}$ Torr，所以，油蒸气流可向下喷出一长段距离，构成一个向出气口方向运动的射流。由于从蒸发器出来的蒸气流中包含的气体极少，也就是蒸气流中气体密度低而蒸气流上方被抽容器的气体分压强总是较大的，气体分子就不断从蒸气流上方空间扩散到蒸气流内。射流是超音速的，且密度较大，分子量较高，故运载气体的能力很强。扩散到超音速射流内的气体分子与蒸气分子碰撞后得到向下的动量，并被压缩到较高的压强区里，最后被前级泵排出。射流在往下运动过程中碰到有冷却水冷却的泵壁，油分子被冷凝下来，沿着泵壁流回蒸发器，继续循环使用。由于气体分子和油分子的反向扩散存在，一般扩散泵的极限真空限制在 10^{-6} Pa数量级。

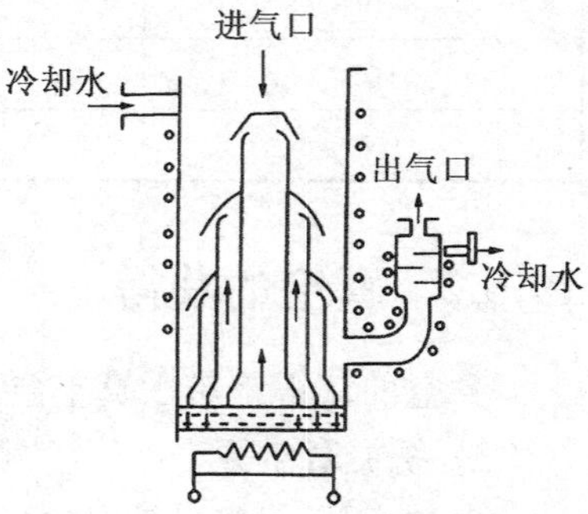

图 19-2　三级油扩散泵

19.3.3　真空的测量

真空技术中运用到的压强都很低，因此对真空度的测量是很不容易的。通常是利用气体引起一定的物理现象，再根据其与压强的物理关系得到真空度。用于真空测量的仪器被称为真空计。表 19-2 是一些常用真空计的测量范围。

表 19-2　真空计的测量范围

真空计	测量范围/Torr	真空计	测量范围/Torr
水银 U 型真空计	760～0.1	高真空电离真空计	$10^{-3} \sim 10^{-7}$
油 U 型真空计	100～0.01	高压强电离真空计	$1 \sim 10^{-6}$
光干涉油微压计	$10^{-2} \sim 10^{-4}$	B－A 超高真空电离计	$10^{-5} \sim 10^{-10}$
压缩真空计(一般型)	$10 \sim 10^{-5}$	分离规、抑制规	$10^{-9} \sim 10^{-13}$
压缩真空计(特殊型)	$10 \sim 10^{-7}$	宽量程电离真空计	$10^{-1} \sim 10^{-10}$
静态变形真空计	760～1	放射能电离真空计	$760 \sim 10^{-3}$
薄膜真空计	$10 \sim 10^{-4}$	冷阴极磁控放电真空计	$10^{-2} \sim 10^{-7}$
振膜真空计	$1\,000 \sim 10^{-4}$	磁控管型真空计	$10^{-3} \sim 10^{-4}$
分压强真空计	$10^{-3} \sim 10^{-5}$	克努曾真空计	$10^{-3} \sim 10^{-7}$

19.3.4　真空镀膜的基本原理

真空镀膜，即在真空环境中，将膜材气化沉积到固体基底上形成固态薄膜的方法，其物理过程可分为膜材气化、真空输运、薄膜生长三个过程。在镀膜时，首先需要采取措施使固态膜材气化或升华变成气体，再在真空环境中输运，输运时可能直接到达基底，也可能经过碰撞和散射后才到达基底表面，最后气体粒子在基体上凝聚，生长成薄膜。根据膜材从固态变成气态的方式以及输运过程的不同，可以将淀积技术分为物理气相淀积（PVD）和化学气相淀积（CVD），前者包括热蒸发、溅射和离子镀等方法。

本实验采用真空蒸发镀膜：先将膜材和要在其上沉淀薄膜的基底置于真空室内，将挡板转到膜材上方，将真空室压强抽到约为 10^{-3} Pa，再用电阻加热膜材，使其受热蒸发，当蒸发稳定后，将挡板转开，让正向发出的膜材原子穿过真空室，到达基底上形成薄膜。

19.3.5　蒸发速率和凝结速率

任何物质在一定温度下，总有一些分子从凝聚态（液、固相）变成气相离开物质表面，对于真空室内的蒸发物质，当它与真空室温度相同时，则部分气相分子因杂乱运动而返回凝聚态，经一定时间后达到平衡。可以说，薄膜的沉积过程实际上是物质气相与凝聚态相互转化的一个复杂过程。

假设在平衡状态下，某种物质的饱和蒸气压为 p_v 根据克拉珀龙方程，p_v 为温度的函数，即

$$\lg p_v = A - \frac{B}{T} \tag{19-6}$$

式中，A，B 是与物质有关的常数。

对于各种物质材料，都有一个相应 $d/d_0 = 1/[1+(x/h)^2]^2$ 的值。根据朗缪尔-杜西曼蒸发动力学原理，真空中单位面积干净表面上发射原子或分子的蒸发速率为

$$N_e = 3.513 \times 10^{22} \cdot p\sqrt{\frac{M}{T}}\,(\mathrm{mol \cdot cm^2 \cdot s^{-1}}) \tag{19-7}$$

式中，M 为蒸气粒子的分子量。

蒸气粒子到达被镀基片表面，一部分以一定的凝结系数结成膜，另部分按一定的概率被基片反射重新回到气相状态。蒸气粒子凝结成膜时，有一定的凝结速率，这取决于蒸发速率、蒸发源相对于基片的位置和凝结系数。

一般而言，蒸发凝结速率的提高，可使膜层结构均匀紧密，机械牢固性增加，光散射减少，以及膜层纯度提高，但同时有可能造成膜的内应力增大，使膜层龟裂。因此蒸发凝结速率应适当选择。

19.3.6　被镀基片温度

(1) 被镀基片温度越高，吸附在其表面的剩余气体分子将越彻底排除，从而增加基片与淀积分子之间的结合力，使膜层附着力、机械强度增加，结构紧密。

(2) 提高被镀基片的温度，可减少蒸气粒子再结晶温度与基片温度之间的差异，从而消除膜层内应力，改善膜层力学性质。例如，在 150℃时蒸镀的 MgF_2 单层增透膜具有相当好的机械牢固性。

(3) 提高基片温度可促进凝结分子与剩余气体的化学反应，改变膜层的结晶形式和结晶常数，从而改变膜层光学性质如 ZrO_2 在基片温度为 30℃时，折射率为 1.70，而基片温度提高到 130℃时，折射率可达 1.88。

(4) 在蒸镀金属时,一般采用冷基片,这样可减少大颗粒结晶引起的光反射和氧化反应引起的光吸收,提高膜层反射率。

19.3.7 蒸发源材料的选择

选择蒸发源材料应考虑三个基本问题。

(1) 大多数蒸发物材料的蒸发温度为 1 000℃～2 000℃,所以蒸发源材料的熔点必须高于这一温度,另外还必须考虑总蒸发源材料作为杂质进入薄膜的量,也就是必须了解蒸发源材料的蒸气压,为尽可能减少蒸发源材料的蒸发分子数,蒸发物材料的蒸发温度必须小于表19-3的平衡温度。

表 19-3 蒸发源材料的熔点及平衡温度(蒸汽压为 10^{-5} Torr)

蒸发源材料	熔点/℃	平衡温度/℃
钨(Wu)	3 410	2 567
钽(Ta)	2 996	2 407
钼(Mo)	2 617	1 957
铂(Pt)	1 772	1 612

(2) 高温时,有些蒸发源材料与蒸发物会发生反应或形成合金(如高温下,钽和金易形成合金),造成蒸发源的断裂,应避免使用。

(3) 蒸发物材料应尽可能与蒸发源具有润湿性,所谓润湿性与材料表面的能量有关。在湿润的情况下,由于蒸发物材料的蒸发是从大的表面上发生的,状态比较稳定,如果是难以湿润的材料,就不能用丝状蒸发源蒸发,如银在钨丝上熔化后就会掉下来。各种蒸发物材料的蒸镀方式不一样,因而蒸发源的几何形状和尺寸不同,图 19-3 展示了几种蒸发源的几何形状。可以选用熔点高、蒸气压低的钨、钼、钽等材料做成丝状螺旋形、舟形等各种形状的加热器。本实验蒸镀金属 Al 膜采用丝状钨蒸发源,蒸镀 MgF_2, ZnS 介质膜采用舟状钼蒸发源。

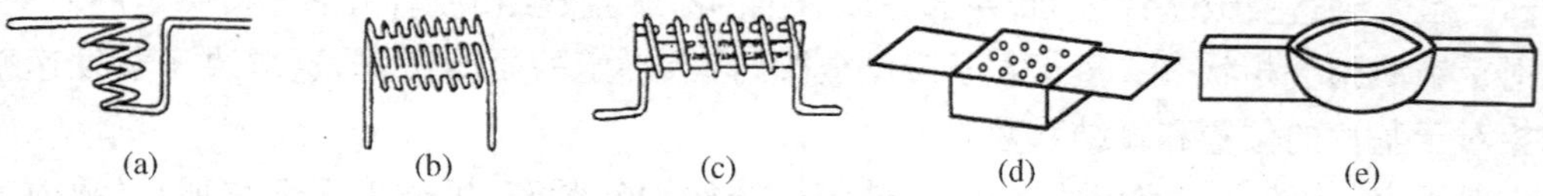

图 19-3 常用蒸发源的形状

19.3.8 蒸发源的位置

薄膜厚度一般可通过调节蒸发物的数量和时间以及基片和蒸发源的相对位置来控制。令 d_0 为刚好在蒸发源正上方的基片上沉积的厚度,d 是任意位置的厚度,则点蒸发源和微小平面蒸发源相对厚度分布用式(19-8)和式(19-9)表示。d/d_0 和 x/h 的关系曲线如图 19-4 所示。

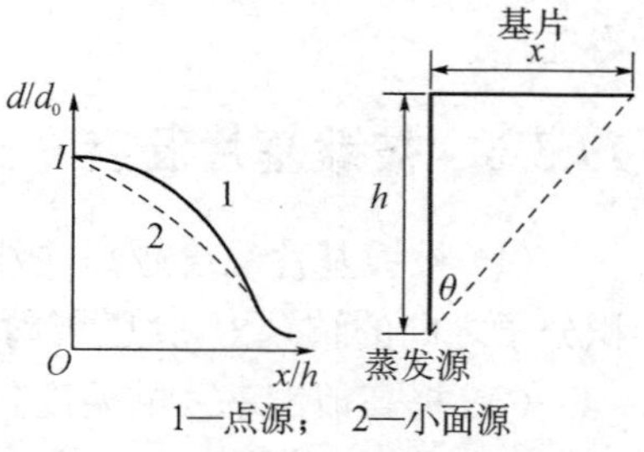

图 19-4 d/d_0 和 x/h 的关系曲线

点源
$$\frac{d}{d_0}=\frac{1}{\left[1+\left(\frac{x}{h}\right)^2\right]^{\frac{3}{2}}} \tag{19-8}$$

面源
$$\frac{d}{d_0}=\frac{1}{\left[1+\left(\frac{x}{h}\right)^2\right]^2} \tag{19-9}$$

19.3.9 真空热蒸镀的工艺流程

本实验采用真空热蒸镀法蒸镀金属或介质膜，其基本工艺流程如图 19-5 所示。其中离子轰击又名辉光放电，进行时，真空室内电子获得很高速度，较之带正电的气体离子更高。在镀件周围，因电子较大的迁移率，而迅速带有负电荷，在表面负电荷吸引力作用下，正离子轰击镀件表面，并可能在其上进行能量交换。由于能量在污染表面被释放出来，故有洁净的功能，不仅能除去吸附气体层，还可除去表面氧化物。利用离子轰击，还可粗略估计真空度。烘烤的作用是可以加速镀件或夹具吸附气体的迅速逸出，有利于提高真空度，还可以提高膜层结合力。预熔的作用是除去蒸发材料中的低熔点杂质以及蒸发源和材料中的吸附气体，有利于蒸发材料的顺利蒸发。

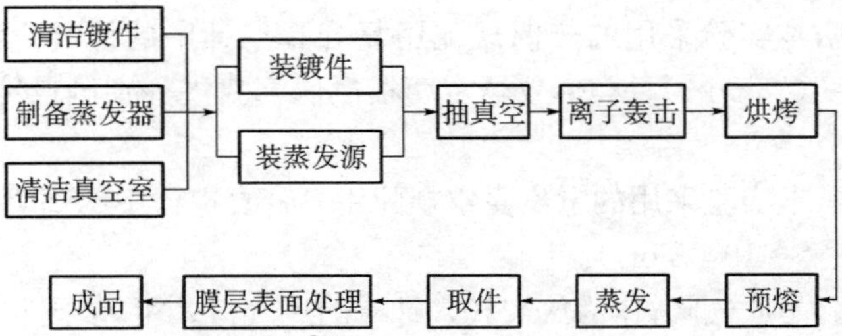

图 19-5 热蒸发工艺基本流程

19.4 实验仪器

1. 整体结构

实验采用 DM-450A 型真空镀膜机。由机械泵和油扩散泵组成的抽气系统给蒸发镀膜室抽气，由热偶真空规和电离真空规来检测真空度，通过蒸发器将膜材蒸发使基底材料镀膜，图 19-6 给出真空镀膜机整体结构。

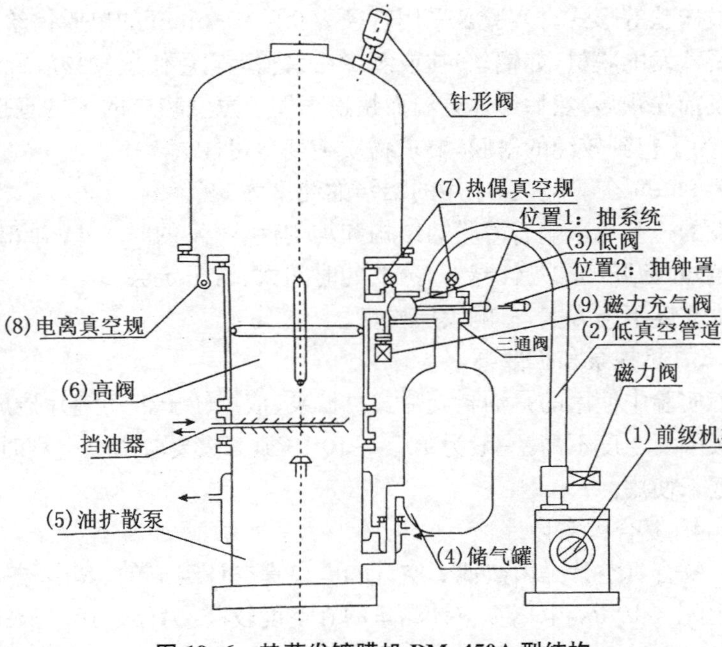

图 19-6 热蒸发镀膜机 DM-450A 型结构

图中各部件的名称及功用如下。

(1) 前级机械泵，用以产生扩散泵的预备真空。要求机械泵的极限压强和抽气速率能满足扩散泵的正常工作条件及尽可能短的抽气时间。

(2) 低真空管道，其所用的是真空橡皮管，是一种用于真空器件之间连接的专用橡皮管，具有较厚的管壁而且能耐一个大气压强的压力，具有低于0.1Pa的动态蒸汽压，它只适用于低真空部分。

(3) 低阀，用于控制机械泵抽钟罩或者抽系统的阀门，位置2(即低阀拉出来)是抽钟罩的状态(即机械泵直接对真空腔进行抽气)，位置1(即低阀推进去)是抽系统的状态(即机械泵对储气罐进行抽气)。

(4) 储气罐，它装在机械裂和扩散泵之间，扩散泵的前级真空由储气罐实现。

(5) 油扩散泵，作为二级抽气系统用于获得高真空，本实验采用的扩散泵极限真空度约为10^{-3}Pa，其底部是用于对泵油加热的电炉。

(6) 高阀，本实验采用的是一个高真空碟阀，处在扩散泵和高真空部分中间。它一方面可在高真空部分突然破裂时保护扩散泵油不被氧化，同时还便于分段检漏.必须满足用具有蒸汽压低于10^{-3}Pa(在室温情况下)的高真空；能维持10^{-4}Pa与1个大气压的压差：具有较大的流导(即对气流具有较大的通导能力)等要求。

(7) 热偶真空规，本实验采用的热偶规配用复合真空计中的低真空测量部分，测量范围$10^{-1}\sim10^{2}$Pa($10^{-2}\sim10^{-1}$Torr)。整套仪器有两根热偶真空规分别测量钟罩内(V_1)和储气罐内(V_2)的真空度。

(8) 电离真空规，本实验采用的电离真空规配用复合真空计中的高真空测量部分，测量范围$10^{-6}\sim10^{-2}$Pa($10^{-8}\sim10^{-4}$Torr)。

(9) 磁力充气阀，是放气阀，作为放空气入钟罩的进气口之用，该阀与高阀是有关联的，即当高阀打开时，该阀是无法打开的，当高阀关闭时，该阀才可以打开。

2. 蒸发皿

蒸发皿是由热稳定性好、出气少、纯度高的耐高温材料制成的。常用的蒸发皿材料有：钨、钽、钼、铂等耐熔合金，蒸发皿可以分为两大类：①用金属丝制成；②用金属铂制成槽状、舟状或碗状等形式。实验是采用直径为0.5～0.7 mm的单股钨丝制成螺旋式蒸发皿(图19-7)。将要蒸发的膜材(如铝丝)挂或缠绕在钨丝上它可使蒸发物放置最多，接触面大，受热均匀。在蒸发前先预熔，然后迅速升温而快速蒸发。蒸发物质的纯度直接影响着薄膜的结构和光学性质，为了得到较纯的薄膜，要求物质纯度尽可能高(一般为99.99%)，本实验中用的铝箔的纯度为99.99%。蒸发的速度也影响着薄膜的结构和均匀性，蒸发的时间越短，薄膜的均匀性越好，蒸发的时间太长，一定会使真空度下降太多，影响膜层质量。

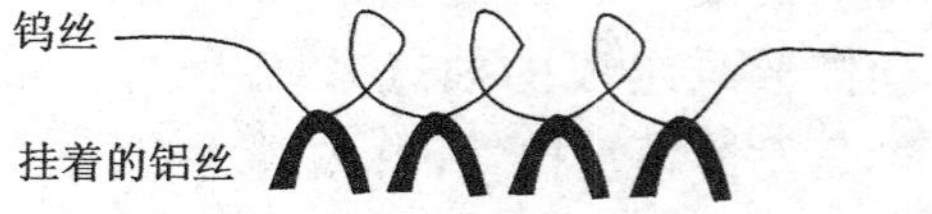

图 19-7　螺旋状蒸发皿

3. 机械泵和扩散泵

实验中使用的是油封旋片式机械泵，依靠转子带动旋片造成吸气和排气来抽真空。机械泵极限真空度不高，一般为$10^{-2}\sim10^{-1}$Pa，当需要较高真空度时，需要将机械泵和油扩散泵结合起来使用。

4. 复合真空计

复合真空计是由热偶真空计和电离真空计组成的，其中，热偶真空计测量的真空度较低，为$10^{-1}\sim10$ Pa，电离真空计测量的真空度较高，为$(5\times10^{-6})\sim10^{-1}$Pa，二者合在一起可以测量$(5\times10^{-6})\sim10$ Pa的真空度。

热偶真空计是根据气体对流导热性，借助温差电动势效应来间接测量真空度的，电动势与真空度之间是非线性关系。

电离真空计是用高速电子电离空气的办法来测量真空度的，空气越稠密，电离出来的正离子就越多，通过检测正离子流，可以测量真空度。离子流与真空度是线性关系。

19.5　预习思考题

(1) 简述机械泵的工作原理，并阐述如何消除机械泵中水蒸气凝结的问题以及如何改进机械泵。(提示：采用气镇的方法)

(2) 简述扩散泵的优缺点，并回答为什么扩散泵要在进气口安装水冷挡板或液氮冷阱。

(3) 估算当气体压强为 10^{-1} Pa 时的分子平均自由程。

(4) 查找电阻热蒸发镀膜的资料，并回答该种方法的优点和缺点。

19.6　实验内容及步骤

本实验内容是使用蒸发镀膜机练习蒸发镀膜的操作方法，在一块平面玻璃的表面镀上一层铝反射膜。

19.6.1　基体的清洁

基体表面清洁度是影响膜基附着力的关键因素之一，而基体在制备或加工过程中会有油污染，即使是经过去油去脂处理的基片，裸露在大气中，也会有水蒸气、有机物和灰尘的污染。另外，硅或金属表面会有疏松的氧化层。这些污染物及疏松的氧化层降低了基体表面原子与基体的结合能，使得膜和基体的附着力弱，膜容易脱落。基体表面吸附的油脂及油脂吸附的气体在真空室中是一种气源，破坏真空环境。如果材料中混有颗粒状或纤维状的杂质，将直接影响膜的均匀性和牢固度；如果混有可溶的化学成分，将影响膜的物理性质，如亮度、表面张力、电导率等。所以，基体在放进真空室之前必须进行严格的去油、去污和脱水处理。基体的清洗方法有很多种，而且不同的基片需要用不同的方法清洗。

真空镀膜中常用的方法有下面几种。

(1) 化学试剂清洗：一般的基体都可以用化学试剂清洗，先用洗涤剂去油，然后对金属基体用弱酸或弱碱浸泡，而对玻璃则用王水浸泡，取出后再用大量的蒸馏水或去离子水冲洗，最后用氮气或电吹风吹干，储存于干净的容器中备用。

(2) 真空烘烤：对于用化学试剂清洗过的基片特别是金属或合金基体，在存储过程中，表面会有吸附物，最好在真空室内镀膜之前，对之烘烤，使其表面吸附的气体解吸。

(3) 真空离子轰击：对于干净的金属基体，其表面有薄层氧化物，可以采用辉光放电方法清洗，即在真空室中充入氩气，进行辉光放电。利用辉光放电产生的复离子轰击基体表面，把表面吸附物及氧化层溅射掉，并通过抽气系统抽走。

(4) 紫外线或臭氧清洗：紫外线和臭氧可以分解有机物，从而可以有效地除去基体表面吸附的有机物。只要在镀前将基片放进专用设备中，用紫外线或臭氧照射几分钟即可。

清洗后的基体严禁用手直接接触，因为手指上的油脂和有机物会污染基体，实验人员必须戴上清洁的一次性塑料或橡胶手套，才可以接触基体。基体清洁好且组装好后立即放入真空室中或清洁的储物盒中。

19.6.2 仪器的安装

仪器状态的检查：高阀是否关闭；低阀是否拉出；复合真空计面板上电离计开关是否关闭；电离计是否在 10^{-2} Pa 量程档；总电源是否关闭。打开机器总电源，见指示灯亮后，开“充气”，充气完毕后打开“升钟罩”开关，钟罩被提升。把弯成“V”形的铝丝挂在蒸发丝(钨丝)上，将玻璃安装在工件支架上。开“降钟罩”使扣下的钟罩边缘密封好。

19.6.3 抽真空

打开“机械泵”，低阀处于“抽钟罩”位置，接通热电偶真空计进行测量。当钟罩内真空度达到 1.3 Pa 时，开“轰击”旋钮，调节变压器 1BZ 逐步升高电压，使轰击电流上升为 100 mA，轰击约 20 min 后，将变压器调回零，关“轰击”。将低阀置于“抽系统位置”，接通扩散泵冷却水，开“机械泵”“扩散泵”，对扩散泵加热，约 40 min 后，同时观测系统真空度，系统真空度低于6.7 Pa 时，打开高阀，监测钟罩内真空度，当真空度超过 1.33×10^{-1} Pa 时，接通电离真空计测量。

19.6.4 蒸发镀膜

当真空度达到 1.33×10^{-1} Pa 时，开“烘烤”，调节变压器 2BZ 烘烤镀件，使镀件获得基底温度；当真空度达到 6.7×10^{-3} Pa 以上时选择好蒸发电板，插入电流分配塞，开“蒸发”，调节变压器 1BZ，逐渐加大电流使铝丝预熔(钟罩内真空度同时下降)，此时用挡板挡住蒸发源避免初熔时杂质蒸发到玻璃上；当钟罩内真空度恢复到 6.7×10^{-3} Pa 以上时，再加大蒸发电流，同时移去挡板，此时从观察窗可以看到铝丝逐渐熔化缩成液体小球，然后迅速蒸发，玻璃上便附着了一层铝膜。

19.6.5 镀膜结束

关高真空测量，停扩散泵加热炉，关高阀，低阀仍处于“抽系统”位置，开“空气”，充气完毕后开“升钟罩”，取出镀件，清洗镀膜室，开“降钟罩”，扣下钟罩后，将低阀置于“抽钟罩位置”，抽钟罩 3～5 min 后停机械泵，关总电源，再过 1 h 后关闭扩散泵冷却水。

19.7 实验注意事项

(1) 冷凝水的使用

开关冷却水时要注意，在开始加热油扩散泵时打开，开始通冷却水时要慢慢增加，并注意冷却水是否畅通。工作过程中，保证其通畅，要随时关注水温，水温过高，加大水量，水温低，则可以适当关小；关闭冷却水要在关掉油扩散泵的加热后，等油冷却后再关，一般情况是冷却 20 min。

(2) 高真空蝶阀的使用

开关高真空蝶阀时要注意，在油扩散泵处于高温时，打开高真空蝶阀前要保证真空室的压强小于 6.7 Pa；在工作过程中，保证其压强一直小于 6.7 Pa，在压强将要接近 6.7 Pa 时，要抢先关掉高真空蝶阀，高真空蝶阀也要在压强小于 6.7 Pa 时关掉。

(3) 电离真空计的使用

要保证真空室内的压强小于 0.1 Pa 即真空度高于 0.1 Pa 时才能打开电离真空计的加热开关。使用过程中，保证其压强一直小于 0.1 Pa，如果预计压强将要接近 0.1 Pa 时，要抢先关掉电离真空计。电离真空计也要在压强小于 0.1 Pa 的状态下关掉。

另外实验中如遇到突然停电，要立即关掉高阀，低阀拉出，关掉真空计（防止重新来电后，电离真空计会自动开启，烧坏规管）。

19.8　思考题

(1) 蒸发镀膜可否在常压的空气中进行?

(2) 怎样保证镀膜所要求的洁净度?

(3) 如果机械泵“反油”，即油反冲进了抽气管道，你认为会有什么影响?

(4) 你认为“预熔”真的有必要吗?

(5) 轰击的作用是什么?

(6) 简述热偶规管的工作原理，并回答是什么限制了热偶规管的工作范围。

(7) 电离规管在真空度较低时不能工作，你认为是何原因? 并回答是什么限制了电离规管不能测量更高的真空度。（选做）

(8) 哪些方法可以检测镀膜的厚度（实时监测与镀膜后的检测）?（选做）

19.9　实验数据处理

(1) 观察抽真空过程，用文字或照片叙述真空室中真空度随镀膜过程的变化。

(2) 观察镀出的薄膜，并利用椭圆偏振测厚法或利用下面补充材料中介绍的 730UV 紫外可见光光度计测出薄膜厚度和折射率（选做）。

19.10　拓展实验设计参考

测量光学薄膜透射率

光学薄膜特性的测量是薄膜技术发展中非常重要的内容，这些特性的测量包括光学常数（折射率、消光系数）及厚度，光学性质（透射率、反射率、吸收和散射）和理化特性（附着力、机械强度、应力和化学成分等）。具体的测量方法有光度法、布儒斯特角法、波导法、椭圆偏振法等。所谓光度法既是通过测量样品的透射率和反射率，经过简单的计算求出光学常数的办法，这种方法虽然精度受到限制，但由于简单易行而被广泛采用。

光学薄膜透射率的测量常采用分光光度计，可以采用 730UV 紫外可见分光光度计进行测量，该分光光度计包括：光源部分、分光系统（色散系统）、光度计部分（改变光强度）和检测记录系统等。该分光光度计可进行双光束扫描测量，即一束光透过测试片（测量光束），另一束不透过测试片（参考光束），这两个光束交替进入分光系统，然后由探测器接受。该两束光强由接收器转换成相同形状的电信号后经过检波，将参考电信号和测量电信号分开进行放大比较，最后把比率按波长用记录器记录下来，便可得到透射率分光曲线。

实验 20

椭圆偏振法测量厚度和折射率实验

20.1 引言

薄膜技术是当前材料科技的研究热点，特别是纳米级薄膜技术的迅速发展，使精确测量薄膜厚度及其折射率等光学参数受到人们的高度重视。由于薄膜和基底材料的性质和形态不同，如何选择符合测量要求的测量方法和仪器，是一个值得认真考虑的问题。目前测量薄膜厚度的方法可分为光学测量和机械测量两大类。光学测量主要有干涉法、透射谱线法、椭圆偏振光法等，机械测量主要有表面粗糙度仪法、称重法、石英振荡器法等。每一种测量方法和仪器都有各自的使用要求、测量范围、精确度、特点及局限性。

椭圆偏振光法是一种测量纳米级薄膜厚度和薄膜折射率的常用方法，同时也是研究固体表面特性的重要工具。将一束单色椭圆偏振光投射到薄膜表面，根据电动力学原理，反射光的椭偏状态与薄膜厚度和折射率有关，通过测出椭偏状态的变化，就可以推算出薄膜的厚度和折射率。椭圆偏振光法测量精度高，特别是在测量超薄薄膜的厚度时其灵敏度很高，因此常用于研究薄膜生长的初始阶段，而且由于这种方法是非接触性的，测量过程中不破坏样品表面，因而可用于薄膜生长过程的实时监控。

20.2 实验目的

(1) 了解椭圆偏振法的基本原理。

(2) 学会用椭圆偏振法测量纳米级薄膜的厚度和折射率。

20.3 实验原理

20.3.1 单质介质膜的厚度和折射率测量原理

椭圆偏振法测量的基本思路是，起偏器产生的线偏振光经取向一定的 1/4 波片后成为特殊的椭圆偏振光，把它投射到待测样品表面时，只要起偏器取适当的透光方向，被待测样品表面反射出来的将是线偏振光。根据偏振光在反射前后的偏振状态变化(包括振幅和相位的变化)，便可以确定样品表面的许多光学特性。

椭圆偏振光入射到透明介质薄膜时，光在两个分界面(空气与薄膜，薄膜与衬底)处发生反射和折射，如图 20-1 所示。

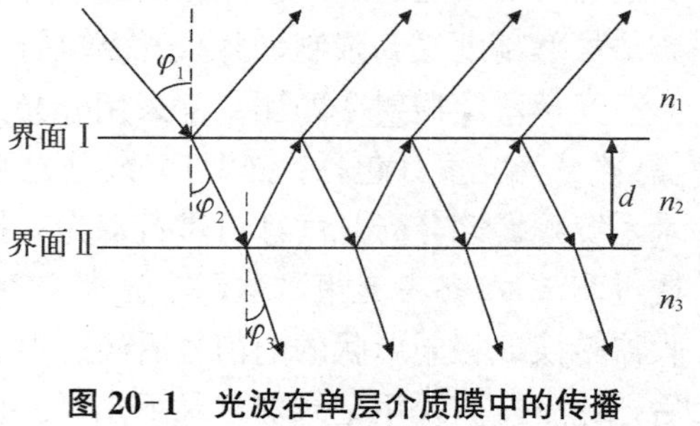

图 20-1 光波在单层介质膜中的传播

总反射光由多光束干涉而成，光在两个分界面的 P 波和 S 波的反射系数分别为 r_{1p}，r_{1s}，r_{2p}，r_{2s}，由菲涅尔公式有

$$\begin{cases} r_{1p}=\dfrac{n_2\cos\varphi_1-n_1\cos\varphi_2}{n_2\cos\varphi_1+n_1\cos\varphi_2} \\ r_{1s}=\dfrac{n_1\cos\varphi_1-n_2\cos\varphi_2}{n_1\cos\varphi_1+n_2\cos\varphi_2} \\ r_{2p}=\dfrac{n_3\cos\varphi_2-n_2\cos\varphi_3}{n_3\cos\varphi_2+n_2\cos\varphi_3} \\ r_{2s}=\dfrac{n_2\cos\varphi_2-n_3\cos\varphi_3}{n_2\cos\varphi_2+n_3\cos\varphi_3} \end{cases} \tag{20-1}$$

式中，n_1 为空气折射率，n_2 为膜层的折射率，n_3 为衬底折射率；φ_1 为入射角，φ_2，φ_3 分别为光波在薄膜和衬底的折射角。它们满足折射定律

$$n_1\sin\varphi_1=n_2\sin\varphi_2=n_3\sin\varphi_3 \tag{20-2}$$

设待测样品是均匀涂镀在衬底上的厚度为 d、折射率为 n_2 透明同性膜层。光的电矢量分解为两个分量，即在入射面内的 p 分量及垂直于入射面的 s 分量。入射光在薄膜两个界面上会有多次的反射和折射，总反射光束将是许多反射光束干涉的结果。利用多光束干涉的理论，得 p 分量和 s 分量的总反射系数 R_P，R_S 分别为

$$R_P=\frac{r_{1p}+r_{2p}e^{-\mathrm{i}2\delta}}{1+r_{1p}r_{2p}e^{-\mathrm{i}2\delta}},\quad R_S=\frac{r_{1s}+r_{2s}e^{-\mathrm{i}2\delta}}{1+r_{1s}r_{2s}e^{-\mathrm{i}2\delta}} \tag{20-3}$$

其中，

$$2\delta=\frac{4\pi}{\lambda}dn_2\cos\varphi_2 \tag{20-4}$$

是相邻反射光束之间的相位差，而 λ 为光在真空中的波长。光束在反射前后的偏振状态的变化可以用总反射系数比 R_P/R_S 来表征。在椭圆偏振法中，用椭偏参量 ψ 和 Δ 来描述反射系数比，其定义为

$$\tan\psi\mathrm{e}^{\mathrm{i}\Delta}=R_P/R_S \tag{20-5}$$

在入射波波长、入射角、环境介质和衬底的折射率确定的条件下，ψ 和 Δ 分别只是薄膜厚度和折射率的函数，只要测量出 ψ 和 Δ 来，原则上应能解出 d 和 n。然而，从上述各式却无法解析出 $d=(\psi,\Delta)$ 和 $n=(\psi,\Delta)$ 的具体形式。以至于电子计算机问世之前，椭偏仪都未能得到实际的应用。

椭圆偏振光谱仪相关介绍

关于解椭偏术基本方程，历史上对于很薄的薄膜采用近似解，即级数展开，取一级或二级近似。现在电子计算机已广泛应用，通常有两种解法。一是先按以上各式用电子计算机计算出在入射波波长，入射角，环境介质和衬底的折射率一定的条件下 (ψ,Δ)-(d,n) 的关系图表（又称列线图），待测出某一薄膜的 ψ 和 Δ 后再从图表上可求得膜层的折射率 n 和厚度 d。采用电子计算机做数学解，制造 (ψ,Δ)-(d,n) 数据表及列线图。另一类是将专用程序存在微型计算机的程序库内，将测量结果 (ψ,Δ) 输入微型计算机直接读出 (d,n) 值。当代高精度自动椭偏仪则是对准样品进行测量时即可自动显示待测参数薄膜厚

度 d、折射率 n 及消光系数 k。因此可用于动态测量。

测量样品的 ψ 和 Δ 的方法主要有光度法和消光法。我们主要介绍用椭偏消光法确定 ψ 和 Δ 的基本原理。设入射光束和反射光束电矢量的 p 分量和 s 分量分别为 E_{ip}，E_{is}，E_{rp}，E_{rs}，则有

$$R_p = E_{rp}/E_{ip}, \quad R_s = E_{rs}/E_{is} \tag{20-6}$$

于是

$$\tan\psi\ \exp(i\Delta) = \frac{E_{rp}/E_{rs}}{E_{ip}/E_{is}} \tag{20-7}$$

为了使 ψ 和 Δ 成为比较容易测量的物理量，应该设法满足下面的两个条件：

(1) 使入射光束满足

$$|E_{ip}| = |E_{is}| \tag{20-8}$$

(2) 使反射光束成为线偏振光，也就是令反射光两分量的位相差为 0 或 π。

满足上述两个条件时，有

$$\begin{cases} \tan\psi = \pm\dfrac{|E_{rp}|}{|E_{rs}|} \\ \Delta = (\beta_{rp} - \beta_{rs}) - (\beta_{ip} - \beta_{is}) \\ (\beta_{rp} - \beta_{rs}) = 0 \text{ 或 } \pi \end{cases} \tag{20-9}$$

其中，β_{rp}，β_{rs}，β_{ip}，β_{is} 分别使入射光束和反射光束的 p 分量和 s 分量的位相。

图 20-2 是本实验装置的示意图。在图中的坐标系中，x 轴和 x' 轴均在入射面内且分别与入射光束或反射光束的传播方向垂直，而 y 和 y' 轴则垂直于入射面。起偏器和检偏器的透光轴 t 和 t' 与 x 轴或 x' 轴的夹角分别为 P 和 A。

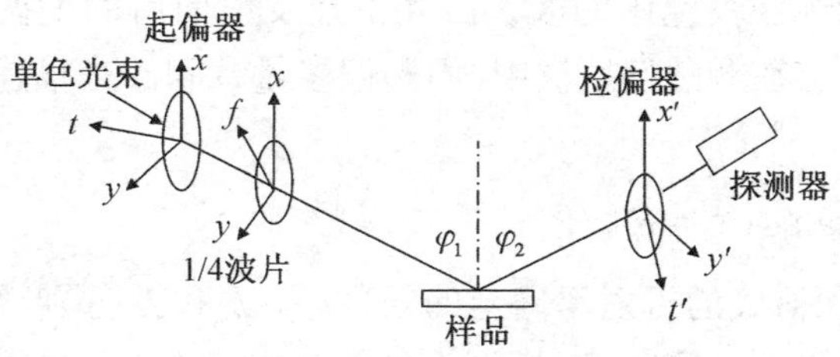

图 20-2　实验装置

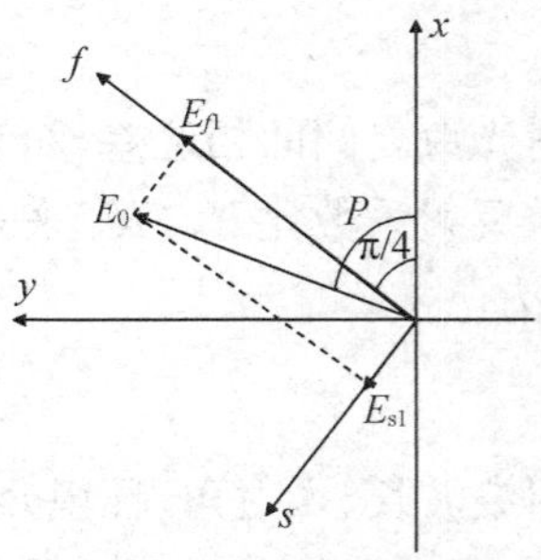

图 20-3　1/4 波片快轴的取向

下面将会看到，只需让 1/4 波片的快轴 f 与 x 轴的夹角为 π/4，便可以在 1/4 波片后面得到所需的满足条件 $|E_{ip}| = |E_{is}|$ 的特殊椭圆偏振入射光束。

图 20-3 中的 E_0 代表有方位角 P 的起偏器出射的线偏振光。当它投射到快轴与 x 轴的夹角为 π/4 的 1/4 波片时，将在波片的快轴 f 和慢轴 s 上分解为

$$E_{f1} = E_0\cos\left(P - \frac{\pi}{4}\right), \quad E_{s1} = E_0\sin\left(P - \frac{\pi}{4}\right) \tag{20-10}$$

通过 1/4 波片后，E_f 将比 E_s 超前 π/2，于是在 1/4 波片后应该有

$$E_{f2}=E_0\cos\left(P-\frac{\pi}{4}\right)\exp\left(\mathrm{i}\,\frac{\pi}{2}\right),\quad E_{s2}=E_0\sin\left(P-\frac{\pi}{4}\right) \tag{20-11}$$

把这两个分量分别在 x 轴及 y 轴上投影并再合成为 E_x 和 E_y，便得到

$$\begin{aligned} E_x&=\frac{\sqrt{2}}{2}E_0\exp\left[\mathrm{i}\left(P+\frac{\pi}{4}\right)\right] \\ E_y&=\frac{\sqrt{2}}{2}E_0\exp\left[\mathrm{i}\left(\frac{3\pi}{4}-P\right)\right] \end{aligned} \tag{20-12}$$

可见，E_x 和 E_y 也就是即将投射到待测样品表面的入射光束的 p 分量和 s 分量，即

$$\begin{aligned} E_{\mathrm{i}p}&=E_x=\frac{\sqrt{2}}{2}E_0\exp\left[\mathrm{i}\left(P+\frac{\pi}{4}\right)\right] \\ E_{\mathrm{is}}&=E_y=\frac{\sqrt{2}}{2}E_0\exp\left[\mathrm{i}\left(\frac{3\pi}{4}-P\right)\right] \end{aligned} \tag{20-13}$$

显然，入射光束已经成为满足条件 $|E_{\mathrm{i}p}|=|E_{\mathrm{is}}|$ 的特殊圆偏振光，其分量的位相差为

$$(\beta_{\mathrm{i}p}-\beta_{\mathrm{is}})=2P-\frac{\pi}{2} \tag{20-14}$$

由图 20-4 可以看出，当检偏器的透光轴 t' 与合成的反射线偏振光束的电矢量 E_{r} 垂直时，即反射光在检偏器后消光时，应该有

$$\frac{|E_{\mathrm{r}p}|}{|E_{\mathrm{rs}}|}=\tan A \tag{20-15}$$

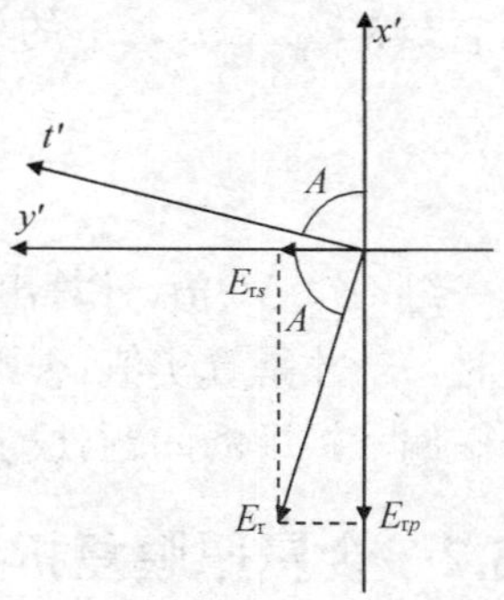

图 20-4　检偏器透光轴的取向

这样，可得

$$\begin{cases}\tan\psi=\tan A \\ \Delta=(\beta_{\mathrm{r}p}-\beta_{\mathrm{rs}})-\left(2P-\dfrac{\pi}{2}\right) \\ (\beta_{\mathrm{r}p}-\beta_{\mathrm{rs}})=0\ 或\ \pi\end{cases} \tag{20-16}$$

可以约定，A 在坐标系 $(x',\ y')$ 中只在第一及第四象限内取值。下面分别讨论 $(\beta_{\mathrm{r}p}-\beta_{\mathrm{rs}})=0$ 或 π 的情况。

(1) $(\beta_{\mathrm{r}p}-\beta_{\mathrm{rs}})=\pi$：此时的 P 记为 P_1，合成的反射线偏振光的 E_{r} 在第二及第四象限里，于是 A 在第一象限并计为 A_1。由式(20-16)可得到

$$\begin{cases}\psi=A_1 \\ \Delta=\dfrac{3\pi}{2}-2P_1\end{cases} \tag{20-17}$$

(2) $(\beta_{\mathrm{r}p}-\beta_{\mathrm{rs}})=0$：此时的 P 记为 P_2，合成的反射线偏振光的 E_{r} 在第一及第三象限里，于是 A 在第四象限并计为 A_2。由式(20-16)可得到

$$\begin{cases}\psi=-A_2 \\ \Delta=\dfrac{\pi}{2}-2P_2\end{cases} \tag{20-18}$$

从式(20-17)和式(20-18)可得到(P_1, A_1)和(P_2, A_2)的关系为

$$\begin{cases} A_1 = -A_2 \\ P_1 = P_2 + \dfrac{\pi}{2} \end{cases} \tag{20-19}$$

因此,在图20-2的装置中只要使1/4波片的快轴f与x轴的夹角为$\pi/4$,然后测出检偏器后消光时起、检偏器方位角(P_1, A_1)和(P_2, A_2),便可按式(20-17)或式(20-18)求出(ψ, Δ),从而完成总反射系数比的测量。在借助已经算好的(ψ, Δ)-(d, n)的关系图表(又称列线图)及有关的计算程序,即可算出待测薄膜的厚度d和折射率n。

值得注意的是:在椭偏术方程中含有位相角δ。

$$2\delta = \frac{4\pi}{\lambda} d n_2 \cos\varphi_2 = \frac{4\pi}{\lambda} d\,(n_2^2 - n_1^2 \sin^2\varphi_1)^{\frac{1}{2}} \tag{20-20}$$

它含有周期性,即d对2δ的贡献具有周期性。称$2\delta = 2\pi$时对应的薄膜厚度为一个周期厚度T。它与λ,φ_1,n_1,n_2的关系为

$$T = \frac{1}{2}\lambda\,(n_1^2 - n_1^2 \sin^2\varphi_1)^{\frac{1}{2}} \tag{20-21}$$

给定一组(ψ, Δ)值,计算出来的厚度d_0不一定是膜的真实厚度。只有膜的厚度小于一个周期值时,d_0才是真实值;否则膜厚真实值的表达形式是$d = d_0 + mT$。m为周期数,m的确定属于椭偏术扩展的问题,或者根据其物理方法来定出。

20.3.2 金属厚膜复折射率的测量原理

透明介质膜对光的吸收可以忽略不计,因而折射率是实数。金属是导电介质,电磁波在导电介质中传播要衰减,故不同导电介质中都存着不同程度的吸收。理论表明,金属的介电常数是复数,其折射率也是复数。

以金属膜代替介质膜,如果金属膜足够厚,厚度d与光的穿透深度相比要大很多,以致可以不考虑基底对光波传播的影响,即不考虑界面2的存在,在界面1上没有多束光干涉发生。光波入射到金属厚膜上发生镜面反射。折射率表示为

$$\tilde{n}_2 = n - \mathrm{i}k \tag{20-22}$$

式中,实部n并不相当于透明介质的折射率。换句话说,n的物理意义不对应于光在真空中速度与在介质中的速度的比值,所以也不能由它导出折射定律。k称为消光系数。

为简化计算,将式(20-22)改写成以下形式

$$\tilde{n}_2 = N - \mathrm{i}NK \tag{20-23}$$

式中,NK等价于消光系数k,N表示折射率的实部。此时折射定律仍然成立,只是折射角φ_2应是复数。

$$n_2 \cos\varphi_2 = \sqrt{n_2^2 - n_1^2 \sin^2\varphi_1} \tag{20-24}$$

金属表面反射系数R_P,R_S为

$$R_P = \tan(\varphi_1 - \varphi_2)/\tan(\varphi_1 + \varphi_2), \quad R_S = \frac{-\sin(\varphi_1 - \varphi_2)}{\sin(\varphi_1 + \varphi_2)} \tag{20-25}$$

由此得反射系数比 $\tan\psi e^{i\Delta}=\dfrac{R_P}{R_S}$ 为

$$\tan\psi e^{i\Delta}=-\frac{\cos(\varphi_1+\varphi_2)}{\cos(\varphi_1-\varphi_2)} \tag{20-26}$$

经过理论推导有

$$\sqrt{n_2^2-n_1^2\sin^2\varphi_1}=\frac{n_1\sin\varphi_1\ \tan\psi_1\ \cos 2\psi}{1+\sin 2\psi\cos\Delta}-\mathrm{i}\,\frac{n_1\sin\varphi_1\ \tan\psi_1\ \sin 2\psi\sin\Delta}{1+\sin 2\psi\cos\Delta} \tag{20-27}$$

为求 N 和 K，引入 a 和 b 参量

$$\sqrt{n_2^2-n_1^2\sin^2\varphi_1}=a-\mathrm{i}b \tag{20-28}$$

式(20-28)中的系数（N，K）与椭偏参量（ψ，Δ）有如下关系：

$$\begin{cases}N=\sqrt{\dfrac{\sqrt{A^2+B^2}+A}{2}}\\ K=\dfrac{\sqrt{A^2+B^2}-A}{2}\\ A=a^2-b^2+n_1^2\sin^2\varphi_1\\ B=2ab\end{cases}\qquad \begin{cases}a=\dfrac{n_1\sin\varphi_1\ \tan\psi_1\ \cos 2\psi}{1+\sin 2\psi\cos\Delta}\\ b=\dfrac{n_1\sin\varphi_1+\tan\psi_1\ \sin 2\psi\sin\Delta}{1+\sin 2\psi\cos\Delta}\end{cases} \tag{20-29}$$

在 n_2^2 的实部 $N^2(1-K^2)$ 比 $n_1^2\sin^2\varphi$ 大得多时，可取近似公式

$$\sqrt{n_2^2-n_1^2\sin^2\varphi_1}\approx n_2 \tag{20-30}$$

于是 $N\approx a$，$NK\approx b$ 即得

$$\begin{cases}N\approx\dfrac{n_1\sin\varphi_1\ \tan\psi_1\ \cos 2\psi}{1+\sin 2\psi\cos\Delta}\\ K\approx\tan 2\psi\sin\Delta\end{cases} \tag{20-31}$$

可见，测量出与待测金属样品总反射系数对应的椭偏参量（ψ，Δ），便可以根据求出其复折射率 n 的近似值。

20.4　实验仪器

20.4.1　仪器结构

本实验采用 SGC-I 型椭圆偏振光谱仪。本仪器分为光源、接收器、主机三大部分参看图 12-5。

(1) 光源：采用波长为 632.8 nm 氦氖激光光源其特点是：光强大、光谱纯、相干性好。

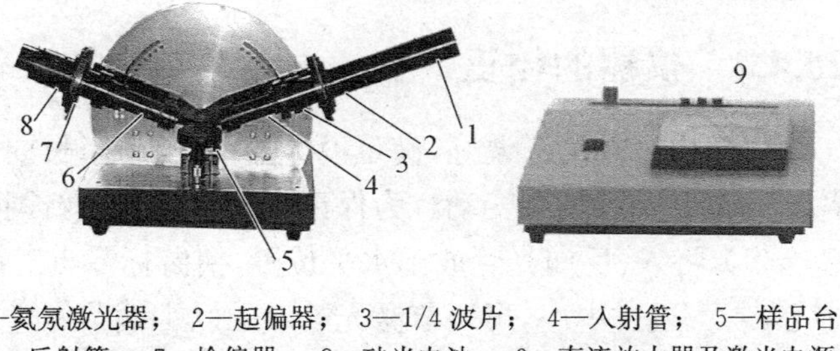

1—氦氖激光器；　2—起偏器；　3—1/4 波片；　4—入射管；　5—样品台；
6—反射管；　7—检偏器；　8—硅光电池；　9—直流放大器及激光电源

图 12-5　椭圆偏振光谱仪装置

(2) 接收器：采用硅光电池，把光讯号变为电讯号，经直流放大器输出至指示表表示。

(3) 主机部分：除以上两项外，还有起偏器、1/4 波片、入射管、样品台、反射管、检偏器。

20.4.2 仪器规格与主要技术指标

仪器主要技术指标如下：

(1) 测量范围：1～300 nm；

(2) 入射角：30°～90°，误差≤0.1°；

(3) 偏振器方位角读数范围：0°～180°；

(4) 度盘刻度：每格 2°；

(5) 游标最小读数：0.05°；

(6) 光学中心高度：152 mm；

(7) 工作台直径：50 mm；

(8) 外形尺寸：730 cm×230 cm×290 cm；

(9) 主机重量：20 kg。

20.4.3 仪器的安装

仪器的安装步骤如下。

(1) 首先将仪器安放在仪器室的工作台上，用软毛刷或绸布清理仪器表面的尘土。

(2) 将黑色保护罩旋下，再将激光管安装到激光管套上，将外壳上的两条导线插到激光电源上(红线为正极，蓝线为负极，不能插错)，再将 220 V 输入线接在激光电源上。

(3) 将黑色保护罩拔下，将硅光电池装在主机上，将直流放大器插头连接到硅光电池上。将直流放大器电源线连接到 220 V 电源上。

(4) 接通硅光电池电源，开电源开关时首先检查所有开关是否处于弹起状态。

(5) 激光器接通后，需要进行对光，对光步骤如下：

① 开启激光电源开关；

② 调平样品台，在样品台上放一平面反射镜，使激光光源照在反射镜上，使反射光线照到 5 m 以外的墙壁上，旋转样品台，看反射光点是否移动，如果移动，调节样品台下方的调节旋钮，直到旋转样品台时，反射光点不动为止，锁紧样品台；

③ 激光光束在被测样片上反射后，光束应进入反射光管的光栏中。如光点在小孔的上方或下方不能进入光栏中心时调节工作台下方的高度调整旋钮升降工作台，在观测窗中看到光点最圆最亮为止。

注意在安装和校正之前首先要看明白注意事项。

20.4.4 仪器的校正

仪器出厂前均已调好，满足设计要求，但由于长期使用或运输中的振动可能造成仪器上的各部分位置关系稍有变动。为保证仪器精度需重新调整，步骤如下。

(1) 将入、反向光管放到水平位置，使游标零点对准刻度尺 90°位置，看光束是否通过光栏中心，若不通过中心，可调节激光管上的六个调节螺丝，使光束射在观测窗中最圆最亮时为止。

(2) 取下 1/4 波片(注意方向)，将入射筒和反射筒放回 70°位置，在样品台上放块表面反向镜，调整样品台使激光束通过反射筒光栏旋转起偏器，旋转起偏器使其为 0°，旋转检偏器使其为 90°，看是否消光，若消光可以装 1/4 波片，若不消光，可单独转起偏器和检偏器，使光强信号达到最小，记下此时起偏器及检偏器的零点误差，在今后的测试中，得到值要减去此误差。

(3) 再将入、反射筒放到水平位置，装好 1/4 波片(注意尽量符合拆下时的方向)，然后，将起偏器度盘转到 45°，检偏器转至 135°时看是否消光，若不消光，转动 1/4 波片，使光强信号最小，然后固紧波长片座。

20.5　预习思考题

(1) 请调研常用的测量薄膜厚度的方法。

(2) 椭偏测厚仪的基本思想是什么？各主要光学部件的作用是什么？采用椭圆偏振法测量介质薄膜厚度的优点有哪些？

(3) 1/4 波片的作用是什么？等幅椭圆偏振光经介质膜表面反射形成两种线偏振态的特点是什么？本实验如何计算椭偏参数 ψ 和 Δ？

20.6　实验内容及步骤

20.6.1　实验内容

(1) 测量二氧化硅(SiO_2)薄膜(标样)折射率和厚度，并分析薄膜沿径向方向的均匀性。(Si 衬底折射率：$3.85+0.06i$；K_9 玻璃衬底折射率：1.518)

(2) 测量二氧化硅(SiO_2)、氧化锆(ZrO_2)、二氧化钛(TiO_2)、氧化铝(Ai_2O_3)、MgF_2(氟化镁)等其他薄膜样品的折射率和厚度。

(3) 测量 Au，Ag，Al 等金属厚膜的折射率和消光系数。

20.6.2　测量步骤

(1) 选取入射角 70°，接通激光电源和硅光电池电源，激光器需稳定半小时才能正式测量。

(2) 将待测样品放在载物台上，调整样品台使之水平。

(3) 将手轮转至"目视"位置，从观测窗观看光束，调节载物台高度和起偏器角度，使观测窗观察到的光点最亮最圆。

(4) 调节好样品台后，转动起偏器、检偏器刻度盘手轮，目测光强变化，当光强最小时，将观测窗盖严，然后将转镜手轮转到光电接收位置，观察放大器指示表(10^{-11})，反复交迭转动起偏器、检偏器手轮使表的示值最小(对应消光)。

(5) 从起偏刻度盘及游标盘上读出起偏器方位角 P，从检偏刻度盘及游标盘上读出检偏方位角 A，再次调节起偏器和检偏器，找到另一组消光位置，读出方位角度读数。

(6) 将两组数据输入到实验室编制软件(注意：K_9 衬底和 Si 衬底的折射率需要分别设置)，计算得到薄膜折射率 n 与厚度 d，并与标准值进行对比。

(7) 移动载物台上样品的位置，沿径向方向测量四次不同位置薄膜的折射率与厚度，分析薄膜的均匀性。

为了提高准确度，应对消光位置进行多次测量，将两组(P, A)换算，求平均值，方法如下：

① 区分(P_1, A_1)和(P_2, A_2)，当$0° \leqslant A \leqslant 90°$为$A_1$，对应$A_1$的为$P_1$；另一组为$A_2$，$P_2$。

② 把(P_2, A_2)换算成(P'_2, A'_2)根据下式：

$$A'_2 = 180° - A_2$$

$$P'_2 = \begin{cases} P_2 + 90°, \text{当 } 0° \leqslant A \leqslant 90° \\ P_2 - 90°, \text{当 } 90° \leqslant A \leqslant 180° \end{cases}$$

③ 把(P_1, A_1)与(P'_2, A'_2)求平均值，即

$$\bar{P} = (P_1 + P'_2)/2,\ \bar{A} = (A_1 + A'_2)/2$$

然后判断周期。当光源波长为632.8 nm时，SiO_2膜的一个周期约为283 nm，在膜厚大于一个周期时，本仪器无法判断周期。建议选用下述一些方法：

① 与色板比较；

② 用干涉显微镜看膜层台阶处干涉条纹的移动；

③ 根据形成膜层的条件(生长时间、溅射时间、蒸发时间等)判定；

④ 为了计算薄膜的真实厚度：由理论分析可知，样品的一组(ψ, Δ)只能求得一个膜厚周期内的厚度值，要测量膜厚超过一个周期的真实厚度，常采用改变入射角或波长的方法得到多组(ψ_i, Δ_i)，真实膜厚d可由下式解得：$d = m_1D_1 + d_1 = m_2D_2 + d_2 = \cdots = m_iD_i + d_i$，式中，$m_1$, m_2, m_3, …为正整数；D_1, D_2, D_3, …为膜厚周期；d_1, d_2, d_3, …分别为不同测量条件时，所对应一个周期内的厚度值。此时，将测得的(P_1, A_1)和(P_2, A_2)加上测量时对应的角度φ，分别代入公式，就能求出真实的薄膜厚度。

使用(P, A)−(d, n)关系表或图由P和A求出d和n。求折射率问题，本方法原则上可以定出n，但在某些膜厚范围内(P, A)位置随n值的变化比较迟钝，因此从个别样品定出的n值随具体生长条件的变化较小，建议可采用$n = 1.46$。

20.7 实验注意事项

(1) 不允许用强激光或其它光照射硅光电池，必须先用目视法充分消光后，才能进行测量。

(2) 由于样品表面的反射，在光屏上有时可能出现两个光点，调节消光时，有明暗变化的应为主光点，副光点可以不管。

(3) 更换激光管时，可将管座全部旋下，再将后盖旋下，去掉电源接线，将激光管从散热罩内取出，安装时重复上述步骤。注意激光输出方向。最后调节各调整螺钉，在入射管和反射管均为90°时，激光束应在所有光栏中心通过，而且在观测窗中光点最亮最圆，特别注意，激光管正负极不能接错。

(4) 1/4波片一般情况下不允许转动，以免造成测量误差。

(5) 仪器在使用前应该用已知片进行检查(已知膜厚和折射率的镀膜片)防止差错。

(6) 仪器应放在光线较暗、湿度低的室内使用。

(7) 激光管和电器箱的维护应参看以上两种产品的说明书。

(8) 目前用 (ψ,Δ)-(d,n) 列线图的方法也比较多,该图与 (P,A)-(d,n) 曲线图有以下关系：

$$\psi = A$$

$$\Delta = \begin{cases} 270° - 2P, 当\ 0° \leqslant P \leqslant 135° \\ 630° - 2P, 当\ P > 135° \end{cases}$$

20.8　数据处理

学生可自行列表进行数据记录,也可参考表 20-1。条件为入射角：70°;入射光波长：632.8 nm。

表 20-1　SiO_2 薄膜样品(测厚度和折射率)

样品 1	次数	1	2	3	4	5
SiO_2	P_1					
	A_1					
	P_2					
	A_2					
计算	折射率 n					
	厚度 d					

计算折射率平均值 n：________　厚度平均值 d：________;

或者由公式求得：$\psi_1 =$ ________　$\psi_2 =$ ________　$\psi_{平均} =$ ________;

$\Delta_1 =$ ________　$\Delta_2 =$ ________　$\Delta_{平均} =$ ________;

查表得：$n =$ ________　$d =$ ________。

20.9　思考题

(1) 试列举椭偏法测量中可能的误差来源,并分析它们对测量结果的影响。

(2) 若样品的薄膜厚度大于一个膜厚周期 d_0,怎样测定其真实厚度？试设计一个实验来确定未知样品薄膜的膜厚周期和周期数。

(3) 为什么 SiO_2 薄膜需要测量五次折射率,其目的是什么?

(4) 进行消光调节时应注意些什么问题?

(5) 为了使实验更加便于操作及测量的准确性,你认为该实验中哪些地方需要改进?

实验 21

STM 扫描隧道显微镜实验

21.1 引言

海因里希·罗雷尔

STM 在现代科学中的应用

自从 1986 年扫描隧道显微镜(Scanning Tunneling Microscope, STM)的发明者宾宁(Binnig)和罗雷尔(Rohrer)荣获诺贝尔物理奖以来,STM 这一新型的表面分析技术引起了越来越多的物理、化学、生物学、材料科学、微电子科学的工作者的关注和兴趣,其理论、实验技术和应用研究也得到迅速的发展。

如表 21-1 所示,STM 同其他表面分析技术相比具有如下五大特点。

(1) 具有原子级高分辨率。STM 在平行和垂直于样品表面方向的分辨率分别可达0.1 nm和 0.01 nm,可分辨出原子。

(2) 可实时地得到在实空间中表面的三维图象,可用于具有周期性或不具备周期性的表面结构研究。这种可实时观测的性能可用于表面扩散等动态过程的研究。

(3) 可观测单个原子层的局部表面结构,而不是体相或整个表面的平均性质。因而可直接观测到表面缺陷、表面重构、表面吸附体的形态和位置,以及由吸附体引起的表面重构等。

(4) 可在真空、大气、常温等不同环境下工作,甚至可将样品浸在水和其他溶液中,不需特别的制样技术,并且探测过程对样品无损伤。这些特点特别适用于研究生物样品和不同实验条件下对样品表面的评价,例如对于多相催化剂机理、超导机制、电化学反应过程中电机表面变化的监测等。

(5) 配合扫描隧道谱(Scanning Tunneling Spectroscopy, STS)可以得到有关表面电子结构的信息,例如表面不同层次的态密度、表面电子阱、电荷密度波、表面势垒的变化和能隙结构等。

表 21-1　STM 与其他显微镜的相关参数对照表

	分辨率	工作环境	环境温度	检测深度	对样品破坏程度
扫描隧道显微镜 STM	原子级(垂直 0.01 nm,横向 0.1 nm)	真空	室温	1~2 原子层	无
透射电镜 TEM	点分辨率(0.3~0.5 nm) 晶格分辨率(0.1~0.2 nm)	高真空	室温	小于 100 nm	小
扫描电子显微镜 SEM	6~10 nm	高真空	室温	10 nm(10 倍) 1 μm(10 000 倍)	小
场离子显微镜 FIM	原子级	超高真空	30~80 K	原子厚度	有

继 STM 之后,各国工作者在 STM 原理基础上又发明了一系列新型显微镜。主要包括:原子力显微镜(AFM)、激光力显微镜(LEM)、扫描热显微镜、静电力显微镜、弹道电子发射显微镜(BEEM)、扫描隧道电位仪(STP)、扫描离子电导显微镜(SICM)、扫描近场光学显微镜

(SNOM)、和光子扫描隧道显微镜(PSTM)等。这些新型显微镜的发明为探索物质表面或界面的特性,如不同部位的磁场、静电场、热量散失、离子流量、表面摩擦力以及在扩大可测样品范围方面提供了有力的工具。近年来,在把 STM 与 EM, FIM, AFM 以及 LEED 等其他分析手段联用方面也取得了可喜的进展。

尽管 STM 有着 EM, FIM 等仪器所不能比拟的诸多优点,但由于仪器本身的工作方式所造成的局限性也是显而易见的。主要表现在以下三方面。

(1) 在 STM 的恒流工作模式下,有时它对样品表面微粒之间的某些沟槽不能够准确探测,与此相关的分辨率较差。

(2) STM 所观察的样品必须具有一定程度的导电性,对于半导体,观测的效果就差于导体,而对于绝缘体则根本无法观测。如果在样品表面覆盖导电层,则由于导电层的粒度和均匀性等问题又限制了图象对真实表面的分辨率。

(3) 在目前常用的 STM 仪器中,一般都没有配备 FIM,因而针尖形状的不确定性往往会对仪器的分辨率和图象的认证与解释带来许多不确定因素。

尽管 STM 问世的时间很短,但经过各国科学家的努力,STM 技术已得到迅速发展,在许多方面显示出其独特的优点。相信随着 STM 理论与技术的日臻完善,STM 及其相关技术必将在人类认识微观世界的进程中发挥越来越大的作用。如今已研制出(括号内为横向分辨率):扫描隧道显微镜(0.1 nm)(1981)、扫描近场光显微术(Scanning Near-field Optical Miscroscope, SNOM)(50 nm)、扫描电容显微术(50 nm)(1984)、扫描热显微术(50 nm)(1985)、原子力显微术(0.1～1.0 nm)(1986)、吸引力显微术(5 nm)(1987)、磁力显微术(100 nm)(1987)、摩擦力显微术(0.1～1.0 nm)(1987)、扫描电化学显微术(1989)、扫描化学势显微术(0.1～1.0 nm)(1990)。

21.2　实验目的

(1) 理解 STM 的理论原理,巩固量子力学中关于隧穿效应的知识。

(2) 了解 STM 中各部分元件(振动隔绝系统、压电陶瓷、电子处理模块、计算机控制系统和隧道针尖)的工作原理。

(3) 学会 STM 的使用方法并利用它来观察一些微小现象。

(4) 体会精密仪器的制造原理,培养认真细致、精益求精的科学态度。

21.3　实验原理

在经典理论中,动能是非负的量,因此一个里粒子的势能 $V(r)$ 若要大于它的总能量 E 是完全不可能的。而在量子理论中,在 $V(r)>E$ 的区域,薛定谔方程(Schrodinger equation)

$$[-(h^2/2m)\ \nabla^2+V(r)]\psi(r)=E\psi(r) \tag{21-1}$$

的解不一定是零(如果 V 不是无限大的话)。因此一个入射粒子穿透一个 $V(r)>E$ 的有限区域的概率是非零的。STM 正是利用这个原理。

作为局域探测手段，必须有四个技术要素：与距离有强烈依赖关系的作用、局域探头、探头和样品之间极近的距离以及在几埃的有效互作用范围内精确地保持针尖和样品位置的相对稳定。前三个要素决定了仪器的分辨率的大小。第四个要素则是得到理想分辨率。

扫描隧道显微镜的基本原理是利用量子力学中的隧道效应。将原子线度的极细探针和被研究物的表面作为两个电极，当样品与针尖的距离非常接近时(通常小于 1 nm)，在外加电场的作用下，电子会穿过两个电极之间的势垒流向另一电极。这种现象即是隧道效应。隧道电流 I 是电子波函数重叠的量度，与针尖和样品之间的距离和平均功函数 Φ 有关：

$$I \propto V_b \exp(-A\Phi^{1/2}S) \tag{21-2}$$

式中，V_b 是加在针尖和样品之间的偏置电压；平均功函数 $\Phi \approx (\Phi_1 + \Phi_2)/2$，$\Phi_1$，$\Phi_2$ 分别为针尖和样品的功函数，主要由样品、环境来决定；A 为常数，在真空条件下约等于 1。计算得到的电流密度分布如图 21-1 所示。

由式(21-2)可知，当两个电极之间所加电压 V_b 不变，隧道电流强度与两电极之间的距离 S 有强烈依赖关系(指数关系)，即当两个电极之间的距离每改变 0.1 nm 时将导致隧道电流产生近十倍的变化。正因为如此灵敏才使得扫描隧道显微镜能给出超乎寻常的分辨率。如图 21-2 所示，扫描隧道显微镜的一个电极是样品，另一个电极是一根前端很尖的针尖。针尖安装在一个相对样品而言独立的具有三维结构的扫描架上，针尖与样品之间的距离由 Z 方向的压电陶瓷控制，即通过改变 Z 陶瓷上的电压就可控制针尖与样品之间的距离。针尖与样品之间加有一恒定偏置电压(几毫伏到几伏可调)以产生隧道电流。再把隧道电流送回电子学反馈控制单元，用于控制加在 Z 陶瓷上的电压。针尖对样品的扫描靠 X 和 Y 方向的压电陶瓷实现。扫描过程中表面形貌起伏引起的电流的任何变化都会被反馈到 Z 陶瓷，使针尖能够跟踪表面的起伏，以保持隧道电流的恒定。记录针尖高度作为横向位置的函数 $Z(X, Y)$ 得到表面形貌的图像。这便是 STM 最常用的恒定电流模式，如图 21-3(a)所示。

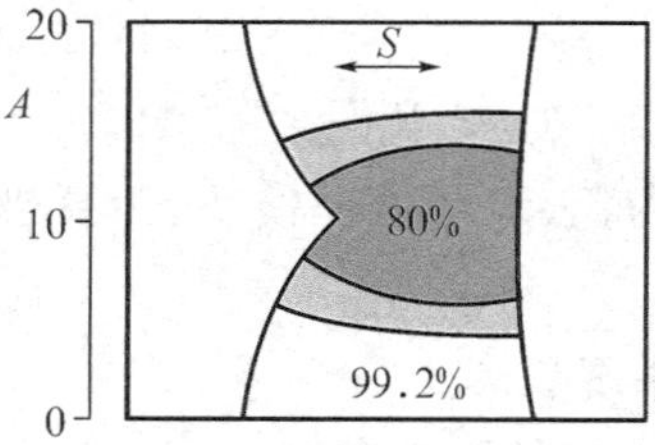

图 21-1 计算的从针尖到起伏表面的电流密度分布

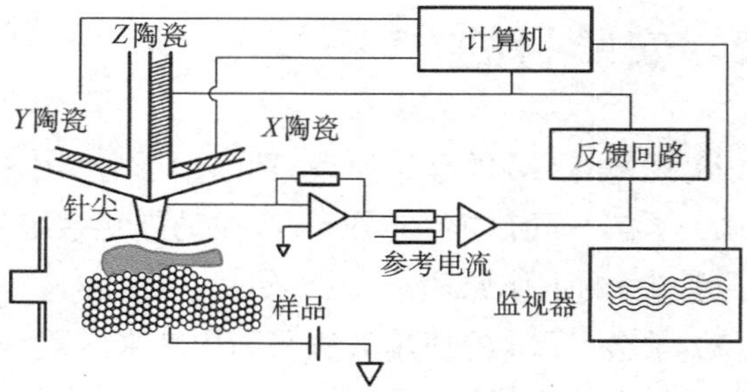

图 21-2 STM 工作原理

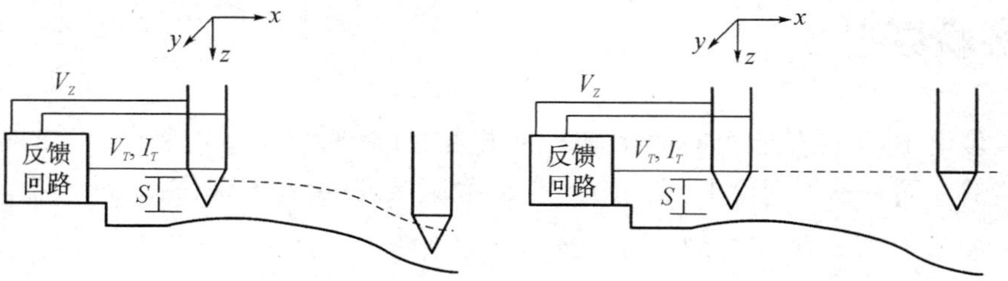

(a) 恒流模式 $V_z(V_x, V_y) \to Z(X, Y)$　(b) 恒高模式 $\ln I(V_X, V_Y) \to \Phi^{1/2}Z(X, Y)$

图 21-3 STM 的两种工作模式

STM 的另一种工作模式为恒定高度模式，如图 21-3(b)所示。此时控制 Z 陶瓷的反馈电路虽然仍在工作，但反应速度很慢，以致不能反映表面的细节，只跟踪表面的大起伏。这样，在扫描过程中针尖基本上停留在同样高度，而通过记录隧道电流的大小得到表面信息。一般高速 STM 便是在此模式下工作。但由于在扫描中针尖高度几乎不变，在遇到大起伏表面，针尖容易被撞坏。因此这种模式只适宜测量小范围、小起伏表面。

21.4　实验仪器

本实验系统如图 21-4 所示。虽然 STM 的工作原理比较简单，但对于一台能够稳定运行的仪器来说，在设计时必须考虑诸多因素，解决许多技术问题。例如，为了达到原子级分辨率，必须保证针尖在样品表面扫描时，具有很高的精度和相对稳定性；为了方便针尖和样品之间的处理，要求仪器能在较大范围内精确调节针尖和样品之间的距离。另外，外界振动和电子噪音的隔绝、仪器本身的共振频率、热漂移、用作扫描控制器件的压电陶瓷材料的滞后和蠕变及数据的表达和处理等，都应在仪器的整体设计中加以认真考虑。下面从振动隔绝、机械设计、电子学线路、针尖制备及计算机控制系统等几个方面分类介绍 STM 仪器的整体结构和设计依据。

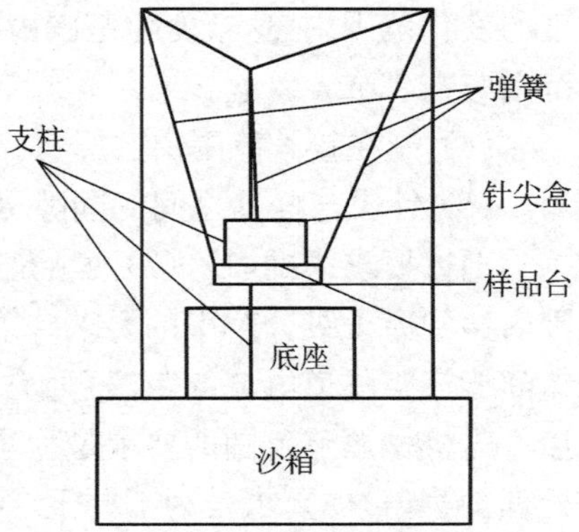

图 21-4　实验系统

21.4.1　振动隔绝系统

隧道电流与针尖和样品间距离的指数关系使 STM 的机械稳定性成为一个好的 STM 设计的关键。对于许多表面，尤其是金属表面，用 STM 得到的原子分辨图的起伏一般是 0.1Å 或更小。只要求 STM 系统的机械稳定性要好于这个值得 10%或更好。外部干扰下的 STM 性能是由以下两个因素决定的：到达 STM 的振动的量和 STM 对这些振动反映的量。虽然增加 STM 本身的稳定性比使减震系统完美无缺更方便些，但无疑改进减震系统可以使 STM 得性能得大的改善。

STM 必须排除的有几种干扰：振动（vibration）、冲击（shock）和声波干扰（acoustic interference）。振动是一种主要的干扰，它一般是连续的，它源于 STM 所处的建筑物的共振，所涉及的频率一般在 1～100 Hz，幅度为 0.5～150 nm。

本系统配置的是有效但廉价的多级减震系统：

(1) 用于阻尼高频声波和振动的由沙填装的沙箱。这是把整个系统与震源隔离的一种有效方法。这一级减震也可以通过用弹簧把整个系统吊起来而实现；也有把系统放在光学平台或大的气垫上更昂贵的办法；

(2) 用于隔离低频振动的挂在系统内的三针尖盘根弹簧。弹簧具有低通滤波的特性，这个性质由弹簧的共振频率 f 表征：当振动频率远低于样品台共振频率时，振动的传递比为 1，因此在此频率范围弹簧相当于不起作用；当频率在共振频率附近时，振动被显著地放大；当振动频率远大于共振频率时，振动被削弱，削弱程度依赖于阻尼阻尼越小，弹簧对振动的削弱越厉害。因此,为了隔离振动,选择合适的弹簧是很重要的,弹簧应具有尽可能低的共振频率 f_r 和尽可能小的阻尼。本系统中所使用的弹簧共振频率约为 1 Hz,即几赫兹以上的低频振动就可以比较好地被削弱,是比较理想的选择。

21.4.2 机械设计

在理想的 STM 的机械设计中,应满足下列要求。

(1) 在 Z 方向的伸缩范围至少为 1 μm,精度为 0.001 nm。

(2) 在 X, Y 方向的扫描范围至少为 1 μm×1 μm,其精度至少应在 0.01 nm 左右。

(3) 在 Z 方向机械调节的精度应高于 0.1 μm,其精度至少应在压电陶瓷驱动器 Z 方向长度的变化范围内,这个变化范围由驱动压电和压电陶瓷材料的压电系数所决定。机械调节的范围应在 1 mm 以上。

(4) 能在较大范围内选择感兴趣的区域扫描。

(5) 针尖与样品之间的间隙尽可能具有较高的稳定性,即具有较高的机械共振频率。

上述要求中的(1),(2)两项是为了满足仪器在 X, Y, Z 三个方向精确移动,并在合理范围内达到原子级分辨率的要求。第(3)项要求是为了能方便、快速地将针尖或样品调节到使两者间能产生隧道电流的距离(通常小于 1 nm),同时又保证不使针尖在调节过程中与样品相撞。对机械调节范围的要求是为了能够在操作中方便地更换样品或针尖,或对样品进行各种处理。第(4)项要求是为了便于寻找样品表面感兴趣的区域进行扫描,如寻找和观察表面吸附的分子或缺陷的细节等。对于某些样品,要求更大的扫描范围,如 100 μm×100 μm,这时,由于用同一个三维扫描控制器难以同时具备这样大的功能,因此目前常常通过更换不同的扫描控制器来满足不同的需要。第(5)项要求则是为了有效地散逸外界振动的影响,提高仪器的抗震性能。

1. 压电陶瓷

正如 STM 机械设计基本要求中的(1),(2)所述,实验对扫描精度的要求相当高。要控制针尖在样品表面如此高精度的扫描,用普通的机械的控制显然难以达到要求。因此,目前普遍采用压电陶瓷材料作为 X, Y, Z 扫描控制器件。

所谓压电现象是指某种类型的晶体在受到机械力发生形变时会产生电场,或给晶体加一电场时晶体会产生物理形变的现象。

许多化合物的单晶,如石英等都具有压电性质,但目前广泛采用的是多晶陶瓷材料,例如钛酸镐酸铅[$Pb(Ti, Zr)O_3$](简称 PZT)和钛酸钡等。由于前者参杂含量可以改变,因而可以获得不同组成,不同性质的 PZT 材料。压电陶瓷材料不同于压电晶体之处在于它必须经过极化处理后才能具备压电特性。

它们能以简单的方式将 1 mV～1 000 V 的电信号转换成十几分之一纳米到几微米的位移。PZT 压电陶瓷有几种不同型号。PZT-4 和 PZT-8 型压电陶瓷材料具有高功率容量,主要应用于高功率声学发射、高电压发生器以及功率控制器中。PZT-5A 具有高灵敏性、高介电常数和时间稳定性,常用于一般的发送器或传感器而 PZT-5H 最适合于低频应用,与 PZT-5A 相比,这种材料的介电常数高,但工作温度范围不宽。两种 PZT-5 型材料都具有高运动灵敏性,都适合在 STM 中作为三维扫描器使用,但在高频和高驱动下工作,材料自身会发热。

STM 常用的压电陶瓷有三种类型:条状、双压电陶瓷和管状,几种常见的 PZT 质电陶瓷材料如图 21-5 所示。PZT 压电陶瓷大致可分为硬性和软性两类。一般来说,硬性压电系数小于软性。

本系统就是利用管状压电陶瓷来作为 STM 的三维控制器。

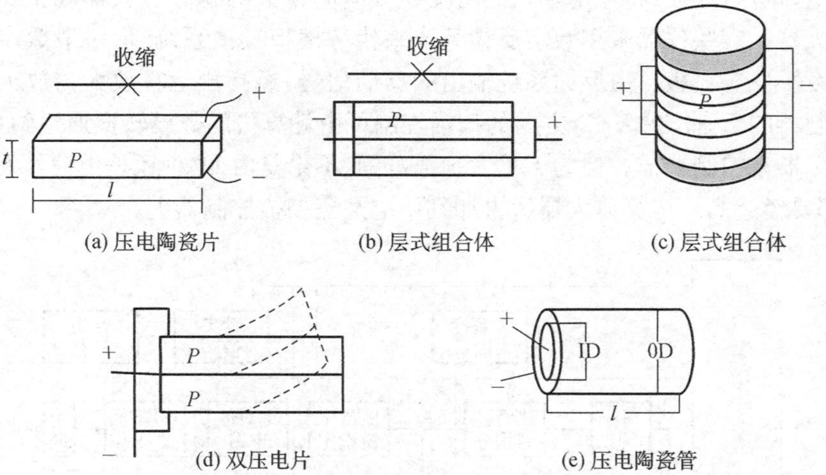

图 21-5　几种形状的 PZT 压电陶瓷材料

2. 针尖与样品位置粗调

由于只有当 STM 针尖与待测样品表面的间距小于 1 nm 时，二者之间才有隧道电流产生。三维扫描控制器在 Z 方向的控制运动能够满足针尖-样品间距细调要求，但其调节范围是有限的，因此需要粗调。

本实验粗调装置如图 21-6 所示。实验时，先将双螺旋测微头调制针尖与样品非常接近(可利用放大镜观察)，然后启动步进马达，使针尖自动到达隧道状态。

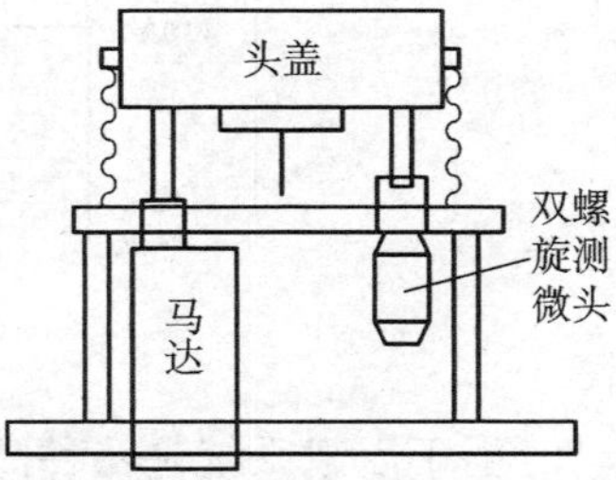

图 21-6　STM 头部

一般的 STM 粗调方式主要有以下三种。

(1) 爬行方式：利用静电、机械力或磁力的夹紧，并配合压电陶瓷的膨胀或收缩，使样品或针尖向前爬行。

(2) 机械调节方式：利用一个或多个高精度的差分调节螺杆，配合减速原理靠机械力调节样品的位置。当然差分调节螺杆的旋转也可以手动，亦可以由步进电机等方式驱动。

(3) 螺杆与簧片结合方式：用一个高精度调节螺杆直接顶住一个差分弹簧或簧片系统来调节。

第一种方式常在真空条件下使用，第二种方式在大气环境下使用较多，而在低温条件下，多采用第三种方式。

21.4.3　电子学

由于 STM 是一个纳米级的随动系统，其电子设计应当与机械设计紧密结合。在设计电子线路之前，应当进行反馈线路的分析。图 21-7 展示了一个反馈线路。针尖与样品间的偏压可由计算机数模转换通道给出，这在采集隧道谱数据时是十分必要的。产生的隧道电流用 $10^6 \sim 10^9$ V/A 增益的前置放大器测量。有的系统采用二级前放，这样可以使一级前放做得小巧，并尽可能缩短隧道电流到前放的引线长度，可以减少噪声的干扰。由前置放大器输出的信号经过对数放大器使其线性化，以增加信号的动态变化范围。如果待测样品的表面比较平坦，也可不采用对数放大器，而将隧道电流与距离的指数依赖关系进行线性近似。将测量的隧道电流与设定电流进行比较，将差值输入到可变积分时间常数的积分放大器和正比放大器组成的主反馈放大器。有些仪器采用数字反馈系统来代替模拟反馈系统，但一般数字反馈系统没有模拟反馈系统反应灵敏。由反馈系统输出的反馈信号，经高压运算放大器放大后输入压电陶瓷扫描控制器的 Z 轴，在 $X-Y$ 方向的扫描控制可由计算机的数模转换通道给出，或使用三角波信号发生器来控制扫描。但为了扩大扫描范围，不论是由 D/A 还是由信号发生器给出的扫描电压，都要经过高压运算放大器后再加到压电陶瓷扫描控制器上。

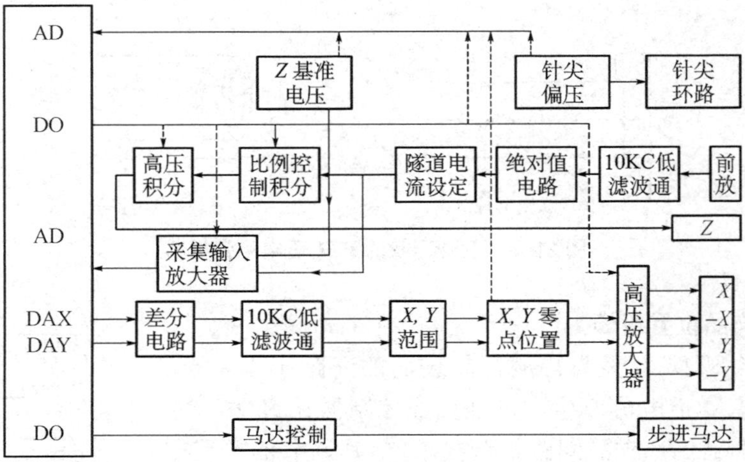

图 21-7　电子学处理模块

由于反馈系统是一种高增益电路，隧道电流又在纳安培数量级，因此很容易受到外界噪音的干扰。对于这种微弱信号的检测，信号线和控制线的屏蔽是需要认真对待的问题，然而屏蔽有时会引入一些电容效应。另外，STM 本身也会产生一些固有噪声。

为了在恒定隧道间隙时测量电流电压特性曲线，或者测量随 $X-Y$ 位置变化而不同的电导，需要在电路的正比和积分放大器前放入一个采样保持器。在采样保持时，由比较器输出的误差信号设为零，以使 Z 压电陶瓷的电压保持不变。这时改变偏置电压 V_b，用 ADC 测量产生的隧道电流。由此得到的 $I-V$ 关系能提供表面电子结构的信息。

如果在守恒电流扫描模式中，针尖的扫描速度大于反馈电路的响应时，反馈循环的增益将小于 1，这时施加在 Z 压电陶瓷上的信号就不能跟表面形貌的变化。如果系统前置放大器的响应快于扫描速度，则测量的电流将反映出表面的形貌。如前所述的方法称快速扫描模式或恒高扫描模式。这种方法对于平坦表面的观察比较有用，但对于粗糙表面，可能会引起针尖与表面的碰撞。

21.4.4　隧道针尖

隧道针尖的结构是 STM 技术中要解决的主要问题之一。针尖的大小、形状和化学同一性不仅影响着 STM 图像的分辨率和图像的形状，而且也影响着测定的电子态。针尖的宏观结构细且长，才能使针尖具有高的弯曲共振频率，从而可以减少相位滞后，提高采集速度。如果针尖的最尖端只有一个稳定的原子而不是有多重针尖，那么隧道电流就会很稳定，而且能够获得原子级分辨率的图像。针尖的化学纯度高，就不会涉及系列势垒。例如，针尖表面若有氧化层，则其电阻可能会高于隧道间隙的阻值，从而导致在针尖和样品间产生隧道电流之前，二者就会发生碰撞。

常用的制备针尖的方法有电化学腐蚀法、机械成形法等。下面主要介绍用电化学腐蚀法制备钨针尖。

钨针尖的电化学腐蚀方法通常涉及金属电极的阳极溶解。有两种方法可以进行这一阳极溶解过程。依据所加的电势分成交流(AC)或直流(DC)腐蚀。这两种方法产生的针尖形状是不同的。AC 针尖呈锥体形状，锥度角比 DC 方法制成的针尖大。DC 方法制成的针尖呈双曲线体形状，针尖比用 AC 法制成的更尖锐，更适合用于 STM 的高分辨率成像。

直流法的装置如图 21-8 所示。电解池中装有 2M 的 NaOH 或 KOH 溶液，电解池中央插入要腐蚀的钨丝作为阳极，其上端固定在一个微调螺杆上，使其相对于液面的位置可以精确地调节。对电极(阴极)是一个围在阳极外面的不锈钢导体。在阳极上加上 13 V 的直流电压时，在阴极与溶液的固/液界面处看到有气泡产生，这时发生了下列反应：

阴极：$6H_2O+6e \rightarrow 3H_2(g)+6OH^-$，SRP $=-2.48$ V；

阳极：$W(s)+8\,OH^- \rightarrow WO_4^{2-}+4\,H_2O+6e$，SOP $=+1.05$ V；

$W(s)+2OH^-+2H_2O \rightarrow WO_4^{2-}+3H_2(g)$，$E_0=-1.43$ V。

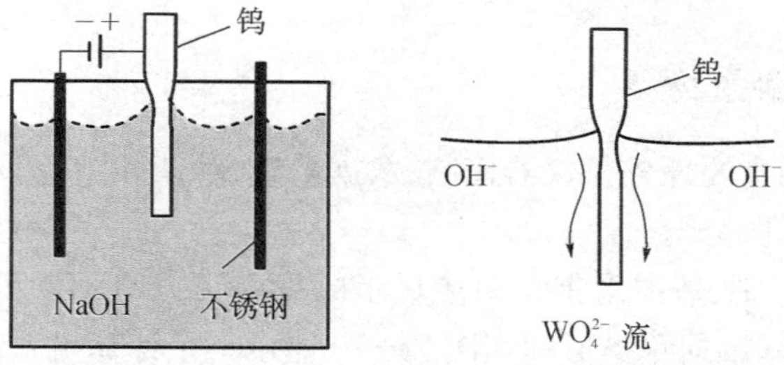

(a) 钨针尖的电化学腐蚀装置　　(b) 针尖腐蚀机理

图 21-8　针尖腐蚀机理

这个反应涉及钨在阳极上氧化分解成可溶性钨酸盐阴离子(WO_4^{2-})，水在阴极上还原成氢气泡和 OH^- 离子。E_0 是标准电极电势，由水的标准还原电势(SRP)和钨的标准氧化电势(SOP)之和决定。实际上的反映很复杂，所要求的电势也要比标准电极电势高，高出的部分称为电化学极化势。反应物和产物浓度的改变、质量传输过程都影响电化学极化势，反应速度或电流密度也是极化势的指数函数。

当金属丝一端插入电解液溶液中时，水溶液的表面张力使得在金属丝周围形成一个湾液面[图 21-8(b)]。湾液面的形状决定了针尖的纵横比和整体形状。湾液面越短，纵横比越小。为了减小在扫描时针尖振动的影响，应使用小纵横比的针尖。随着反应的进行，钨丝截面积的变化或溶液的扰动等因素可能引起湾液面位置的变化。为了避免形成畸形的针尖，在制备过程中，应用微调螺杆调节湾液面的高度，使它始终处在钨丝的同一位置。

反应的电流密度受到工作电极(钨)表面积的限制，同时也依赖于浓度和 OH^- 离子的离子活度。如果没有较密的钨酸层沿钨丝向下流动，从而保护了钨丝底端的话，正常情况下，湾液面下面的钨丝残端将会被腐蚀掉。因此，用直流法腐蚀时，由于钨酸层对湾液面下部钨丝的保护，实际上同时形成了两个针尖。一个是当金属丝被蚀断后掉在电解池的底部的部分；另一个针尖是在湾液面上面的部分。为了避免针尖形成后仍被腐蚀，通常用一个快速自动切断电路切断所加的电压。

钨丝在溶液中的长度也直接影响着针尖的质量。在溶液中的残端若长,因其越重,掉落得越快。当钨丝在溶液中的那部分重量超过金属丝颈缩区域或腐蚀的抗拉强度时,残端就会掉落。这样,在金属丝的断裂处,就会留下参差不齐的边界或者是生硬断裂的粗糙表面,这种针尖的曲率半径就比插入溶液中长度较短时形成的针尖曲率半径大,插入溶液的钨丝长度以1~3 mm(直径 0.25 mm)为宜。

影响腐蚀过程的其他因素还包括电解液的浓针尖架浓度。由于在反应中消耗 OH^-,所以应定期更换 NaOH 溶液。当 OH^- 离子浓度很低时,腐蚀时间就会变长。

交流腐蚀法可使用图 21-9 所示的装置。这种方法所使用电压比直流小得多,制成一个针尖所需时间也更短。用交流法制备的针尖还可以用上部或掉在下面的部分。

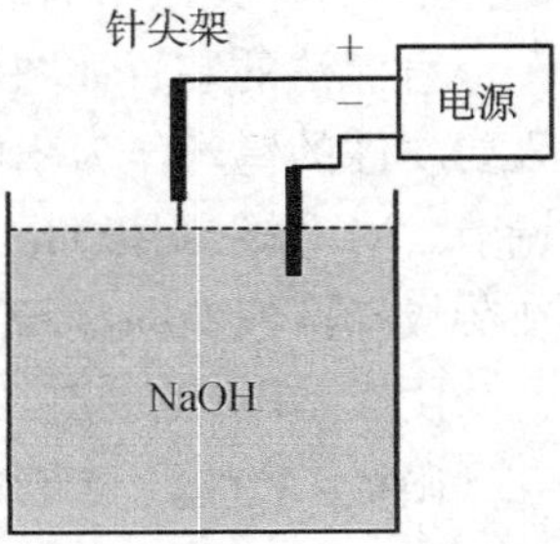

图 21-9　交流法制针尖

虽然钨针尖能较好满足 STM 仪器刚性要求,但它容易氧化。与钨相比,铂材料虽软,但不易被氧化,在铂中加入少量的铱形成的铂铱合金丝,除具有不易被氧化的特性外,其刚性也得到了增强,故现在有不少人使用铂铱合金作为隧道针尖的材料。加工铂铱针尖,用特别的剪刀机械加工即可(可扫出石墨原子)。在本实验中,由于铂铱针尖比较昂贵,采用钨针尖。

21.4.5　计算机控制系统

计算机控制系统的主要任务是仪器控制、数据采集、存储和图像显示和处理等。它主要包括硬件、软件和图像处理部分。

在 STM 中,用于控制、数据采集和图像显示的设备可以有不同配置,精度和速度亦可不同。在大多数情况下,基本配置类似的。图 21-10 显示一个计算机系统的基本配置。

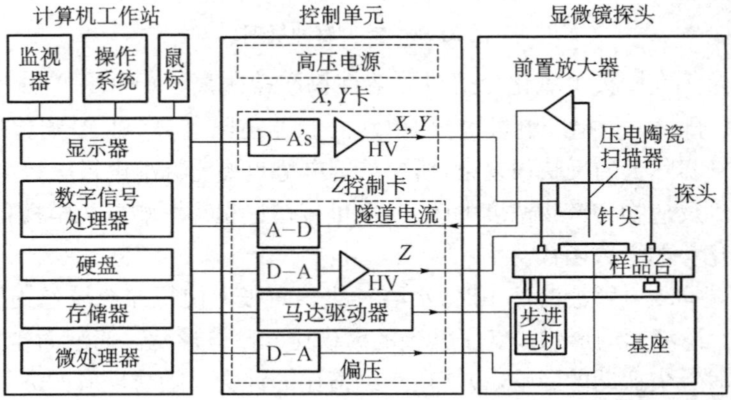

图 21-10　STM 计算机配置

一般说,用于数据采集和控制的 A/D, D/A 卡,应尽可能采用高精度和高速度的产品,因为 A/D, D/A 精度直接影响采样精度。若采用数字反馈电路,为了保证采样速度,还需要配置专用的高速信号处理器。另外,至少需要两个模入通道,用于采集隧道电流和加在 Z 陶瓷驱动器上的电压 V_Z。虽然针尖在样品表面的扫描可用信号发生器控制,但很多仪器直接采用 D/A 卡控制针尖的扫描。因此,一般应该有三个 D/A 通道。

对于软件来说，其应用程序应包括各项参数设置；STM 控制、数据采集和实时显示；文件管理以及数据分析和图像处理。另外，计算机软件还要控制 I，V_Z 的采样、一些实时处理和图像的实时显示。

在图像处理中，可进行平面背底减除、改变颜色调色板、选区放大、平滑、插值、直方图平坦化、滤波、剖面线分析、图象扭曲校正和三维图象显示等处理。其方法主要有：直方图平坦化、卷积滤波、选取插值放大、剖面线显示、快速傅立叶变换、统计差分和三维图象显示。

21.5　预习思考题

(1) 钨丝针尖在制备过程中应当注意哪些问题，如何判断针尖已经腐蚀恰当，若腐蚀不当(不足或过度)应做哪些调整？

(2) 安装探针时应有什么注意事项，若针尖掉入应如何处理？

(3) 光栅样品在实验前应如何做好准备工作，如何将光栅样品妥善安置到实验台上？

(4) 简述扫描隧道显微镜驱动软件的使用方法。

21.6　实验内容及步骤

21.6.1　钨丝针尖的制备

钨丝针尖的制作步骤如下。

(1) 不锈钢丝圈水平面约 1～2 mm。注意：钨丝须与小孔里的金属夹片良好接触，且稳固。同时在安装过程中不要扭曲了不锈钢丝圈。

(2) 将与有钨丝小孔对应的导线接在开关上，与电源正极相连，将与钢圈相连的导线接在电源负极上。将支架插入烧杯中，使得钢圈与某刻度相齐，最好小于 50 mL。注意：此时开关保持断开，钢圈水平。

(3) 配置 2 mol/L NaOH 溶液。也就是 50 mL 的水中加入 8 克的 NaOH。NaOH 的称量用天平。注意：因为溶液只需刚好与钢圈相平，所以只要配置适量的溶液，以免浪费 NaOH，称量时在盘上应垫纸。

(4) 将配好的溶液沿烧杯壁注入烧杯，使得液面与钢圈面相平。打开电源，电压为 13～16 V。闭合开关，这时钨丝开始剧烈反应，并有嘶嘶声。通过声音的变化判断腐蚀情况，适时切断开关。抬起支架，观察效果，如不理想，重新腐蚀。将做好的针尖用少量丙酮清洗，但注意不可碰坏针尖。注意：不能让支架部分接触溶液，以免被破坏。

21.6.2　STM 扫描隧道显微镜实验步骤

实验步骤如下。

(1) 安装制备好的探针，因为探针直径比金属管直径小，所以探针后部应稍弯曲，以防探针掉入管中。如掉入，应立即停止实验，否则仪器将被烧毁。

(2) 取光栅样品，查看是否有破坏性损伤，如有，报告老师，否则由自己负责。将样品表面用吹吹球吹净，并将样品置于扫描平台上，盖好针尖盖，用弹簧固定，并调节针尖盖两螺杆使针尖尽可能接近样品，但不要碰上。并将头部平台悬吊。

(3) 打开计算机和扫描控制箱电源，并双击进入计算机扫描隧道显微镜驱动程序系统。并打开一个文件，单击右上角的“>>”符号，并单击硬件处理，此时扫描硬件状态和 AD 平衡状态两墨绿标注应位于左端，如已填满，则表示针尖与样品已接触，应重新从步骤 1 开始。

(4) 单击针尖控制键，并单击自动进，使针尖自动进入扫描区，此时记住针尖进的步数，继续单击针尖控制，单击扫描控制，在各参数都调好的情况下，单击恒流扫描，扫出理想图形后，停止扫描，并保存好图像(操作步骤如下：按下键盘上“Printscreen”键，电脑屏幕上的图像将被拷贝，然后进入画图板程序，执行粘贴，以 jpg 格式保存在自己的 A 盘里，回去再作适当的裁剪)。再从针尖控制区退针尖(步数和进入针尖数一样或略多一点)。

(5) 数据处理部分：单击显示剖面图及自动标尺。用鼠标在图像上选一条线，在其下放显示其剖面线，保存下来，方法如上。

(6) 单击图像分析及三维显示，显示其三维图像，保存下来，方法如上。

(7) 将针尖盖取下，仪器设备复位。

光栅扫描的推荐参数如下。

(1) 扫描电流 0.25～0.40 nA；扫描电压 0.25～0.40 V。

(2) 扫描速度 0.6～0.8 s/行。

(3) 扫描范围(金团簇 200～500 nm)；光栅：3 000～5 000 nm。

21.7 实验注意事项

(1) 整个实验过程不要触碰针尖。

(2) 针尖不要触碰样品表面。

(3) 样品表面必须干净，在取或放样品时不能用手接触或硬物刮划其表面，也不可私自清洗。如因非实验操作导致样品表面的结构损伤，须赔偿样品费 200 元。

(4) 步进马达为精密器件，不可随意扭动。实验中马达进多少步，实验结束后，退同样步数。

(5) 实验结束后，应先关掉控制箱电源。取头部时，先将支架两螺丝旋上来，使探针充分离开样品表面，才能取下。

(6) 做完实验将结果和样品给老师检查，老师签字后方可离开。

(7) 要爱护仪器，因不规范操作导致仪器损坏，照价赔偿。注意事项(3)，(5)请切实注意，否则选做实验操作成绩将会以不及格处理。

21.8 思考题

(1) 从量子力学理论简述 STM 的工作原理。

(2) 若针尖腐蚀不当(不足或过度)对实验结果有何影响？

(3) 分析如何计算光栅常数以及图像为何会有这样的效果。

(4) 思考通过 STM 得到的图像与通过光学显微镜得到的图像有何差异。

(5) 思考不同的扫描电流、扫描电压、扫描速度对图像造成的影响。

21.9　拓展实验设计参考

使用扫描隧道显微镜观察光学薄膜表面结构

光学薄膜泛指在光学器件或光电子元器件表面用物理化学等方法沉积的、利用光的干涉现象以改变其光学特性来产生增透、反射、分光、分色、带通或截止等光学现象的各类膜系。光学薄膜的应用始于 20 世纪 30 年代。现代，光学薄膜已广泛用于光学和光电子技术领域，制造各种光学仪器。由于其极高的结构精度，光学薄膜的形态观察一直是实际应用中的一大难题。我们可以利用 STM 显微镜，对光学薄膜表面的细微结构进行观察，并分析光学薄膜的均匀度和纯度。

在实际操作中，只需要把原实验中光栅样品取下，换上光学薄膜就可以进行观察，但需要注意的是，光学薄膜是极为精密的器件，拿取光学薄膜应用镊子夹取基板边缘，以免造成膜的损坏。

实验 22

卢瑟福背散射分析

22.1 引言

我们已熟知原子物理学中著名的卢瑟福散射实验。早在 1909 年，卢瑟福的学生盖革和马斯顿用 α 粒子轰击厚度为微米的金箔的实验中，有八千分之一的概率被反射回来。据此，1911 年卢瑟福提出了原子的“核式结构模型”，导出了卢瑟福散射公式，并在 1913 年实验论证了这一散射公式，卢瑟福散射对原子物理的发展起很大的作用。经过相当长一段时间后，卢瑟福散射成为材料表面层分析的一种手段。1967 年 9 月，美国在勘测者 5 号登月器上安装了一个 α 射线源，利用 α 粒子对月球表面的土壤进行卢瑟福散射，分析月球表面的成分，把分析结果发送回地球。此后，卢瑟福散射分析、应用迅速发展。特别是 20 世纪 60 到 70 年代，许多小型加速器在低能核物理基础研究领域的应用渐减，大多转向核技术应用研究，用加速器提供的 MeV 能量的离子束开展材料的离子束分析是其主要内容。同时，核探测器技术的发展，又为粒子探测提供了分辨率好的小型半导体探测器。再有，核电子学仪器的发展和计算机的应用，这些都为离子束分析方法的广泛应用创造了良好条件。20 世纪 70 年代，离子束分析技术蓬勃发展，自 1973 年起已多次召开每两年一次的国际离子束分析会议。

欧内斯特·卢瑟福

卢瑟福背散射分析是固体表面分析中最常用的一种离子束分析技术。这种分析技术与二次离子质谱、扫描电子显微镜和俄歇电子谱等表面分析技术相比，具有分析方法简便可靠、不需要依赖于标准样品就能得到定量分析结果，可分析的深度较深且不必破坏样品宏观结构就能获得表面层元素浓度分布信息等优点。测量从固体近表面区中原子的背散射离子数量和能量分布，可鉴别原子质量和确定元素在表面内的深度分布。因此，卢瑟福背散射已广泛用于固体表面层元素成分、薄膜厚度或面密度、杂质含量及深度分布的精确确定，是一种不可缺少的有效分析手段。卢瑟福背散射与瞬发核辐射(核反应)分析、质子激发 X 射线分析等离子束分析方法结合起来，对同一样品进行分析，能获得更多的信息。特别是卢瑟福背散射与离子沟道技术的组合应用，能对单晶体的微观结构、缺陷、损伤及其深度分布等进行分析。目前，卢瑟福背散射已成为许多实验室和电子工业部门的一种常规的分析手段，在材料科学、微电子、薄膜物理、能源等领域的研究中起着重要的作用。同时，对提高卢瑟福背散射分析的深度分辨率方面的研究仍有进展。除了采用掠角散射几何外，有人采用能量分辨率高的磁谱仪做散射离子能量分析；有的采用中能(几百 keV)离子做背散射分析，以寻求 nm 量级的深度分辨率；有的采用飞行时间法做重离子背散射分析。在背散射谱的计算机模拟程序方面，除常用的程序(Rutherford Universal Manipulation Program，RUMP)外，近来也出现了其他程序。

本实验中，要求了解背散射谱学(Rutherford Backscattering Spectrometry，RBS)原理，掌握这一分析技术，并做某些分析应用。

22.2 实验目的

(1) 了解加速器上离子束管道、靶室、真空系统结构和测量系统操作规程。

(2) 掌握 RBS 和 ERD(Elastic Recoil Detection,称弹性反冲探测或前向反冲探测)分析实验技能,对 RBS 最典型的应用分析实例进行数据处理。

22.3 实验原理

卢瑟福背散射就是入射离子与靶原子核发生的大角度库仑散射。一束 MeV 能量的离子(通常用^{4}He 离子)入射到样品上,与靶原子核发生弹性碰撞(图 22-1),其中有部分离子从背向散射出来。用半导体探测器测量这些背散射离子的能量就可确定靶原子质量以及发生碰撞的靶原子在样品中所处的深度位置;从背散射离子的计数可确定靶原子浓度。碰撞时的能量转移、碰撞概率、离子的能量损失,以及分析灵敏度、质量分辨率和深度分辨率是 RBS 分析中所关心的问题。

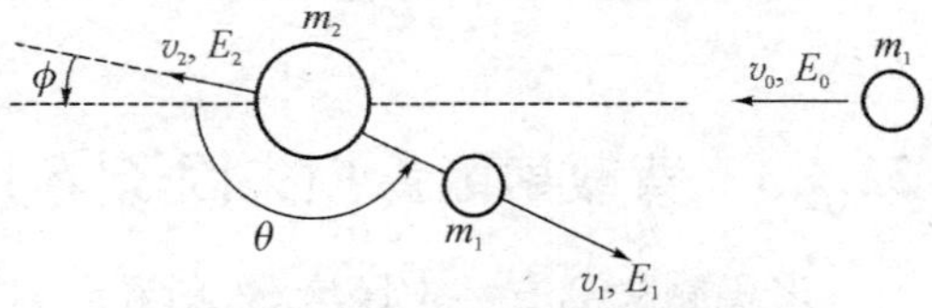

图 22-1 粒子背散射

RBS 分析中的三个基本参量是:运动学因子 K、散射截面 σ 和能量损失因子$[S]$。

22.3.1 背散射运动学因子 *K*

弹性碰撞时的能量转移,遵循能量和动量守恒定律,可得到散射离子能量 E_1 与入射离子能量 E_0 间的关系式为

$$E_1 = KE_0 \tag{22-1}$$

式中,

$$K = \left(\frac{m_1 \cos\theta + \sqrt{m_2^2 - m_1^2 \sin^2\theta}}{m_1 + m_2}\right)^2$$

称背散射运动学因子,它仅与入射离子质量 m_1、靶原子质量 $m_2(m_2 > m_1)$ 和散射角 θ 有关。对确定的入射离子、入射能量和散射角度,散射离子的能量完全由运动学因子确定,因此可做靶原子质量分析。将 K 对 θ 和 m_2 求导,可以看到,在后向角度(θ 大)处,对同一种元素,K 值变化小;而对不同元素,K 值差异最明显。因此,在后向角度测量散射离子,可采用较大的立体角,以提高探测效率,而且质量分辨率好。

22.3.2 背散射截面 $\boldsymbol{\sigma}$

弹性碰撞时,离子发生背散射的概率是精确知道的,可由卢瑟福散射截面公式求得.实验室坐标系中的微分散射截面为

$$\frac{d\sigma}{d\Omega}(\theta, E) = \left(\frac{Z_1 Z_2 e^2}{2E\sin^2\theta}\right)^2 \frac{\left\{\cos\theta + \left[1 - \left(\frac{m_1}{m_2}\sin\theta\right)^2\right]^{1/2}\right\}^2}{\left[1 - \left(\frac{m_1}{m_2}\sin\theta\right)^2\right]^{1/2}} \tag{22-2}$$

式中，Z_1，m_1 和 Z_2，m_2 分别为入射离子和靶原子的原子序数、质量，E 为离子能量，e 为电子电荷。在一小立体角 Ω 范围内的平均微分截面 $\sigma(\theta, E)=\frac{1}{\Omega}\int_{\Omega}\frac{\mathrm{d}\sigma(\theta, E)}{\mathrm{d}\Omega}\mathrm{d}\Omega$，当 Ω 很小时，$\sigma \to \frac{\mathrm{d}\sigma}{\mathrm{d}\Omega}$，截面 σ 的单位为 $\mathrm{cm}^2/\mathrm{sr}$，当 E 以 MeV 为单位，$E=1$ MeV 时，式(22-2)中的 $\left(\frac{e^2}{E}\right)^2=2.073\times10^{-26}\ \mathrm{cm}^2$。

由式(22-2)可知，Z_2 越大，σ 越大，所以背散射分析对重元素分析具有较高的分析灵敏度。需要指出的是，推导卢瑟福散射截面公式时可认为是两个裸核间的库仑散射。在离子能量较高时，离子在靶中失去电子和入射离子能靠近核的距离小于玻尔半径，可不考虑离子电荷态和靶原子电子的影响。在低能时，要考虑电子对核电荷的屏蔽效应，散射截面值将偏离卢瑟福公式计算值。离子能量很高时，核势散射有贡献，散射截面也偏离纯库仑散射的卢瑟福公式。

22.3.3 背散射能量损失因子[S]

考虑靶样品有一定厚度，入射和散射离子与靶样品法线的夹角分别为 θ_1 和 θ_2。不论是入射离子和散射离子，在贯穿靶样品时，都要与靶原子电子发生非弹性碰撞(电离和激发)而损失能量。电子碰撞能量损失使从表面散射和从靶内一定深度处散射的离子被探测器记录的能量有差异。如果入射离子初始能量(到达样品表面时的能量)为 E_0，则达到样品内一定深度 t 处的能量 E 为

$$E=E_0-\int_0^{t/\cos\theta_1}\left(\frac{\mathrm{d}E}{\mathrm{d}x}\right)_{\text{in}}\mathrm{d}x \tag{22-3}$$

式中，$\left(\frac{\mathrm{d}E}{\mathrm{d}x}\right)_{\text{in}}$ 是入射路程上的阻止本领，它是能量的函数。在深度 t 处背散射离子的能量为 KE，这些背散射离子穿出样品表面时的能量 E_1 为

$$E_1=KE-\int_0^{t/\cos\theta_2}\left(\frac{\mathrm{d}E}{\mathrm{d}x}\right)_{\text{out}}\mathrm{d}x \tag{22-4}$$

式中，$\left(\frac{\mathrm{d}E}{\mathrm{d}x}\right)_{\text{out}}$ 是出射路程上的阻止本领。而从样品表面发生背散射的离子能量为 KE_0。KE_0 与 E_1 之差可写成

$$\Delta E=KE_0-E_1=K\int_0^{t/\cos\theta_1}\left(\frac{\mathrm{d}E}{\mathrm{d}x}\right)_{\text{in}}\mathrm{d}x+\int_0^{t/\cos\theta_2}\left(\frac{\mathrm{d}E}{\mathrm{d}x}\right)_{\text{out}}\mathrm{d}x \tag{22-5}$$

它与深度有关。因此，从背散射离子的能量分析，可获得靶样品中原子的深度分析和薄膜厚度信息。

对于不太厚(几百 nm)的样品分析，$\left(\frac{\mathrm{d}E}{\mathrm{d}x}\right)_{\text{in}}$ 和 $\left(\frac{\mathrm{d}E}{\mathrm{d}x}\right)_{\text{out}}$ 可视为常数。用能量为 E_0 时的 $\left(\frac{\mathrm{d}E}{\mathrm{d}x}\right)_{E_0}$ 替代 $\left(\frac{\mathrm{d}E}{\mathrm{d}x}\right)_{\text{in}}$，用 KE_0 时的 $\left(\frac{\mathrm{d}E}{\mathrm{d}x}\right)_{KE_0}$ 替代 $\left(\frac{\mathrm{d}E}{\mathrm{d}x}\right)_{\text{out}}$，即采用表面能量近似来计算。

于是 ΔE 可写成

$$\Delta E=\left[\frac{K}{\cos\theta_1}\left(\frac{\mathrm{d}E}{\mathrm{d}x}\right)_{E_0}+\frac{1}{\cos\theta_2}\left(\frac{\mathrm{d}E}{\mathrm{d}x}\right)_{KE_0}\right]t=[S_0]t \tag{22-6}$$

式中，$[S_0]$ 称为背散射能量损失因子。这样，RBS 谱上能量与深度之间具有线性关系。^4He 离子对 800 nm 厚的 Si 样品的 RBS 分析，使用表面近似计算 $[S_0]$ 的误差为 5%。也可以用平均能量近似来计算，即用入射和出射路程上的平均能量 $\overline{E_{in}}$ 和 $\overline{E_{out}}$ 时的 $\left(\frac{\mathrm{d}E}{\mathrm{d}x}\right)_{E_{in}}$ 和 $\left(\frac{\mathrm{d}E}{\mathrm{d}x}\right)_{E_{out}}$ 替代 $\left(\frac{\mathrm{d}E}{\mathrm{d}x}\right)_{in}$ 和 $\left(\frac{\mathrm{d}E}{\mathrm{d}x}\right)_{out}$。

对于较厚的样品分析，可把样品分成许多薄层，每一薄层内的 $\frac{\mathrm{d}E}{\mathrm{d}x}$ 值一定，采用数值积分计算。各种能量时的 $\frac{\mathrm{d}E}{\mathrm{d}x}$ 值可用 TRIM 程序或拟合公式计算。

22.3.4　背散射产额和能谱

如果入射离子在单位面积原子数为 Nt 的样品上发生背散射，则在 θ 角度处的探测器所记录到的散射粒子计数（产额）A 为

$$A=Q\sigma Nt\Omega \tag{22-7}$$

式中，Q 为入射离子数，σ 为散射截面，Ω 为探测器所张的立体角。由于受探测器系统固有能量分辨率等影响，这薄样品的 RBS 能谱形状呈一高斯分布的峰，峰面积计数为 A。在做表面杂质分析时，由 A 可确定样品表面的杂质浓度 Nt。

对有一定厚度的样品，RBS 能谱呈现类似于矩形状。谱的高能侧对应于从样品表面散射的能量 KE_0，低能侧对应于从样品深处散射后到达探测器的能量 E_1。根据式(22-5)和式(22-6)，从这能谱的高能侧与低能侧之能量差 ΔE，可求得厚度。由于探测器固有能量分辨率、入射束的固有能散、入射束和出射束在样品中的能量歧离效应影响，RBS 谱的高能侧和低能侧都不是很陡。

对于无限厚样品，RBS 谱的低能侧一直连续延伸到最低道数处。随着厚度（深度）的增加，入射粒子能量渐减，散射截面增大，因而谱高度（产额）渐增。在厚样品 RBS 谱上对应于从样品深度 t 处一薄层 δx 散射的产额（谱高度）$H(E_1)$ 可写成

$$H(E_1)=Q\sigma(E)\Omega N\frac{\sigma(KE)}{[S(E)]} \tag{22-8}$$

式中，$\delta(KE)=\frac{S(KE)}{S(E_1)}\delta E_1$，$\delta E_1$ 为每一道对应的能量，称为道宽，$S(KE)$ 和 $S(E_1)$ 分别为 KE 和 E_1 的离子在样品中的阻止本领。$H(E_1)$ 与 N 有关，因此从 RBS 谱高度可确定元素的深度分布信息。在厚样品表面处 δx 薄层所对应的每道计数为 $H_0=H(KE_0)$。对化合物样品，可以分别写出各元素的 $H_{0,A}$ 和 $H_{0,B}$，并得到

$$\frac{H_{0,A}}{H_{0,B}}=\frac{\sigma_A(E_0)m[\varepsilon_0]_B^{A_mB_n}}{\sigma_B(E_0)n[\varepsilon_0]_A^{A_mB_n}} \tag{22-9}$$

式中，m 和 n 为化合物 A_mB_m 的元素组分，$[\varepsilon_0]_A^{A_mB_n}$ 和 $[\varepsilon_0]_B^{A_mB_n}$ 为离子在化合物中与 A 元素和 B 元素发生背散射时的阻止散射因子 $[\varepsilon_0]=[S_0]/N$。由式(22-9)可以从化合物厚样品 RBS 谱上各元素的 H_0 求得化合物组成元素的成分比。

弹性反冲探测(ERD)

22.4 实验仪器

22.4.1 RBS 和 ERD 分析实验装置

RBS 和 ERD 分析的实验装置如图 22-2 所示。在串列加速器磁分析器后的一离子束管道上放置一个靶室。管道和靶室内的真空度介于 $10^{-4}\sim10^{-5}$ Pa。靶室中放置两个金硅面垒半导体探测器，一个在 165°处做 RBS 分析，另一个在 30°处做 ERD 分析。探测到的粒子信号由前置放大器、主放大器送至多道脉冲振幅分析器记录.样品架可转动，样品可在样品架上平移，便于对多个样品进行分析。

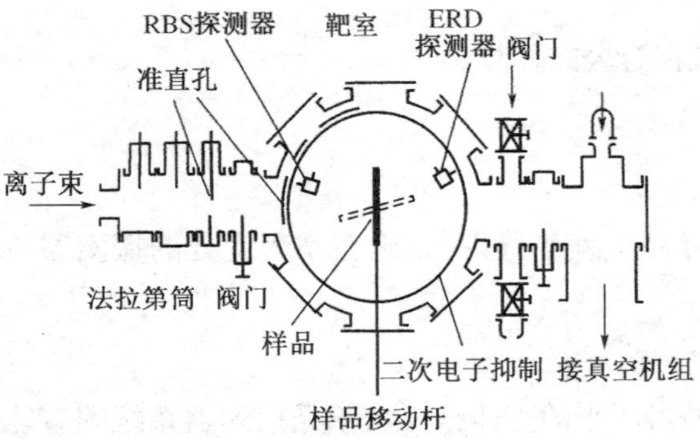

图 22-2　RBS 和 ERD 分析实验装置

加速器产生的 ^{4}He 离子或质子束，能量单色性好。离子束经聚焦和导向系统，通过准直孔最终到达靶样品。靶束流由束流积分仪记录。为减少离子束轰击样品时诱发的二次电子发射对束流测量带来的误差，在样品架前加一电压为负几百伏的抑制电极。

22.4.2 RBS 分析设备和最佳实验条件选择

1. RBS 分析实验设备

卢瑟福背散射分析的实验设备由小型粒子加速器、真空靶室、金硅面垒型半导体探测器及能谱仪组成。单级或串列静电加速器提供 MeV 能量的 He 离子或质子束，束直径为1 mm左右，束流强度为几个到几十 nA，样品装在靶室中，一次可装入多个样品，可移动和转动样品。探测器置于后向某一定角度处。探测到的背散射粒子信号，经前置放大器和主放大器，由微机多道脉冲分析器记录粒子能谱。实验时，用束流积分仪记录入射到样品上的束流。

2. 最佳实验条件选择

做 RBS 分析时，为得到好的质量分辨率和深度分辨率，需对探测角度、离子种类和能量等进行合理选择。从前面讲的 K 值公式可知，在 $\theta=180°$ 附近探测散射离子最为有利，这时 $\dfrac{\partial K}{\partial\theta}$ 变化小，可增大探测立体角 Ω 来提高探测效率。一般 θ 选在 165°或 170°，Ω 为几 msr。

由式(22-1)得到质量分辨率为 $\Delta m_2=\dfrac{\Delta E_1}{E_0}\left(\dfrac{\mathrm{d}K}{\mathrm{d}m_2}\right)^{-1}$。如果 ΔE_1 等于探测系统的能量分辨率 ΔE_D，且 $\theta=180°$，则

$$\Delta m_2=\frac{(m_1+m_2)^3}{4m_1(m_2-m_1)}\cdot\frac{\Delta E_D}{E_0}\tag{22-10}$$

这里 ΔE_D 包括探测器固有能量分辨率、入射束能散、离子在样品中的能量歧离和探测几何效应。

当 $m_2 \gg m_1$ 时，

$$\Delta m_2 = \frac{m_2^2}{4m_1}\frac{\Delta E_D}{E_0} \tag{22-11}$$

可见，要提高质量分辨率，就要求 ΔE_D 小，E_0 要大。由式(22-6)得到深度分辨率为

$$\Delta t = \frac{\Delta E_D}{[S]} \tag{22-12}$$

ΔE_D 小和$[S]$值大可提高深度分辨率。E_0的增大，对减小 Δm_2 有利，但随 E_0的增大，$[S]$值减小，对降低 Δt 不利。再有，E_0也不能太高，否则不是纯库仑散射，截面值偏离卢瑟福公式。用重离子可增大$[S]$值，但探测器对重离子的 ΔE_D 增大，采用掠角散射几何，可增大$[S]$因子，提高深度分辨率，因此，各种因素综合起来考虑后，选择 2 ～ 2.5 MeV 的^{4}He 离子来做 RBS 分析最为合适。He 离子在物质中的 $\frac{\mathrm{d}E}{\mathrm{d}x}$ 数据也最为齐全、精确。通常的半导体探测器对 2 MeV ^{4}He离子的能量分辨率在 15～20 keV。采用冷却半导体探测器或采用电磁分析器或飞行时间来测量散射离子，可进一步提高能量分辨率，用 300～400 keV 的质子束，也可做 RBS 分析，这时卢瑟福截面公式仍适用。常规的 RBS 分析最适用来分析轻基体中或表面的重杂质元素，分析灵敏度在 10^{-3}～10^{-2}(或 10^{13}原子/cm^2)量级，深度分辨率在 40～50 nm，掠角几何时，可提高到 10 nm。

22.4.3　背散射谱的计算机模拟程序

RUMP (Rutherford Universal Manipulation Program 或 RBS Universalmaster Package)程序是一个用于背散射谱模拟的计算机程序。这程序用人机对话方式进行一系列操作。只需按用户指南操作，很容易掌握该程序的应用(详见提供的 RUMP 用户指南)。目前，还有其他一些模拟程序可使用(如 SIMNRA，RBS，ERDA)。

22.5　预习思考题

(1) 从表面较轻的杂质散射和一定深度处较重的杂质散射后，被记录到的射离子能量相同时，实验上怎样来区分它们?

(2) 与其他离子束分析方法相比较，了解 RBS 分析方法的优缺点。(可自行参考有关资料)

22.6　实验内容及步骤

22.6.1　薄膜厚度测量

测量薄膜厚度的实验步骤如下。

(1) 用 2 MeV ^{4}He 离子测量一组不同质量数的厚样品(C,Si,Ti,Ge,Ag,Ta)的 RBS 谱，定出道宽 δE_1 和探测系统的能量分辨率。

(2) 测量硅基体上约 100 nm 厚度的 Au 样品的 RBS 谱，从峰面积求出样品厚度(Au 原子面密度)。

(3) 测量 360 nm 厚度的 Fe/Mo/Si 多层膜样品的 RBS 能谱，求出膜厚度，并用 RUMP 程序或其他程序模拟实验谱线。如果有谱线重叠现象，可提高入射离子能量再做 RBS 分析，使谱线不再重叠。

(4) 根据一组厚样品标样的 RBS 谱前沿(高能侧)半高处道数和 K 因子，画出能量定标曲线，求得道宽 δE_1。并由 Ta 样品 RBS 谱的前沿 12%～88%高度间的道数和 δE_1 值求出探测系统的能量分率 ΔE_D。

(5) 由薄样品的 Au 谱峰面积和 Si 谱表面高度，利用公式 $(Nt)_i = \frac{A_i}{H_M} \cdot \frac{\sigma_M}{\sigma_i} \cdot \frac{\delta E_1}{[\varepsilon_0]_M^M}$，求出这样品的厚度(样品单位面积上原子数 Nt)，式中角标 i 代表 Au，M 代表 Si。假定样品的密度 ρ 值为手册上所给的值，求出此样品的线性厚度 t。

(6) 由多层膜样品的 RBS 谱上各元素的谱宽度求出各层的厚度。并用 RUMP 程序或其他程序模拟实验谱。

22.6.2 杂质的深度分布分析

对杂质进行深度分布分析的实验步骤如下。

(1) 分别采用垂直入射和掠角几何，测量 Si 中注入 As 样品的 RBS 能谱，测定注入 As 的含量和深度分布。比较两种测量几何下的深度分辨率。

(2) 测量 Ni/TiH/Mo 样品的 RBS 和 ERD 谱，求出 Ti/H 原子比和 H 的深度分布。

(3) 用 RUMP 程序从注入杂质样品的 RBS 谱，计算杂质的深度分布。比较垂直入射和掠角入射时，深度分辨率变化。

(4) 用 RUMP 或其他程序计算出样品中 Ti/H 原子比和 H 的深度分布。

22.7 思考题

(1) 讨论如何提高 RBS 分析的质量分辨率和深度分辨度。

(2) 讨论常规的 MeV 离子 RBS 分析时，溅射效应是否重要，为什么？

实验 23

光电效应和普朗克常数的测定

23.1 引言

光的波动说似乎在麦克斯韦提出光是一种电磁波时已经完美无缺了。然而，就是在证实电磁波存在的过程中，又发现了光具有粒子性的重大事实，这就是光电效应现象。光电效应在量子理论的发展中有着特殊的意义。其历史过程如下。

1. 赫兹意外发现光电效应

利用电火花实验装置，赫兹测量了电磁波速，进行了研究电磁波的反射、聚焦、折射、衍射、干涉、偏振等各种波现象的实验。

大量反复的实验不但证实了麦克斯韦电磁波理论，同时意外地发现了表明光具有粒子性的一个重要现象：当发射器间隙的火光被阻隔时，原来接收间隙的火花变暗，而用其他任何火花的光照射到接收器铜球，也能促使间隙发生电火花。

通过进一步研究发现这一现象中直接起作用的是火光中的紫外线，当火花的光照到间隙的负极时，作用最强，这种情况下接收器间隙发生的电火花实际上是紫外线的照射使一极铜球上飞出电子到另一极铜球所形成，赫兹称之为"紫外光对放电现象的效应"，也就是光电效应。

2. 勒纳德研究光电效应现象的规律

赫兹的发现吸引了许多人去深入研究光电效应成因与规律，其中德国物理学家、赫兹的助手勒纳德的研究卓有成效。

当入射光照射到光洁的金属阴极 K 表面，就有光电子发射出来，若有光电子到达阳极 A，电路中就有电流，所以可通过电流计了解用各种光照射阴极 K 以及对两极加不同电压时的光电流，从中摸索规律。勒纳德得出的规律有：

(1) 对各种金属都存在着极限频率和极限波长，低于极限频率的任何入射光强度再大、照射时间再长都不会发生光电效应；

(2) 光电子的最大初动能与入射光的强度无关，只随入射光频率的增大而增大；

(3) 只要入射光频率高于金属的极限频率，照到金属表面时光电子的发射几乎是瞬时的，不超过 10^{-9} s；

(4) 发生光电效应时，光电流的强度与入射光的强度成正比。

3. 爱因斯坦提出光子论圆满解释光电效应

1905 年，爱因斯坦用突破性的量子化思想对光电效应做出了现在为科学界普遍接受的解释。在空间传播的光(的能量)不是连续的，而是一份一份的，每一份叫做一个光量子，简称光子，一份光子的能量 $E=h\nu$。

在 20 世纪初，科学家们对量子化的物理还极不适应，爱因斯坦的独创性、物理洞察力和对简洁解释的追求使他在忙碌的 1905 年发表了相对论，成功解释了光电效应，建立了近代物理学研究的两座丰碑。

4. 密立根精确实验证实光电效应方程

由于没有理论基础，爱因斯坦的光子假设与光电方程难以被人们认同，当时对这一假说的怀疑超过了狭义相对论，甚至包括普朗克本人也持反对态度。许多物理学家都想方设法用实验测量普朗克恒量 h，以求验证光电效应方程。

马克斯・普朗克

一直对光子假设持有保留态度的美国物理学家密立根，设计了高精确度的实验装置，经过十年的试验，不断解决技术难点，终于验证了光电方程的直线性，并测出普朗克常量 $h = 6.626 \times 10^{-34}$ J・s。在事实面前，密立根服从真理，宣布爱因斯坦光子假说得到证实。

23.2 实验目的

(1) 学习测定普朗克常量的一种实验方法。
(2) 学习用滤色片获得单色光的方法。
(3) 通过测试光电效应基本特性曲线，加深对光量子理论的理解。
(4) 验证爱因斯坦光电方程，求普朗克常数。

23.3 实验原理

23.3.1 光电效应的基本特征和规律

具有一定频率的辐射光照射密封在抽成真空的玻璃管中的光电阴极 K 上，会使阴极材料发射光电子，如果在 A 与 K 两端加上电势差，光电子在加速电场的作用下向阳极迁移产生光电流，称为光电效应，如图 23-1 所示。

实验表明光电效应具有一定的规律，利用光电效应及其规律可制成各种光辐射探测器。

光电效应的第一个结论：照射光的频率与极间端电压 U 一定时，饱和光电流 i 与入射光强 I 成正比。或者说在光照下，单位时间内从阴极飞出的光电子数与入射光强度成正比，如图 23-2 所示。

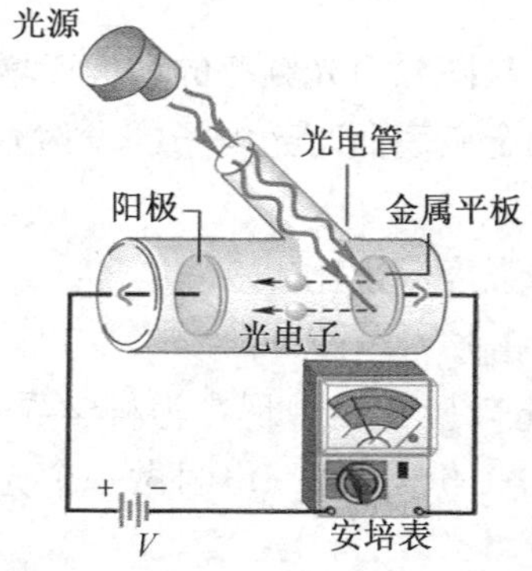

图 23-1 光电效应实验装置

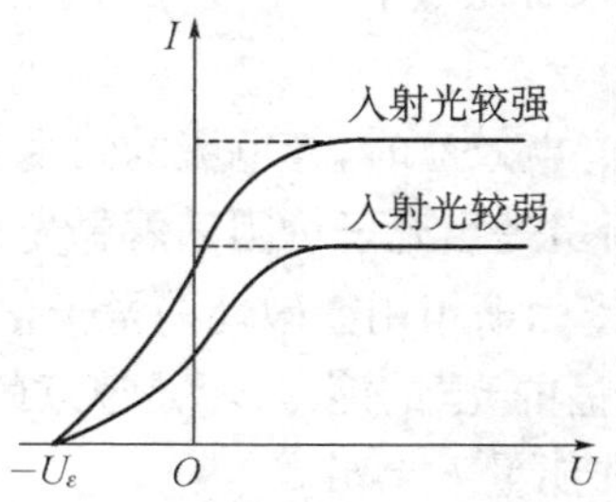

图 23-2 不同条件下 U 和 I 的关系

光电效应现象有以下三个基本特征。

(1) 遏止电势差：当 U 减小到零并逐渐变负时，光电流一般并不等于零。这表明从阴极释出的电子具有一定的初动能，它们仍能克服减速电场的阻碍使一部分电子到达阳极。使光电流降为零时的反向截止电势差的绝对值 U_ε 叫遏止电势差。

遏止电势差的存在，表明光电子从金属表面逸出时的初动能具有一定的限度。

光电效应的第二个结论：光电子从金属表面逸出时具有一定的动能，最大初动能与入射光的频率成正比，而与入射光的强度无关。

$$E_{\mathrm{m}}=\frac{1}{2}mv_{\mathrm{m}}^2=eU_\varepsilon=h\nu-h\nu_0 \tag{23-1}$$

其中，v_{m}是光电子的最大初速，e 是电子电荷。遏止电势差和入射光的频率之间具有线性关系。

(2) 频率红限：如果改变入射光的频率，遏止电势差 U_ε 也随之改变。当入射光的频率低于某一频率时，遏止电势差 U_ε 减小到 0，这时无论光强有多大，光电效应不再发生。能够发生光电效应的最低频率，称为光电效应的截止频率，也叫频率红限 ν_0。截止频率是光电阴极上感光物质的属性，不同的金属具有不同的红限值。红限与阴极材料有关，与光强无关。

有时用波长表示红限，波长红限为

$$\lambda_0=c/\nu_0 \tag{23-2}$$

(3) 饱和光电流：当高于某种光阴极“红限”频率的光，照在该阴极表面后，即刻就有光电子逸出阴极材料表面，进入光电管两电极间的真空。

当在光电管的两电极间加正向电压时，加速光电子运动，当光电流不再增大时，此时称为饱和光电流。实验表明：照射光的频率与极间端电压 U 一定时，饱和光电流 i 与入射光强 I 成正比。

23.3.2　光电效应的物理解释

金属中的电子被晶格束缚在金属内，要使它脱离金属表面而成为自由电子，必须给它一定的能量，称为这种金属表面的电子逸出功。当金属中一个电子从入射光中吸收一个光子后，就获得能量 $h\nu$。如果 $h\nu$ 大于电子从金属表面逸出时所需要的逸出功 A，这个电子就可以从金属表面逸出，称为光电子。

不同的金属对电子的束缚程度不同，因此电子逃逸出来所做的功也不同。如果光子的能量 $h\nu$ 小于金属电子逸出功 A，那么无论光强多强，照射时间多久，这种能量比较小的光子也不能使电子从金属中脱离出来。这就解释了为什么不同金属材料存在不同的光电效应红限频率。如果入射光子的能量 $h\nu$ 大于电子从金属表面逸出时所需要的逸出功 A，那么这些光电子在脱离金属表面后还有剩余的能量，也就是说有些光电子具有一定的初动能。

爱因斯坦从能量守恒出发，提出光电效应方程，对光电效应的实验结果做出了简单而令人信服的解释，即

$$h\nu=\frac{1}{2}mv^2+A \tag{23-3}$$

对于一定的阴极材料，电子逸出功是一定的。照射光的频率降低，则光电子的最大动能减小，频率降到红限时，光电子最大动能减为零，这时光束传给光电子的能量完全用作克服逸出功。

当在光电管的两电极间加反向电压时，电场阻止光电子向阳极迁移，当光电流为零时，此时所加反向电压 U_ε 被称为光电效应的遏止电压。将式(23-1)中的 $eU_\varepsilon=\frac{1}{2}mv_m^2$ 代入光电效应方程

$$eU_\varepsilon=h\nu-A \tag{23-4}$$

其中，A 为金属材料的逸出功。上式表明，遏止电压 U_ε 是入射光频率 ν 的线性函数。

23.4 实验仪器

ZKY-GD-4 智能光电效应实验仪(图 23-3)是为验证爱因斯坦光电方程和用光电效应求取普朗克常数而设计的一种物理实验教学仪器。主要包括：光电管及暗箱、汞灯光源、滤色片五组、小孔光阑、微电流测量智能实验仪。

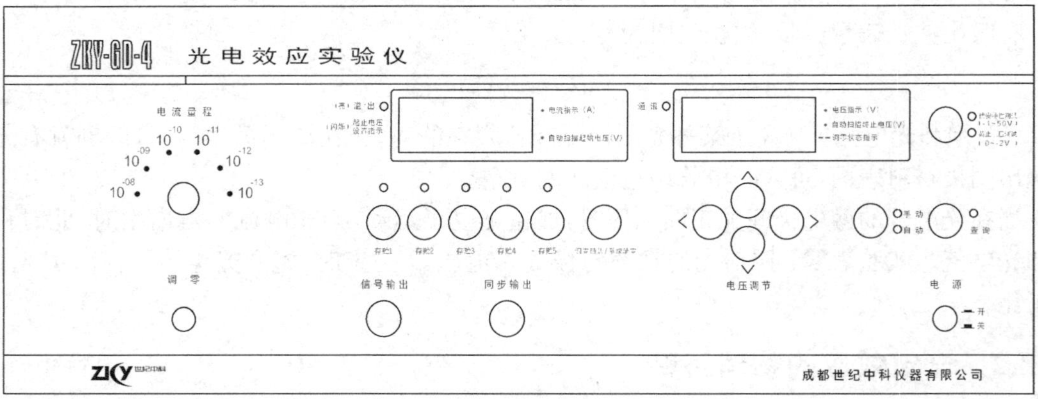

图 23-3 光电效应实验仪

其主要技术指标如下：

滤色片透射波长：365.0 nm，404.7 nm，435.8 nm，546.1 nm，577.0 nm；

光阑孔径：2 mm，4 mm，8 mm；

光电管：光谱响应范围 320～700 nm；

暗电流 $\leqslant 2\times10^{-12}$ A(-2 V $\leqslant U_{AK}\leqslant 0$ V)。

实验仪有手动和自动两种工作模式，具有数据自动采集，存储，实时显示采集数据，动态显示采集曲线(连接普通示波器，可同时显示 5 个存储区中存储的曲线)，及采集完成后查询数据的功能。

23.5 预习思考题

(1) 什么是光电效应？它具有那些实验规律？

(2) 什么是截止电压？如何用实验来测定？

(3) 什么是截止频率？如何用实验来测定？

(4) 本实验中如何测定普朗克常量？

23.6　实验内容及步骤

23.6.1　测试前准备

(1) 盖上光电管暗箱和汞灯的遮光盖，将光电管与汞灯距离调整并保持在 400 mm，接通测试仪及汞灯电源，预热约 15 min。(注意：汞灯一旦开启，不要随意关闭)

(2) 测试仪调零：盖上光电管暗箱和汞灯的遮光盖，“电压”选择在－2 V～＋2 V 档，“电流量程”选择在 10^{-13} A 档，旋转“电流调零”旋钮使“电流表”指示为零。注意：每次调换“电流量程”，都应重新调零。

(3) 调整光路：先取下光电管暗箱遮光盖，将直径为 4 mm 的光阑及波长为 365.0 nm 的滤光片插在光电管入射窗孔前，再取下汞灯的遮光盖，使汞灯的 365.0 nm 出射光对准光电管入射窗孔。注意：严禁让汞光不经过滤光片直接入射光电管。

23.6.2　用零电流法测定普朗克常数 h

将“电压”选择按键置于－2 V～＋0 V 档，“电流量程”选择在 10^{-13} A 档重新调零。将直径为 4 mm 的光阑及波长为 365.0 nm 的滤光片插在光电管入射窗孔前，调节电压 U_{AK}，使得光电流 i 为零，此时测试仪中显示的电压值即可认为是该入射光频率对应的截止电压。重复测量 4 次，填入表 23-1 中。依次更换其余四个滤光片(注意：一定要先盖上汞灯的遮光盖再更换滤光片)，测出各自对应的截止电压。得到 U-ν 直线的斜率，然后再求出普朗克常数，并与 h 的公认值 h_0 比较，求出相对误差。

表 23-1　U-ν 关系　　　　光阑孔＝　　mm

波长 λ /nm		365.0	404.7	435.8	546.1	577.0
频率 ν /($\times 10^{14}$ Hz)		8.214	7.407	6.879	5.490	5.196
截止电压 U_{ε}/V	1					
	2					
	3					
	4					
	平均					

23.6.3　测光电管的伏安特性曲线(I-U_{AK} 曲线)

将“电压”选择按键置于－1 V～＋35 V 档，将“电流量程”选择开关置于 10^{-10} A 并重新调零，将直径为 4 mm 的光阑及波长 365.0 nm 的滤光片插在光电管入射窗孔前。

(1) 从截止电压开始由低到高调节电压，直至 30 V(不大于 30 V)。从截止电压到 0 V 区间，电压取值间隔为 0.25 V；从 0～8 V 区间，电压取值间隔为 1.5 V；从 8～35 V 区间，电压取值间隔为 3 V；每取一电压值，记录一电流值到表 23-2 中。为了使每个电流值都有三位有效数字，测量过程中须变换"电流量程"。注意：每次调换"电流量程"，都应重新调零。

(2) 换上其他滤光片，重复步骤(1)。

表 23-2 I-U_{AK} 关系 $L=400$ mm

365.0 nm 光阑 4 mm	U_{AK} /V	($-U_\varepsilon$)	…							
	$I/(\times 10^{-10}$ A)									
435.8 nm 光阑 4 mm	U_{AK} (V)									
	$I/(\times 10^{-10}$ A)									

23.6.4 分析光阑直径与光电流之间的关系

在 $U<20$ V 时，将仪器设置为手动模式，测量并记录对同一谱线、同一入射距离，光阑分别为 2 mm，4 mm，8 mm 时对应的电流值，填入表 23-3 中。

表 23-3 I-Φ 关系

$U_{AK}=$ ______ V；$\lambda=$ ______ nm；$L=$ ______ mm

光阑孔 Φ			
$I/(\times 10^{-10}$ A)			

23.6.5 分析光源距离与光电流之间的关系

在 $U<20$ V 时，将仪器设置为手动模式，测量并记录对同一谱线、同一光阑时，光电管与入射光在不同距离，如 300 mm，320 mm，340 mm，360 mm，380 mm，400 mm 时对应的电流值，填入表 23-4 中。

表 23-4 I-L 关系

$U_{AK}=$ ______ V；$\lambda=$ ______ nm；$\Phi=$ ______ mm

入射距离 L						
$I/(\times 10^{-10}$ A)						

23.7 实验注意事项

(1) 本实验不必要求暗室环境，但应避免背景光强的剧烈变化。

(2) 实验过程中注意随时盖上汞灯的遮光盖，严禁让汞光不经过滤光片直接入射光电管窗口。

(3) 实验结束时应盖上光电管暗箱和汞灯的遮光盖。

23.8　数据处理

(1) 用线性回归法求 U_ε-ν 直线的斜率 k

$$k=\frac{\bar{\nu}\cdot\overline{U_\varepsilon}-\overline{\nu\cdot U_\varepsilon}}{\bar{\nu}^2-\overline{\nu^2}} \tag{23-4}$$

再由 $h=ek$ 求出普朗克常数 h，并与公认值 h_0 比较，求出百分误差。

$$E=\frac{h-h_0}{h_0} \tag{23-5}$$

此时，常数为 $e=1.602\times10^{-19}$ C，$h_0=6.626\times10^{-34}$ J·s。

根据表 23-2 的数据，在坐标纸上作出对应两种通光量的 I-U_{AK} 关系曲线。

① 作图求出普朗克常数，并与 h 的公认值比较求出相对误差。

② 根据线性回归理论，用最小二乘法拟合 U_0-ν 直线，得出直线斜率的最佳拟合值，求出普朗克常数。

③ 作所测汞灯特征光谱的伏安特性曲线，比较不同频率辐射时伏安特性曲线有何不同。

④ 验证光电管的饱和光电流与入射光强成正比。

(2) 分析光阑直径与光电流之间的关系。

(3) 分析光源距离与光电流之间的关系。

23.9　思考题

(1) 光电效应的实验规律有哪些方面？用光的波动理论解释它们时遇到了哪些困难？

(2) 根据爱因斯坦的光子假设，如何解释光电效应的实验结果？

(3) 试定性解释 I-U 曲线的饱和部分、光电流逐渐减小部分及截止电压的形成的原因。

(4) 从截止电压 U 与入射光频率 ν 的关系曲线，能确定阴极材料的逸出功吗？

(5) 光电管一般采用逸出功小的金属做阴极，用逸出功大的金属做阳极，为什么？

(6) 反向电流如何形成？它对截止电压的测量有何影响？

(7) 何为暗电流？何为本底电流？它们是如何产生的？测量它们有何意义？

(8) 实验时能否将滤色片放在光源出光孔上？为什么？

(9) 通过实验，你觉得做好本实验应注意哪些问题？试提出一些减少实验误差的建议。

实验 24
氢光谱与类氢光谱

24.1 引言

原子的电子运动状态发生变化时发射或吸收特定频率的电磁频谱，这些电磁频谱是线状的，称为线状光谱，也叫作原子光谱。不同原子的光谱各不相同，氢原子光谱最为简单，其他原子光谱较为复杂，最复杂的是铁原子光谱。原子光谱提供了原子内部结构的丰富信息。原子光谱对于研究分子结构、固体结构有重要意义，同时对激光器的诞生和发展起着重要作用，对原子光谱的深入研究将进一步促进激光技术的发展。原子光谱技术还广泛地用于化学天体物理、等离子体物理等一些学科之中。

碱金属原子的最外层的壳层上只有一个容易电离的电子，而内壳层都是满壳层，满壳层上的电子不会电离，绕原子核运动，这些电子与原子核形成原子实。因此碱金属属于一种类氢原子。但碱金属原子与氢原子在能级方面存在差异，而且谱线系种类也不完全相同。原子实的极化和轨道贯穿理论很好地解释了这种差别。进一步对碱金属原子光谱精细结构的研究证实了电子自旋的存在和原子中电子的自旋与轨道运动的相互作用，即自旋-轨道相互作用，这种作用较弱，由它引起了不同的光谱精细结构。

24.2 实验目的

(1) 掌握测量里德伯常量的测量方法。

(2) 学习光谱仪的使用和光谱分析。

(3) 理解钠原子和碱金属原子的外层电子与原子实相互作用以及自旋与轨道运动相互作用。

(4) 观察、拍摄、分析氢原子光谱与钠原子光谱，计算并绘制能级图。

24.3 实验原理

24.3.1 氢与氘原子光谱

原子光谱为研究原子内部结构提供了重要依据。氢原子的结构简单，其光谱在可见区和近紫外区有很多谱线且具有规律，因此对各种原子光谱线的规律性的研究首先在氢原子上得到突破。早在 1885 年，从星体的光谱中观察到的氢的光谱线就有 14 条；同年，瑞士年轻的中学教师巴尔末(J. J. Balmer)归纳得出在可见光区氢原子谱线的波长分布规律为

$$\lambda = B\frac{n^2}{n^2-4},\quad n=3,\ 4,\ 5,\ \cdots \tag{24-1}$$

式中，B 为实验常数，等于 3 645.6Å，方程式(24-1)为巴尔末公式，它所表达的一组谱线称为巴尔末系。

为了更清楚地表明谱线的分布规律，可将式(24-1)变换为

$$\tilde{\upsilon}=\frac{1}{\lambda}=\frac{4}{B}\left(\frac{1}{2^2}-\frac{1}{n^2}\right),\quad \tilde{\upsilon}=R_H\left(\frac{1}{2^2}-\frac{1}{n^2}\right),\quad n=3,\ 4,\ 5,\ \cdots \tag{24-2}$$

式中，$\tilde{\upsilon}$ 称为波数；R_H 称为氢的里德伯常量。1913 年，丹麦物理学家玻尔(N. Bohr)在卢瑟福原子模型的基础上，把经典力学理论和量子理论统一起来，建立了氢原子理论，即玻尔理论。根据玻尔理论，原子的能量是量子化的，即具有分立的能级，每条光谱线对应于原子从一个能级跃迁到另个较低能级所发射的光子。按此模型得到的巴尔末系的理论公式为

玻尔理论

$$\tilde{\upsilon}=\frac{2\pi^2 me^4}{(4\pi\varepsilon_0)^2h^3c\left(1+\dfrac{m}{M}\right)}\left(\frac{1}{2^2}-\frac{1}{n^2}\right) \tag{24-3}$$

式中，$m(9.109\,5\times10^{-31}\ \text{kg})$为电子质量；$M(1.672\,6\times10^{-27}\ \text{kg})$为原子核质量；$e(1.602\,2\times10^{-19}\text{C})$为电子电荷；$\varepsilon_0$ 为真空中介电常数；$h(6.620\,2\times10^{-34}\ \text{J}\cdot\text{s})$为普朗克常量；$c\ (2.997\,9\times10^8\,\text{m}\cdot\text{s}^{-1})$为光速。可见，玻尔理论不仅给巴尔末的经验公式以物理解释，而且将里德伯常量和许多基本物理常数联系起来了，将式(24-2)和式(24-3)比较可得里德伯常量为

$$R_H=\frac{2\pi^2 me^4}{(4\pi\varepsilon_0)^2h^3c}\left(1+\frac{m}{M}\right)^{-1}=\frac{R_\infty}{\left(1+\dfrac{m}{M}\right)} \tag{24-4}$$

式中

$$R_\infty=\frac{2\pi^2 me^4}{(4\pi\varepsilon_0)^2h^3c}=109\,737.31\ \text{cm}^{-1}$$

R_∞ 代表将原子核质量 M 与电子质量 m 相比可视为无穷大的里德伯常量。因此式(24-4)可写成

$$R_H=R_\infty\left(1+\frac{m}{M}\right)^{-1} \tag{24-5}$$

由式(24-5)可见，如果氢原子存在同位素，则由于原子核质量的改变使得里德伯常量的数值发生变化。反映在谱线上，它的光谱线相对于氢的谱线应略有移动。1932 年，尤雷(H. Cure)把 3L 液氢蒸发到不足 1 cm^3，从而提高了液氢中重氢的含量，然后拍摄光谱，发现莱曼系头四条谱线都是双线。他测出了波长差，并与由假定重氢核质量得出的双线波长差相比较，发现实验值与理论值符合得很好。这样就肯定了氢的同位素——氘(D)的存在。

根据巴尔末公式，对氢、氘分别有

$$\tilde{\upsilon}_H=R_H\left(\frac{1}{2^2}-\frac{1}{n^2}\right),\quad n=3,\ 4,\ 5,\ \cdots \tag{24-6}$$

$$\tilde{\upsilon}_D = R_D\left(\frac{1}{2^2}-\frac{1}{n^2}\right),\quad n=3,\ 4,\ 5,\ \cdots \tag{24-7}$$

式中，$\tilde{\upsilon}_H$ 和 $\tilde{\upsilon}_D$ 分别为氢和氘光谱线的波数。通过测量氢，氘的巴尔末线系光谱线的波长，利用式(24-7)便可求得它们的里德伯常量

$$R_H = R_\infty\left(1+\frac{m}{M_H}\right)^{-1},\quad R_D = R_\infty\left(1+\frac{m}{M_D}\right)^{-1} \tag{24-8}$$

式中，M_H 和 M_D 分别为氢和氘的原子核质量。式(24-8)中两式相除，可得

$$\frac{R_D}{R_H}=\frac{1+\dfrac{m}{M_H}}{1+\dfrac{m}{M_D}}$$

解出 M_D/M_H，得

$$\frac{M_D}{M_H}=\frac{\dfrac{R_D}{R_H}}{1-\dfrac{M_H}{m}\left(\dfrac{R_D}{R_H}-1\right)} \tag{24-9}$$

式中，M_H/m 为氢原子核质量与电子质量之比，其公认值为 1 836.15。将通过实验测得的 R_D 和 R_H 值代入式(24-9)，即可求得氘与氢原子核的质量比。

某一元素的同位素其质量不同，它们的里德伯常量也就不同，从而波数也不同。同位素的波长差称为同位素位移。相对于氢和氘而言，它们的同位素位移为

$$\Delta\lambda = \lambda_H - \lambda_D = \lambda_H\left(1-\frac{\lambda_D}{\lambda_H}\right) = \lambda_D\left(\frac{\lambda_H}{\lambda_D}-1\right) \tag{24-10}$$

24.3.2 钠原子光谱

当原子的主量子数为 n_2 与 n_1 的上下两能级间跃迁时，其谱线波数可以用光谱项之差表示，即

$$\tilde{\upsilon} = \frac{R_H}{n_1^2}-\frac{R_H}{n_2^2} \tag{24-11}$$

式中，R_H 为里德伯常量(109 677.58 cm^{-1})。当 $n_1=2$，$n_2=3$，4，5，… 时，称为巴尔末系。

对只有一个价电子的碱金属原子(Li，Na，K，…)，其价电子是在核内层电子所组成的原子实的库仑场中运动，与氢原子类似。但由于原子实的存在，价电子处在不同的量子态时，它和原子实的相互作用是不同的。因为价电子处在不同轨道时，它们的轨道在原子实中贯穿的程度也不同，这二者都影响到原子的能量。即使电子所处轨道的量子数 n 相同而轨道量子数 l 不同，原子的能量也是不同的，因为原子的能量与价电子所处轨道的量子数 n 和轨道量子数 l 都有关，轨道贯穿和原子实的极化都使原子的能量减少，量子数越小，轨道进入原子实部分越多，原子实的极化也越显著，因而原子的能量减少得越多。与主量子数 n 相同的氢原子相比，碱金属原子的能量要小，而且不同的轨道量子数 l 对应着不同的能量。l 值越小，能量越

小,l 值越大,越接近相应的氢原子能级。对于钠原子,可以用有效量子数 n^* 代替 n 来统一描述原子实极化和轨道贯穿的总效果。不考虑电子自旋与轨道运动的相互作用引起的能级分裂时,光谱项写为

$$T_{n,l}=\frac{R_H}{n^{*2}}=\frac{R_H}{(n-\Delta_l)^2} \tag{24-12}$$

式中,Δ_l 为量子数亏损,有效量子数 n^* 不再是整数,由于 $\Delta_l>0$ 则 n^* 比主量子数 n 要小,在本实验中近似认为 Δ_l 与 n 无关。

电子由上能级跃迁到下能级时,发射出的光谱谱线的波数为

$$\tilde{\upsilon}=\frac{R}{(n_2^*)^2}-\frac{R}{(n_1^*)^2}=\frac{R}{(n'-\Delta_{l'})^2}-\frac{R}{(n-\Delta_l)^2} \tag{24-13}$$

式中,n,Δ_l 和 n',$\Delta_{l'}$ 分别为上下能级的主量子数与量子亏损,n_1^* 和 n_2^* 分别表示上下能级的有效量子数,角标 l 和 l' 分别表示上下能级所属轨道量子数。如果令 n' 和 l' 固定,而 n 依次变化,则可得到一系列的 $\tilde{\upsilon}$ 值,从而构成一个光谱系。

光谱中常用 $n'l'$-nl 表示线系。当 $l=0, 1, 2, 3, \cdots$ 时分别用 S, P, D, F, …表示,钠原子光谱有四个线系:主线系 3S→nP, $n\geqslant 3$ …;漫线系 3S→nP, $n\geqslant 3$ …;锐线系 3P→nD, $n\geqslant 4$ …;基线系 3D→nF, $n\geqslant 4$ …。

24.4 实验仪器

本实验包括 WGD-8A 型组合式光栅光谱仪(图 24-1)、WPG-100 型平面光栅摄谱仪(图 24-2)、计算机、氢氘灯、汞灯等。

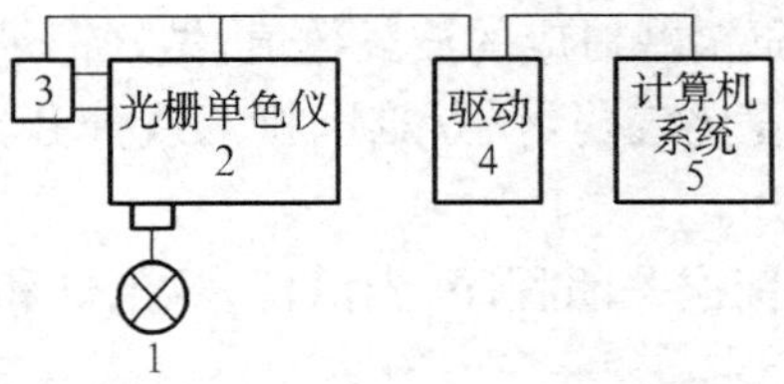

1—H-D 光源; 2—光栅单色仪; 3—光电倍增管; 4—驱动控制器(提供光栅单色仪扫描驱动电源及光电倍增管高压,数据采集和计算机双向通信); 5—计算机系统(实现系统控制、数据采集、实时显示和数据处理)

图 24-1 WDG-8A 型组合式光栅光谱仪

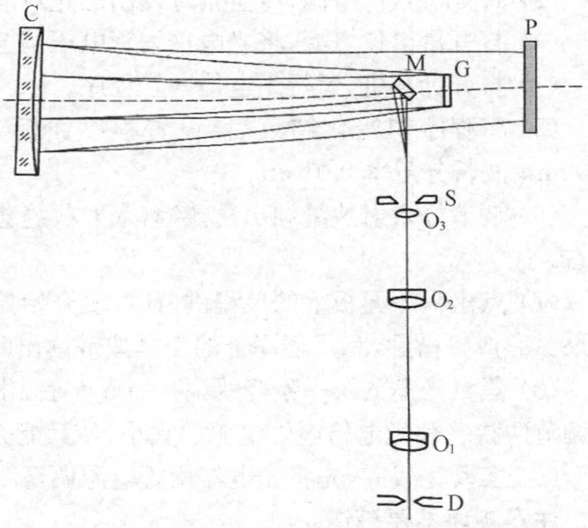

D—电极; O_1—第一聚光镜; O_2—第二聚光镜; O_3—第三聚光镜; S—狭缝; M—平面反光镜; C—凹面镜; G—光栅; P—谱面

图 24-2 WPG-100 型平面光栅摄谱仪

24.5 预习思考题

(1) 光源的位置不同,对波长测量的准确度有没有影响?

(2) 根据什么原则来选取对应于各氢、氘光谱线的 n 的可能值?

24.6 实验内容及步骤

24.6.1 光电倍增管模式

1. 光电倍增管的工作原理

光电倍增管(photomultiplier tube)是一种能将微弱的光信号转换成可测电信号的光电转换器件,其工作原理见图 24-3,图中 K 是光阴极,D_1,D_2,D_3 和 D_4 为倍增极,A 为阳极。它是一种灵敏度极高、响应速度极快的光探测器。这种器件实际上是一种电子管,感光的材料主要是金属铯的氧化物,其中还掺杂了其他一些活性金属(如镧系金属)的氧化物进行改性,以提高灵敏度和修正光谱曲线。用这材料制成的光电阴极射线管,在光线的照射下能够发射电子,称之为光电子,它经栅极加速放大后去冲击阳极,最终形成了电流。电流的大小直接反映了入射光线的强弱。在各种感光器件中,光电倍增管是性能最好的一种,无论在灵敏度、噪声系数还是动态范围上都遥遥领先于其他的感光器件,更难能可贵的是它的输出信号在相当大范围内保持着高度的线性输出,使输出信号几乎不用做任何修正就可以直接获得很准确的色彩还原。

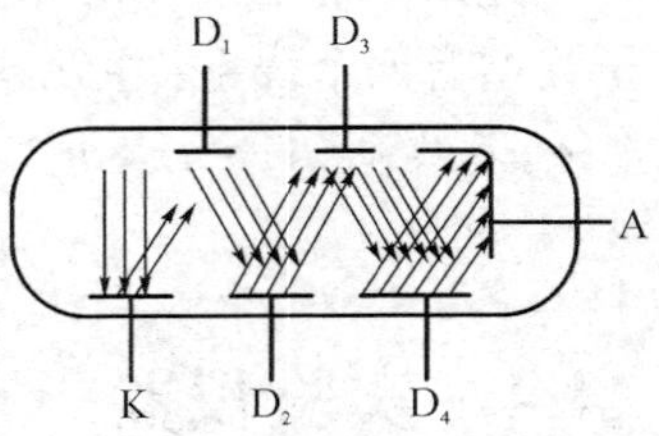

图 24-3 光电倍增管工作原理

2. 实验步骤

(1) 将光谱仪后面的模式转换开关打到光电倍增管模式。

(2) 打开氢氘灯电源,将氢氘灯发出的光对准摄谱仪的入射狭缝。

(3) 打开摄谱仪电源,将光电倍增管电压调至 600 V 左右(不能超过 1 000 V)。

(4) 打开计算机,运行光电倍增管程序。

(5) 待程序初始化结束后,设置程序面板上的参数为:起始波长 400 nm,结束波长 660 nm,波长分辨率 0.01 nm。

(6) 调节好入射狭缝和出射狭缝,入射狭缝缝宽在 0.2 mm 左右,出射狭缝缝宽在 0.1 mm 左右。

(7) 点击程序面板上的单程键,计算机开始控制光谱仪自动扫描,显示器上实时显示测量结果。完成摄谱后,利用程序上的工具按键读出四条氢氘谱峰对应的波长数值,做好记录。

(8) 氢氘光谱的第一条峰线(410 nm 左右)由于强度比较弱,仪器难以将双线分开,可适当调节两狭缝和光电倍增管电源的大小,使其能完全分开。

(9) 实验完成后,先将光电倍增管电源调至 0 V,再依次关闭程序、光谱仪、氢氘灯和计算机。注意顺序不要搞错。

(10) 处理数据。

24.6.2 CCD 模式

1. CCD 光学系统

CCD 是电荷耦合器件(Charge Couple Device)的简称,它是一种半导体装置,能够把光学影像转化为数字信号。CCD 上植入的微小光敏物质称为像素(pixel)。一块 CCD 上包含的像素数越多,其提供的画面分辨率也就越高。CCD 的作用就像胶片一样,但它是把图像像素转换成数字信号。它从发明到现在仅 20 余年的时间,但已广泛应用于信号处理、数据存储、图像传感等领域。其中,图像传感是其最为成功的应用领域,与传统的摄像器件相比较,它具有频谱响应范围宽、灵敏度高、线性度大、动态范围大、体积小、功耗低、自扫描等优点,CCD 图像传感器不仅可以应用于可见光波段,而且可以应用于软 X 射线、紫外和近红外波段。

2. 实验步骤

(1) 将光谱仪后面的模式转换开关打到 CCD 模式。

(2) 打开氢氘灯电源,将氢氘灯发出的光对准摄谱仪的入射狭缝。

(3) 打开摄谱仪电源,在计算机上运行 CD 程序。

(4) 根据程序说明设置好中心波长、曝光时间、起止波长等。

(5) 将中心波长检索至 460 nm 处,打开汞灯,对准狭缝,点击"实时",拍摄 380～540 nm 范围内汞原子光谱,根据已知汞原子光谱波长进行定标。

(6) 换上氢氘灯,拍摄 380～540 nm 范围内的光谱。

(7) 将中心波长移到 620 nm 处,拍摄 540～700 mm 范围内的汞原子光谱,并定标。

(8) 换上氢氘灯,拍摄 540～700 mm 范围内的光谱。

(9) 记录好数据,并参照 6.1 节中步骤(9)关闭各仪器。

24.6.3 钠光谱

实验步骤如下。

(1) 拍摄钠原子光谱,用纯的碳棒做电极,把纯 NaCl 晶体放在下电极上,拍摄钠原子光谱。

(2) 测量钠原子谱线的波数,将底片冲洗风干后,在光谱投影仪下认谱,并用比长仪测量钠原子谱线的锐线系和漫线系的各谱线波长。

(3) 求出光谱项。

(4) 绘制钠原子的能级图。

24.7 实验注意事项

(1) 氢氘灯、汞灯都用了高压电源,使用时务必要注意安全。

(2) 仪器断电和先启动软件再给仪器通电,均会造成波长混乱,因此,要严格按照顺序开关仪器或程序。

(3) 光电倍增管电源电压不能超过范围,关闭电源前一定要把电压缓慢调节到最小。

24.8 思考题

(1) 巴尔末线系极限波长是多少?

(2) 本实验所采用的两种实验模式有何异同? 由此讨论不同光谱检测手段的优劣。

(3) 实验中如何判别各线系和各谱线对应的主量子数?

实验 25

冉绍尔-汤森效应实验

25.1 引言

1921 年，德国物理学家冉绍尔(Carl Ramsauer)用磁偏转法分离出单一速度的电子，对极低能量 0.75～1.1 eV 的电子在各种气体的平均自由程做了研究。结果发现，氩气(Ar)中的平均自由程 λ_e 远大于经典力学的理论计算值。以后，他又把电子能量扩展到 100 eV 左右，发现 Ar 原子对电子的弹性散射截面 Q(与 $\overline{\lambda}_e$ 成反比)随电子能量的减小而增大，在10 eV左右达到极大值，而后又随着电子能量的减小而减小。

冉绍尔

1922 年，现代气体放电理论的奠基人、英国物理学家汤森(J. S. Townsend)和贝利(Bailey)也发现了类似的现象。进一步的研究表明，无论哪种气体原子的弹性散射截面(或电子平均自由程)，在低能区都与碰撞电子的能量(或运动速度 v)明显相关，而且类似的原子具有相似的行为，这就是著名的冉绍尔-汤森效应。

冉绍尔-汤森效应在当时是无法解释的。因为经典的气体分子运动论把电子看成质点，把气体原子看成刚性小球，它们之间碰撞的散射截面仅决定于原子的尺寸，电子的平均自由程大小也仅决定于气体原子大小及其密度 n，都与电子的运动速度无关。不久，在德布罗意波二相性(1924 年)和量子力学理论(1925—1928 年)建立后，人们才知道电子与原子的碰撞实际上是入射电子波在原子势场中的散射，是一种量子效应，冉绍尔-汤森效应实验事实才得到了圆满的理论解释。

冉绍尔-汤森效应是量子力学理论极好的实验例证，通过该实验，可以了解电子碰撞管的设计原则，掌握电子与原子的碰撞规则和测量原子散射截面的方法，测量低能电子与气体原子的散射概率以及有效弹性散射截面 Q 与电子速度的关系。

25.2 基础知识

25.2.1 经典理论

1. 经典理论下的平均自由程

一个分子在两次连续的碰撞之间所走过的直线路程，称为分子的自由程。自由程的长短不一，具有偶然性，但对大量分子的自由程进行统计平均，则给出确定的数值，称为平均自由程。平均自由程的公式如下：

$$\bar{\lambda} = \frac{k_\beta T}{\sqrt{2}\pi d^2 p} \tag{25-1}$$

由式(25-1)可知，经典理论下的自由程与电子能量无关。

2. 经典散射理论——刚性球模型

刚性球模型是把原子看做刚性球，即电子与 Xe 原子间的相互作用

$$U(r)=\begin{cases}\infty, & r\leqslant a\\ 0, & r>a\end{cases} \tag{25-2}$$

此刚性球模型的总弹性截面为

$$\sigma=\pi a^2 \tag{25-3}$$

其中，$a=(r_{\mathrm{Xe}}+r_{\mathrm{e}})$，其中 r_e 为电子的半径，r_{Xe} 为 Xe 的半径。

由此可见，由经典理论得到的总散射截面仅跟刚性球势场的半径有关，与电子的入射半径无关。

综上所述，经典理论不能解释本实验的结果。

25.2.2　冉绍尔-汤森的理论描述

量子力学中，碰撞现象也叫散射现象。粒子的碰撞过程中有弹性碰撞与非弹性碰撞两大类。在弹性碰撞中，粒子 A 以波矢 $\boldsymbol{k}\left(|\boldsymbol{k}|=\dfrac{\sqrt{2mE}}{\hbar}\right)$ 沿 z 入射到靶粒子 B(即散射中心)上，受 B 粒子作用偏离原方向而散射，散射程度可用总散射截面 Q 表示。

讨论粒子受中心力场弹性散射的情况。取散射中心为坐标原点，设入射粒子与散射中心之间的相互作用势能为 $U(r)$，当 $r\to\infty$ 时，$U(r)\to 0$，则远离散射中心处的波函数 ψ 由入射粒子的平面波 ψ_1 和散射粒子的球面散射波 ψ_2 组成

$$\psi\xrightarrow[r\to\infty]{}\psi_1+\psi_2=\mathrm{e}^{ikz}+f(\theta)\frac{\mathrm{e}^{ikz}}{r} \tag{25-4}$$

这里考虑的是弹性散射，所以散射波的能量没有改变，即其波矢的数值不变。式中，θ 为散射角，即粒子被散射后的运动方向与入射方向之间的夹角，$f(\theta)$ 称为散射振幅。而总散射截面为

$$Q=\int|f(\theta)|^2\mathrm{d}\Omega=2\pi\int_0^\pi|f(\theta)|^2\sin\theta\,\mathrm{d}\theta \tag{25-5}$$

利用分波法满足式(25-4)边界条件的薛定谔方程

$$\left(-\frac{\hbar^2}{2m}\nabla^2+U(r)\right)\psi=E\psi \tag{25-6}$$

可求得散射振幅为

$$f(\theta)=\frac{1}{k}\sum_{l=0}^{\infty}(2l+1)\sin^2\delta_1 \tag{25-7}$$

从而到总散射截面

$$Q=\sum_{l=0}^{\infty}Q_1=\frac{4\pi}{k^2}\sum_{l=0}^{\infty}(2l+1)\sin^2\delta_1 \tag{25-8}$$

中心力场中，波函数可表示成不同角动量 l 的入射波和出射波的相干叠加，$l=0, 1, 2, \cdots$的

分波。势场$U(r)$的作用仅使入射粒子散射后的每一个分波各自产生相移δ_1。δ_1可通过解径向方程

$$\frac{1}{r^2}\frac{\mathrm{d}}{\mathrm{d}r}\left[\left(r^2\frac{\mathrm{d}}{\mathrm{d}r}R_1(r)\right)+\left[k^2-\frac{2m}{\hbar^2}U(r)-\frac{l(l+1)}{r^2}\right]R_1(r)=0\right. \tag{25-9}$$

求得，要求满足

$$R_1(r)\xrightarrow[kr\to\infty]{}\frac{1}{kr}\sin\left(kr-\frac{l\pi}{2}+\delta_1\right) \tag{25-10}$$

这样，计算散射截面Q的问题就归结为计算各分波的相移δ_1。

在冉绍尔-汤森效应实验里，$U(r)$为电子与原子之间的相互用势，可以把惰性气体的势场近似地看成一个三维方势阱

$$U(r)=\begin{cases}-U_0, & r\leqslant a\\ 0, & r>a\end{cases} \tag{25-11}$$

式中，U_0代表势阱深度，a表征势阱宽度。对于低能散射，即$ka\ll 1$时，高l分波的贡献很小，$ka\ll 1$，可以只计算$l=0$的分波的相移δ_0。则有

$$Q\approx Q_0=\frac{4\pi}{k^2}\sin^2\delta_0 \tag{25-12}$$

其分波相移

$$\delta_0=\tan^{-1}\left(\frac{k}{k'}\operatorname{tg}k'a\right)-ka \tag{25-13}$$

其中，$k'=\dfrac{\sqrt{2m(E+U_0)}}{\hbar^2}$。可见在原子势特性$(-U_0,a)$确定的情况下，低能弹性散射截面的大小将随入射电子波波矢，即入射电子能量E的变化而变化。调整势阱参数U_0和a，可以使入射粒子能量为 1 eV 时散射截面出现一个极小值，即出现共振透射现象。

当入射电子能量$(E\neq 0)$，原子势特性满足

$$\frac{\tan k'a}{k'}=\frac{\tan ka}{k} \tag{25-14}$$

时，$\delta_0=\pi$，$Q_0=0$；而高l分波的贡献又非常小，因此散射截面呈现极小值。而当能量逐渐增大时，高l分波的贡献便成为不可忽略的，在这种情况下需要解$l\neq 0$时的方程(25-9)。各l分波相移的总和使总散射截面Q值不再出现类似一维情形的周期下降，这样三维方势阱模型定性地说明了冉绍尔曲线。

上述三维方势阱模型还是相当粗糙的，只能定性地用来解释冉绍尔曲线。更精确地计算散射截面，需要用到哈特里-福克(Hartree-Fock)自洽场方法，这里不再详述，从上面的论述可以看出，从弹性散射截面对电子能量关系的分析中，我们可以得到有关原子势场的信息。

25.2.3 散射概率、散射截面与平均自由程之间的关系

当入射粒子 A 穿过 B 组成的厚度为 dz 的靶时，若其平均自由程为$\bar{\lambda}$，则其散射概率为

$$P_s = \frac{dz}{\bar{\lambda}} \tag{25-15}$$

另一方面，若靶粒子的体密度为 n，单个靶粒子的散射截面为 Q，入射粒子穿过该靶时散射概率又可表示为

$$P_s = nQdz \tag{25-16}$$

因此显然有

$$\bar{\lambda} = \frac{1}{nQ} \tag{25-17}$$

即入射粒子的平均自由程 $\bar{\lambda}$ 与单位体积内靶粒子的总散射截面 nQ 互为倒数关系。在几种惰性气体(Ar，Kr，Xe)的冉绍尔-汤森效应实验中，当电子能量为 1 eV 时，散射截面出现极小值，此时入射电子径直透过势阱，犹如不存在原子一样，原子对电子像是“透明”的，这种情况称为共振贯穿或共振透射。

密度为 $N(z)$ 的入射粒子，经由 B 粒子组成的厚度为 dz 的靶散射后，出射粒子密度的减小量为

$$-dN(z) = P_s N(z) = \frac{dz}{\bar{\lambda}} N(z) = nQN(z)dz \tag{25-18}$$

取不定积分，并设 $z=0$ 处的入射粒子密度为 N_0，得

$$N(z) = N_0 e^{-nQz} = N e^{-\frac{z}{\lambda}} \tag{25-19}$$

n 代表了单位体积内所有靶粒子对于碰撞的总贡献。当靶粒子密度 n 一定时，散射截面 Q 则是决定散射概率 P_s 的因子。

实验测得散射概率 P_s 后可得

$$nQ - = \frac{1}{z}\ln(1-P_s) \tag{25-20}$$

和

$$\bar{\lambda} = \frac{-z}{\ln(1-P_s)} \tag{25-21}$$

对于给定温度 T 和压强 p 的气体，其总散射截面

$$Q = -\frac{kT}{pz}\ln(1-P_s) \tag{25-22}$$

式中，k 为玻尔兹曼常数。

25.3　实验目的

(1) 了解电子碰撞管的设计原则，掌握电子与原子的碰撞规则和测量的原子散射截面的方法。

(2) 测量低能电子与气体原子的散射概率 P_s 与电子速度的关系。

(3) 测量气体原子的有效弹性散射截面 Q 与电子速度的关系,测定散射截面最小时的电子能量。

(4) 验证冉绍尔-汤森效应,并学习用量子力学理论加以解释。

25.4 实验原理

25.4.1 理论原理

冉绍尔在研究极低能量电子(0.75～1.1 eV)的平均自由程时,发现氩气中电子自由程比用气体分子运动论计算出来的数值要大得多。后来,把电子的能量扩展到比较宽的范围内进行观察,发现氩原子对电子的弹性散射总有效截面 Q 随着电子能量的减小而增大,约在 10 eV 附近达到一个极大值,然后开始下降,当电子能量逐渐减小到 1 eV 左右时,有效散射截面 Q 出现一个极小值。也就是说,在能量为 1 eV 左右的电子,氩气竟然好像是"透明"的。电子能量小于 1 eV 以后 Q 再度增加。此后,冉绍尔又对各种气体进行了测量,发现无论哪种气体的总有效散射截面都和碰撞电子的速度有关。而且结构类似的气体原子或分子的总有效散射截面对电子速度的关系曲线 $Q=F\sqrt{V}$ (V 为加速电压值)具有相同的形状,称其为冉绍尔曲线。图 25-1 为氙(Xe),氪(Ke),氩(Ar)三种惰性气体的冉绍尔曲线。图中横坐标是与电子速度成正比的加速电压平方根值,纵坐标是散射截面 Q 值,这里采用原子单位,其中 a_0 为原子的玻尔半径。显然,用两个钢球相碰撞的模型来描述电子与原子之间的相互作用是无法解释冉绍尔效应的,因为这种模型得出的散射截面与电子能量无关。要解释冉绍尔效应需要用到粒子的波动性质,即把电子与原子的碰撞看成是入射粒子在原子势场中的散射,其散射程度用总散射截面来表示。

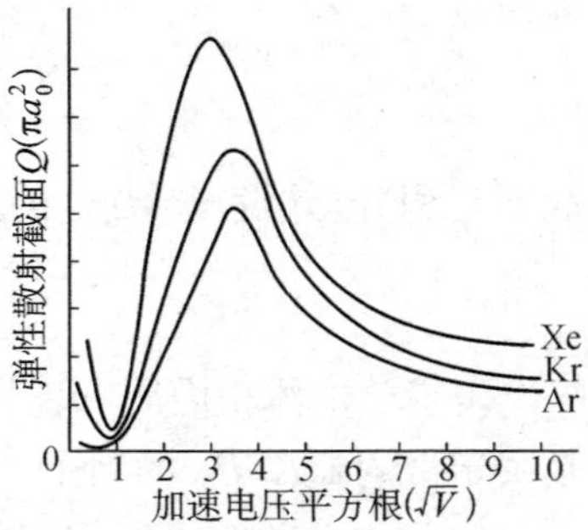

图 25-1 Xe, Ke, Ar 气体对电子的散射截面

25.4.2 测量原理

测量气体原子对电子的总散射截面的方法很多,装置也各式各样。充氙电子碰撞管的结构如图 25-2 所示。管子的屏极 S(Shield)为盒装结构,中间由一片开有矩形孔的隔板把它分成左右两个区域。左面区域的一端装有圆柱形旁热式氧化物阴极 K(Kathode),内有螺旋式灯丝 H(Heater),阴极与屏极隔板之间有一个通道式 G(Grade),右面区域是等电位区,通过屏极隔离板孔的电子与氙原子在这一区域进行弹性碰撞,该区内的板极 P(Plate)收集未能被散射的透射电子。

图 25-3 为测量气体原子总散射截面的原理,当灯丝加热后,就有电子自阴极逸出,设阴极电流为 I_K,电子在加速电压的作用下,有一部分电子在到达栅极之前,被屏极吸收,形成电流 I_{S1};有一部分穿越屏极上的矩形孔,形成电流 I_0,由于屏极上的矩形孔与板极 P 之间是一个等势空间,所以电子穿过矩形孔后就以恒速运动,受到气体原子散射的电子则到达屏极,形成散射电流 I_{S2};而未受到散射的电子则到达板极 P,形成板流 I_P,因此有

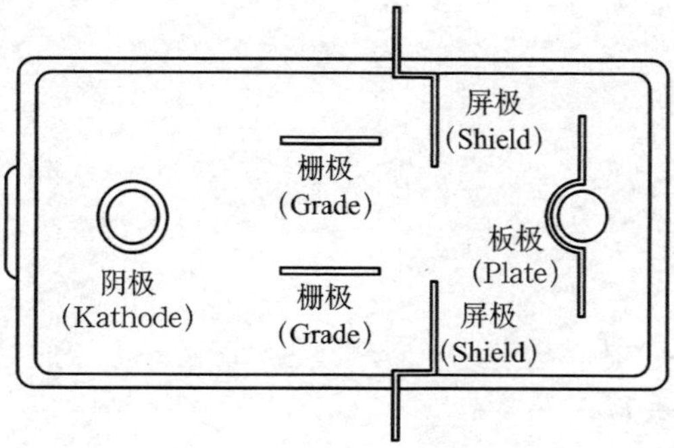

图 25-2 充 Xe 电子碰撞管

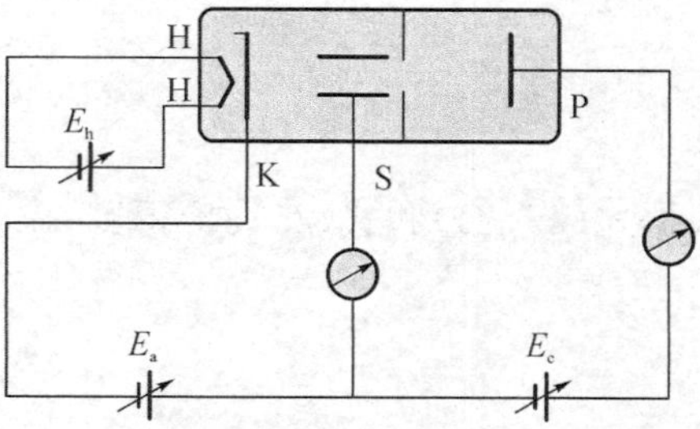

图 25-3 测量气体原子总散射面的原理

$$I_K = I_0 + I_{S1} \tag{25-23}$$

$$I_S = I_{S1} + I_{S2} \tag{25-24}$$

$$I_0 = I_P + I_{S2} \tag{25-25}$$

电子在等势区内的散射概率为

$$P_S = 1 - \frac{I_P}{I_0} \tag{25-26}$$

可见,只要分别测量出 I_P 和 I_0 即可以求得散射概率。从上面论述可知,I_P 可以直接测得,至于 I_0则需要用间接的方法测定,由于阴极电流 I_K 分成两部分 I_{S1} 和 I_0,它们不仅与 I_K 成比例,而且它们之间也有一定的比例关系,这一比值成为几何因子 f,即有

$$f = \frac{I_0}{I_{S1}} \tag{25-27}$$

几何因子 f 是由电极间相对张角及空间电荷效应所决定,即 f 与管子的几何结构及所用的加速电压、阴极电流有关。将式(25-27)代入式(25-26)得到

$$P_S = 1 - \frac{1}{f}\frac{I_P}{I_{S1}} = 1 - \frac{I_P}{I_P + I_S}\left(1 + \frac{1}{f}\right) \tag{25-28}$$

为了测量几何因子 f,我们把电子碰撞管的管端部分浸入温度为 77 K 的液氮中,这时,管内掉气体冻结,在这种低温状态下,气体原子的密度很小,对电子的散射可以忽略不计,几何因子 f 就等于液氮温度下板流 I_P^* 与屏流 I_S^* 之比,即

$$f \approx \frac{I_P^*}{I_S^*} \tag{25-29}$$

如果这是阴极电流与加速电压保持与式(25-26)和式(25-27)时的相同,那么式(25-29)中的 f 值的值与式(25-28)中的 f 值相等,因此有

$$P_S = 1 - \frac{I_P}{I_{S1}}\frac{I_S^*}{I_P^*} \tag{25-30}$$

由式(25-24)和式(25-25)得到

$$I_S + I_P = I_{S1} + I_0 \tag{25-31}$$

由式(25-27)和式(25-29)得到

$$I_0 = I_{S1} \frac{I_P^*}{I_S^*} \tag{25-32}$$

再根据式(25-31)和式(25-32)得到

$$I_{S1} = \frac{I_S^* (I_S + I_P)}{(I_S^* + I_P^*)} \tag{25-33}$$

将式(25-33)代入式(25-30)得到

$$P_S = 1 - \frac{I_P}{I_P^*} \frac{(I_S^* + I_P^*)}{(I_S + I_P)} \tag{25-34}$$

式(25-34)就是我们实验中最终用来测量散射的公式。

电子总有效散射截面 Q 和散射概率有如下简单的关系：

$$P_S = 1 - \exp(-QL) \tag{25-35}$$

式中，L 为屏极隔离板矩形孔到板极之间的距离。由式(25-33)和式(25-35)可得到

$$QL = \ln \frac{I_P^*}{I_P} \frac{I_S + I_P}{I_S^* + I_P^*} \tag{25-36}$$

因为 L 为一个常数，所以 $\frac{I_P^* (I_S + I_P)}{I_P (I_S^* + I_P^*)}$ 和 $\sqrt{E_a}$ 的关系曲线，即可以得到电子总有效散射截面与电子速度的关系。

25.5 实验仪器

FD-RTE-A 型冉绍尔-汤森效应实验仪(图 25-4)主要由实验主机两台(一台为电源组，另外一台是微电流计和交流测量装置)、电子碰撞管(包括管固定支架)、低温容器(盛放液氮用，液氮温度 77 K)组成。实验时还需要一台双踪示波器。

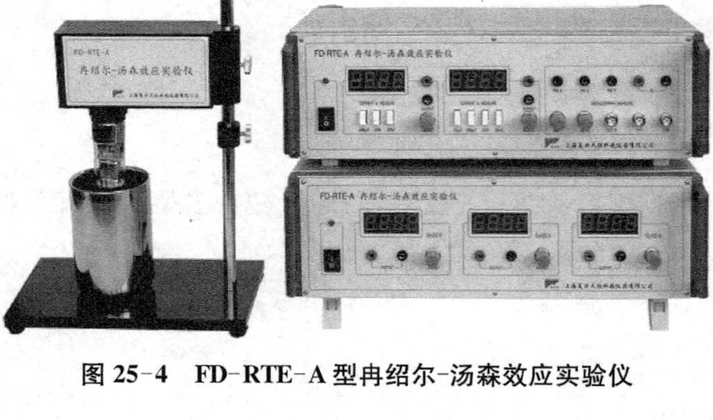

图 25-4　FD-RTE-A 型冉绍尔-汤森效应实验仪

电源组主机面板说明如图 25-5 所示。

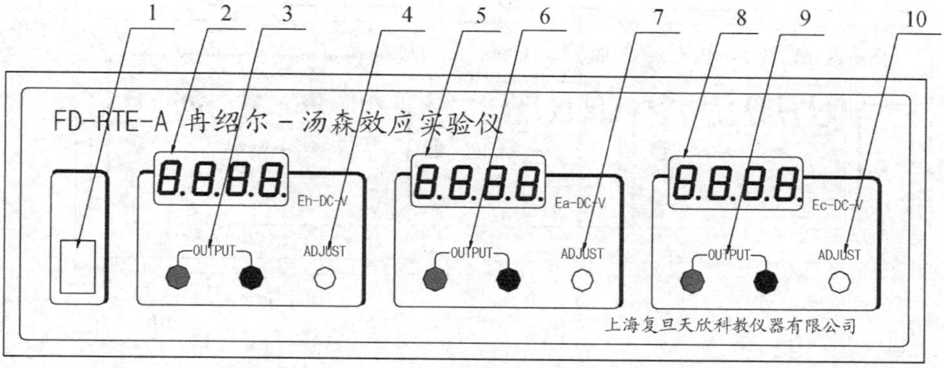

1—电源开关； 2—灯丝电压表头显示； 3—灯丝电压输出端，红色正端黑色负端； 4—灯丝电压调节电位器；
5—加速电压表头显示； 6—加速电压输出端，红色正端黑色负端； 7—加速电压调节电位器；
8—补偿电压表头显示； 9—补偿电压输出端，红色正端黑色负端； 10—补偿电压调节电位器

图 25-5　电源组主机前面板

技术指标如下：

(1) 电源组

灯丝电压：1.25～5.00 V(连续可调)，分辨率：0.01 V；

加速电压：−3.00～15.00 V(连续可调)，分辨率：0.01 V；

补偿电压：0.00～5.00 V(连续可调)，分辨率：0.01 V。

(2) 微电流计

微电流测量，三档切换：量程：2 μA 档，分辨率：0.001 μA；

量程：20 μA 档，分辨率：0.01 μA；

量程：200 μA 档，分辨率：0.1 μA。

微电流测量，四档切换：量程：20 μA 档，分辨率：0.01 μA；

量程：200 μA 档，分辨率：0.1 μA；

量程：2 mA 档，分辨率：0.001 mA；

量程：20 mA 档，分辨率：0.01 mA。

(3) 电子碰撞管：充氙气(Xe)；热阴极：PIN H；加速极：PIN K；栅极：PIH S；板极：PIN P。

(4) 交流示波器观测：加速电压有效值(连续可调)，0～10 V。

微电流计和交流测量主机如图 25-6 所示。

25.6　预习思考题

(1) 灯丝电压的作用是什么？加速电压的作用是什么？补偿电压的作用是什么？

(2) 仪器选用的电子碰撞管灯丝的正常电压为 6.3 V，实验中应该降压使用，例如 2 V 或 3 V，为什么？

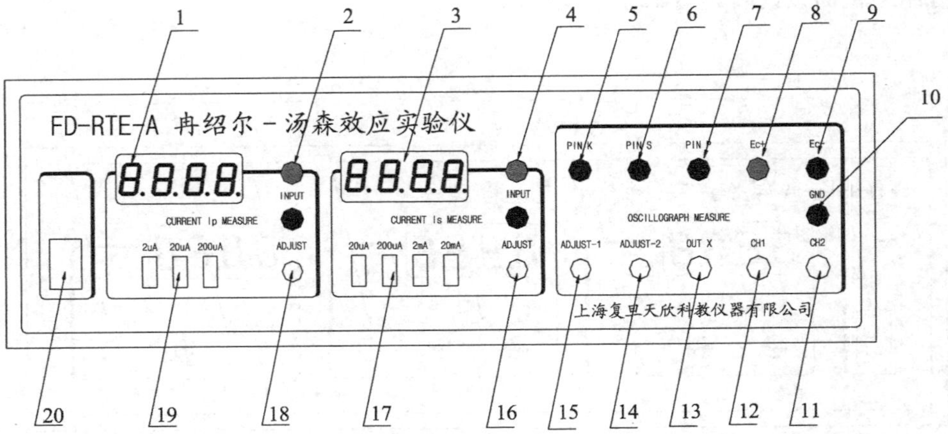

1—微电流测量表头显示； 2—微电流计输入端，红色正端，黑色负端； 3—微电流测量表头显示； 4—微电流计输入端，红色正端，黑色负端； 5—交流测量加速极 PIN K 输入端； 6—交流测量栅极 PIN S 输入端； 7—交流测量板极 PIN P 输入端； 8—交流测量补偿电压正输入端； 9—交流测量补偿电压负输入端； 10—交流测量接地端； 11—交流测量接示波器 CH2 输出端，显示栅极电流变化； 12—交流测量接示波器 CH1 输出端，显示板极电流变化； 13—交流测量正弦波扫描电压输出端，接示波器外部输入； 14—交流测量扫描电压调节电位器； 15—交流测量加速电压调节电位器； 16—微电流测量调零电位器； 17—微电流测量四档切换开关； 18—微电流测量调零电位器； 19—微电流测量三档切换开关； 20—主机电源开关

图 25-6　微电流计和交流测量主机前面板

(3) 屏极隔板小孔以及板极大小对散射概率和弹性散射截面的测量有何影响？

(4) 补偿电压 E_c 偏大或偏小对测量散射概率的造成什么影响？

25.7　实验步骤

25.7.1　交流定性观察

仪器连接如图 25-7 所示。具体实验步骤如下。

(1) 按照图 25-7 所示的连接图连接仪器，将两台冉绍尔-汤森效应实验仪主机和电子碰撞管以及双踪示波器相连。

(2) 打开主机和示波器电源，调节电子碰撞管阴极电源“E_h”至“2 V”左右，(灯丝的正常工作电压为 6.3 V，实验中应该降压使用，例如 2 V 或者 3 V)，补偿电压“E_c”先调节至“0 V”。

(3) 示波器触发源选“外接”，触发耦合选择“AC”，选 CH_1，CH_2“双踪”观察方式，置 CH_1 为“AC”耦合，“50 mV”或者“100 mV”档。置 CH_2 为“AC”耦合，“50 mV”或者“100 mV”档。

(4) 调节电位器“ADJUST1”可以改变交流加速电压的幅度，调节电位器“ADJUST2”的大小，改变示波器 x 轴的扫描幅度。这时可以在示波器上定性观察到电流 I_P 和 I_S 与加速电压的关系。可以观察到，曲线 I_P-E_a 有明显的凹陷，如图 25-8(a)所示。

(5) 注意：此时的加速电压不宜过大，否则气体原子将被电离，使管流急剧增加，此时应将加速电压降低到气体原子的电离电位以下(氙的电离电位约为 12.13 V)。

(6) 先在保温杯中注入液氮，再把碰撞管下部约 1/2 浸入液氮(注意：电子碰撞管应该缓

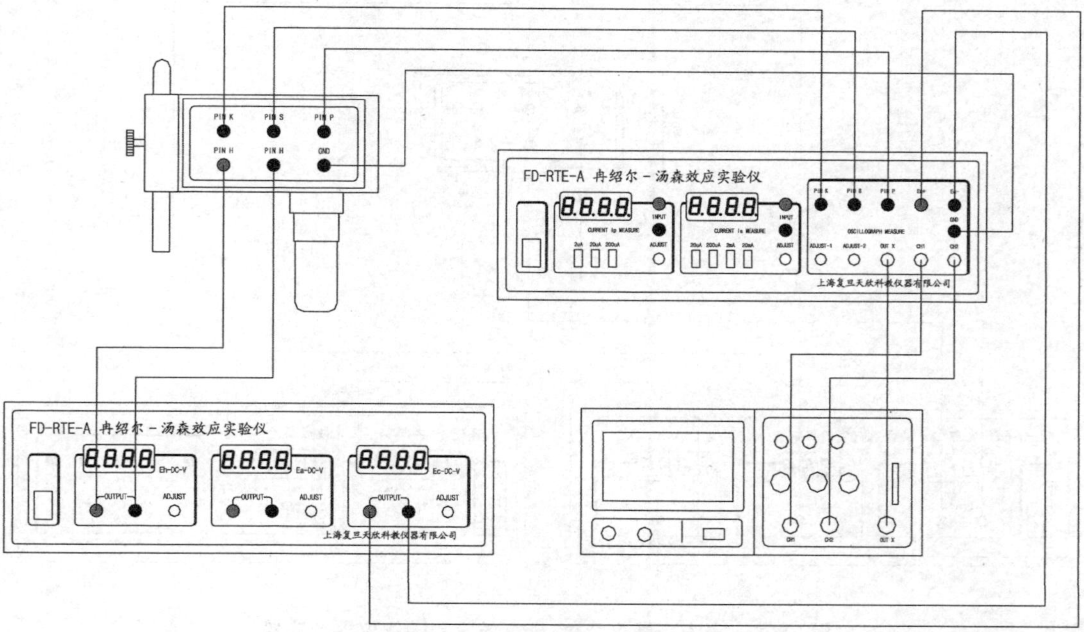

图 25-7　冉绍尔-汤森实验直流测量仪器的连接

慢浸入液氮，以避免管壳突然受冷而爆裂），冷却后示波器观察 S 板和 P 板电流的变化，曲线 I_P-E_a 的凹陷消失，如图 25-8(b)。并与室温下曲线做比较，思考变化的原因。

（7）低温下调节 E_c 使 I_P，I_S 同时出现电流。记下 E_c 初调值。

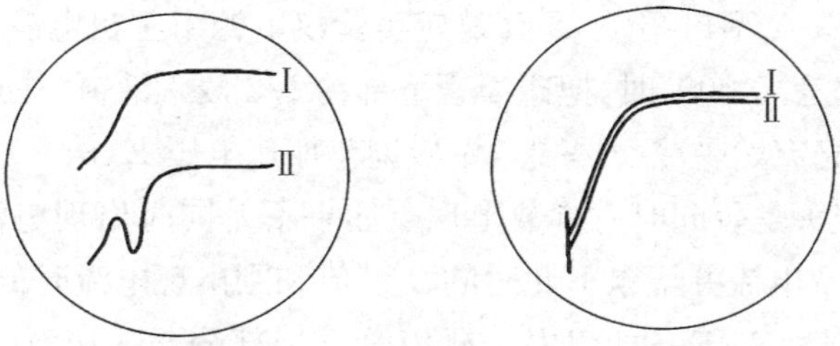

(a) 室温　　(b) 液氮温度

图 25-8　室温和液氮温度下的电流 I_P 和 I_S 与加速电压的关系

25.7.2　直流测量

仪器连接如图 25-9 所示。具体实验步骤如下。

1. 测量液氮条件下的一系列 E_a，I_S^* 和 I_P^* 值

（1）在前面交流测量冉绍尔-汤森效应实验的基础上（即保证示波器观察到的波形符合实验要求），理解图 25-3 所示的电路图，直流测量冉绍尔-汤森效应实验。按照图 25-9 所示的仪器连接图，将两台 FD-RTE-A 型冉绍尔-汤森效应实验仪主机和电子碰撞管相连。

冉绍尔-汤森效应实验

（2）首先打开 FD-RTE-A 型冉绍尔-汤森效应实验仪微电流计主机，调节微电流计“CURRENT I_P MEASURE”和“CURRENT I_S MEASURE”的调零电位器，将示值全部调节

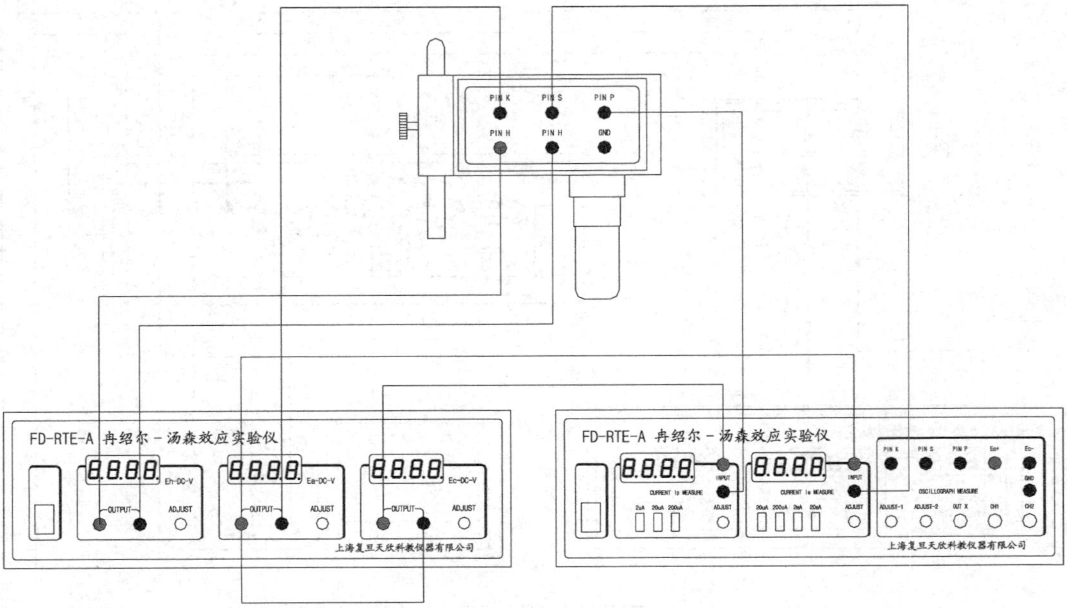

图 25-9 直流测量冉绍尔-汤森效应实验线仪器的连接

为“0.000”(注意此时应该将两个换档开关全部置于最小，即左边“CURRENT I_P MEASURE”置于“2 μA”档，右边“CURRENT I_S MEASURE”档置于“20 μA”档)。

(3) 打开 FD-RTE-A 型冉绍尔-汤森效应实验仪电源组主机电源开关，将灯丝电压“E_h”调至“2.000 V”，直流加速电压“E_a”和补偿电压“E_c”全部调节至“0.000 V”。

(4) 关闭 FD-RTE-A 型冉绍尔-汤森效应实验仪电源组主机电源开关，等到微电流计主机上两个表头示值全部为“0.000”时，把碰撞管下部约 1/2 浸入液氮(注意：电子碰撞管应该缓慢浸入液氮，以避免管壳突然受冷而爆裂)，慢慢调节加速电压 E_a 从 −1 V 变化到 1 V，观察此过程中微电流计两个表头是否同时有读数出现。如果不是同时出现电流，适当改变补偿电压“E_c”的值，使之同时出现电流并记录下此时的“E_c”值和刚出现电流时的“E_a”值。

(5) 低温下(液氮温度 77 K)，即将电子碰撞管下半部分浸入液氮，从刚才记录的“E_a”值开始逐渐增加加速电压(2 V 以下每隔 0.1 V 记录一次数据，2～3 V 可以每隔 0.2 V 测量，以后每隔 0.5 V 测量)，列表记录每一点对应的电流 I_P^* 和 I_S^* 的大小。

2. 室温下测量一系列的 E_a、I_S和 I_P值

(1) 将电子碰撞管从保温杯中取出，将保温杯中剩余的液氮注入大的液氮杜瓦瓶中，等到电子碰撞管恢复到室温情况，调节加速电压为零，此时为保持阴极温度不变，改变灯丝电压 E_h 的大小，使得在加速电压 $E_a=1$ V 的情况下 $I_P+I_S=I_P^*+I_S^*$，这是因为在加速电压为 1 V 时的散射概率最小，最接近真空的情况。

(2) 参照低温下的情况，逐渐增加加速电压，列表记录每一点对应的电流 I_P和 I_S和的大小。作 $\ln\left[\dfrac{I_P^*(I_S+I_P)}{I_P(I_S^*+I_P^*)}\right]-E_a$ 关系图，或者根据公式(25-26)作 P_s-E_a 关系图，测量低能电子与气体原子的散射概率 P_s 随着电子能量变化的关系。

25.8　数据处理

测量条件：室温下灯丝电压 $E_h=$________V，液氮温度下灯丝电压 $E_h=$________V，补偿电压 $E_c=$________V，初始加速电压 $E_{a0}=$________V。将实验数据记录在表 25-1 中。

表 25-1　室温和液氮温度下测量加速电压与板极电压、栅极电压的关系

E_a/V	I_P^*/μA	I_S^*/μA	I_P/μA	I_S/μA	$\sqrt{E_a-E_{a0}}$	P_s	QL	f
…								

(1) 定性分析电流 I_P 和 I_S 与加速电压的关系，观察并比较室温和液氮温度下示波器上曲线，分析思考变化的原因。

(2) 根据上述测量数据，分别作出 P_s-$\sqrt{E_a-E_{a0}}$ 、总有效散射截面 QL-$\sqrt{E_a-E_{a0}}$，几何因子 f-$\sqrt{E_a-E_{a0}}$ 的关系曲线，并进行分析。

25.9　实验室安全要求和注意事项

(1) 将电子碰撞管浸入液氮中进行低温测量时，注意不要将管子金属底座浸入液氮，以防止管子炸裂。

(2) 电子碰撞管上下端的限位螺丝的作用是在将电子碰撞管浸入液氮时，限制管子突然或者全部浸入液氮引起管子炸裂。

(3) 液氮是窒息性气体，应保持实验室有良好的通风。当心不要让低温液体触及人体，否则会造成冻伤。

(4) 使用玻璃杜瓦瓶时，应避免骤冷骤热。例如，灌注低温液体时，开始要慢；热的实验装置不要触碰冷玻璃壁。同时，还应该避免尖角划伤玻璃，否则该处遇冷时容易破裂。

(5) 盛有低温液体的杜瓦容器真空夹层的封口必须保护好，切不可突然打开或充入过量的气体，否则由于绝热破坏，容器内液体迅速蒸发，有可能造成安全事故。

(6) 所有盛低温液体的容器都不能完全封死，必须留有供蒸汽逸出的孔道，否则由于不可避免的外界露热使低温液体逐渐汽化，容器中的压强将逐渐升高，最后会导致仪器损坏或者爆炸。实验结束时尤其不可疏忽大意，一定要把可能存在低温液体的密封器件的封口打开。

25.10 思考题

(1) 影响电子实际加速电压值的因素有哪些？有什么修正方法？

(2) 为什么当把将电子碰撞管的管端浸入液氮中，冷却后观察到，曲线 I_{P}-E_a 的凹陷消失？

(3) 散射概率的误差来源？

(4) 已知标准状态下氙原子的有效半径为 2×10^{-10} m，按照经典气体分子运动论计算其散射接散射截面及电子平均自由程，再将实验所得 P_{s} 最大值和最小值对应的散射截面求出来，与经典结果作比较，并讨论之。

(5) 当测量条件从液氮转到室温条件下时，需要调节灯丝电压 U_h，使 $I_{\mathrm{S}}+I_{\mathrm{P}}=I_{\mathrm{P}}^*+I_{\mathrm{S}}^*$ 以保证两种测量条件下阴极的发射情况基本一致，为什么此时加速电压 (E_a-E_{a0}) 应为 1 V 而不是其他电压值？

25.11 拓展实验设计参考

1. 最佳补偿电压 E 下的散射概率测量

散射概率测量电路如图 25-10 所示，其中 E 为最佳补偿电压。$E_{\mathrm{c}}=E$ 时，为理想状况，刚好补偿。E_{c} 偏小时，散射概率取最小值时对应的电压偏大；E_{c} 偏大时，E_{c} 等价于另一加速电压，几何因子 f 增大，散射概率偏大。

找出最佳补偿电压 E，E 的寻找方法为测出相关数据得到 P_{s}-$\sqrt{E_a-E_{a0}}$ 曲线图，并与其他补偿电压下的 P_{s}-$\sqrt{E_a-E_{a0}}$ 曲线图进行比较和讨论。

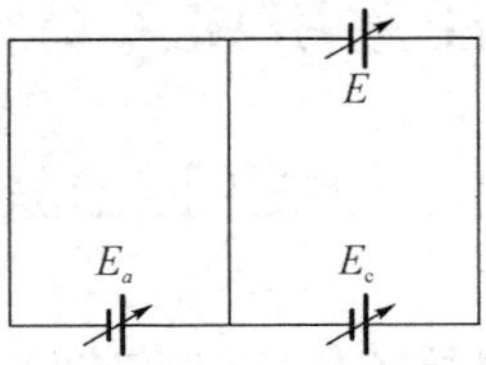

图 25-10 散射概率测量电路

2. 测试灯丝电压对几何因子，散射概率的影响

测试不同灯丝电压 U_h 下 f-$\sqrt{E_a-E_{a0}}$，P_{s}-$\sqrt{E_a-E_{a0}}$ 曲线，分别比较曲线并分析讨论。其中 U_f 分别取 2.0 V，4.3 V。

实验 26

金刚石色心量子计算实验

26.1 引言

过去的几十年中，经典计算机经历了快速的发展时期。第一台通用电子计算机 ENIAC 占地约 170 平方米，如今的掌上电脑已经可以放进口袋。体积的巨大变化，主要归功于集成电路工业的飞速发展。英特尔公司创始人之一戈登·摩尔曾提出著名的摩尔定律，用以总结和预期集成电路的发展，即集成电路上可容纳的晶体管数目，约每隔 18 个月便会翻一倍，其性能也会翻倍。然而随着电路集成度越来越高，摩尔定律也遇到了新的挑战。因为按照摩尔定律描述的发展趋势，集成电路的工艺已进入纳米尺度。在芯片上如此高密度的集成元器件，热耗散问题是一个巨大的挑战。更严重的是，随着集成电路的工艺进入纳米尺度，量子效应会逐渐显现并占据支配地位。当描述元器件工作的物理规律由经典物理转变为量子力学，试图按照原来的方式保持集成电路的发展趋势就非常困难了。

既然在微观尺度下，量子力学效应占主导，那有没有可能利用量子力学效应来构造计算机呢？费曼最先在 1982 年指出，采用经典计算机不可能以有效方式来模拟量子系统的演化。我们知道，经典计算机与量子系统遵从不同的物理规律，用于描述量子态演化所需要的经典信息量，远远大于用来以同样精度描述相应的经典系统所需的经典信息量。费曼提出用量子计算则可以精确而方便地实现这种模拟。1985 年，大卫·多伊奇(David Deutsch)深入研究了量子计算机是否比经典计算机更有效率的问题。他首次在理论上描述出了量子计算机的简单模型——量子图灵机模型，研究了它的一般性质，预言了它的潜在能力。但当时的人们还不知道有什么具体的可求解问题，量子计算能比经典计算更有优越性。1994 年，美国数学家皮特·休尔(Peter Shor)从原理上指出，量子计算机可以用比经典计算机快得多的速度来求解大数的质因子分解问题。由于大数质因子分解问题是现代通信与信息安全的基石，皮特·休尔的开创性工作引起了巨大的关注，其可期待的辉煌应用潜力有力地刺激了量子计算机和量子密码等领域的研究发展，成为量子信息科学发展的重要里程碑之一。1996 年格罗弗(Grover)发现了另一种很有用的量子算法，即所谓的量子搜索算法，它适用于解决如下问题：从 N 个未分类的客体中寻找出某个特定的客体。经典算法只能是一个接一个地搜寻，直到找到所要的客体为止，这种算法平均地讲要寻找 $N/2$ 次，成功几率为 $1/2$，而采用格罗弗(Grover)的量子算法则只需要 $\sqrt{N}$ 次。

随着一系列量子算法的提出，量子计算对某些重要问题相对于已知的经典计算方式的计算能力的展现出巨大的优势。量子计算不仅吸引着众多的科研人员，其应用前景也吸引了谷歌、微软、IBM 等国际知名公司参与这一领域的竞争。近年来，各研究团队更是试图实现“量子霸权”(Quantum supremacy)，即通过量子计算实现对经典计算能力的极限的突破。

26.2 实验目的

（1）理解量子精密测量、光探测磁共振原理、量子态调控和量子计算的基本原理。

（2）理解量子力学基本概念，包括量子态叠加原理、量子态演化、塞曼效应、电子自旋等内容。

（3）熟悉并理解量子计算基本概念，包括量子比特、量子逻辑门、量子退相干量子算法等。

（4）熟悉并掌握金刚石量子计算教学机结构和原理、参数调节和优化、软件操作和数据处理。

（5）理解量子计算实验技术和应用领域，掌握量子计算研究的基本方法，以适应现代量子技术发展和继续深入学习的需要。

26.3 基础知识

经典计算机需要信息的载体、逻辑操作、状态读出等一系列基本元素。量子计算机也类似，首先需要量子信息的载体，即量子比特。然后需要具备对量子比特进行初始化，操控和读出的能力。我们利用一系列的逻辑操作，构成量子算法，来实现特定的计算目的。

26.3.1 量子计算基本概念

1. 量子比特

如果我们把数据送入计算机处理，就必须把数据表示成为计算机能识别的形式。如图 26-1 所示，在经典计算机中，信息单元用 1 个二进制位表示，它处于“0”态或“1”态。而在量子计算机中，信息单元称为“量子比特”，它除了可以处于“0”态或“1”态外，还可处于一种叠加态。我们用$|0\rangle$和$|1\rangle$表示量子比特可取的状态基矢，单个量子比特可取为

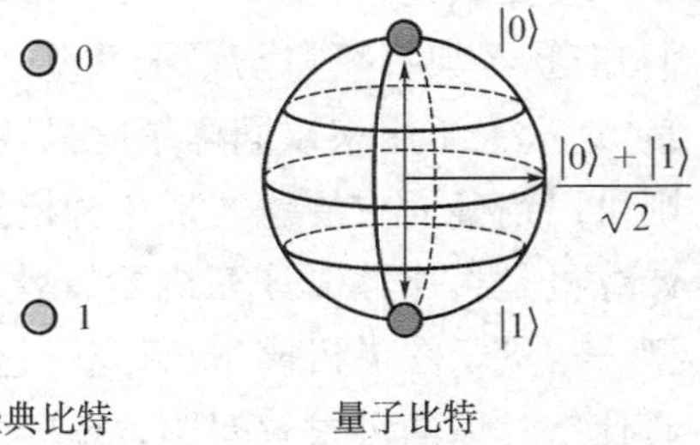

图 26-1 经典比特与量子比特对比

$$|\Psi\rangle=\alpha|0\rangle+\beta|1\rangle \tag{26-1}$$

因为存在约束条件 $\alpha\alpha^*+\beta\beta^*=1$，我们也可以这样表示量子比特

$$|\Psi\rangle=\cos\frac{\theta}{2}|0\rangle+e^{i\varphi}\sin\frac{\theta}{2}|1\rangle \tag{26-2}$$

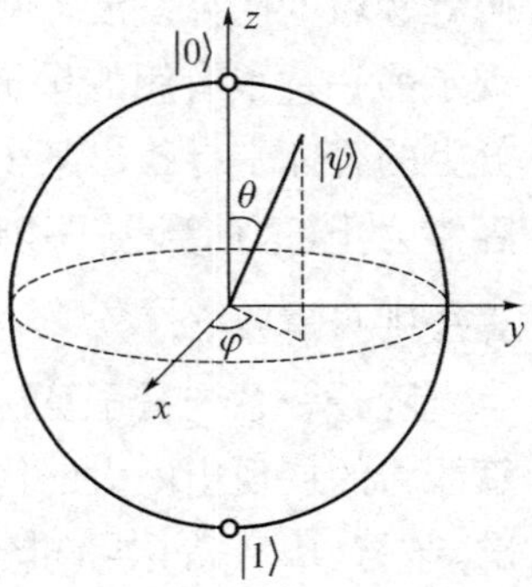

图 26-2 布洛赫球上二能级量子态的表示

这里 $-\pi\leqslant\theta\leqslant\pi$，$0\leqslant\varphi\leqslant2\pi$，$x=\sin\theta\times\cos\varphi$，$y=\sin\theta\times\sin\varphi$，$z=\cos\theta$。显然 θ 和 φ 在单位三维球体上定义了一个点，这个球体通常被称为布洛赫球，如图 26-2 所示。单个量子比特的纯态可以与布洛赫球面上的点一一对应。

2. 量子逻辑门

经典计算中用到很多基本逻辑门，包括与门、或门、非门、异或

门、与非门和或非门等，这些元件组合在一起能构成用来计算任何函数的硬件电路。量子计算机与此类似，也由一系列的量子门组合而成，以此来完成复杂计算任务。表 26-1 列出了常用的量子逻辑门，其代表符号和矩阵表示。描述单个量子门的矩阵 $\boldsymbol{U}$ 要求必须是幺正的，即 $\boldsymbol{UU}^{+}=I$.$C-NOT$ 门是一个两比特门，当控制比特是 $|0\rangle$ 时，目标比特不变。当控制比特是 $|1\rangle$ 时，目标比特发生翻转，即 $|0\rangle\rightarrow|1\rangle$，$|1\rangle\rightarrow|0\rangle$。

要实现实用的量子计算，需要的量子比特的数目远不止两个，因此需要能够实现多比特的量子逻辑门。而且，量子计算中需要施加的量子逻辑门与要解决的问题有关，也就是说，为了解决不同的问题，需要使用不同的量子逻辑门。那么，能不能只用一些基本的量子逻辑门，来实现任意的量子逻辑门的效果呢？理论上可以证明，对于任意的多比特量子逻辑门，都可以通过两比特受控非门结合单比特量子逻辑门的方式实现。我们称单比特量子逻辑门和受控非门形成一组普适的量子逻辑门。

表 26-1　常用量子逻辑门的符号和矩阵表示

名称	符号	矩阵表示
Hadamard	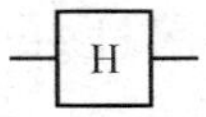	$\frac{1}{\sqrt{2}}\begin{pmatrix}1 & 1\\ 1 & -1\end{pmatrix}$
Pauli-X	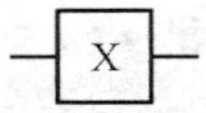	$\begin{pmatrix}0 & 1\\ 1 & 0\end{pmatrix}$
Pauli-Y	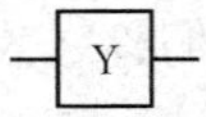	$\begin{pmatrix}0 & -\mathrm{i}\\ \mathrm{i} & 0\end{pmatrix}$
Pauli-Z	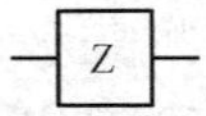	$\begin{pmatrix}1 & 0\\ 0 & -1\end{pmatrix}$
C-Not		$\begin{pmatrix}1 & 0 & 0 & 0\\ 0 & 1 & 0 & 0\\ 0 & 0 & 0 & 1\\ 0 & 0 & 1 & 0\end{pmatrix}$

3. 量子测量

为了得到量子计算的结果，需要对末态进行量子测量。对于量子比特 $|\Psi\rangle=\alpha|0\rangle+\beta|1\rangle$，采用基矢 $|0\rangle$，$|1\rangle$ 进行测量，得到结果 $|0\rangle$ 和 $|1\rangle$ 的概率分别为 $|\alpha|^2$ 和 $|\beta|^2$。如果选择另外的一组正交基矢

$$|+\rangle=\frac{1}{\sqrt{2}}(|0\rangle+|1\rangle),\quad |-\rangle=\frac{1}{\sqrt{2}}(|0\rangle-|1\rangle) \tag{26-3}$$

任意量子比特的态可以写成

$$|\Psi\rangle=\alpha|0\rangle+\beta|1\rangle=\frac{\alpha+\beta}{\sqrt{2}}|1\rangle+\frac{\alpha-\beta}{\sqrt{2}}|-1\rangle \tag{26-4}$$

测量之后，坍缩到 $|+\rangle$ 或者 $|-\rangle$ 的概率分别为 $1/2|\alpha+\beta|^2$，$1/2|\alpha-\beta|^2$。

一般情况下，给出任意的基失 $|a\rangle$ 和 $|b\rangle$，可以将任意态表示为 $\alpha|a\rangle+\beta|b\rangle$，只要 $|a\rangle$ 和 $|b\rangle$ 是正交的，就可以进行相对于 $|a\rangle$ 和 $|b\rangle$ 的测量，以 $|\alpha|^2$ 的概率得到 $|a\rangle$，以 $|\beta|^2$ 的概率得到 $|b\rangle$。

4. 量子算法

经典计算机在处理某些问题的时候，速度是很快的，比如计算乘法 127×229=?。但如果将这个问题反过来，求解 29 083 这个数能分解成哪两个质数是乘积? ×? =29 083，这时候经典计算机可能要花费很长的时间来处理。尤其是当要分解的数非常大的时候，普通计算可能要运算几年或者更长的时间才能得到结果。而此时如果采用量子算法，则大数质因子分解问题可以迎刃而解。利用量子计算机，几乎可以瞬间完成大数分解。

量子算法与经典算法相比，其差别在于量子算法融入了量子力学的很多特征。经典算法本质上不依赖于量子物理，只是数学上的技巧。而量子算法中用到了量子相干性、量子叠加性、量子并行性、波函数坍缩等量子力学特性，进而大大提高了计算效率。这种崭新的计算模式，给计算科学带来重大影响。有些问题，依据经典计算复杂性理论，是不存在有效算法的，但在量子算法的框架里却找到了有效法。最为典型的量子算法有 Shor 算法(质因数分解)、QEA 算法(组合优化求解)、Grover 算法(量子搜索算法)等。这些量子算法可能处理的问题不同，但是都是采用了量子力学物理性质进行计算。每一种算法都有其独特性，比如 Shor 算法对质因素分解将直接威胁 RSA 加密体系，Grover 算法在搜索方面，指数级的加速。这些都有潜在的应用价值。下面我们以多伊奇-约萨(Deutsch-Jozsa)算法为例，说明量子并行性的优势。

考虑定义在 $\{0, 1\}^n$ 上的函数 $f(x)$，满足 $f(x) \in \{0, 1\}$，且 $f(x)$ 的输出分为两种情况。一种是，对于任意输入，它只输出 0 或者 1，我们称之为常函数；另一种情况是，恰好对于一半的输入，输出为 0，另一半输入，输出为 1，我们称之为平衡函数。问题是：对于未知的 $f(x)$，需要区分它是常函数还是平衡函数。如果采用经典计算的方式，需要挨个检查输出结果，要得到准确无误的判断，最坏的情况需要进行 $2^{n-1}+1$ 次计算。这是因为，如果进行了 2^{n-1} 次计算后，得到的是 2^{n-1} 个相同的输出，这时候仍不能确定 $f(x)$ 是常函数还是平衡函数。若果采用量子计算的方式，对于同样的问题，只需要一次计算就可以得出结果，解决这个问题的量子算法称为 Deutsch-Jozsa 算法(简称 D-J 算法)。D-J 算法是 1992 年由大卫·多伊奇(David Deutsch)和理查德·约萨(Richard Jozsa)提出的，是对 1985 年 David Deutsch 单独提出的 Deustsh 算法的一般性推广。Deutsch 算法即是 D-J 算法 $n=1$ 的情况。因为 Deutsch 算法更易说明，下面我们就详细讲解 Deutsch 算法。

函数 $f(x)$，其定义域为$\{0, 1\}$，且 $f(x) \in \{0, 1\}$，那么这样的函数共有四种情况，如图 26-4 所示。

常函数 $f_1(x)$

输入	输出
0	0
1	0

常函数 $f_2(x)$

输入	输出
0	1
1	1

平衡函数 $f_3(x)$

输入	输出
0	0
1	1

平衡函数 $f_4(x)$

输入	输出
0	1
1	0

图 26-4 常函数与平衡函数示例

现在我们需要判断 $f(x)$ 是常函数还是平衡函数，采用经典计算的方法，需要分别计算 $f(0)$ 和 $f(1)$，然后判断 $f(0)$ 和 $f(1)$ 是否相等，共需进行两次计算。如果采用量子计算中的 Deutsch 算法，则只需一次计算就能够判定。图 26-5 是 Deutsch 算法的量子线路。该量子算法需要两个量子比特，其初态是 $|a\rangle=|01\rangle$，然后对两个比特分别施加 Hadamard 门，得到的态为

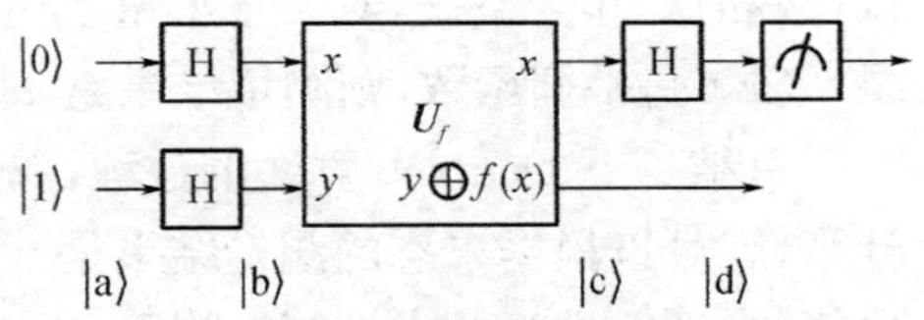

图 26-5　Deutsch 算法的量子线路

$$|b\rangle=\left(\frac{|0\rangle+|1\rangle}{\sqrt{2}}\right)\left(\frac{|0\rangle-|1\rangle}{\sqrt{2}}\right) \tag{26-5}$$

对 $|b\rangle$ 施加量子逻辑门 $\boldsymbol{U}_f$，其中 $\boldsymbol{U}_f$ 对量子比特态的作用为

$$\boldsymbol{U}_f\ |x,\ y\rangle=|x,\ y\oplus f(x)\rangle \tag{26-6}$$

$y\oplus f(x)$ 代表 $y+f(x)$ 除以 2 的余数。因此有

$$\begin{cases}\boldsymbol{U}_f\ |x,\ 0\rangle=|x,\ f(x)\rangle\\ \boldsymbol{U}_f\ |x,\ 1\rangle=|x,\ 1-f(x)\rangle\end{cases} \tag{26-7}$$

所以

$$\boldsymbol{U}_f\ |x\rangle\left(\frac{|0\rangle-|1\rangle}{\sqrt{2}}\right)=|x\rangle\left(\frac{|f(x)\rangle-|1-f(x)\rangle}{\sqrt{2}}\right)=(-1)^{f(x)}\ |x\rangle\left(\frac{|0\rangle-|1\rangle}{\sqrt{2}}\right) \tag{26-8}$$

如果 $f(0)=f(1)$，即 $f(x)$ 是常函数，经过 $\boldsymbol{U}_f$ 作用之后得到的态是

$$|c\rangle=\pm\left(\frac{|0\rangle+|1\rangle}{\sqrt{2}}\right)\left(\frac{|0\rangle-|1\rangle}{\sqrt{2}}\right) \tag{26-9}$$

如果 $f(0)\neq f(1)$，即 $f(x)$ 是平衡函数，经过 U_f 作用之后得到的态是

$$|c\rangle=\pm\left(\frac{|0\rangle-|1\rangle}{\sqrt{2}}\right)\left(\frac{|0\rangle-|1\rangle}{\sqrt{2}}\right) \tag{26-10}$$

算法运行到这一步，第一个量子比特的态，已经与 $f(x)$ 是常函数还是平衡函数产生关联。若 $f(x)$ 是常函数，则第一个量子比特的态是 $\frac{|0\rangle+|1\rangle}{\sqrt{2}}$。若 $f(x)$ 是平衡函数，则第一个量子比特的态是 $\frac{|0\rangle-|1\rangle}{\sqrt{2}}$。然后对第一个量子比特施加 Hadamard 门，如果 $f(0)=f(1)$，即 $f(x)$ 是常函数，得到

$$|d\rangle=\pm|0\rangle\left(\frac{|0\rangle-|1\rangle}{\sqrt{2}}\right) \tag{26-11}$$

如果 $f(0)\neq f(1)$，即 $f(x)$ 是平衡函数，得到

$$|d\rangle=\pm|1\rangle\left(\frac{|0\rangle-|1\rangle}{\sqrt{2}}\right) \tag{26-12}$$

以$|0\rangle$和$|1\rangle$作为基失，对第一个量子比特进行测量。如果$f(x)$是常函数，则测量结果是0；如果$f(x)$是平衡函数，则测量结果是1。

总结一下Deutsch算法的过程，我们将量子比特制备到$|0\rangle$和$|1\rangle$的叠加态，只需进行一次计算，就可以根据末态的测量结果是0还是1，来判断$f(x)$是常函数还是平衡函数。根据经典算法，则需进行两次计算。将Deutsch算法的定义域从$\{0, 1\}$推广到$\{0, 1\}^n$，其解决方法即是D-J算法。D-J算法是最早提出的量子算法之一，虽然D-J算法解决的问题不具备太多实际意义，但该算法向人们展示了，解决某些问题时，量子计算能够比经典计算更高效。

26.3.2 量子计算实验实现

建造量子计算机的困难在于要找到一个可以编码量子比特，并且能够有效地被外界控制，但又与环境有很好的隔离，不致使系统很快退相干失去量子特性的物理系统。在介绍量子计算的物理实现技术之前，下面先介绍一下迪文森佐(DiVincenzo)关于量子计算物理实现技术的判据。

1. DiVincenzo判据

2000年，DiVincenzo讨论了实现量子计算的物理要求，并提出了如下7条判据：

(1) 可扩展的具有良好特性的量子比特系统；

(2) 能够制备量子比特到某个基准态；

(3) 具有足够长的相干时间来完成量子逻辑门操作；

(4) 能够实现一套通用量子逻辑门操作；

(5) 能够测量量子比特；

(6) 能够使飞行量子比特和静止量子比特互相转化；

(7) 能够使飞行量子比特准确地在不同的地方之间传送。

后面两条是针对量子计算机之间通信提出的要求，前面五条是实现量子计算的要求。人们已经在多种系统上试验了量子计算机的实现方案，包括离子阱、超导约瑟夫森结、腔量子电动力学、硅基半导体、量子点、液体核磁共振等。下面我们以金刚石中的NV色心为例，说明量子计算的实验实现。

2. 金刚石中的NV色心

NV(Nitrogen-Vacancy)色心是金刚石中的一种点缺陷。金刚石晶格中一个碳原子缺失形成空位，近邻的位置有一个氮原子，这样就形成以了一个NV色心，如图26-6所示。我们这里所说的NV色心，指的是带负电荷NV^-顺磁中心。NV色心的有六个电子，两个来自氮原子，三个来自与空位相邻的碳原子，另外一个是俘获的(来自施主杂质的)电子。

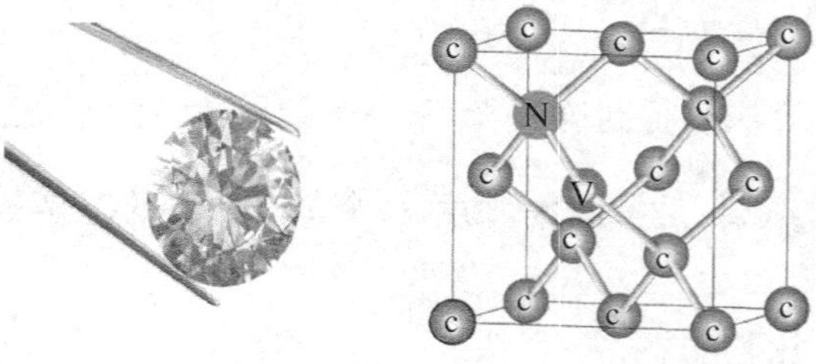

图26-6 金刚石和金刚石中的NV色心原子结构

3. 自旋态初始化和读出

图26-7是室温下金刚石NV色心的能级结构，会辐射出光子的跃迁用实线箭头表示，非辐射跃迁用虚线箭头表示。NV色心的基态为自旋三重态，三重态基态与激发态间跃迁相应的零声子线为637 nm，红色区域为声子边带。基态的自旋三重态($|ms=0\rangle$，$|ms=1\rangle$，$|ms=-1\rangle$)中，$|ms=1\rangle$，$|ms=-1\rangle$在无磁场时是简并的，它们与$|ms=0\rangle$态之间的能隙(零场劈

裂)对应微波频率为 2.87 GHz。激发态的能级自旋分裂对应的微波频率为1.4 GHz。

首先 520 nm 的激光激发基态电子,由于电子跃迁是电偶极跃迁与电子自旋无关,所以跃迁前后的自旋是守恒的。|ms=0⟩的基态电子到|ms=0⟩的声子边带,而|ms=±1⟩的基态电子到|ms=±1⟩的声子边带。之后|ms=0⟩的电子绝大多数都直接跃迁到基态辐射荧光,而|ms=±1⟩的电子则有一部分直接跃迁到基态辐射荧光,而另一部分通过无辐射跃迁到单重态再到三重态的|ms=0⟩态。经过多个周期之后,基态|ms=±1⟩上的布居度会越来越少,而|ms=0⟩上的布居度会越来越多。这相当于,在激光的照射下,布居度从|ms=±1⟩转移到了|ms=0⟩,从而实现了自旋极化。常温下 NV 色心电子自旋的极化率可达 95%以上。

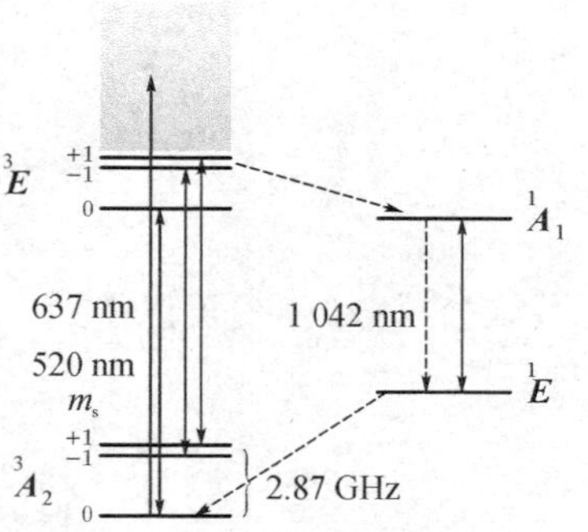

图 26-7　室温下金刚石 NV 色心的能级结构

如果我们选取基态的|ms=0⟩和|ms=1⟩作为量子比特,NV 色心的自旋极化就对应于将量子比特的初态极化到|0⟩态。

由于|ms=±1⟩态有更大的概率通过无辐射跃迁,回到基态。所以|ms=0⟩态的荧光比|ms=±1⟩态的荧光强度大,实验上得出大 20%~40%。根据|ms=0⟩态和|ms=±1⟩对应荧光强度的差别,就可以区分 NV 色心的自旋态,即实现对自旋量子比特状态的读出。由于单次实验得到的|ms=0⟩态和|ms=±1⟩的荧光强度并不明显,室温下对 NV 色心电子自旋量子比特的测量一般为多次实验重复测量,测得的结果为某个观测量(如|ms=0⟩⟨ms=0|)的平均值。

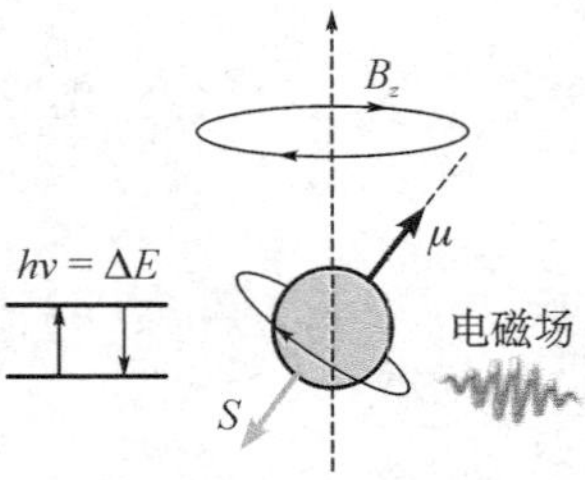

图 26-8　自旋磁共振原理

4. 自旋态操控

为了实现量子逻辑门,需要对 NV 色心自旋的状态进行操控。调控 NV 色心自旋态的使用的是自旋磁共振技术,即利用微波场与自旋的相互作用,来调控自旋态的演化。自旋磁共振的原理如图 26-8 所示。

1) *磁场中自旋的薛定谔方程描述*

量子力学中,描述量子态随时间演化的方程是薛定谔方程

$$\boldsymbol{H\Psi}=\mathrm{i}\hbar\frac{\partial\boldsymbol{\Psi}}{\partial t}\tag{26-13}$$

为了得到薛定谔方程的解,我们需要知道哈密顿量和初态波函数。考虑一个自旋 1/2 的电子,处在均匀外磁场中,系统哈密顿量可以表示为

$$\boldsymbol{H}=-\boldsymbol{\mu}\cdot\boldsymbol{B}_0\tag{26-14}$$

其中,$\boldsymbol{\mu}$ 是电子磁矩,$\boldsymbol{B}_0=(0,0,B_0)$ 是平行于 z 轴的静磁场。电子磁矩与自旋之间的关系是

$$\boldsymbol{\mu}=\gamma\boldsymbol{S}\tag{26-15}$$

比例常数 γ 被称作旋磁比。自旋算符 $\boldsymbol{S}=\frac{\hbar}{2}\boldsymbol{\sigma}$,其中 $\boldsymbol{\sigma}=(\sigma_x,\sigma_y,\sigma_z)$ 是泡利算符,其矩阵形式如下

$$\boldsymbol{\sigma}_x=\begin{pmatrix}0&1\\1&0\end{pmatrix}\tag{26-16}$$

$$\boldsymbol{\sigma}_y=\begin{pmatrix}0 & -\mathrm{i}\\ \mathrm{i} & 0\end{pmatrix} \tag{26-17}$$

$$\boldsymbol{\sigma}_z=\begin{pmatrix}1 & 0\\ 0 & -1\end{pmatrix} \tag{26-18}$$

代入公式(26-14)可以得到

$$\boldsymbol{H}=-\frac{\hbar}{2}\begin{bmatrix}\gamma B_0 & 0\\ 0 & -\gamma B_0\end{bmatrix}=-\frac{\hbar}{2}\begin{bmatrix}\omega_0 & 0\\ 0 & -\omega_0\end{bmatrix} \tag{26-19}$$

该哈密顿量的本征能级是 $-\dfrac{\hbar}{2}\omega_0$ 和 $\dfrac{\hbar}{2}\omega_0$，分别对应自旋向上和向下的本征态。能级差为 $\hbar\omega_0$，恰好是频率为 ω_0 的光子的能量。

2) 自旋进动

为了得到电子自旋在静磁场中的演化方程，我们记其自旋初态为 $\boldsymbol{\Psi}_0(t)=a_0\mid 0\rangle+b_0\mid 1\rangle$，随时间演化的状态 $\boldsymbol{\Psi}(t)=a\mid 0\rangle+b\mid 1\rangle$，其中 $\mid 0\rangle=\begin{pmatrix}1\\0\end{pmatrix}$，$\mid 1\rangle=\begin{pmatrix}1\\0\end{pmatrix}$。将哈密顿量式(26-19)代入薛定谔方程(26-13)可以得到

$$\mathrm{i}\hbar\begin{bmatrix}\dot{a}\\ \dot{b}\end{bmatrix}=-\frac{\hbar}{2}\begin{bmatrix}\omega_0 & 0\\ 0 & -\omega_0\end{bmatrix}\begin{pmatrix}a\\ b\end{pmatrix} \tag{26-20}$$

该方程的解是

$$a=a_0\mathrm{e}^{\mathrm{i}\omega_0 t/2},\quad b=b_0\mathrm{e}^{\mathrm{i}\omega_0 t/2} \tag{26-21}$$

如果记 $\mid a_0\mid=\cos(\alpha/2)$，$\mid b\mid\ \sin(\alpha/2)$，那么可以得到

$$\langle S_z\rangle=\frac{\hbar}{2}\cos\alpha \tag{26-22}$$

$$\langle S_x\rangle=\frac{\hbar}{2}\sin\alpha\ \cos(\omega_0 t+\alpha_0) \tag{26-23}$$

$$\langle S_y\rangle=\frac{\hbar}{2}\sin\alpha\ \sin(\omega_0 t+\alpha_0) \tag{26-24}$$

对于上述结果，可以有一个直观的几何解释。如图 26-9 所示，磁矩的 xy 分量大小是 $\dfrac{1}{2}\hbar\sin\alpha$，并且绕着外磁场方向 z 轴转动，转动频率为 ω_0。 这个过程也叫作拉莫进动，ω_0 被称作拉莫频率。

3) 共振微波驱动

考虑在施加一个 xy 平面内圆偏振的微波场

$$\begin{cases}B_x=B_1\cos\omega t\\ B_y=B_1\sin\omega t\end{cases} \tag{26-25}$$

记 $\omega_1=\gamma B_1$，代入薛定谔方程(26-13)可以得到

$$\mathrm{i}\hbar\begin{bmatrix}\dot{a}\\ \dot{b}\end{bmatrix}=-\frac{\hbar}{2}\begin{bmatrix}\omega_0 & \omega_1\mathrm{e}^{\mathrm{i}\omega t}\\ \omega_1\mathrm{e}^{-\mathrm{i}\omega t} & -\omega_0\end{bmatrix}\begin{pmatrix}a\\ b\end{pmatrix} \tag{26-26}$$

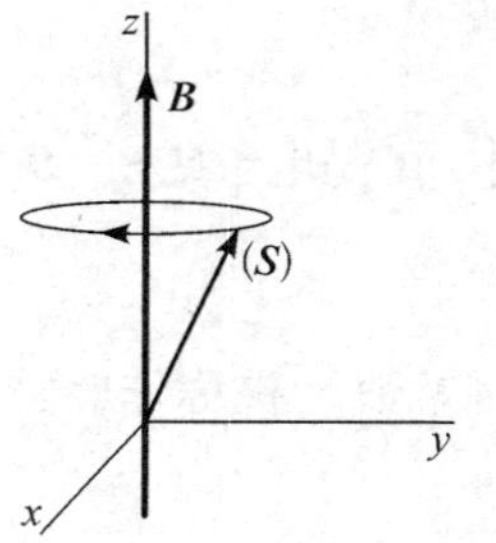

图 26-9　磁矩绕着外磁场方向做拉莫进动

假设 $t=0$ 的时候，电子占据的是自旋向下的态。我们希望得到，$t>0$ 时，在微波场的驱动下，电子占据自旋向上态的概率。也就是说

$$\boldsymbol{\Psi}(0)=\begin{pmatrix}0\\1\end{pmatrix} \tag{26-27}$$

$t>0$ 时自旋向上的概率 $P_{\uparrow}=|a(t)^2|$。

通过求解薛定谔方程，可以得到

$$P_{\uparrow}=|a(t)^2|=\frac{\omega_1^2}{\omega_1^2+(\omega_0-\omega)^2}\sin^2\delta t \tag{26-28}$$

其中，

$$\delta=\sqrt{\omega_1^2+(\omega_0-\omega)^2} \tag{26-29}$$

该过程也可以几何的理解。前面提到，当有静磁场的时候，自旋绕着静磁场方向做进动(图 26-9)。当施加一个额外交变磁场，自旋会感受一个力矩，使其从 z 轴向 $-z$ 轴方向翻转(图 26-10)。这个过程也叫作自旋的拉比振荡，翻转频率也称作拉比频率。

实现了拉比振荡，即说明实现了对 NV 色心自旋的相干操控，量子比特在$|0\rangle$态和$|1\rangle$态之间振荡。如图 26-11 所示，共振驱动的情况下，当 $\omega_1 t=\pi$ 时，量子比特从$|0\rangle$态完全转到了$|1\rangle$态，即实现了一个非门操作，这个脉冲也叫作 π 脉冲；当 $\omega_1 t=\pi/2$ 时，我们得到$|0\rangle$态和$|1\rangle$的叠加态，即 $|0\rangle\rightarrow\frac{|0\rangle+\mathrm{i}|1\rangle}{\sqrt{2}}$。这是量子计算中非常重要的逻辑门，这个脉冲也叫作 $\pi/2$ 脉冲。

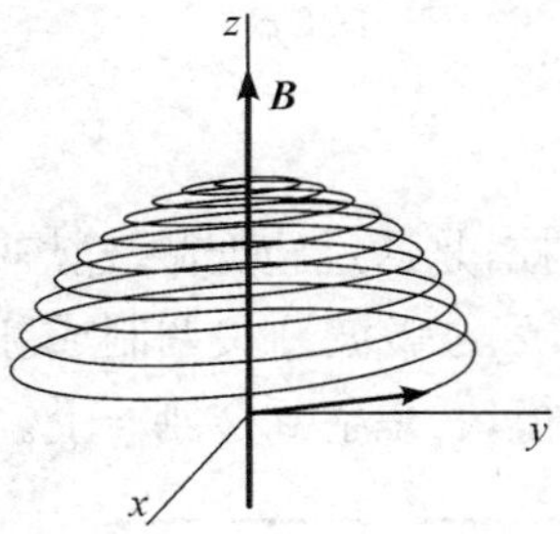

图 26-10　微波频率与拉莫进动频率一致时，磁矩绕着外磁场方向 z 轴做章动

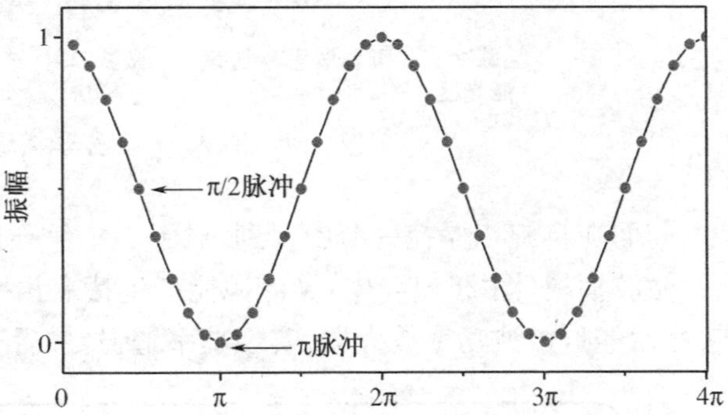

图 26-11　拉比振荡曲线

26.4　实验仪器

实验所用仪器“金刚石量子计算教学机”，是以光探测磁共振为基本原理，以金刚石 NV 色心为量子比特的量子计算教学设备。仪器的拓扑结构如图 26-12 所示。仪器装置分为光路模块、微波模块、控制采集模块及电源模块，整机由运行在电脑上的软件(Diamond I Studio)控制。

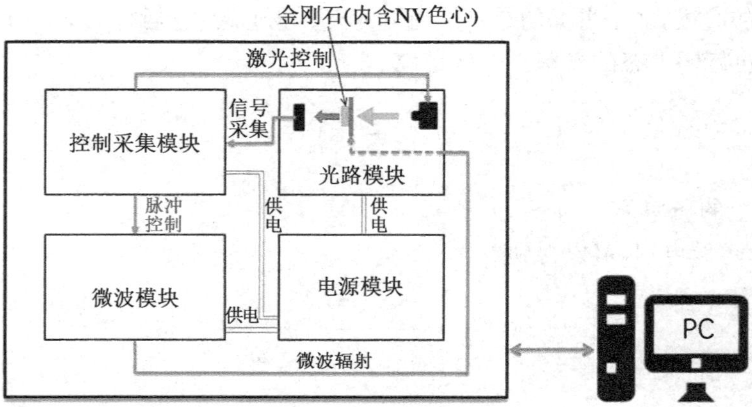

图 26-12　仪器拓扑结构

光路模块的拓扑结构如图 26-13 所示，主要包括：激光脉冲发生器、笼式光路、辐射结构、金刚石和光电探测器等。激光脉冲发生器产生 520 nm 的绿色激光脉冲，用于金刚石中 NV 色心状态的初始化和读出。笼式光路将绿色的激光聚焦到金刚石上，金刚石中的 NV 色心在绿色激光的照射下，会发出红色荧光。经过滤光片，将产生的荧光聚焦到光电探测器中。光电探测器将光信号转化成电信号，发送给控制采集模块。

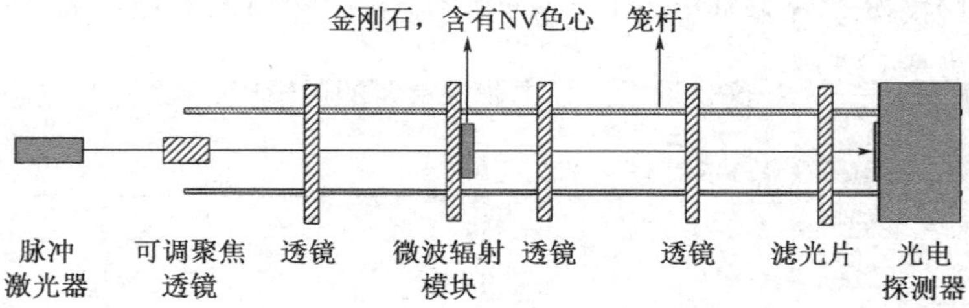

图 26-13　光学模块拓扑结构

前面在自旋态操控一节中提到，对于 NV 色心自旋状态的操控，是通过施加微波脉冲实现的。微波模块(图 26-14)中，微波源能产生特定频率的微波信号，经过微波开关调制成脉冲形式，然后经过微波功率放大器，实现功率增强，最后进入微波辐射模块，辐射到金刚石上。

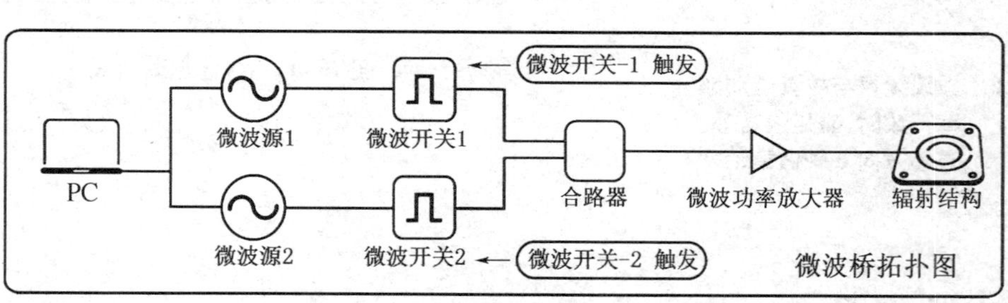

图 26-14　微波模块拓扑结构

控制采集模块分为脉冲控制部分以及信号采集处理部分。脉冲控制部分产生 TTL 信号，输送给激光脉冲发生器、微波模块和信号采集处理部分。一方面，用于调制激光脉冲，控制激光脉冲发生器的输出，以及触发微波开关，调制微波脉冲；另一方面，用于同步各个器件之间的时序。光电探测器将收集到的红色荧光信号转化成电信号，信号采集处理部分负责将采集到的这部分电信号转换为数字信息，经过数据处理后展示出来。

电源模块为实验装置中所有部件提供所需要的电能，其工作电压为 220 V，50 Hz 交流电，待机电流约为 0.6 A，工作电流不大于 0.95 A，最大功率约 200 W。可提供：28 V，6 A 直流电、+12 V，3 A 直流电、±12 V，3 A 直流电和+5 V，1 A 直流电。

26.5 预习思考题

(1) 什么是量子比特？它和经典比特的区别？

(2) 和经典算法相比，量子算法有什么特点？常用的量子算法有哪些？

(3) 为什么选用金刚石 NV 色心做量子计算？

26.6 实验内容

本实验内容包含仪器调节实验、连续波实验、拉比振荡实验、回波实验、T_2实验、动力学去耦实验和 D-J 算法实验。

仪器调节实验目的是搭建和调节仪器，熟悉光探测磁共振原理、NV 色心能级结构和仪器结构。

连续波实验测量的是 NV 色心的光探测磁共振谱，用于确定共振频率，理解量子比特概念。

拉比振荡实验测量的是 NV 色心在微波驱动下的拉比振荡，用来确定量子逻辑门对应的微波脉冲长度。

回波实验测量的是回波信号，用来确定回波探测的时间。

T_2实验展示量子叠加态的演化，测量 NV 色心的退相干时间。

动力学去耦实验通过设计脉冲序列在时间 t 内平均掉量子比特与环境中的耦合，延长退相干时间。

D-J 算法实验，则是利用金刚石 NV 色心体系，实现前面描述的 Deutsch 算法。

本实验内容通过“金刚石量子计算教学机”完成，仪器的启动流程如下：

(1) 打开“金刚石量子计算教学机”背部的电源总开关，各模块指示灯亮起，表示仪器正常上电。

(2) 打开电脑上控制软件 Diamond I Studio，进入软件主界面，如图 26-15 所示。

(3) 点击【连接设备】按钮后，若显示【仪器已连接，请开始实验】，表示仪器已经可以进行实验。如果显示【仪器连接失败，请重新连接】。请再次点击【连接设备】按钮，直至仪器连接成功。

(4) 首页列出了本仪器可开展的七种类型的实验，点击首页下方图标或者顶部的标签，都可进入相应的实验界面。

(5) 实验界面的左侧显示实验原理示意图或脉冲序列图，右侧显示实验结果，下方为实验参数配置区域。点击原理图右上角的问号，可看查看相应的实验操作文档。

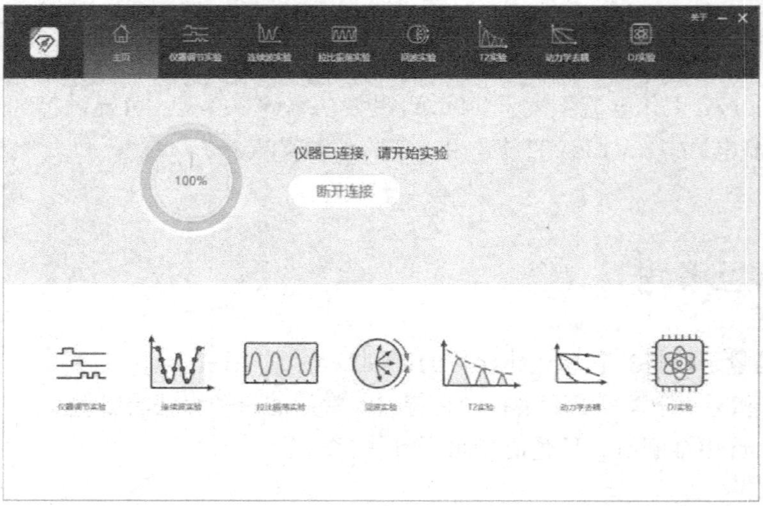

图 26-15　软件启动界面

26.6.1　仪器调节实验

通过对仪器模块的搭建、连线和参数调节，熟悉仪器不同模块的功能和信号控制方式，理解光探测磁共振和金刚石 NV 色心体系进行量子计算的实验原理。通过任意序列实验学习和理解脉冲序列的概念，并学会脉冲序列发生器的使用和脉冲序列的编写。实验内容包括：

(1) 仪器模块连接。

(2) 任意序列实验。实验一：编写脉冲序列，使用示波器观察脉冲序列发生器波形输出的结果是否正确；实验二：根据已知波形结果，编辑出对应的脉冲序列。

(3) 光路调节实验。

其中任意序列实验流程如下。

1. 任意序列实验一

我们通过编写一个示例脉冲序列，观察实际输出波形，判断脉冲序列编写是否正确。通过该实验学习脉冲序列的基本编辑操作。我们可根据脉冲序列编辑区域中每行绿色方框的不同状态及输入时间长度和步进来定义任意的脉冲序列。打开脉冲序列编辑界面，如图 26-16所示，在软件中编写示例脉冲序列。可从 1～8 通道中任意选择两个通道分别连接采集 1 和触发采集端口，使用第一列通道 1 编辑序列波形，第三列通道 3 连接采集卡，触发信号采

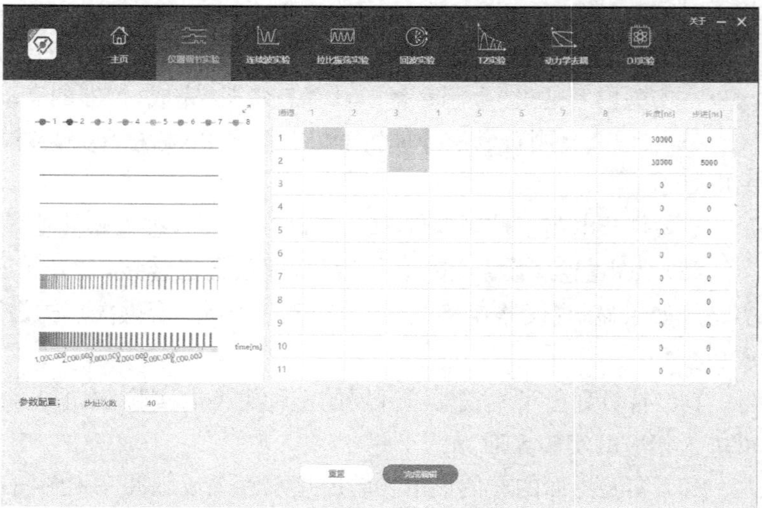

图 26-16　使用软件定义脉冲序列

集，因此处于全部点亮状态状态。设置步进次数，点击【完成编辑】按钮，可将已编辑的脉冲序列下载到硬件中。在脉冲序列预览区域可以看到已编辑的序列，点击【开始实验】按钮，开始播放序列，观察输出波形与编辑序列特征是否一致。

2. 任意序列实验二

在该实验中，我们根据已给出的波形，编写对应的脉冲序列，观察实际输出波形与示例输出波形是否一致，验证序列编写是否正确。通过该实验加深对任意序列编写操作的理解。已知波形如图 26-17 所示，可参考图 26-18，在脉冲序列编辑界面中编写该脉冲序列。

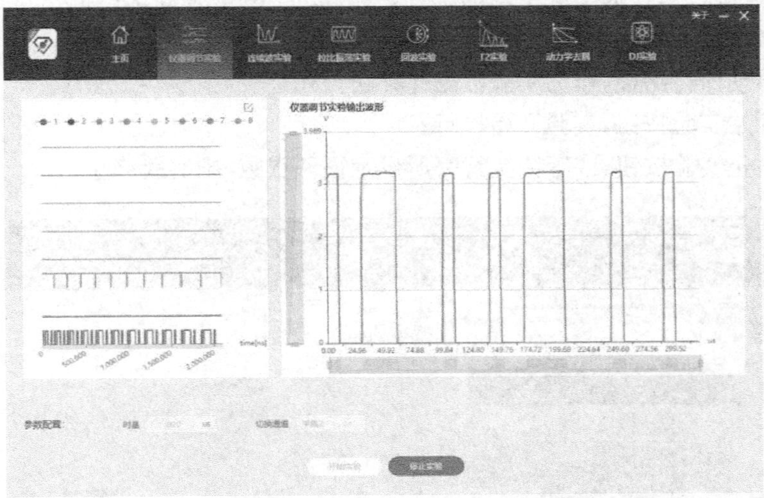

图 26-17　示例输出波形

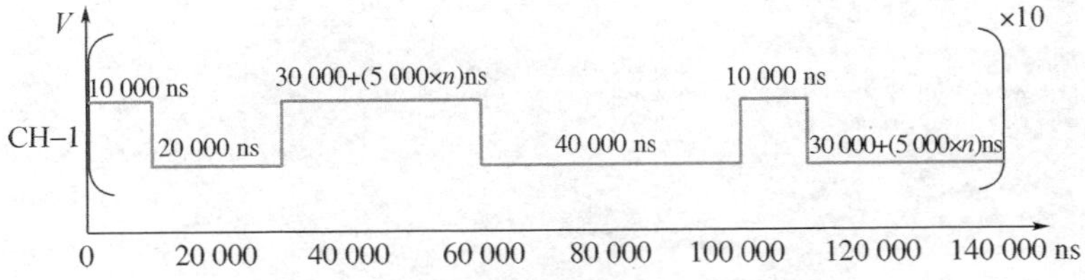

图 26-18　示例输出波形对应的序列

26.6.2　连续波实验

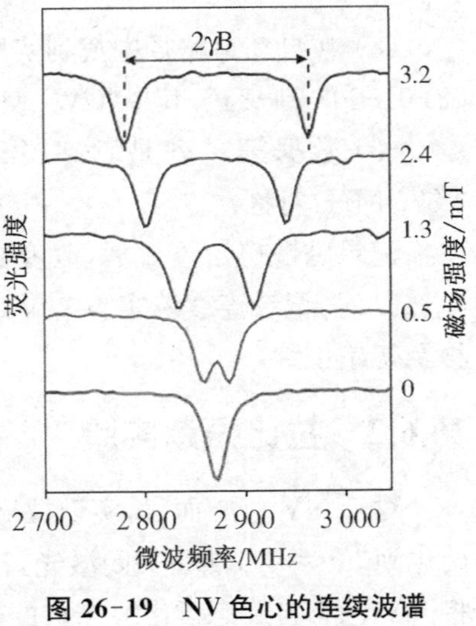

图 26-19　NV 色心的连续波谱

测量 NV 色心连续波谱的时候，收集的是其发出的荧光信号，这其中的物理基础是，NV 色心的自旋态能够被激光初始化，并且发出荧光的亮度是依赖于自旋状态的。施加微波到色心上，可以改变自旋在 $|ms=0\rangle$ 态和 $|ms=\pm 1\rangle$ 态的布居，从而改变荧光强度。因为 NV 色心的荧光亮度是依赖于自旋态的。改变施加的微波频率，当共振的微波改变了自旋状态，荧光亮度会相应的发生改变。因此，当微波频率与能级间隔共振时，谱线上会出现低谷。图 26-19，是不同磁场大小下的连续波谱，谱线上两个低谷之间的间隔，正比于外磁场的大小。左侧的低谷对应于 $|ms=0\rangle\rightarrow$

$|ms=-1\rangle$的跃迁，右侧的低谷对应于$|ms=0\rangle\rightarrow|ms=1\rangle$的跃迁。根据塞曼效应，两个低谷对应的频率之差，正比于外磁场的大小。

连续波实验的操作界面如图 26-20 所示。实验流程如下：

(1) 输入微波频率起始值和结束值，或者输入中心值和频率宽度，确定频率扫描的范围，范围不超过2 500～3 000 MHz；

(2) 输入步进次数，一般取值 50 次，作为实验曲线的点数。实验点数越多，意味着相邻点之间的频率差越小；

(3) 输入累加次数，作为实验平均的次数，一般取值 100～300 次；

(4) 输入微波波源功率，范围不超过−30～−1 dBm；

(5) 选择自动保存路径，作为实验数据保存路径；

(6) 点击开始实验按钮，实验开始执行；

(7) 点击停止实验按钮，或等待执行完所设定循环次数，则实验终止；

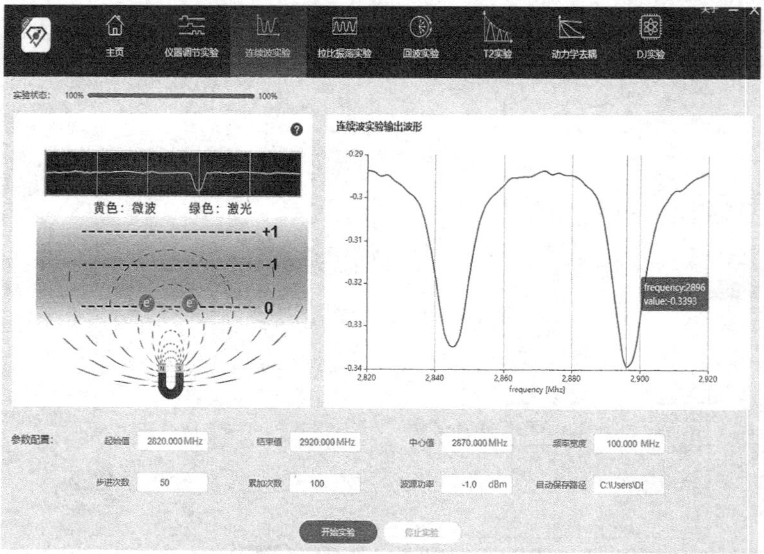

图 26-20　连续波谱实验界面

(8) 在自动存路径中找到实验数据文件，一个典型的连续波实验数据文件名是“CW 2021-08-01-11-01-34”，其中“CW”表示连续波实验，后面的数字表示文件保存的时间；

(9) 数据第一列是频率，第二列是信号强度，读出两个低估对应的共振频率(关于2 870 MHz对称)。

记录磁铁初始位置后，改变磁铁位置，当磁铁分别位于−5 cm，−2.5 cm，0 cm，2.5 cm，5 cm处时，记录连续波实验结果，观察磁铁位置对连续波实验结果的影响。实验结束将磁铁移至初始位置。

26.6.3　拉比振荡实验

对于 NV 色心而言，实现拉比振荡的脉冲序列如下：首先打开激光，将 NV 色心自旋态初始化到$|ms=0\rangle$，然后关闭激光，打开微波。微波脉冲的频率等于共振频率，最后再施加激光，将 NV 色心自旋态读出。施加的微波脉冲宽度不同，自旋演化的状态就不同。将微波脉冲宽

度与荧光计数对应起来，就可以得到拉比振荡的曲线。本实验中需要用到 $|ms=0\rangle \to |ms=1\rangle$ 和 $|ms=0\rangle \to |ms=-1\rangle$ 两个跃迁频率，所以微波模块中有两个微波源，在进行拉比振荡实验的时候，用两个波源(记为“MW1”和“MW2”)分别测定两个频率的拉比振荡。

图 26-21 所示的是拉比振荡实验的操作界面，在左边设置的拉比振荡实验脉冲序列中，t 是微波脉冲宽度，$t=t_0+(N-1)\Delta t$，N 是实验的点数，t_0 是第一个实验点的脉冲宽度，Δt 是脉冲宽度的增量。

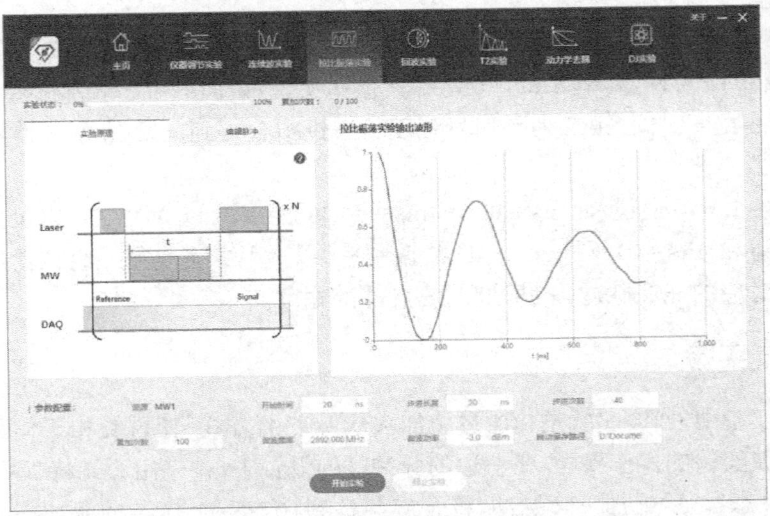

图 26-21 拉比振荡实验界面

实验流程如下：

(1) 点击编辑脉冲，进入编辑脉冲页面。第 1 列通道对应激光，第 3 列通道对应采集，第 5 列通道和第 8 列通道对应微波波源 MW1 和 MW2。

(2) 拉比振荡实验示例脉冲序列如图 26-22 所示，用户可进行自定义。

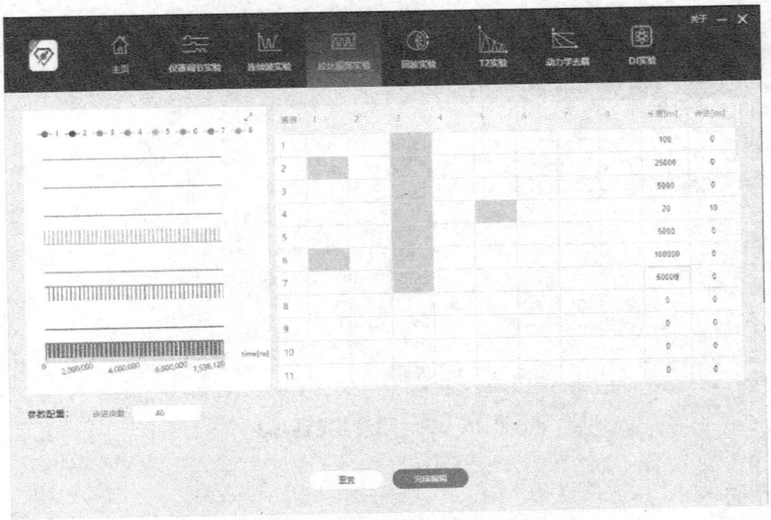

图 26-22 拉比振荡示例脉冲序列

(3) 点击完成序列将验证序列编写是否符合规则，并自动跳转至实验主页。

(4) 输入开始时间,作为微波脉冲宽度的起始值;输入步进长度,用于规定微波脉冲宽度步进;输入步进次数,一般取 50 次,作为实验曲线的点数。实验点数越多,意味着相邻点之间的脉冲宽度之差越小;输入微波频率,即通过连续波实验得到的共振频率;输入微波功率,范围 $-30\sim-1$ dBm;输入循环次数,作为实验平均的次数,一般取值 100~300 次;选择自动保存路径,作为实验数据保存路径。

(5) 点击开始实验按钮,实验开始执行;点击停止实验按钮,或等待执行完所设定循环次数,则实验终止。

(6) 在自动存路径中找到实验数据文件,一个典型的拉比振荡实验数据文件名是“Rabi 2021-08-01-11-15-21”,其中“Rabi”表示拉比振荡实验,后面的数字表示文件保存的时间;数据第一列是脉冲宽度时间,第二列是信号强度。通过拟合得到 $\pi/2$ 脉冲,π 脉冲和 2π 脉冲的宽度。

(7) 选择第 1,3,5 通道和 $|ms=0\rangle\rightarrow|ms=1\rangle$ 共振频率,以 MW1 完成拉比振荡实验,选择第 1,3,8 通道和 $|ms=0\rangle\rightarrow|ms=-1\rangle$ 共振频率,以 MW2 完成另一组拉比振荡实验,分别记录两个频率对应的 $\pi/2$ 脉冲,π 脉冲和 2π 脉冲的宽度。

26.6.4 回波实验

在磁共振实验中,回波实验是指通过施加去耦脉冲的方式,让自旋相干信号重聚的过程。图 26-23 是回波实验的操作界面,在左边的脉冲序列设置中,首先用激光将 NV 色心自旋态初始化到 $|ms=0\rangle$ 态,然后施加 $\pi/2$ 脉冲,将自旋制备到 $|0\rangle$ 态和 $|1\rangle$ 态的叠加态,自由演化时间 $\tau=t_1$ 后,施加 π 脉冲,然后再等待自由演化时间 $\tau=t$,施加第二个 $\pi/2$ 脉冲,将相干信息转化成布居度读出。图中 t_1 是第一个 $\pi/2$ 脉冲与 π 脉冲之间的时间间隔。$t=t_0+(N-1)\Delta t$,N 是步进次数,t_0 是第一个实验点的自由演化时间长度,Δt 是时间间隔的增量。

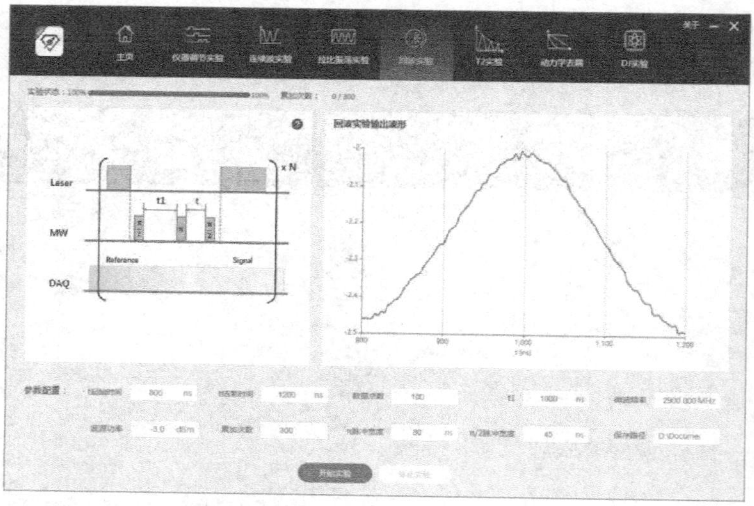

图 26-23　回波实验界面

其实验流程如下:

(1) 输入 t 起始时间和 t 结束时间,作为自由演化时间的起始值和终止值。

(2) 输入步进次数,一般取 50 次,作为实验曲线的点数。实验点数越多,意味着相邻点之间的自由演化时间差别越小。

(3) 该实验所需微波频率和功率，与使用“MW1”时拉比振荡实验保持一致。

(4) 根据拉比振荡实验的结果，输入 π 脉冲和 π/2 脉冲的宽度。

(5) 输入循环次数，作为实验平均的次数，一般取值 300～500 次。

(6) 选择自动保存路径，作为实验数据保存路径。

(7) 点击开始实验按钮，实验开始执行。

(8) 点击停止实验按钮，或等待执行完所设定循环次数，则实验终止。

(9) 在自动存路径中找到实验数据文件，一个典型的回波实验数据文件名是“Echo 2021-08-01-11-15-21”，其中“Echo”表示回波实验，后面的数字表示文件保存的时间。

26.6.5　T_2实验

T_2实验，也叫作自旋回波实验，其目的是测量 NV 色心自旋的退相干时间。因为量子系统不是一个孤立系统，其与环境的相互作用，会引起退相干效应。图 26-24 是 T_2实验的操作界面，在左边的脉冲序列设置中，首先用激光将 NV 色心自旋态初始化到$|ms=0\rangle$态，然后施加 π/2 脉冲，将自旋制备到$|0\rangle$态和$|1\rangle$态的叠加态，自由演化时间 $\tau=t/2$ 后，施加 π 脉冲，然后再等待自由演化时间 $\tau=t/2$，施加第二个 π/2 脉冲，将相干信息转化成布居度读出。图中 t 是两个 π/2 脉冲之间，自由演化的时间间隔。$t=t_0+(N-1)\Delta t$，N 是实验的次数，t_0是第一个实验点的自由演化时间长度，Δt 是时间间隔的增量。

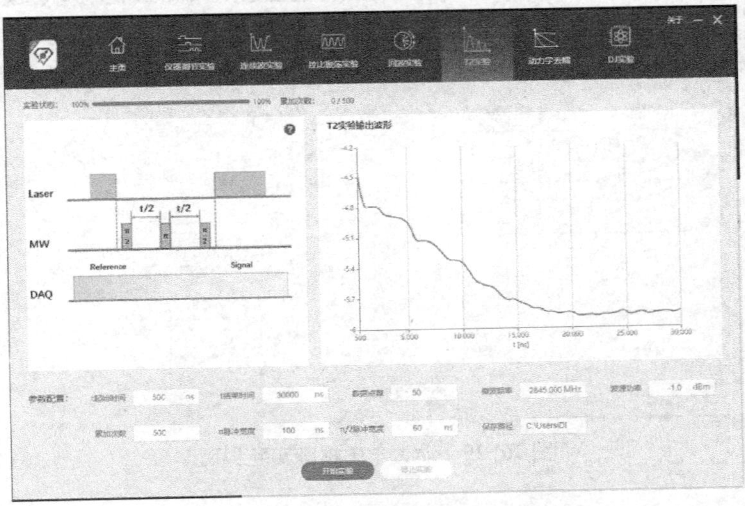

图 26-24　T_2实验界面

其实验流程如下：

(1) 输入开始时间和结束时间，作为自由演化时间的起始值和终止值。

(2) 输入步进次数，一般取 50 次，作为实验曲线的点数。实验点数越多，意味着相邻点之间的自由演化时间差别越小。

(3) 该实验所需微波频率和功率，与使用“MW1”时拉比振荡实验保持一致。

(4) 根据拉比振荡实验的结果，输入 π 脉冲和 π/2 脉冲的宽度。

(5) 输入循环次数，作为实验平均的次数，一般取值 100～300 次。

(6) 选择自动保存路径，作为实验数据保存路径。

(7) 点击开始实验按钮，实验开始执行。

(8) 点击停止实验按钮,或等待执行完所设定循环次数,则实验终止。

(9) 在自动存路径中找到实验数据文件,一个典型的 T_2实验数据文件名是"T_2 2021-08-01-11-15-21",其中"T_2"表示 T_2实验,后面的数字表示文件保存的时间。

(10) 数据第一列是自由演化时间,第二列是信号强度。课后请通过拟合得到 T_2时间长度,拟合函数为 $f=A\cdot\exp\left[-\left(\frac{t}{T_2}\right)^a\right]+B$。

26.6.6 动力学去耦实验

在前一节 T_2实验中讲到,量子系统不是一个孤立的系统,其与环境的相互作用,会引起退相干效应。而动力学去耦是能削弱或者完全去除这种耦合达到抑制退相干目的的最直观方法之一。动力学去耦是磁共振波谱学中的平均哈密顿量方法的推广,即通过精心设计脉冲操作序列的方法,在特定的时间内平均掉量子比特与环境中的耦合。图 26-25 是动力学去耦脉实验界面,在左边的脉冲序列设置中,t 为两个 $\pi/2$ 脉冲之间的自由演化时间间隔,整个脉冲序列中含有 M 个 π 脉冲,$\pi/2$ 脉冲与 π 脉冲之间有 90°的相位差,每个 π 脉冲前后各有 $\tau=t/2$ 的自由演化时间;N 为实验点数;t 为时间间隔的增量。

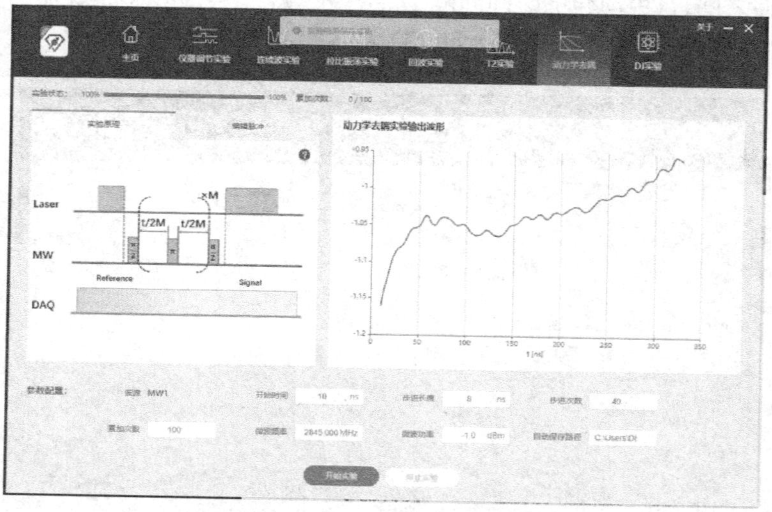

图 26-25　动力学去耦脉实验界面

零阶动力学去耦,也称为自由感应衰减实验或 T_2^* 实验,相干时间短,衰减速度快。图 26-26 所示是零阶动力学去耦实验的脉冲序列。首先用激光将 NV 色心自旋态初始化到|0⟩态,然后施加 $\pi/2$ 脉冲,等待自由演化时间 $\tau=t$ 后,施加第二个 $\pi/2$ 脉冲。最后将相干信息转化成布居度读出。

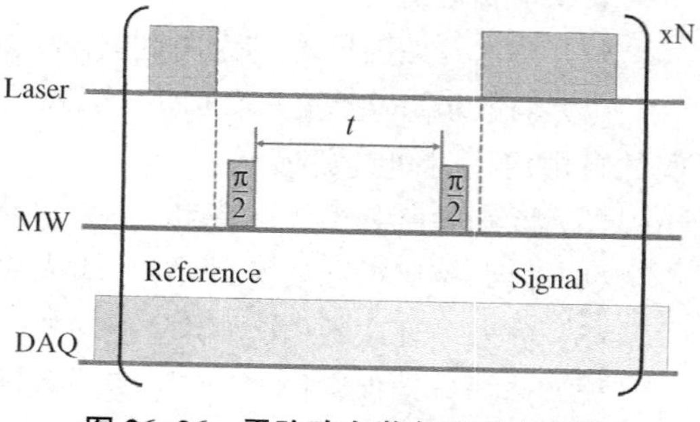

图 26-26　零阶动力学去耦脉冲序列

一阶动力学去耦($M=1$),等效于 T_2实验,即用回波的方法进行动力学去耦,在 T_2^* 实验中加入一个 π 脉冲,延长了相干时间,衰减速度变慢。如图 26-26 所示,首先用激光将 NV 色心自旋态初始化到|0⟩态,然后施加 $\pi/2$ 脉冲,等待自由演

化时间 $\tau=t/2$ 后，施加 1 个 π 脉冲，然后再等待自由演化时间 $\tau=t/2$，施加第二个 $\pi/2$ 脉冲。最后将相干信息转化成布居度读出。

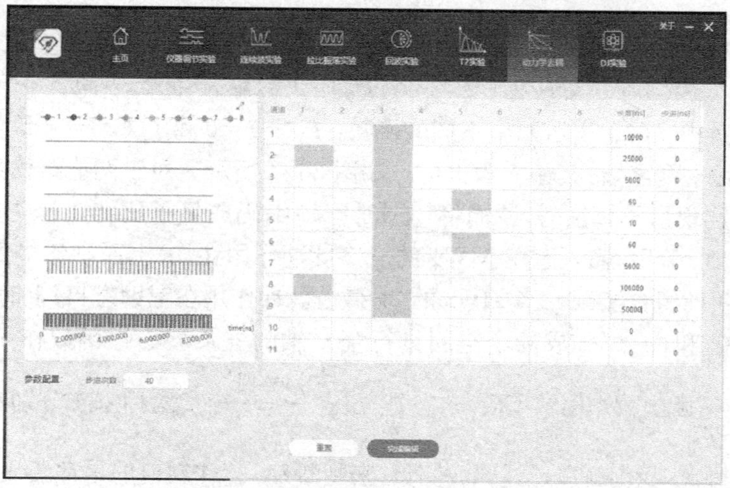

图 26-27　零阶动力学去耦脉示例脉冲序列

动力学去耦实验流程如下：

(1) 打开脉冲编辑页面，选择对应的 1,3,5 通道，根据示例脉冲序列如图 26-27 和28-28 所示，设置脉冲长度，步进长度，点击保存，保存零阶或一阶动力学去耦实验编辑序列。

(2) 点击完成编辑将验证序列编写是否符合规则，并自动跳转至实验主页。

(3) 仪器调节主界面脉冲序列预览区显示已编辑的脉冲序列，设置开始时间、步进长度、步进次数、累加次数、微波频率、微波功率。

(4) 点击开始实验按钮，实验开始执行；点击停止实验按钮，或等待执行完所设定循环次数，则实验终止。

(5) 在自动存路径中找到实验数据文件，一个典型的动力学去耦实验数据文件名是“Dynamic 2021-08-01-11-15-21”，其中“Dynamic”表示动力学去耦实验，后面的数字表示文件保存的时间。

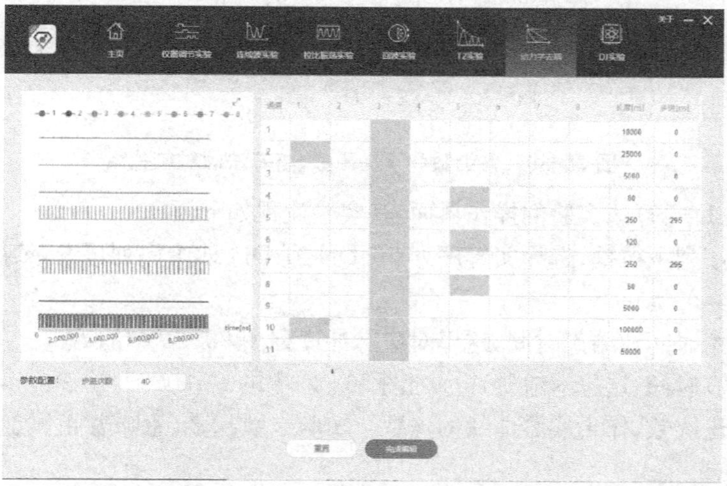

图 26-28　一阶动力学去耦脉示例脉冲序列

26.6.7 D-J 算法实验

D-J 算法的实验序列如图 26-29 所示，从上到下依次命名为 DJ1 到 DJ4。我们将量子比特和辅助比特均编码到 $S=1$ 的电子自旋上。$\boldsymbol{U}_f(x)$ 的定义与公式(26-8)一致，即 $\boldsymbol{U}_f(x)=(-1)^{f(x)}|x\rangle$，其中 $f(x)$ 表示四个不同的函数，$f_1(x)=0$ 和 $f_2(x)=1$ 是常函数，$f_3(x)=f_4(x)=1-x$ 是平衡函数，其输入输出情况如图 26-4 所示。对于两能级体系，$\boldsymbol{U}_{fi}$ 的矩阵表示见图 26-30。实现量子算法时，我们将 $|0\rangle$ 和 $|-1\rangle$ 编码成量子比特，$|1\rangle$ 为辅助能级。在系统用激光初始化到 $|0\rangle$ 后，输入态用 MW1 的 $\pi/2$ 脉冲作用在 $|0\rangle$ 上而制备得到。控制门 ($\boldsymbol{U}_{fi}$) 通过 2π 脉冲的四种组合实现。当 MW2 的 2π 微波脉冲作用在辅助态 $|1\rangle$ 上时，会在 $|0\rangle$ 上产生 π 相位，等效于 $|0\rangle$ 和 $|-1\rangle$ 张成的子空间进行绕 z 轴的 π 旋转。常函数作用结束后，末态是 $\pm\frac{|0\rangle+|1\rangle}{\sqrt{2}}$。平衡函数作用结束后，末态是 $\pm\frac{|0\rangle-|1\rangle}{\sqrt{2}}$。两种末态分别对应正向的回波和反向的回波。因此，我们就以通过回波测量，来判断 $\boldsymbol{U}_{fi}$ 操作对应的是常函数还是平衡函数。

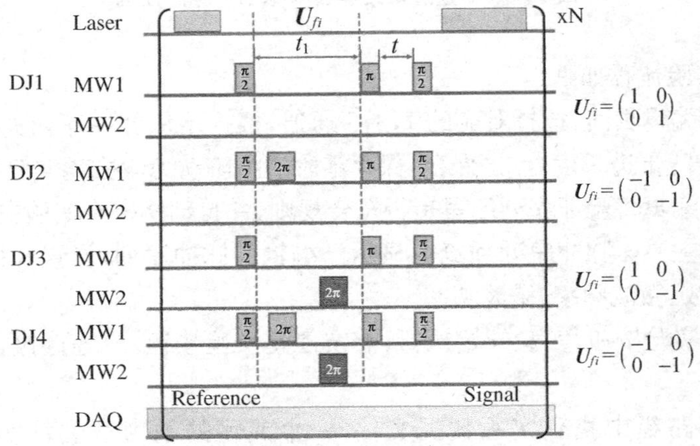

图 26-29　实现 D-J 算法的脉冲序列

$$\boldsymbol{U}_{f1}=\begin{pmatrix}1&0\\0&1\end{pmatrix}\Leftrightarrow f(x)=0,\quad \boldsymbol{U}_{f3}=\begin{pmatrix}1&0\\0&-1\end{pmatrix}\Leftrightarrow f(x)=x$$

$$\boldsymbol{U}_{f2}=\begin{pmatrix}-1&0\\0&-1\end{pmatrix}\Leftrightarrow f(x)=1,\quad \boldsymbol{U}_{f4}=\begin{pmatrix}-1&0\\0&1\end{pmatrix}\Leftrightarrow f(x)=1-x$$

图 26-30　常函数和平衡函数，与算法的对应关系

图 26-31 是 D-J 算法实验的操作界面，其实验流程如下：

(1) 从实验序列下拉框，选择实验序列，有 DJ1 到 DJ4 四个序列可选，依次对应 U_{f1} 到 U_{f4} 的操作。

(2) 输入开始时间和结束时间，这里对应脉冲序列图 26-29 中的 t。

(3) 输入回波时间，这里对应脉冲序列图 26-29 中的 t_1。

(4) 输入步进次数，作为实验曲线的点数。实验点数越多，意味着相邻点之间的自由演化时间差别越小。

(5) 分别输入两个微波源所需的微波功率，微波频率，以及相应的 π 脉冲，$\pi/2$ 和 2π 脉冲的宽度。

(6) 输入循环次数，作为实验平均的次数，一般取值 100～300 次。

(7) 选择自动保存路径，作为实验数据保存路径。

(8) 点击开始实验按钮，实验开始执行。

(9) 点击停止实验按钮，或等待执行完所设定循环次数，则实验终止。

(10) 在自动存路径中找到实验数据文件，一个典型的 DJ 算法实验数据文件名是“DJ 2021-08-01-11-15-21”，其中“DJ”表示 D-J 算法实验，后面的数字表示文件保存的时间。

(11) 通过图像上的回波方向，能够直观的判断，$f(x)$ 是常函数，还是平衡函数。

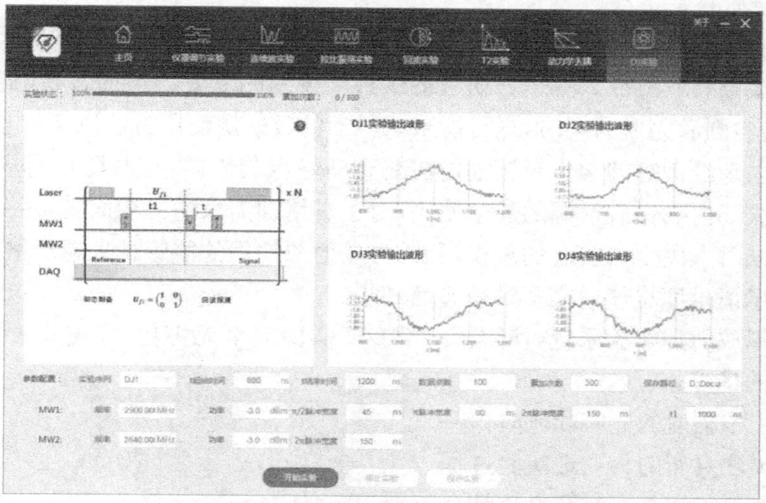

图 26-31　量子算法实验界面

26.7　思考题

(1) 请利用布洛赫球表示以下量子态：

① $|\psi\rangle=\dfrac{|0\rangle+|1\rangle}{\sqrt{2}}$

② $|\psi\rangle=\dfrac{|0\rangle-|1\rangle}{\sqrt{2}}$

③ $|\psi\rangle=\dfrac{|0\rangle+\mathrm{i}|1\rangle}{\sqrt{2}}$

④ $|\psi\rangle=\dfrac{|0\rangle-\mathrm{i}|1\rangle}{\sqrt{2}}$

(2) 如果实验中施加的微波频率 f 与共振频率 f_0 有偏差，即 $f=f_0+\delta f$，拉比振荡的频率会如何变化？

(3) 拉比振荡频率与微波功率的关系是什么？

(4) 参照 $n=1$ 的特殊情况，即图 26-5 所示的量子线路图，画出一般情况的 D-J 算法量子线路图，并解释算法原理。

实验 27

可重构核与粒子物理实验教学系统

27.1 引言

核能及核技术应用是和平利用核能的最主要内容。在核专业的教学、科研实验过程中，师生们难免需要接触到放射源。对于长期从事核科学技术的专业人员而言，他们懂得如何在确保教学、和研实验圆满完成的同时，尽可能采取科学的放射源使用方法以保护自身远离放射源的危害。而广大未经训练的学生对核辐射往往充满好奇与恐惧，有时防护意识不强或者防护方法不当，因此，如何确保放射源的安全使用，对于有培训需求的机构而言是一个难题。

而随着国家对人民生命安全的重视，我国对放射源使用的监管越来越严格，放射源的辐射安全许可证的申请难度也使得很多学校望而却步。

我们的虚拟放射源实验系统，使得核科学专业实验完全无害化，完美解决了这两项难题。同时具有以下的优点：

（1）避免了核辐射的危害和风险；

（2）真实再现真实的核物理实验过程；

（3）多道谱仪能够与真实源完美结合；

（4）信号与真实核信号相似度 95%以上；

（5）比全仿真实验有本质区别，完全不是一个类型实验，本实验仪器是经典的虚实结合实验。

27.2 实验仪器

可重构核与粒子物理实验教学系统（图 27-1）由放射源模拟器、多功能数字多道、交换机，教学软件组成。平台设备可重构 α、β、γ、X 射线源及其相关核分析实验，安全、无辐射。仿真核反应过程，可重构高仿真核信号输出，可配置成不同的源与探测器组合，可适应不同实验教学要求。

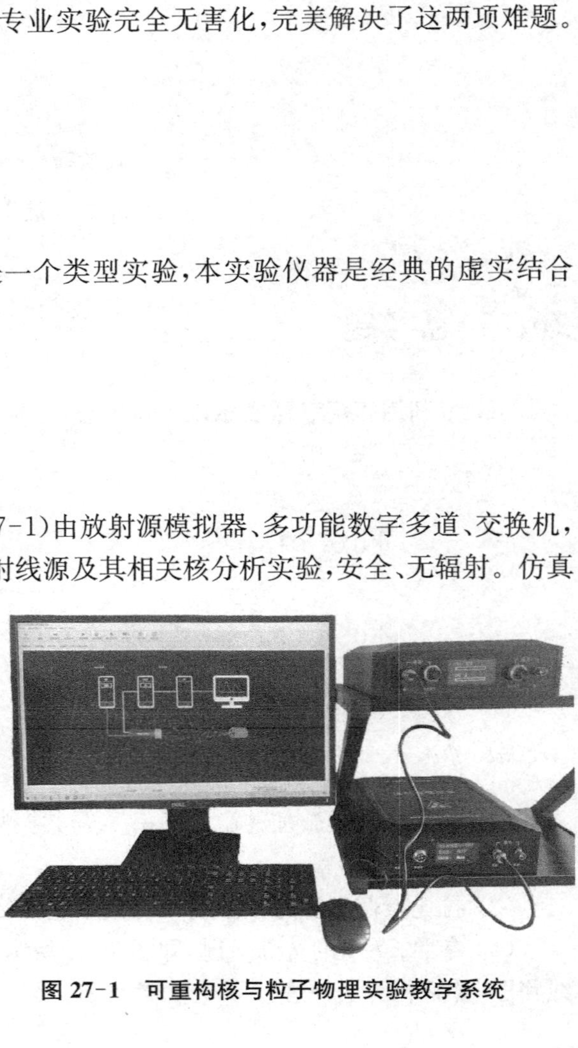

图 27-1　可重构核与粒子物理实验教学系统

图 27-2 显示了放射性探测统计规律和半衰期测量实验的装置方框图，图 27-3 显示了测量 α 粒子能损，β 射线吸收，γ 射线吸收，X 射线吸收实验装置方框图，可通过不同的虚拟放射源来做相关的核物理实验，可重构核与粒子物理实验教学系统可做的实验内容有：放射性探测的统计规律

实验；闪烁体探测器与 γ 射线吸收实验；半导体探测器与 α 粒子的能损实验；β 射线的吸收实验；X 射线吸收和特征谱实验；中子活化元素半衰期测量实验等。

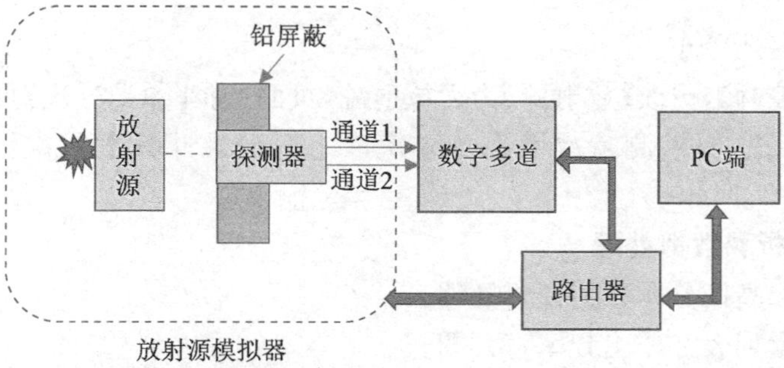

图 27-2　放射性探测统计规律和半衰期测量实验装置方框图

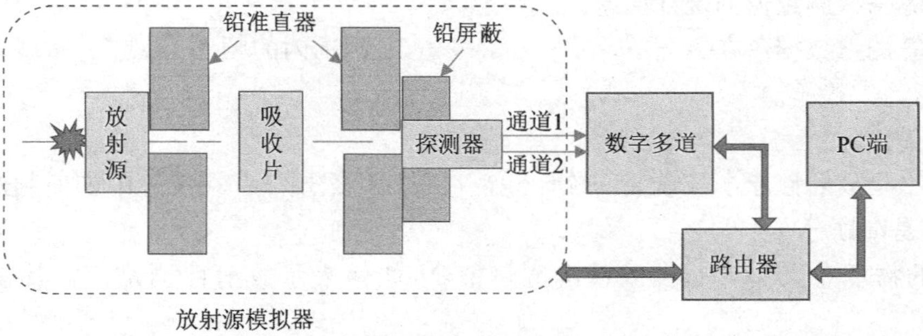

图 27-3　测量 α 粒子能损，β 射线吸收，γ 射线吸收，X 射线吸收实验装置方框图

27.3　实验内容

27.3.1　放射性探测的统计规律实验

1. 实验目的

(1) 验证原子核衰变及放射性计数的统计规律。

(2) 了解统计误差的意义，掌握计算统计误差的方法。

(3) 掌握对测量精度的要求，合理选择测量时间的方法。

2. 实验内容

(1) 在相同条件下，对本底进行重复测量，画出本底计数的频率分布图，并与理论分布图作比较。

(2) 根据实验精度要求选择测量时间。

(3) 用 χ^2 检验法检验放射性计数的统计分布类型。

3. 实验步骤

(1) 按照图 27-2 连接各仪器设备。

(2) 打开应用，选择放射性统计误差实验，测量本底泊松分布。

① 选择【设备控制】，更改【放射源】为无放射源，页面选择【数据处理】页面，进入实验。

② 改变计数时长，要求测量次数在 500 次以上。记录计数发生次数并做好实验数据统计。

(3) 测量本底高斯分布。

① 选择【设备控制】，更改【放射源】为无放射源，页面选择【数据处理】页面，进入实验。

② 改变计数时长，要求测量次数在 800 次以上。记录计数发生次数并做好实验数据统计。

4. 实验结果分析和数据处理

(1) 泊松分布和高斯分布数据都要处理。

(2) 将实验数据列表并作出频率直方图。

(3) 按公式计算理论曲线并与实验曲线进行比较。

(4) 计算算术平均值的统计误差。

(5) 计算一次测量值的统计误差。

(6) 计算测量数据落在 $\overline{N}\pm\sigma$，$\overline{N}\pm2\sigma$，$\overline{N}\pm3\sigma$ 范围内的频率。

(7) 进行 χ^2 检验。

5. 思考题

(1) 什么是放射性原子核衰变的统计性？它服从什么规律？在实验中如何判断所做的是泊松分布还是高斯分布？

(2) σ 的物理意义是什么？以单次测量值 N 如何表示放射性测量值？其物理意义是什么？

(3) 测量一个放射源(如本底计数 $n_b=50$ 计数/分，$n_s=150$ 计数/分)若要求测量精度达到 1%应如何选择 t_s 和 t_b？

(4) 测量^{137}Cs γ 射线计数(不考虑本底影响)测量时间是 30 秒，求计数的统计误差是多少？如果增加源强，假定 10 秒钟测得的计数恰好与上述 30 秒测得的计数相同，求两次计数率的统计误差各是多少？

27.3.2 半导体探测器与 α 粒子的能损实验

1. 实验目的

(1) 了解 α 粒子通过物质时的能量损失及其规律。

(2) 学习从能损测量求薄箔厚度的方法。

2. 实验内容

(1) 测量^{241}Am 及^{239}Pu 的 α 粒子的能谱，做能量刻度。

(2) 测量^{241}Am 的 α 粒子通过铝箔及 Mylar 薄箔后的能谱。

(3) 从所测各条能谱，确定峰位、半宽度、及 α 粒子通过待测样品后的能量损失，计算阻止本领 $(\mathrm{d}E/\mathrm{d}x)_{平均}$ 及薄箔的厚度(μg/cm^2)。

3. 实验步骤

(1) 在【设备控制】页面，【放射源与探测器】栏中，选择^{241}Am 放射源金硅面垒探测器，点击其对应的【确定】按钮，改变当前虚拟放射源所模拟的探测器种类。

(2) 在【设备控制】页面，选择合适的探测器高压(80 V)，【放射源与探测器】栏中改变放射源种类(可以无需清除数据)，分别设置源种类为^{239}Pu，^{241}Am，^{244}Cm 混合刻度源的能谱，要求总计数>100 万，以减少统计误差。分别对三个能峰进行寻峰操作：在【数据处理】页面中，在能谱中点击并拖动鼠标，选中全能峰。点击【寻峰】，在【谱信息】栏得到全能峰的峰位及半高宽信息并记录请思考，如何选取合适的感兴趣区)。在【数据处理】页面中，添加三个全能峰的【峰位与能量】信息，其中，峰位由寻峰求得，能量信息由表 1 可查得。点击【刻度】按钮即可实现能量刻度。并作出能量刻度曲线。

(3) 在【设备控制】页面，【放大器与多道采集卡|其他设置】栏，改变【吸收片数量】为 0，改变【吸收片种类】为铝箔，并点击【确定】，测量能谱。

(4) 改变【吸收片数量】为 1～7。并对这七个能峰进行寻峰操作，并记录全能峰的峰位及半高宽信息。

(5) 应用公式计算铝的阻止截面$\sum_e$，根据寻峰结果，应用公式计算铝箔的厚度($\mu g/cm^2$)(铝的摩尔质量为 27 g/mol，阿伏伽德罗常数为 6.02×10^{23})。

(6) 改变【吸收片种类】为 Mylar 薄箔，重复步骤(3)～(5)。

表 27-1　常用 α 放射性核素数据

核素	粒子(α)	
	能量/keV	发射概率/%
^{238}U	4 198	79
	4 151	20.09
	4 038	0.078
^{210}Po	5 304	100
^{252}Cf	6 076	15
	6 118	82
		裂变(3.1)
^{241}Am	5 388	1.6
	5 442.9	13
	5 485.6	84.5
^{239}Pu	5 105	11.5
	5 144.3	15.1
	5 156.59	73.3
^{244}Cm	5 763	24
	5 805	76

4. 实验结果分析及数据处理

(1) 将测量的^{241}Am α 谱以多道的道数为横坐标，以计数为纵坐标描绘在坐标纸上，算出能量分辨率。

(2) 以放射源^{241}Am，^{239}Pu 等放射源的能量为横坐标，以全能峰道址为纵坐标在坐标纸上作能量和幅度校准曲线。

(3) 计算铝箔对于^{241}Am 放射源 α 粒子的阻止能力 $\left(\frac{dE}{dx}\right)_{平均}$ 及薄箔的厚度，并以铝箔层数为横坐标，厚度为纵坐标，进行线性拟合，计算铝箔的单片厚度。为方便理解计算，本虚拟实验中，每种薄膜的单片厚度严格相等，在实际工作中单片厚度必然有所偏差。

(4) 以同样方法计算 Mylar 薄箔的单片厚度。

5. 思考题

(1) 试定性讨论 α 粒子穿过吸收体后，能谱展宽的原因。

(2) 设阻止本领为 S，薄箔厚度为 ΔX，试计算 α 粒子倾斜入射，与表面法线交角为 4°和 6°时能量损失为多少?

(3) 探测器金层厚 100 A，试计算 ^{241}Am 的 α 粒子进入灵敏区时的能量。已知金的密度为 19.31 g/cm^3，阻止本领 $dE/dx = 0.228$ KeV/μg · cm^{-2}。

(4) 从所测到的 Mylar 膜($C_{10}H_8O$)的能量损失，试计算其厚度。已知碳、氢、氧的原子密度分别：$N(C) = 1.136 \times 10^{23}$ atm/cm，$N(H) = 5.376 \times 10^{19}$ atm/cm，$N(O) = 5.367 \times 10^{19}$ atm/cm。质量密度为 $\rho_c = 2.267$ g/cm，$\rho_H = 8.998 \times 10^{-5}$ g/cm，$\rho_0 = 0.001\,428$ g/cm。

(5) 从所测到的铝箔的能损，若考虑 S 的变化，试用公式计算厚度。

27.3.3 β 射线的吸收实验

1. 实验目的

(1) 了解 β 射线在物质中的吸收规律。

(2) 利用最大射程法，确定 β 射线的最大能量并鉴别放射性核素。

2. 实验内容

(1) 测量未知 β 放射源的吸收曲线。

(2) 分别选用吸收系数法和外推法求出未知源 β 射线的最大能量，并鉴别放射性核素。

3. 实验步骤

(1) 在【设备控制】页面，改变【放射源】为无放射源，并点击其对应的【确定】按钮。点击【信号开启】，更改【数据处理】界面通道 1 和通道 2 计数时长并点击【确认时长】按钮，最后点击【开始测量】并记录计数。

(2) 在【设备控制】页面，改变【放射源】为^{137}Cs，改变【吸收片数量】，并点击其对应的【确定】按钮。点击【信号开启】，更改【数据处理】界面通道 1 和通道 2 计数时长并点击【确认时长】按钮，回到数据【数据处理】页面，最后点击【开始测量】，并按照相对误差≤2%的要求测出计数。

(3) 按照步骤(1)再次测量一次本底并计数。

4. 实验结果与数据处理

(1) 在半对数坐标纸上画出吸收曲线，计算并标出各实验点的相对误差。

(2) 利用吸收曲线上近似直线部分的实验点，进行直线拟合确定 μ_m 并计算出 $E_{\beta max}$

(3) 用直接外推法，求出 R_β，并计算 $E_{\beta max}$。

(4) 鉴定待测源为何种放射性核素，并计算所求 $E_{\beta max}$ 值与公认值之相对误差。

5. 思考题

(1) 内转换电子与 β 射线的吸收曲线有何差别?

(2) 试述 β 射线的射程与 α 粒子的射程有何区别。为什么?

(3) 已知^{204}Ti β 射线的能量为 0.765 MeV，试计算它在铝中的射程。能否用同一经验公式估计它在硅中的射程? 为什么?

(4) 散射对吸收曲线有哪些影响？应如何减少散射的影响？

(5) 在测量吸收曲线时应如何选择吸收片的厚度？为什么？

(6) 试比较本实验中两种处理数据的方法。

27.3.4　闪烁体探测器与 γ 射线吸收实验

1. 实验目的

(1) 验证 γ 射线通过物质时其强度减弱遵循指数规律。

(2) 测量 γ 射线在不同物质中的吸收系数。

2. 实验内容

(1) 选择良好的实验条件，测量 ^{137}Cs 的 γ 射线在一组吸收片（铅、铁、铜、铝）中的吸收曲线，并由定出线性吸收系数和半吸收厚度。

(2) 用最小二乘直线拟合的方法求出线性吸收系数。

3. 实验步骤

理解物质对 γ 射线的吸收公式的物理意义。学习测量物质对一定能量的 γ 射线的吸收本领。

(1) 无吸收片时，测量全能峰的计数率

① 改变当前虚拟放射源所模拟的放射源种类为 ^{137}Cs 放射源。

② 在【设备控制】页面，【放大器与多道采集卡|其他设置】栏，改变【吸收片数量】为 0，并点击其对应的【确定】按钮。

③ 在【数据处理】页面中，在能谱中点击并拖动鼠标，选中全能峰。点击【寻峰】，在【谱信息】栏得到全能峰的峰位及半高宽信息并记录。请思考，如何选取合适的感兴趣区。

④ 测量此时的能谱，使得感兴趣区总计数大于 20 万，观察此时的谱形及实时计数率。

⑤ 停止测量。对全能峰进行寻峰，记录峰位等信息。

⑥ 根据【数据处理】页面中，【谱信息】栏的【测量时间】与【ROI 面积】信息，计算全能峰的计数率。

(2) 有吸收片时，测量全能峰的计数率

① 在【设备控制】页面，改变吸收片种类为铁(Fe 1.0 cm)，【吸收片数量】为 1。

② 清除原有数据，测量能谱，使得感兴趣区总计数大于 20 万，观察此时的谱形及实时计数率。此时谱形有什么变化吗？为什么？

③ 停止测量。不要改变感兴趣区的范围，对全能峰进行寻峰，记录峰位等信息。峰位及半高宽信息有什么变化吗？为什么？

④ 根据【数据处理】页面中，【谱信息】栏的【测量时间】与【ROI 面积】信息，计算全能峰的计数率。

⑤ 测量吸收片分别为 2～5 片时，全能峰范围的计数率。根据 γ 射线的吸收公式拟合，结合吸收片的密度，计算该吸收片对 662 keV 的 γ 射线的吸收本领和半吸收厚度。

⑥ 改变【吸收片种类】分别为铅、铜、铝，重复步骤②～⑤，计算不同吸收片对 662 keV 的 γ 射线的吸收本领和半吸收厚度。

4. 实验结果分析及数据处理

用最小二乘法原理拟合测量得到的铁、铅、铜和铝的吸收曲线并分别求出 μ 值以及半吸收厚度。

5. 思考题

(1) 什么叫 γ 射线被吸收了？为什么说 γ 射线通过物质时没有确定的射程？

(2) 什么样的几何布置条件才是良好的几何条件？在图 27-3 所示的实验装置图中吸收片的位置应当放在靠近放射源还是靠近探测器的地方？

(3) 试分析在不好的几何条件下，测出的半吸收厚度是偏大还是偏小？为什么？

27.3.5 X 射线吸收和特征谱实验

1. 实验目的

(1) 了解 X 射线与物质的相互作用，及其在物质中的吸收规律；

(2) 测量不同能量的 X 射线在金属铅中的吸收系数；

(3) 了解元素的特征 X 射线能量与原子序数的关系。

2. 实验内容

(1) 用 ^{238}Pu X 射线源激发 Zn，Cu，Ni 等样品产生特性 X 射线，并测量特征 X 射线在铅中的吸收系数；

(2) 测量几种元素的特征 X 射线谱确定未知元素。

3. 实验步骤

(1) 测量不同能量的 X 射线在铝中的吸收系数

① 连接设备并处于工作状态。

② 在【设备控制】页面，【放射源与探测器】栏，改变【金属膜样品】为 Ti，并点击其对应的【确定】按钮，用数字多道测量其特征 X 射线谱。

③ 在【设备控制】页面，【放大器与多道采集卡|其他设置】栏，改变【吸收片数量】，并点击其对应的【确定】按钮。测量 Ti 金属膜样品的特征 X 射线强度，每增加一片后重复此步骤。结果用最小二乘法拟合，求出 μ_m 值。

④ 更换金属膜样品为 Cr，Fe，Cu，Zn，Ge 等金属膜样品依上述步骤重复测量及处理。

(2) 测量不同元素的特征 X 射线谱

① 在【设备控制】页面，【放射源与探测器】栏，改变【金属膜样品】为 Ti，并点击其对应的【确定】按钮，用数字多道测量源激发的 Ti 金属膜样品的特征 X 射线谱，并确定其峰位；依次如法测 Cr，Fe，Cu，Zn，Ge 等金属膜样品的特征 X 射线谱，从表 27-2 中查出相应的 X 射线能量，进行刻度确定未知元素。

③ 综合以上九个元素特征谱的数据，按 $(h\nu)^{\frac{1}{2}}=c(z-d)$（$h\nu$ 以 eV 为单位）关系式，用最小二乘法作直线拟合，求出常数 c 和 d 并对结果进行分析讨论。

表 27-2 各元素特征 X 射线能量

原子序号	符号	元素	K_α
22	Ti	钛	4.51
23	V	钒	4.95
24	Cr	铬	5.41
25	Mn	锰	5.895
26	Fe	铁	6.40

（续表）

原子序号	符号	元素	K_α
27	Co	钴	6.925
28	Ni	镍	7.47
29	Cu	铜	8.04
30	Zn	锌	8.63
31	Ga	镓	9.24
32	Ge	锗	9.876

4. 思考题

(1) ^{238}Pu 源的 ULX 射线能量在 11.6～21.7 keV 之间，试说明^{238}Pu 源是否可激发 Ag 的 K_α 线。

(2) 试比较每个原子的汤姆逊散射截面与铝原子的光电效应截面。你认为汤姆逊散射截面是否重要？

(3) 假设一束非理想准直束，其发散角为 10°，25°，试估计对铝的线性吸收系数实验值的影响。

27.3.6　中子活化元素半衰期测量实验

1. 实验目的

(1) 掌握中等寿命的放射性核素半衰期（天、时、分、秒数量级）的测定方法。

(2) 了解产生人工放射性核素的基本知识。

(3) 学会使用多道分析器的多定标功能。

2. 实验内容

(1) 测量^{114}In，^{116m}In 放射性核素的半衰期及误差。

(2) 掌握多功能数字多道的多定标功能。

3. 实验步骤

(1) 按照图 27-2 连接好设备。

注：点击更改【设备控制】页面中【放射源】前先关闭【虚拟页面】页面中【HV】按钮，每次开始测量时开启此按钮。

(2) 在【设备控制】页面，改变【放射源】为无放射源，并点击其对应的【确定】按钮进行本底测量。

(3) 一般的衰变曲线测量过程应先粗测衰变曲线，以了解其大致情况，根据此大致衰变曲线，选取合适的时间道宽 Δt；由于学生实验时间限制，本实验忽略此步骤。本实验中，根据 $\lambda\Delta t \ll 1$（已知^{116m}In 的半衰期是 54.1 min）的原则，以及时间道宽 Δt 内统计误差（与活化片的活化相关）的要求，选取每道时间道宽 Δt。

(4) 改变【放射源】为^{116m}In(Am-Be 中子活化源)，根据活化原理选定适当的【放射源活化时间】并点击相应的【确定】按钮。在【数据处理】页面改变通道 Δt 并开始测量相应时间的计数。

注：点击【确定】即活性起始时刻。

(5) 再次测量本底。

(6) 记录衰变曲线多定标谱图以供用图解法和加权最小二乘法求出半衰期及误差。

4. 实验数据处理

(1) 检查记录的多定标谱中是否有明显的外界干扰造成不合理的过高计数，若有将其删除，并在报告中注明。注意只删除计数，而不能去除时间，否则会产生拟合错误。

(2) 由前后两个本底段计算出平均本底计数率，在衰变曲线中扣除本底后，得到活性净计数衰变曲线，以供求出半衰期及其误差 $T_{1/2}+\Delta T_{1/2}$。

(3) 用图解法和最小二乘程序拟合两种方法求出半衰期及其误差 $T_{1/2}+\Delta T_{1/2}$。

图解法是在标出活性及其统计误差范围-时间的半对数标绘上，用目测法作出直线，进而求出 $T_{1/2}$。可以只给 $T_{1/2}$ 而不给 $\Delta T_{1/2}$。

最小二乘拟合可以使用通用的软件 Origin 或 PAW 等。必须指出你选用的软件程序。注意必须给出 $\Delta T_{1/2}$。$\Delta T_{1/2}$ 包括拟合误差和统计误差。忽略本底对统计误差的贡献。

要求每位实验者除了用连续的多定标谱外还必须在连续的多定标谱中选取间断的数据段进行各自独立的图解法和最小二乘法拟合。为此，每位实验者必须在报告中以多定标谱中时间 Δt 为单位给出下列值：活性测量的时间间隔，二次活性测量之间的时间间隔和活性起始测量时刻相对放入活化片第一道的滞后时间。例如，若多定标谱的 Δt 定为 20 s，某位同学拟选活性测量时间间隔为 1 min，二次活性测量间隔为 3 min，起始时刻为放入活化片后 2 min，则应注明选择为：活性测量间隔为 3 道，二次活性测量时间间隔为 9 道，起始测量时间为 6 道。注意第一道和最后一逆的计数不可以参加拟合！为什么？

5. 思考题

(1) 用表 2 中给出的数据，取活化时间为 3 个 ^{116m}In 半衰期、冷却时间为 10 min、共测量 2 个 ^{116m}In半衰期的情况下，计算出铟片中其他四种半衰期活性与 ^{116m}In 活性的比例。以说明用单一半衰期处理 ^{116m}In 半衰期的可靠性。

(2) 结合本实验的具体装置和安排说明本实验采取了哪些具体措施，以降低统计误差而提高测量精度的？采取了哪些措施使本底统计误差的影响可以忽略？

实验 28
虚拟实验

虚拟实验可以在很多平台上完成，例如国家虚拟仿真实验教学共享平台实验空间和同济大学虚拟仿真实验教学平台。以下分别对其进行介绍。

28.1 国家虚拟仿真实验教学共享平台

28.1.1 注册登录

推荐使用谷歌浏览器，登陆 www.ilab-x.com，或者百度直接搜索【实验空间：国家虚拟仿真实验教学项目共享平台】，如图 28-1 所示。点击页面右上角的【注册】，手机号注册需要验证码。如果已经有账号，可直接【登录】。注意如果使用教师身份注册，则登录后需先完善【信息维护】信息；如果是学生或社会人士身份则不需要。教师可建立班级对班级同学进行管理。

图 28-1 国家虚拟仿真实验教学项目共享平台

28.1.2 查找项目

点击实验空间首页左侧【学科分类】中的物理学类，如图 28-2 所示共有 100 多项物理类的虚拟仿真实验项目。其中和近代物理实验相关的有 20 余项，可以根据近代物理实验特点，从国家虚拟仿真实验教学共享平台中选取相关实验项目供学生进行实验。比如核物理类虚拟实验“康普顿散射虚拟实验”“核衰变及高速带电粒子动能动量测量”“量子密钥分发虚拟仿真实验”等。

图 28-2　搜索物理类实验项目

28.1.3　查看项目信息并完成虚拟实验

点击列表中的项目图片，进入项目详情页。可观看项目【介绍视频】【项目引导视频】；查看项目具体信息【项目团队】【项目描述】【项目特色】【服务计划】等；学生可点击【我要做实验】可直接访问学校的实验项目在线实验；【共享应用】做完实验，数据反馈后发生变动。

28.1.4　查看实验成绩

完成实验后，可查看实验成绩。查看步骤：返回实验空间主页，点击【用户名】⟶【我的项目】⟶【我的成绩】。

28.1.5　安装环境要求及运行实验用的插件

由于大多数实验项目采用的技术是 VR 技术，也就是类似游戏开发的技术，对硬件配置要求很高，进行实验学习的电脑设备至少要 8G 以上内存，Win7 操作系统以上，320G 硬盘空间，1 280×720 分辨率以上，才能基本运行，要达到高效运行，还需要提高更多硬件配置。有些实验项目需要安装专用的插件、软件才能使用，如 UNity3Dplayer，flash 等；根据网站上的不同的实验项目要求完成不同的插件和软件。

28.2　同济虚拟仿真实验教学平台

28.2.1　实验环境安装及使用方法

同济虚拟仿真实验教学平台地址有两个：https://xnfz.tongji.edu.cn/和 http://202.120.163.207。通过浏览器进入仿真实验地址。录入学号及密码(初始用户名和密码由管理员提前设定)，登录后可以修改密码。浏览器兼容性：IE10 以上，火狐 Firefox-55.0 以上，谷歌 Chrome 60.0 以上，搜狗浏览器(高速模式)等。

虚拟运行环境安装之前请确保计算机已经安装了.net Framework 3.5 sp1，否则实验大厅将无法运行。net Framework 3.5 sp1 安装完成之后，需要安装虚拟实验环境，点击网站的下载升级进行虚拟实验环境安装。

环境安装成功之后，进入仿真实验就可以在线打开实验了。仿真实验页面包括：【实验简介】【实验原理】【实验内容】【实验仪器】【实验指导】【在线演示】【指导书下载】【开始实验】。学生可进行实验前预习。点击【开始实验】则开始仿真实验。

28.2.2　实验操作的基本方法

1. 实验主场景介绍

运行实验后，首先屏幕上显示实验环境的实验主场景，显示实验数据表格、实验仪器栏、实验内容栏、实验提示栏、工具箱、帮助、实验辅助栏，如图 28-3 中红框对应部分。

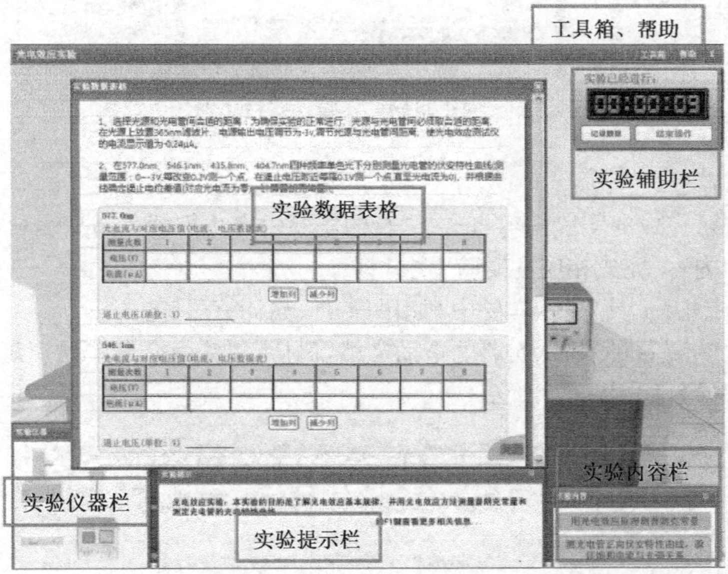

图 28-3　实验主场景

(1) 实验数据表格

显示实验操作题(考试状态)或实验内容(实验状态)及相应数据表格，用户根据实验操作将相关的实验数据填入。关闭实验数据表格后，可以通过点击【记录数据】按钮显示实验数据表格。

(2) 实验提示栏

随着鼠标的移动，显示实验的各种提示信息。根据提示按下【F1】键，显示相应帮助内容。

鼠标移动到场景中时，显示实验简介。

鼠标移动到仪器上时，显示仪器的名称、说明和使用方法。

鼠标移动到连线上时，显示实验线路的连接方法。

(3) 实验仪器栏

存放当前实验中可用的仪器。鼠标移动到仪器上时，显示仪器名称，并在实验提示栏中显示仪器简介，如图 28-4 所示。如果该仪器已被使用了，则显示一个禁止使用的标志，并在实验提示栏中给出对应提示。

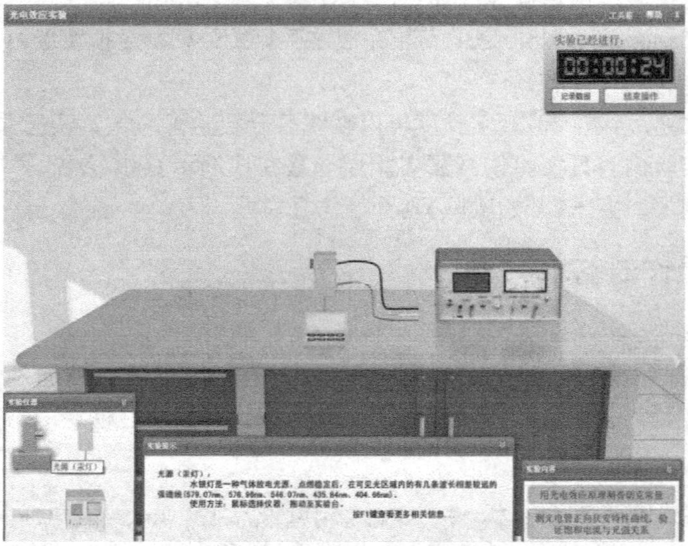

图 28-4　实验仪器栏

(4) 实验内容栏

显示实验中可完成的实验内容,正在进行的实验内容用橙黄色高亮表示,如图 4 所示。通过鼠标点击实验内容,完成相应的实验要求。

(5) 工具:点击【工具】显示实验中常用的工具,如计算器等。

(6) 帮助:点击【帮助】显示实验的帮助文档,包括【实验简介】【实验原理】【实验内容】【实验仪器】【实验指导】,如图 28-5 所示。

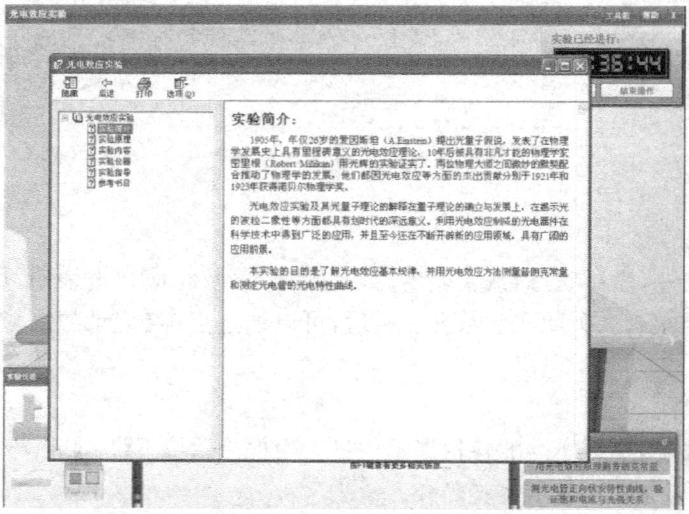

图 28-5　实验内容栏【帮助】界面

2. 实验主场景中仪器的操作

(1) 从仪器栏中选择仪器放置到实验台上

在仪器栏中在所选可用仪器上按下鼠标不要松开,会显示一个仪器的图标,如图 28-6 左图所示。移动鼠标到实验台上合适位置后松开鼠标,该仪器将被放入实验台上,如图28-6右图所示。如果放置不合适或者已有其他仪器存在，那么该仪器不能被放入实验台，并自动放回仪器栏。

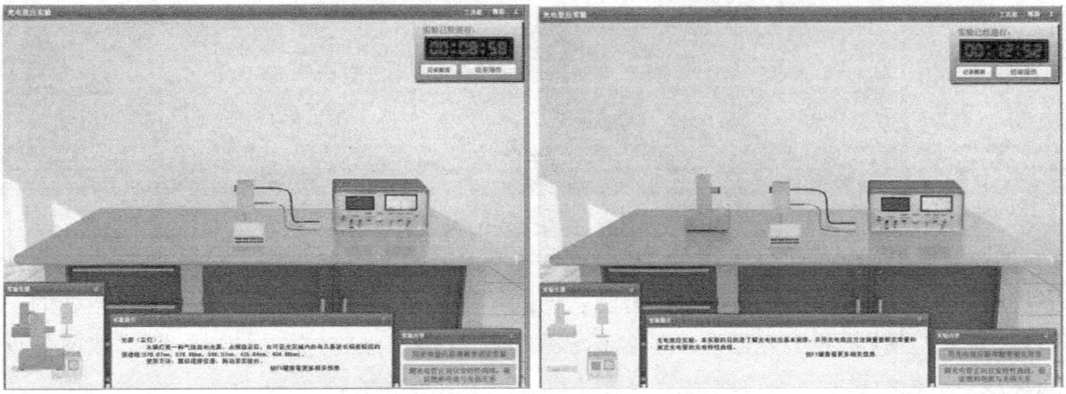

图 28-6 选择仪器并放置

(2) 将实验台上多余仪器放回仪器栏

鼠标移动所选仪器上按下【Delete】键。如果该仪器处于工作状态，则不能被放回仪器栏。如果该仪器不处于工作状态，系统将提示“确认要将该仪器放回仪器栏”，如图 28-7 所示。选择【确定】则将该仪器从实验台放回仪器栏。

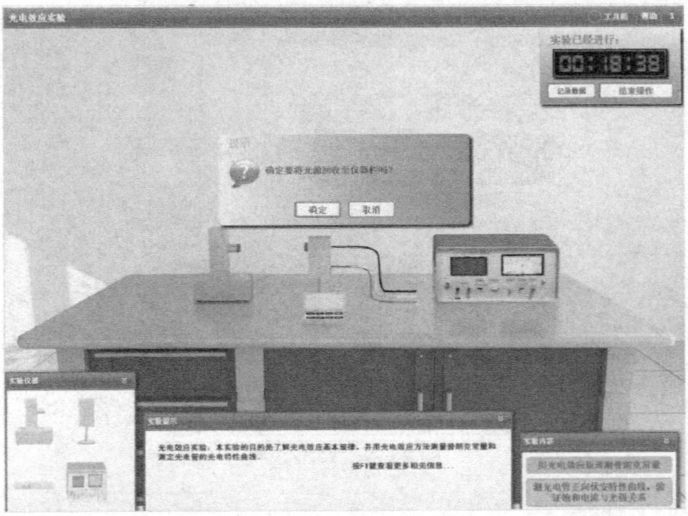

图 28-7 将多余仪器放回仪器栏

(3) 在实验台上移动仪器

鼠标点击所选仪器后不要松开，仪器将跟随鼠标移动。鼠标移动到合适位置后松开，仪器将被放置在相应位置。

(4) 仪器之间连线/拆线

两台仪器之间连线：鼠标点击仪器的连线柱不要松开，随着鼠标的移动将显示一根移动的连线，如图 28-8 左图所示。鼠标移动到目标仪器的接线柱后，松开鼠标，将自动在两个仪器之间增加一个连线，如图 28-8 右图所示。

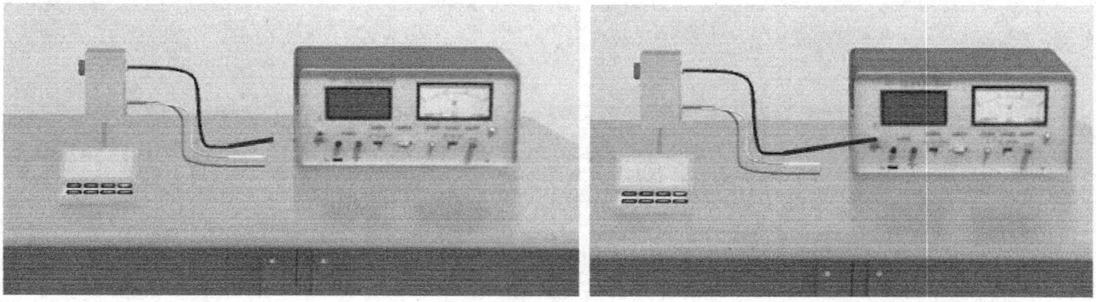

图 28-8　仪器之间的拆线连线

拆除两个仪器之间连线：鼠标点击已有连线不要松开，如图 28-8 右图所示。连线的一端随着鼠标移动，如图 28-8 左图所示。鼠标移动到没有接线柱的位置后松开，则拆除两个仪器之间连线。

(5) 调节仪器

在实验场景中，鼠标移动到指定仪器上，参照“实验提示栏”显示的仪器操作提示，双击鼠标打开仪器的调节窗口，如图 28-9 所示。在此窗口中，用户根据“实验提示栏”中的提示信息，通过鼠标左键或右键调节仪器状态。

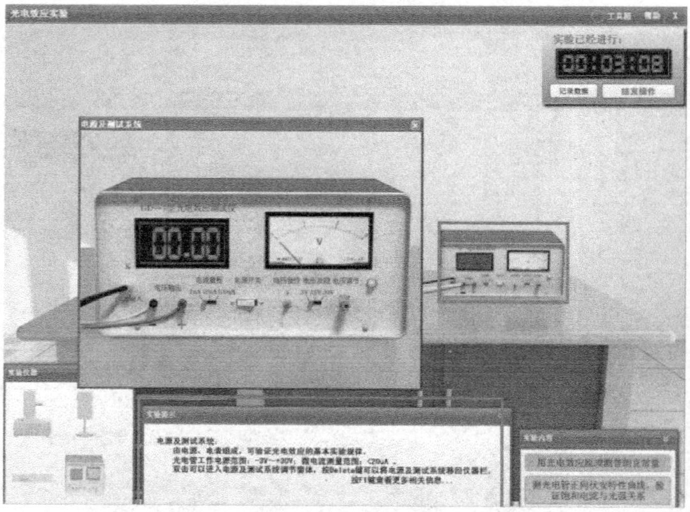

图 28-9　调节仪器

3. 实验报告提交

实验过程中，按照模板要求完成实验报告，实验后上传。虚拟实验报告内容应包括实验名称、实验目的、实验原理、实验内容、数据记录处理、分析和讨论、心得体会。可采取截图和文字相结合的方式进行撰写，形成 Word 文档，文件名为：学号姓名虚拟实验题目报告.doc，例：2130001-陈小济-光电子实验-虚拟实验报告.doc。

参考文献

[1] 陆廷济,胡德敬,陈铭南. 物理实验教程[M].上海:同济大学出版社,2000.
[2] 戴乐山,戴道宣. 近代物理实验[M]. 上海:复旦大学出版社,1995.
[3] 熊俊. 近代物理实验[M]. 北京:北京师范大学出版社,2007.
[4] 邬鸿彦,朱明刚. 近代物理实验[M]. 北京:科学出版社,1998.
[5] 李治学. 近代物理实验[M]. 北京:科学出版社,2007.
[6] 闫润卿,李英惠. 微波技术基础[M].4 版.北京:北京理工大学出版社,2011.
[7] 高铁军,朱俊孔. 近代物理实验[M]. 济南:山东大学出版社,2000.
[8] 叶柳. 近代物理实验[M]. 合肥:中国科学技术大学出版社,2009.
[9] 黄润生,沙振舜,唐涛. 近代物理实验 [M].2 版. 南京:南京大学出版社,2008.
[10] 侯登录,郭革新. 近代物理实验[M]. 北京:科学出版社,2010.
[11] 郑勇林,杨阔,葛泽玲. 近代物理实验及其数据分析方法[M]. 北京:电子工业出版社,2016.
[12] 胡安,章维益. 固体物理学[M].2 版. 高等教育出版社,2011.
[13] 复旦大学.原子核物理实验方法[M]. 北京:原子能出版社,1981.
[14] 陈玲燕,顾牡. 相对论效应实验谱义的系列教学实验[J]. 物理实验,2000,20(3):3-6.
[15] 陈玲燕,蔡卫国,谢筱翊,等. 相对论效应实验及装置[J]. 物理实验,1987(4):3-5.
[16] 胡化凯. 物理学史二十讲[M]. 合肥:中国科学技术大学出版社,2009.
[17] 郭奕玲,沈慧君. 物理学史 [M].2 版.北京:清华大学出版社,2005.
[18] 吴思诚,王祖铨.近代物理实验[M].2 版.北京:北京大学出版社,1995.
[19] 吕斯骅,朱印章.近代物理实验技术(I)[M].北京:高等教育出版社,1991.
[20] 王正行. 近代物理学 [M].2 版.北京:北京大学出版社,2010.
[21] 刘公强. 磁光学[M]. 上海:上海科学技术出版社,2001.
[22] 唐晋发,顾培夫,刘旭,等. 现代光学薄膜技术[M]. 杭州:浙江大学出版社,2006.
[23] 郑建洲. 近代物理实验[M]. 北京:科学出版社,2015.
[24] 张立辉. 近代物理实验[M]. 北京:科学出版社,2017.
[25] 张伟风.近代物理实验教程[M].开封:河南大学出版社,2009.
[26] 马宁生,李佛生. 光学实验[M].上海:同济大学出版社,2016.
[27] 成元发,肖海波. 近代物理实验[M]. 北京:科学出版社,2009.
[28] 韩炜,杜晓波.近代物理实验[M].北京:高等教育出版社,2017.
[29] 刘晓来.近代物理实验[M].北京:化学工业出版社,2011.

附录

附录 A　Origin 数据处理软件使用简介

本简介基于运行在 Windows 10 下的 Origin 9.1 编写。

A.1　Origin 概述

Origin 是由 OriginLab 公司开发的一个科学绘图、数据分析软件，支持在 Microsoft Windows 下运行。Origin 支持各种各样的 2D/3D 图形，其数据分析功能包括统计、信号处理、曲线拟合以及峰值分析等。Origin 有强大的数据导入功能，支持包括 ASCII，Excel，NI TDM，DIADem，NetCDF，SPC 等多种格式的数据，为使用带来了方便。

A.2　Origin 的基本操作

A.2.1　向 Origin 中导入数据

在向 Origin 中录入数据的时候，直接在电子表格中输入数据并不是一种有效率的方式。Origin 支持包括 ASCII 码、二进制文件、数据库 SQL Server、Access、以及电子表格 Excel 等数据文件的导入。下面着重介绍从 Excel 向 Origin 中导入数据的方法。

如图 A-1 所示，从菜单栏中的【File】→【Import】中可以选择多种文件格式的导入，选择

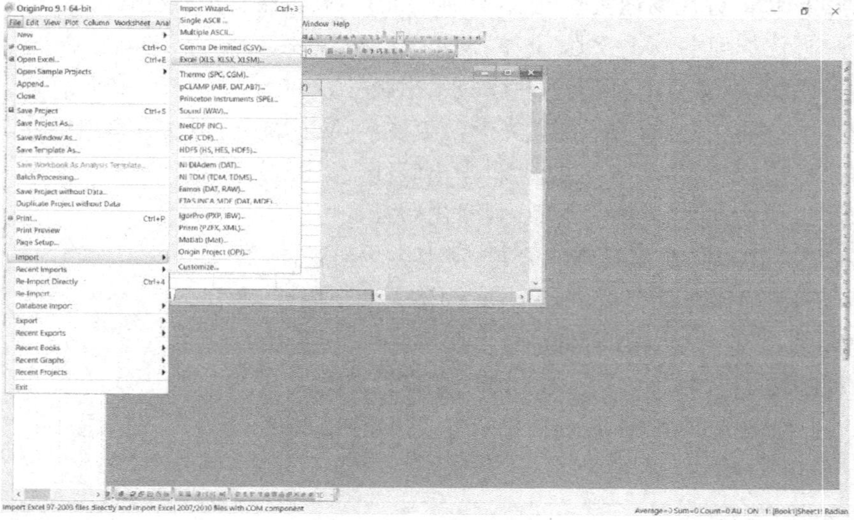

图 A-1　数据导入

【File】→【Import】→【Excel(XLS，XLSX，XLSM)】即可导入电子表格文件。

如图 A-2 所示，Origin 一次可以导入多个电子表格文件，为操作带来了便利。此外，也可以使用【File】→【Import】→【Import Wizard】启动导入向导，程序会引导用户完成数据的输入。在导入向导界面中还可以完成表头设置、数据列设置等一系列操作。

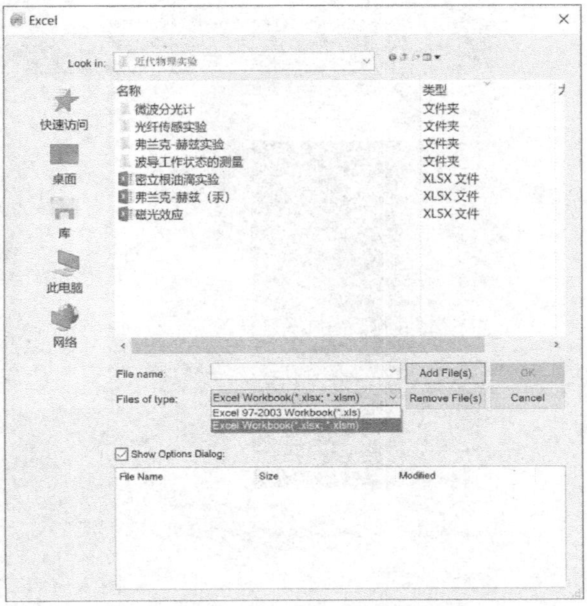

图 A-2　文件选择

A.2.2　Origin 与 Excel 的集成

若按 2.1 中所述方法将电子表格数据导入 Origin 中，电子表格中的数据将会以数值的形式存在，而不保留原有的公式等信息。使用【File】→【Open Excel】或【File】→【New】→【Excel】可以打开或新建一个 Excel 文件，这样得到的窗口既有 Origin 的菜单也有 Excel 的菜单。

需要注意的是，如果 Excel 工作簿被保存在了 Origin 项目之内，那么它就成了项目的一部分，只能通过项目文件打开；如果被保存在了 Origin 项目之外，那么 Origin 只保留到该工作簿的链接，可以由 Excel 进行操作。

A.2.3　二维图形绘制基础

在向工作表导入数据后，按住 Ctrl 键对数据进行选择，然后点击菜单栏命令【Plot】即可选择绘图类型。现以【Plot】→【Line+Symbol】→【Line+Symbol】为例，见图 A-3、图 A-4。

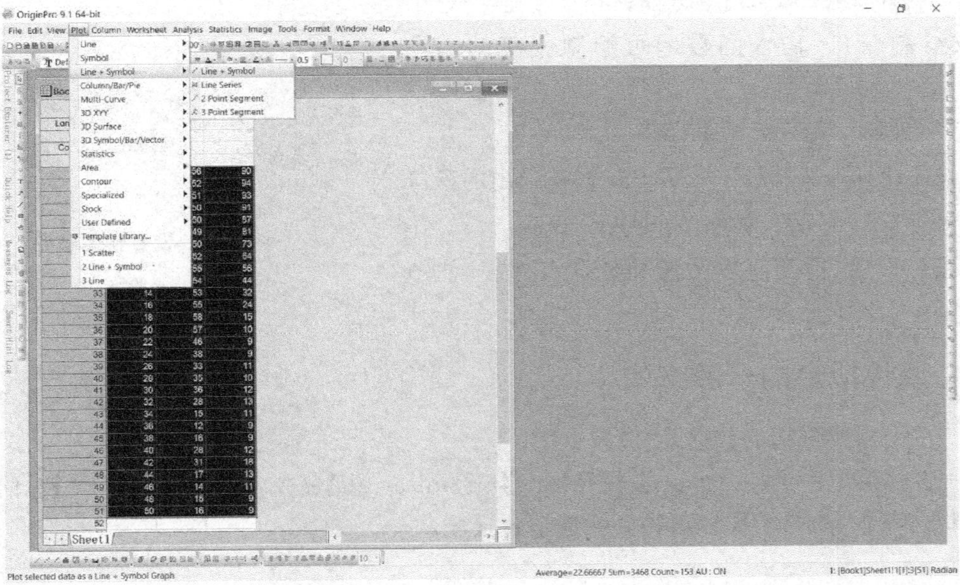

图 A-3　二维绘图

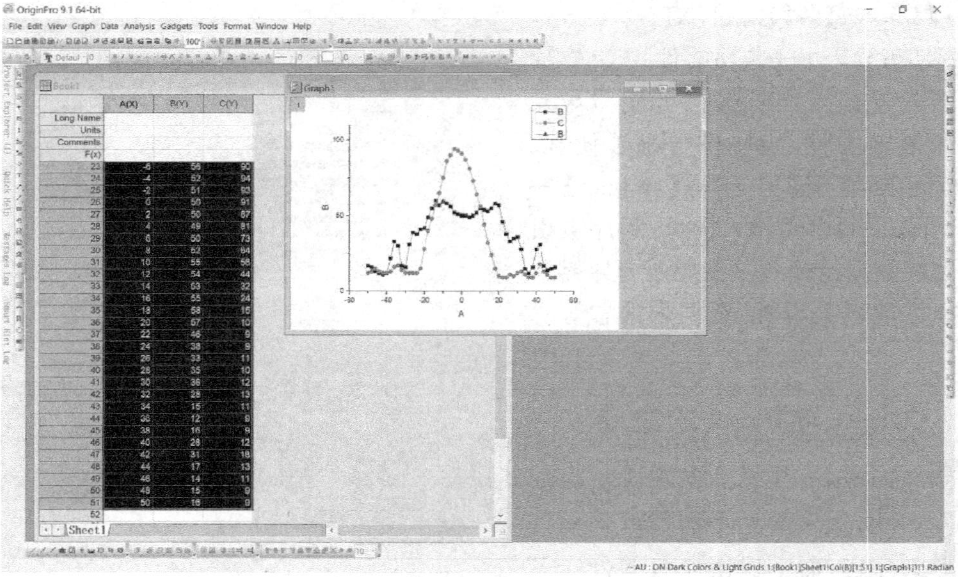

图 A-4 二维绘图

添加图标标题、标签等操作见第四节。

A.2.4 绘制函数图像

Origin 可以将内置函数或 Origin C 编程的函数通过函数绘图方便地显示在图形窗口中。方法如下。

(1) 单击工具栏中的图标新建一个绘图窗口，选择菜单命令【Graph】→【Add Function Graph】，在弹出的【Plot Detal】窗口的【Function】选项卡中即可选择要绘制的函数。

(2) 单击工具栏中的图标新建一个 2D 或 3D 的函数绘制窗口，输入函数即可绘制相应的函数图像。

例 绘制 $z=x^2+y^2$ 的图像。

长按图标，选择【New 3D Plot】，在弹出的窗口中设置绘图区域大小等参数，如图 A-5 所示。

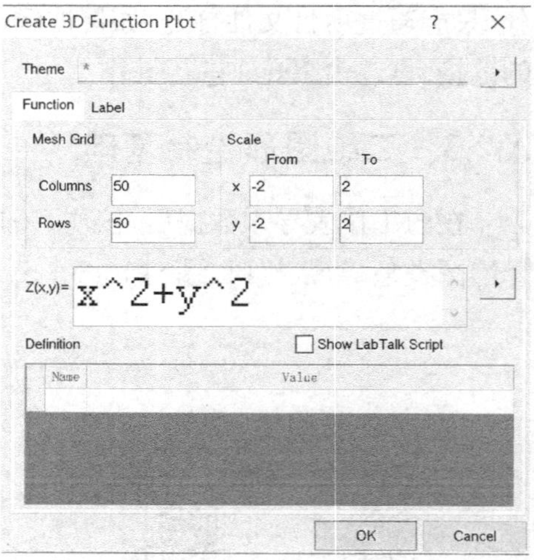

图 A-5 设置绘图参数

点击 OK 后，得到函数图像和数据点列表，如图 A-6 所示。

A.2.5 线性拟合的一般方法

(1) 选中需要分析的数据，生成散点图；

(2) 选择菜单命令【Analysis】→【Fitting】→【Linear Fit】命令，打开【Linear Fit】对话框，设置相关拟合参数，点击 OK 即可得到线性拟合报表。

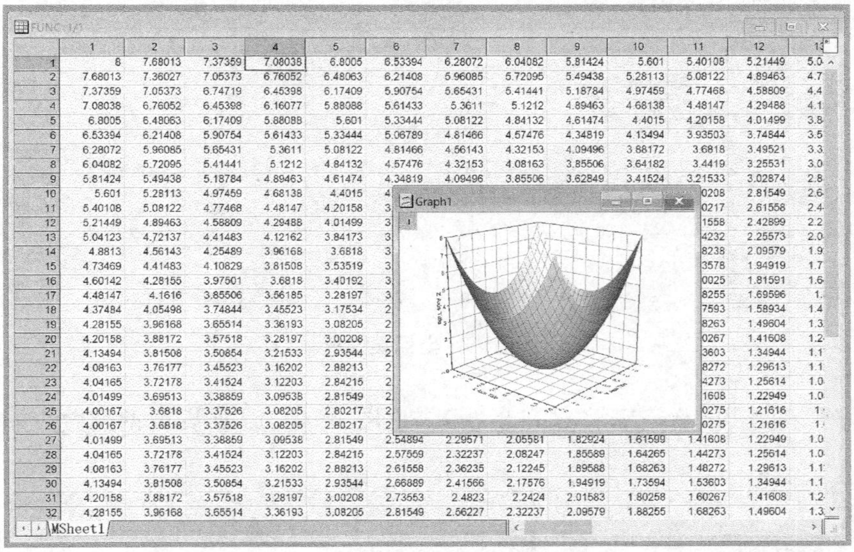

图 A-6　绘制的函数图像

A.3　实验做图注意事项

作图时要写明图名，各图线名称，坐标轴名称，单位。日期以及必要的简单说明(如实验条件：温度，压力等)。

A.4　Origin 作图实例——以波导工作状态测量实验为例

例 1　驻波分布特性测量

在这里，以探针位置作为横坐标，电表示数为纵坐标。要将图 A-7 中“短路”“开口”“匹配负载”“感性膜片”的数据绘制在一张图上。

短路		开口		匹配负载		感性膜片	
探针位置	电表指示	探针位置	电表指示	探针位置	电表指示	探针位置	电表指示
67.00	0	72.90	180	67.00	320	85.00	180
69.50	200	75.50	220	69.50	320	87.00	220
71.00	420	77.80	300	71.00	320	89.00	300
72.10	580	80.00	395	72.10	320	91.20	400
73.40	740	82.50	475	73.40	320	93.00	460
74.70	890	85.30	480	74.70	320	95.50	500
77.30	1000	87.00	460	77.30	320	97.50	490
79.00	970	89.00	380	79.00	320	99.50	440
81.00	820	92.00	260	81.00	320	101.50	360
83.00	605	94.00	200	83.00	320	103.50	260
85.00	350	95.70	190	85.00	320	105.50	200
87.00	100	97.00	200	87.00	320	107.50	180

图 A-7　原始数据

首先将所测得的数据导入 Origin 中；Origin 默认后面几列的数据为 Y 轴，要将“探针位置”列的数据改为 X 轴(图 A-8)。

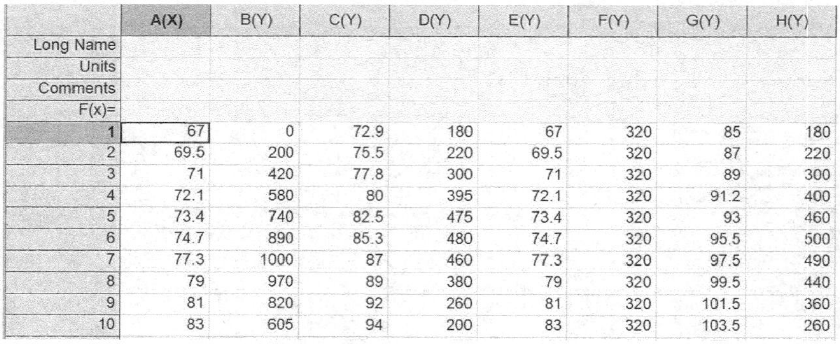

	A(X)	B(Y)	C(Y)	D(Y)	E(Y)	F(Y)	G(Y)	H(Y)
Long Name								
Units								
Comments								
F(x)=								
1	67	0	72.9	180	67	320	85	180
2	69.5	200	75.5	220	69.5	320	87	220
3	71	420	77.8	300	71	320	89	300
4	72.1	580	80	395	72.1	320	91.2	400
5	73.4	740	82.5	475	73.4	320	93	460
6	74.7	890	85.3	480	74.7	320	95.5	500
7	77.3	1000	87	460	77.3	320	97.5	490
8	79	970	89	380	79	320	99.5	440
9	81	820	92	260	81	320	101.5	360
10	83	605	94	200	83	320	103.5	260

图 A-8　坐标轴设置

选中 C 列，右键-Set As-X，将 C 列改为 X 轴(图 A-9)，后面 E，G 两列做法一样。

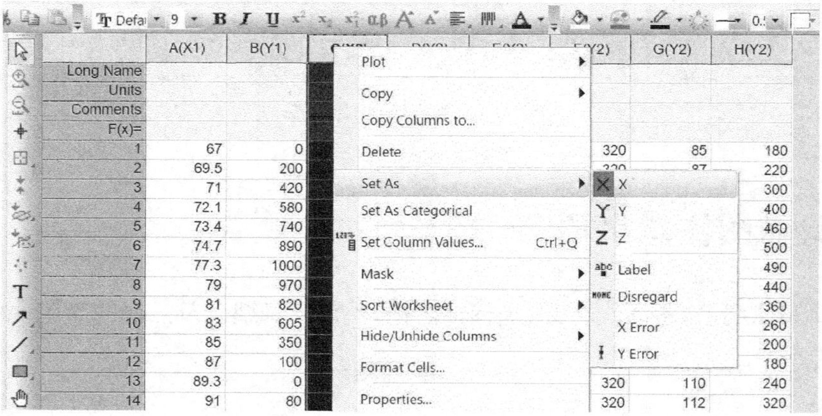

图 A-9　坐标轴设置

选中所有数据，右键-Plot-选择需要的线型(图 A-10)。

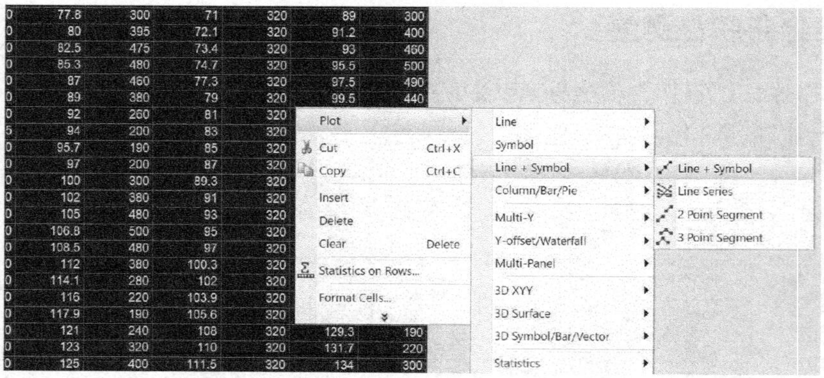

图 A-10　绘图

结果如图 A-11 所示。

最后右上角标明每条线的名称，修改坐标轴名称，点击按钮 T 添加图名，如图 A-12 所示。

例 2　测量数据绘制晶体定标曲线

绘图操作参考例 1。完成后，进行线性拟合，如图 A-13 所示。

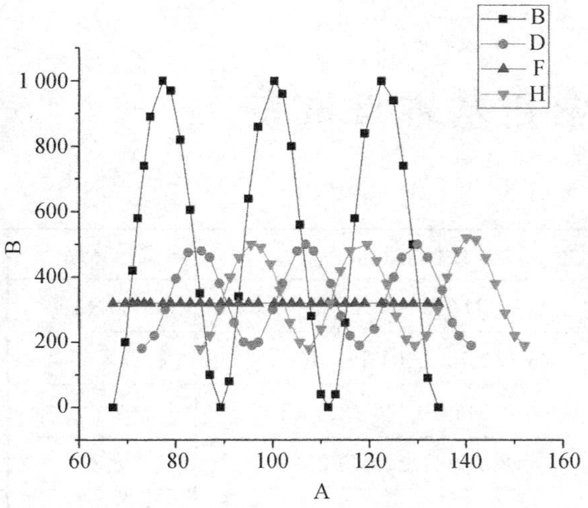

图 A-11　绘图

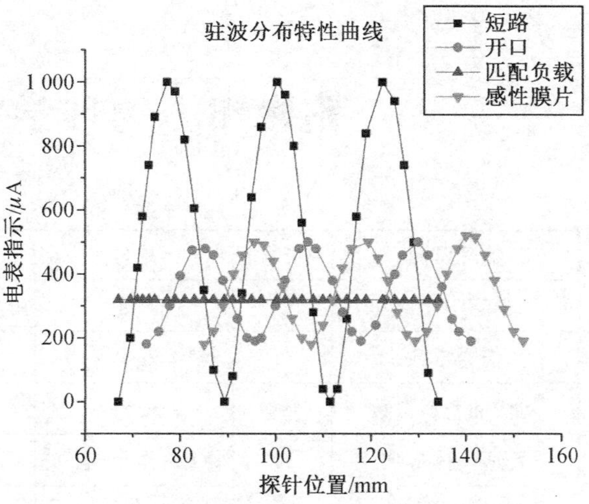

图 A-12　标注

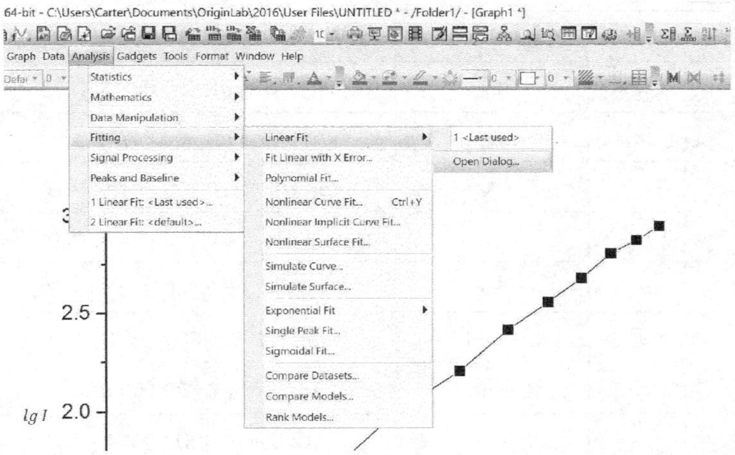

图 A-13　线性拟合

点击【Analysis-Fitting-Linear Fit】按提示进行线性拟合(图 A-14)。

“Slope”及“Intercept”即为斜率和截距。

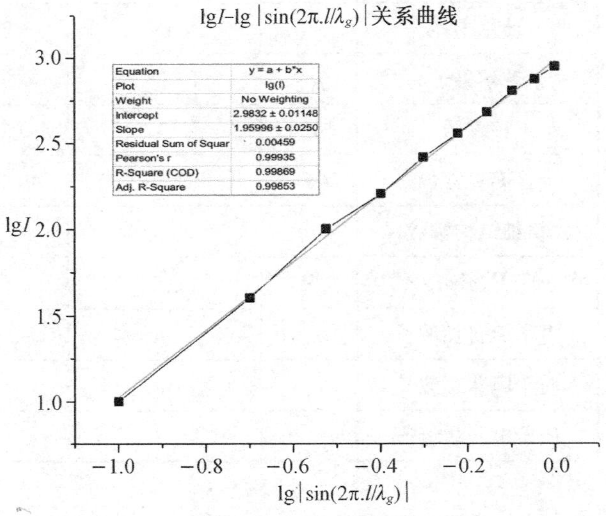

图 A-14　线性拟合

附录 B 物理学常用基本常量表

物理常数	符号	单位	最佳实验值	供计算用值
真空中光速	c	$m \cdot s^{-1}$	$299\ 792\ 458 \pm 1.2$	3.00×10^{8}
引力常数	G	$m^{3} \cdot kg^{-1} \cdot s^{-2}$	$(6.672\ 0 \pm 0.004\ 1) \times 10^{-11}$	6.67×10^{-11}
阿伏加德罗常数	N_{A}	mol^{-1}	$(6.022\ 045 \pm 0.000\ 031) \times 10^{23}$	6.02×10^{23}
普适气体常数	R	$J \cdot mol^{-1} \cdot K^{-1}$	$(8.314\ 41 \pm 0.000\ 26)$	8.31
玻尔兹曼常数	k	$J \cdot K^{-1}$	$(1.380\ 662 \pm 0.000\ 041) \times 10^{-23}$	1.38×10^{-23}
理想气体摩尔体积	V_{m}	$m^{3} \cdot mol^{-1}$	$(22.413\ 83 \pm 0.000\ 70) \times 10^{-3}$	22.4×10^{-3}
基本电荷(元电荷)	e	C	$(1.602\ 189\ 2 \pm 0.000\ 004\ 6) \times 10^{-19}$	1.602×10^{-19}
原子质量单位	u	kg	$(1.660\ 565\ 5 \pm 0.000\ 008\ 6) \times 10^{-27}$	1.66×10^{-27}
电子静止质量	m_{e}	kg	$(9.109\ 534 \pm 0.000\ 047) \times 10^{-31}$	9.11×10^{-31}
电子荷质比	e/m_{e}	$C \cdot kg^{-1}$	$(1.758\ 804\ 7 \pm 0.000\ 004\ 9) \times 10^{-11}$	1.76×10^{-11}
质子静止质量	m_{p}	kg	$(1.672\ 648\ 5 \pm 0.000\ 008\ 6) \times 10^{-27}$	1.673×10^{-27}
中子静止质量	m_{n}	kg	$(1.674\ 954\ 3 \pm 0.000\ 008\ 6) \times 10^{-27}$	1.675×10^{-27}
法拉第常数	F	$C \cdot mol^{-1}$	$(9.648\ 456 \pm 0.000\ 027) \times 10^{4}$	96 500
真空电容率	ε_{0}	$F \cdot m^{-1}$	$(8.854\ 187\ 818 \pm 0.000\ 000\ 071) \times 10^{-12}$	8.85×10^{-12}
真空磁导率	μ_{0}	$N \cdot A^{-2}$	$12.566\ 370\ 614\ 4 \times 10^{-7}$	$4\pi \times 10^{-7}$
电子磁矩	μ_{e}	$J \cdot T^{-1}$	$(9.284\ 832 \pm 0.000\ 036) \times 10^{-24}$	9.28×10^{-24}
质子磁矩	μ_{p}	$J \cdot T^{-1}$	$(1.410\ 617\ 1 \pm 0.000\ 005\ 5) \times 10^{-23}$	1.41×10^{-23}
玻尔半径	α_{0}	m	$(5.291\ 770\ 6 \pm 0.000\ 004\ 4) \times 10^{-11}$	5.29×10^{-11}
玻尔磁子	μ_{B}	$J \cdot T^{-1}$	$(9.274\ 078 \pm 0.000\ 036) \times 10^{-24}$	9.27×10^{-24}
核磁子	μ_{N}	$J \cdot T^{-1}$	$(5.059\ 824 \pm 0.000\ 020) \times 10^{-27}$	5.05×10^{-27}
普朗克常数	h	$J \cdot s$	$(6.626\ 176 \pm 0.000\ 036) \times 10^{-34}$	6.63×10^{-34}
精细结构常数	a		$7.297\ 350\ 6(60) \times 10^{-3}$	
里德伯(Rydberg)常数	R	m^{-1}	$1.097\ 373\ 177(83) \times 10^{7}$	
电子康普顿波长	λ_{e}	m	$2.426\ 308\ 9(40) \times 10^{-12}$	
质子康普顿波长	λ_{p}	m	$1.321\ 409\ 9(22) \times 10^{-15}$	
质子电子质量比	m_{p}/m_{e}		1 836.151 5	